ARM Cortex－M3 外围接口电路与工程实践 基础应用

刘同法　张琴艳　肖志刚　编著

北京航空航天大学出版社

内容简介

为使读者快速上手，本书仍以课题形式介绍芯片内带外设的启用编程和外围接口电路在芯片上的应用方法。全书展示的是Stellaris系列芯片的工程应用，分芯片选型、芯片内部资源应用、芯片的外围接口器件应用和芯片的简易工程实践。芯片选型主要介绍芯片内带外围接口电路的状况，如LM3S5749就带有USB和以太网模块；芯片内部资源应用主要展示的是如何利用API启用芯片内带的外设模块的编程方法；芯片的外围接口器件应用讲述的是，如何利用API函数实现外围接口器件与芯片进行按时序通信的编程技巧；简易工程实践示范性地展示了RS-485和SPWM在工程应用中的设计思路与编程方法。

作者共享了书中所有的实例程序源代码，可以到北京航空航天大学出版社网站 http://www.buaapress.com.cn“下载专区”下载。

本书既可作为想要学习32位微控制器的单片机爱好者和从事自动控制、智能仪器仪表、电力电子、机电一体化以及各类单片机应用的工程技术人员的参考资料，还可作为本科、高职高专、技师学院等师生的理论教材或实习教材。

图书在版编目(CIP)数据

ARM Cortex-M3外围接口电路与工程实践基础应用 / 刘同法，张琴艳，肖志刚编著. -- 北京 : 北京航空航天大学出版社，2012.7

ISBN 978-7-5124-0817-3

Ⅰ. ①A… Ⅱ. ①刘… ②张… ③肖… Ⅲ. ①微控制器 Ⅳ. ①TP332.3

中国版本图书馆CIP数据核字(2012)第098978号

ARM Cortex-M3外围接口电路与工程实践基础应用

刘同法　张琴艳　肖志刚　编著

责任编辑　张少扬　孟　博　纪宁宁

*

北京航空航天大学出版社出版发行

北京市海淀区学院路37号(邮编100191)　http://www.buaapress.com.cn

发行部电话:(010)82317024　传真:(010)82328026

读者信箱:emsbook@gmail.com　邮购电话:(010)82316936

涿州市新华印刷有限公司印装　各地书店经销

*

开本:710×1 000　1/16　印张:27.5　字数:619千字

2012年7月第1版　2012年7月第1次印刷　印数:4 000册

ISBN 978-7-5124-0817-3　定价:59.00元

前言

Cortex - M3 的春天正在向我们走来，作为电气工程师和正在想成为电气工程设计师的人们，我们没有理由不去迎接这火红的春天的到来。

为迎接这样的春天，本书从基础入手，重点介绍了 8 位单片机使用的外围接口器件移植到 Cortex - M3 32 位单片机上的技巧与方法。就拿 8 位单片机与 Cortex - M3 32 位单片机上的 SPI、I^2C、1 - Wire 总线来说，它们是有区别的。在 8 位单片机上要操作这些总线的接口器件，在 11.059 2 MHz 的晶振频率下使用 NOP 这样的指令绝对可以保证单片机与器件之间严格的通信时序，可是在 Cortex - M3 32 位单片机上却不能这样做。这是因为 Cortex - M3 32 位单片机使用的晶振频率高了很多，其执行指令的速度也快了很多，执行 NOP 指令的时间无法保证在 1 μs 内完成，而是以更短的时间完成。在 Cortex - M3 32 位单片机上为了保证各外围接口器件在通信中的严格通信时序，本书实例中常常调用系统提供的 SysCtlClockGet() 函数以获取系统中准确的时间 1 s，然后除以 1 000 000 得出精确的 1 μs 时间。用这样的时间就可以顺利完成外围接口器件的时序要求。

为了达到快速学习一类新芯片的目的，本书仍然沿用《单片机外围接口电路与工程实践》一书的思想，分三层意思编写：

① 让读者学习课题中的参考程序范例，直接调用器件软件开发包(.h)文件；

② 要求读者认真熟悉器件资料，学习编写器件软件开发包程序，包括看时序图编写程序；

③ 让读者学习工程程序的组装(为了这个问题，我在编写 8 位单片机实训教材时单独编了一本书，即《C51 单片机 C 程序模板与应用工程实践》，书中重点介绍了程序模块的组装)。

书中的内容没有按《单片机外围接口电路与工程实践》一书的模式来编排，而是根据外围接口器件的用途来编著，譬如，GPIO 扩展芯片 74HC595、实时时钟芯片 DS1302、实时温度传感器 DS18B20 等。这是因为单片机入门后已经不再是新手，要的是直接投入实际工程设计与制作，时间才是我们的重中之重。我曾在《单片机基础与最小系统实践》一书的“写在前面”中写到：“高手之路就在脚下，只要你勇敢地迈入这一殿堂，幸福的喜悦便为你起航。”指的就是利用这些组件快速地使自己成为高手，无论是设计工程、做实验、做毕业设计、做电子设计大赛等都行。

全书共分为 4 章。

第 1 章主要介绍 ARM Cortex - M3 内核微控制器 Stellaris 系列芯片，目的是让读者明白 ARM Cortex－M3 内核微控制器 Stellaris 系列芯片内部都带有哪些重要的外围接口模块，例如，USB 控制器、CAN 总线控制器、以太网控制器等。这些都可以为我们在设计工程时做出很好的选择（也就是选择实际工程需要的最理想的 32 位微控制器，使工程既节约成本又节约施工时间，还可以降低工程的难度，比如做一个 U 盘可以直接选择带有 USB 控制器的 LM3S5749 芯片）。

第 2 章主要讲述的是 Stellaris 系列中的代表芯片 LM3S615 内部资源应用实践。LM3S615 内带的除 LM3S101 上有的 GPIO 端口（A、B、C）及定时器 0、定时器 1、UART0、SSI、I^2C 以外，还新增了 GPIO 端口 D 和 E，其中端口 D 是一个最完整的 8 位 I/O口，在做像数码管这样的应用时是最理想的选择；新增定时器有定时器 2，专用于内部定时和用来产生内部中断或触发 ADC 时间；新增通用异步收发器 UART1，其功能同 UART0；新增模拟比较器两个；新增脉宽调制器（PWM）模块，用于实现控制频率变换；新增模/数转换器（ADC）模块，用于将连续的模拟电压转换成离散的数字量。这些相对于过去的 8 位单片机来说，是属于外围接口电路器件，而对于 Cortex－M3 32 位微控制器来说已经属于片内器件了，只要学会使用即无需外接。这为设计人员提供了更大的方便，一方面减小了因调试带来的劳动强度，另一方面降低了故障率。学习时只需要熟悉各模块 *.h 文件中的外用 API 函数的调用即可。在单片机世界里，没有比这更简单了。

第 3 章展示的是真正的 Cortex－M3 芯片常用的外围接口器件，如 DS1302、DS18B20 等。原不打算在本书中加入这些常用且上市时间较长的芯片，但考虑到还有很多老用户，还是将其纳入其中。

该章叙述了 Cortex－M3 32 位微控制器外围接口电路的实践应用，在编排上放弃了以往的做法，采用了按芯片功能进行编排，也就是同功能的芯片放在一起讲述，比方说温度传感器类 DS18B20 和 LM75A 就放在一起。

还是那句话：在市面上流行的外围接口器件非常多，在一本书上无法一一列出，书中所列举的例程只能给读者做一个示范。读者可以按着同类型的通信接口芯片仿照去做，或根据芯片资料提供的时序图对书中的 *.h 文件按时序和数据传输方向进行修改。改好后再进行调试，同样可以达到理想的效果，也同样可以节约时间，这也是学习方法的一种。曾在《单片机基础与最小系统实践》一书中强调“动手！动手！再动手!!”，但是在动手制作实验板的过程中所感受到的，又是无法用言语在书上表达出来的。因此只能在前言中写到“当第四天清晨来临的时候才恍然大悟——‘哦!! 原来是这样的……’”。这需要到实践中去感悟。

这一章同样沿用了“追求实力，从做开始”套书的想法。范例程序都可以直接抄入工程中，成为工程的一部分。我追求的是时间，为读者学习节约时间，为自己节约时间。*.h 这一器件驱动文件一经形成，就不需要读者重写，读者可以直接使用或在其上进行修改。在编程领域中有一句话，叫做“站在巨人肩上比巨人更高”。虽然我不是巨人，我是一块石头，还是可以用来垫脚的。

第 4 章讲述了两个简单的工程应用。例程 RS－485 串行通信是在于改善 RS－232

通信距离不远的问题，将 RS－232 加接到 RS－485 后通信距离可以从 15 m 加长到 5 km以外，使远距离的单片机设备可以连接到计算机的网络中。如今 RS－485 通信在工业上已得到广泛应用。例程 SPWM 是利用 LM3S615 内带的 PWM 脉宽调制系统实现 SPWM 脉宽调制技术。其目的是让读者了解 SPWM 实现变频的过程。而今变频技术在人们的生活中已得到普及，如变频空调、变频洗衣机等无处不在。

脉宽调制技术对于很多人来说是一项比较难的项目，虽然离我们很近，但是要做成功还是有一定难度的，所以 ARM Cortex－M3 内核微控制器 Stellaris 系列芯片内带有这一系统，为我们的设计和学习带来了很大的方便。

……

"路漫漫其修远兮，吾将上下而求索。"

在动手学习的道路上，虽然会遇到各种各样的困难，但只要勇敢地面对，所有的问题都会迎刃而解。

冰雪消融，春天一定会来临。

愿本书在迈向 Cortex－M3 来临的春天里为朋友们尽点微薄之力。感谢朋友们对本书的青睐！

感谢周立功先生对作者的大力支持，感谢周立功单片机发展有限公司各位老师们及时解答作者提出的技术问题；感谢博圆周立功单片机 & 嵌入式系统培训部全体人员的大力支持和帮助；感谢深圳市有方科技公司嵌入式开发工程师汤柯夫、深圳智敏科技有限公司嵌入式开发工程师刘聪、深圳市海洋王照明科技股份有限公司嵌入式开发工程师樊亮等工程师们在技术上给予的支持与帮助；感谢南华大学张翼、李孟雄，湖北工程学院江山等同学对本书进行的尝试性学习体验；感谢衡阳技师学院电气技师班李纳、王军林、李奔、周明正、蒋育满、伍要明、李杨勇、许乐平、高凯龙、胡中勇、王端、曾晶、王云、张艳、阳红伟、邓芸等同学对本书进行的大胆的测试性学习体验；感谢衡阳技师学院电气技师 726 班陈胜、蒋锦江、彭剑鹰、旷佳、邹顺云等同学参与本书的校对。

由于作者水平有限，书中难免有错误和不妥之处，恳请读者批评指正（E-mail：bymcupx@126.com）。

刘同法

于衡阳技师学院

2012 年 2 月

目录

第1章

ARM Cortex - M3 内核微控制器 Stellaris 系列芯片简介

作为一个工程设计师，很多的时间都在选择自己心目中好用的带多个外围接口的微控制芯片，来减少设计过程中的许多调试工作，从而达到快速完成工程任务。下面介绍一批划时代嵌入式芯片——ARM Cortex - M3 内核微控制器 Stellaris 系列芯片，供各位选择。

Stellaris（群星）系列芯片是美国德州仪器（TI）公司设计的，用于汽车电子、运动控制、过程控制以及医疗设备等成本要求低的嵌入式微控制器领域，具有 32 位运算能力的高性能，有 S100 到 S9000 多个系列。

1. S100 系列

本系列芯片支持最大主频为 20 MHz 的 ARM Cortex - M3 内核，Flash 程序存储器为 8 KB，SRAM 随机存储器为 2 KB。芯片为少引脚（SOIC - 28 脚）封装。集成的外设有：模拟比较器、异步串行通信接口 UART、同步串行通信接口 SSI、通用定时器、I^2C、密集型照相端口 CCP 等。S100 系列芯片最适合替代 8 位 20 脚左右的单片机做常规的控制工作，并且芯片价格低廉（相当于一块 8 位单片机的价格）。在《ARM Cortex - M3 内核微控制器快速入门与应用》一书中对本系列芯片的应用做了详细的介绍，有兴趣的读者可以参考这本书。表 1 - 1 列出的是 S100 系列芯片内带外设状况。

表 1 - 1　S100 系列芯片内带外设表

型　号	封　装	频率/MHz	Flash/KB	SRAM/KB	UART	GPIO	SSI	I^2C	模拟比较器	32 kHz 外部时钟	通用定时器	PWM (CCP 引脚)
LM3S101	28	20	8	2	1	2～18	1	—	2	√	2	1
LM3S102	28	20	8	2	1	0～18	1	1	1	√	2	2

2. S300 系列

本系列芯片支持最大主频为 25 MHz 的 ARM Cortex - M3 内核，Flash 程序存储器为 16 KB，SRAM 随机存储器为 4 KB。芯片为 LQFP - 48 封装。集成的外设有：

ADC(模/数转换器)、带死区 PWM(脉宽调制)、温度传感器、模拟比较器、UART、SSI、通用定时器，I^2C、CCP 等。

表 1－2 列出的是 S300 系列芯片内带外围设备状况。

表 1－2　S300 系列芯片内带外设表

型号	封装	频率/MHz	Flash/KB	SRAM/KB	UART	GPIO	SSI	I^2C	模拟比较器	温度传感器	外部32 kHz时钟	通用定时器	ADC		PWM 功能	
													每秒采样数	10 位采样通道	PWM引脚（死区控制）	CCP引脚
LM3S300	48	25	16	4	2	8～36	1	1	3	—	√	3	—	—	—	6
LM3S301	48	20	16	2	1	12～33	1	—	2	√	√	2	250 K	3	2	2
LM3S308	48	25	16	4	2	5～28	1	1	1	√	√	3	500 K	8	—	6
LM3S310	48	25	16	4	2	3～36	1	—	3	—	√	3	—	—	6	6
LM3S315	48	25	16	4	2	7～32	1	—	1	√	√	3	250 K	4	2	6
LM3S316	48	25	16	4	2	3～32	1	1	1	√	√	3	250 K	4	4	6
LM3S317	48	25	16	4	2	3～30	1	—	—	√	√	3	250 K	6	6	6
LM3S328	48	25	16	4	2	7～28	1	1	—	√	√	3	500 K	8	—	6

3. S600 系列

本系列芯片支持最大主频为 50 MHz 的 ARM Cortex－M3 内核，Flash 程序存储器为 32 KB，SRAM 随机存储器为 8 KB。芯片为 LQFP－48 封装。集成的外设有：正交编码器、ADC、带死区 PWM、温度传感器、模拟比较器、UART、SSI、通用定时器、I^2C、CCP 等。对本系列芯片的内部资源应用在第 2 章给出。

表 1－3 列出的是 S600 系列芯片内带外围设备状况。

表 1－3　S600 系列芯片内带外设表

型号	封装	频率/MHz	Flash/KB	SRAM/KB	UART	GPIO	SSI	I^2C	模拟比较器	EtherNet	E1588	CAN	温度传感器	外部32 kHz时钟	通用定时器	睡眠模块	ADC		PWM功能		正交编码器
																	每秒采样数	10位采样通道	PWM引脚（死区控制）	CCP引脚	
LM3S600	48	50	32	8	2	8~36	1	1	3	—	—	—	—	√	3	—	—	—	—	6	—
LM3S601	48	50	32	8	2	0~36	1	1	3	—	—	—	—	√	3	—	—		6	6	1
LM3S608	48	50	32	8	2	5~28	1	1	1	—	—	—	√	√	3	—	500K	8	—	6	—
LM3S610	48	50	32	8	2	6~34	1	1	—	—	—	—	√	√	3	—	500K	2	6	6	—
LM3S611	48	50	32	8	2	4~32	1	1	—	—	—	—	√	√	3	—	500K	4	6	6	—
LM3S612	48	50	32	8	2	7~34	1	1	1	—	—	—	√	√	3	—	500K	2	2	6	—
LM3S613	48	50	32	8	2	3~32	1	1	1	—	—	—	√	√	3	—	500K	4	4	6	—
LM3S615	48	50	32	8	2	0~34	1	1	3	—	—	—	√	√	3	—	500K	2	6	6	—
LM3S617	48	50	32	8	2	1~30	1	—	1	—	—	—	√	√	3	—	500K	6	6	6	—
LM3S618	48	50	32	8	2	0~30	1	—	1	—	—	—	√	√	3	—	500K	6	6	4	1
LM3S628	48	50	32	8	2	9~28	1	1	—	—	—	—	√	√	3	—	1M	8	—	4	—

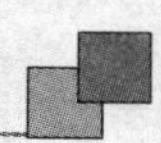

4. S800 系列

本系列芯片支持最大主频为 50 MHz 的 ARM Cortex－M3 内核，Flash 程序存储器为 64 KB，SRAM 随机存储器为 16 KB。芯片为 LQFP－48 封装。集成的外设有：正交编码器、ADC、带死区 PWM、温度传感器、模拟比较器、UART、SSI、通用定时器、I^2C、CCP 等。

表 1－4 列出的是 S800 系列芯片内带外围设备状况。

表 1－4　S800 系列芯片内带外设表

型号	封装	频率/MHz	Flash/KB	SRAM/KB	UART	GPIO	SSI	I^2C	模拟比较器	EtherNet	E1588	CAN	温度传感器	外部32 kHz时钟	通用定时器	睡眠模块	ADC		PWM功能		正交编码器
																	每秒采样数	10位采样通道	PWM引脚（死区控制）	CCP引脚	
LM3S800	48	50	64	8	2	8~36	1	1	3	—	—	—	—	√	3	—	—	—	—	6	—
LM3S801	48	50	64	8	2	0~36	1	1	3	—	—	—	—	√	3	—	—		6	6	1
LM3S808	48	50	64	8	2	5~28	1	1	1	—	—	—	√	√	3	—	500K	8	—	6	—
LM3S811	48	50	64	8	2	1~32	1	1	1	—	—	—	√	√	3	—	500K	4	6	6	—
LM3S812	48	50	64	8	2	7~34	1	1	1	—	—	—	√	√	3	—	250K	2	2	6	—
LM3S815	48	50	64	8	2	0~34	1	1	3	—	—	—	√	√	3	—	500K	2	6	6	—
LM3S817	48	50	64	8	2	1~30	1	—	1	—	—	—	√	√	3	—	1M	6	6	6	—
LM3S818	48	50	64	8	2	0~30	1	—	1	—	—	—	√	√	3	—	1M	6	6	4	1
LM3S828	48	50	64	8	2	7~28	1	1	—	—	—	—	√	√	3	—	1M	8	—	6	—

5. S1000 系列

本系列芯片支持最大主频为 50 MHz 的 ARM Cortex－M3 内核，Flash 程序存储器为 64～256 KB，SRAM 随机存储器为 16～64 KB。芯片为 LQFP－100 封装。集成的外设有：睡眠模块、正交编码器、ADC、带死区 PWM、温度传感器、模拟比较器、UART、SSI、通用定时器、I^2C、CCP 等。

表 1－5 列出的是 S1000 系列芯片内带外围设备状况。

6. S2000 系列

本系列芯片支持最大主频为 50 MHz 的 ARM Cortex－M3 内核，Flash 程序存储器为 64～256 KB，SRAM 随机存储器为 8～64 KB。芯片为 LQFP－100 封装。集成的外设有：CAN 控制器、睡眠模块、正交编码器、ADC、带死区 PWM、温度传感器、模拟比较器、UART、SSI、通用定时器、I^2C、CCP 等。

表 1－6 列出的是 S2000 系列芯片内带外围设备状况。

7. S3000 系列

本系列芯片支持最大主频为 50 MHz 的 ARM Cortex－M3 内核，Flash 程序存储器为 128 KB，SRAM 随机存储器为 32～64 KB。芯片有 LQFP－64 和 LQFP－100 封装两种。集成的外设有：USB HOST/DEVICE/OTG、睡眠模块、正交编码器、ADC、带死区 PWM、温度传感器、模拟比较器、UART、SSI、通用定时器、I^2C、CCP、DMA 控制器等。芯片内部固化驱动库。

表 1－5　S1000 系列芯片内带外设表

型号	封装	频率/MHz	Flash/KB	SRAM/KB	UART	GPIO	SSI	I^2C	模拟比较器	温度传感器	外部32 kHz时钟	通用定时器	睡眠模块	ADC		PWM功能		正交编码器	DMA	ROM软件库
														每秒采样数	10位采样通道	PWM引脚（死区控制）	CCP引脚			
LM3S1110	100	25	64	16	2	20~41	1	—	2	—	√	3	√	—	—	—	2	—	—	—
LM3S1133	100	50	64	16	3	9~44	2	1	1	√	√	4	√	250K	2	2	8	—	—	—
LM3S1138	100	50	64	16	3	9~46	2	2	3	√	√	4	√	1M	8	—	6	—	—	—
LM3S1150	100	50	64	16	3	7~52	2	1	3	√	√	4	√	—	—	6	6	1	—	—
LM3S1162	100	50	64	16	3	4~46	2	1	3	√	√	4	√	500K	2	6	6	—	—	—
LM3S1165	100	50	64	16	3	4~43	2	1	1	√	√	4	√	500K	4	6	8	—	—	—
LM3S1332	100	50	96	16	2	29~57	1	—	3	√	√	4	√	250K	3	—	8	—	—	—
LM3S1435	100	50	96	32	2	21~46	1	1	1	√	√	3	√	500K	2	2	4	—	—	—
LM3S1439	100	50	96	32	2	14~52	2	1	1	√	√	3	√	500K	4	6	6	1	—	—
LM3S1512	100	25	96	64	3	15~58	2	2	3	√	√	4	√	250K	2	—	8	1	—	—
LM3S1538	100	50	96	64	3	9~43	2	2	—	√	√	4	√	500K	8	—	8	1	—	—
LM3S1601	100	50	128	32	3	23~60	2	2	2	—	√	4	√	—	—	—	8	—	—	—
LM3S1607	64	50	128	32	3	0~33	1	2	—	√	√	4	√	500K	8	8	1	—	√	√
LM3S1608	100	50	128	32	2	17~52	2	2	2	√	√	4	√	500K	8	—	8	—	—	—
LM3S1620	100	25	128	32	2	11~52	2	1	3	—	√	3	√	—	—	6	4	1	—	—
LM3S1625	64	50	128	32	1	0~33	1	2	1	√	√	4	√	500K	6	6		1	√	√
LM3S1626	64	50	128	32	2	0~33	1	1	—	√	√	4	√	500K	6	2	2	—	√	√
LM3S1627	64	50	128	32	2	0~33	1	1	—	√	√	4	√	500K	4	4	2	1	√	√
LM3S1635	100	50	128	32	3	12~56	2	2	2	√	√	4	√	500K	4	6	8	—	—	—
LM3S1637	100	50	128	32	3	7~43	1	1	1	√	√	4	√	1M	4	6	6	1	—	—
LM3S1751	100	50	128	64	3	21~56	2	1	1	√	√	3	√	500K	4	4	6	—	—	—
LM3S1776	64	50	128	64	1	1~33	1	1	—	√	√	3	√	1M	6	8	1	—	√	√
LM3S1850	100	50	256	32	2	17~56	1	1	3	—	√	3	√	—	—	6	6	1	—	—
LM3S1911	100	50	256	64	3	23~60	2	2	2	—	√	4	√	—	—	—	8	—	—	—

表 1－7 列出的是 S3000 系列芯片内带外围设备状况。

8. S5000 系列

本系列芯片支持最大主频为 50 MHz 的 ARM Cortex－M3 内核，Flash 程序存储器为 128 KB，SRAM 随机存储器为 32～64 KB。芯片有 LQFP－64 和 LQFP－100 封装两种。集成的外设有：CAN 控制器、USB HOST/DEVICE/OTG、睡眠模块、正交编码器、ADC、带死区 PWM、温度传感器、模拟比较器、UART、SSI、通用定时器、I^2C、CCP、DMA 控制器等。芯片内部固化驱动库。对本系列芯片的内部资源应用将在本书的第 4 章给出。

表 1－8 列出的是 LM3S51791 和 LM3S5B91 芯片内带外围设备状况。

表 1－6　S2000 系列芯片内带外设表

型号	封装	频率/MHz	Flash/KB	SRAM/KB	UART	GPIO	SSI	I^2C	模拟比较器	CAN	温度传感器	外部32 kHz时钟	通用定时器	睡眠模块	ADC		PWM功能		正交编码器
															每秒采样数	10位采样通道	PWM引脚（死区控制）	CCP引脚	
LM3S2016	100	50	64	8	2	18~39	√	√	—	1	—	√	2	—	500K	4	—	4	—
LM3S2110	100	25	64	16	1	11~40	1	1	3	1	—	√	3	—	—	—	2	4	—
LM3S2139	100	25	64	16	2	24~56	1	1	3	1	√	√	3	—	250K	4	—	6	—
LM3S2276	64	50	64	32	1	0~33	1	1	—	1	√	√	3	√	1M	6	6	6	2
LM3S2410	100	25	96	32	1	37~60	2	—	2	1	—	√	3	—	—	—	—	4	—
LM3S2412	100	25	96	32	2	19~49	1	1	2	1	√	√	3	—	250K	3	2	4	—
LM3S2432	100	50	96	32	2	4~34	1	1	2	1	√	√	3	—	250K	3	2	4	—
LM3S2533	100	50	96	64	2	10~48	1	1	3	1	√	√	4	√	250K	3	6	6	—
LM3S2601	100	50	128	32	3	21~60	2	2	2	1	—	√	4	√	—	—	—	8	—
LM3S2608	100	50	128	32	2	15~52	2	2	2	1	√	√	4	√	500K	8	—	8	—
LM3S2616	64	50	128	16	1	1~33	—	1	2	1	√	√	4	√	1M	6	6	6	2
LM3S2620	100	25	128	32	1	12~52	1	1	3	2	—	√	4	√	—	—	4	6	1
LM3S2637	100	50	128	32	2	15~46	1	1	3	1	√	√	4	√	500K	4	—	6	—
LM3S2651	100	50	128	32	3	16~53	2	1	1	1	√	√	4	√	500K	4	4	6	—
LM3S2671	64	50	128	32	1	3~33	1	1	3	1	√	√	4	—	500K	4	6	6	2
LM3S2678	64	50	128	32	1	1~33	1	—	—	1	√	√	4	—	500K	8	6	6	2
LM3S2730	100	50	128	64	1	37~60	1	—	2	1	—	√	3	—	—	—	—	4	—
LM3S2739	100	50	128	64	2	18~56	1	1	1	1	√	√	3	√	500K	4	6	6	1
LM3S2776	64	50	128	64	1	0~33	2	1	—	1	√	√	3	√	1M	6	6	6	2
LM3S2911	100	50	256	64	3	21~60	2	2	2	1	—	√	4	√	—	—	—	8	—
LM3S2918	100	50	256	64	2	15~52	2	2	2	1	√	√	4	√	500K	8	—	8	—
LM3S2939	100	50	256	64	3	17~57	1	1	3	1	√	√	3	√	500K	3	4	4	1
LM3S2948	100	50	256	64	3	12~52	2	1	3	2	√	√	4	√	1M	8	—	8	—
LM3S2950	100	50	256	64	3	10~60	2	1	3	2	—	√	4	√	—	—	6	6	1

表 1－7　S3000 系列芯片内带外设表

型号	封装	频率/MHz	Flash/KB	SRAM/KB	UART	GPIO	SSI	I^2C	模拟比较器	温度传感器	外部32 kHz时钟	通用定时器	睡眠模块	ADC		PWM功能		正交编码器	USB	DMA	ROM软件库
														每秒采样数	10位采样通道	PWM引脚（死区控制）	CCP引脚				
LM3S3739	100	50	128	64	3	14~61	2	2	2	√	√	4	√	500K	8	—	8	—	H/D	√	√
LM3S3748	100	50	128	64	2	3~61	2	2	2	√	√	4	√	1M	8	8	8	1	H/D	√	√
LM3S3749	100	50	128	64	3	0~61	2	2	2	√	√	4	√	1M	8	8	7	1	H/D	√	√
LM3S3651	64	50	128	32	1	0~33	1	1	2	√	√	4	√	500K	4	—	8	—	OTG	√	√
LM3S3759	100	50	128	64	3	14~61	2	2	2	√	√	4	√	500K	8	—	8	—	OTG	√	√
LM3S3768	100	50	128	64	2	1~61	2	2	2	√	√	4	√	1M	8	8	8	1	OTG	√	√

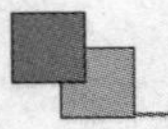

表 1-8 LM3S5791 和 LM3S5B91 芯片内带外设表

型号	封装	Flash/KB	RAM/KB	频率/MHz	UART	GPIO	SSI	I²C	I²S	模拟比较器	数字比较器	EtherNet	E1588	CAN	USB	EPI	温度传感器	高精度振荡器	通用定时器	睡眠模块	ADC 通道	ADC 采样率	PWM功能 PWM引脚（死区控制）	PWM功能 CCP引脚	ROM片上软件	QEI
LM3S5791	100	128	64	80	3	0~72	2	2	√	3	16	—	—	2	OTG	√	√	√	4	—	16	1M	8	8	√	2
LM3S5B91	100	256	96	80	3	0~72	2	2	√	3	16	—	—	2	OTG	√	√	√	4	—	16	1M	8	8	√	2

表 1-9 列出的是 S5000 系列芯片内带外围设备状况。

表 1-9 S5000 系列芯片内带外设表

型号	封装	频率/MHz	Flash/KB	SRAM/KB	UART	GPIO	SSI	I²C	模拟比较器	CAN	温度传感器	外部32 kHz时钟	通用定时器	睡眠模块	ADC 每秒采样数	ADC 10位采样通道	PWM功能 PWM引脚（死区控制）	PWM功能 CCP引脚	正交编码器	USB	DMA	ROM软件库
LM3S5632	64	50	128	32	2	1~33	1	2		1	√	√	3	√	500K	6	—	5	—	H/D	√	√
LM3S5732	64	50	128	64	2	1~33	1	2		1	√	√	3	√	500K	6	—	5	—	H/D	√	√
LM3S5737	100	50	128	64	1	27~61	2	2		1	√	√	3	√	500K	8	—	3	—	H/D	√	√
LM3S5739	100	50	128	64	3	12~61	2	2	2	1	√	√	4	√	500K	8	—	8	—	H/D	√	√
LM3S5747	100	50	128	64	1	27~61	1	1		1	√	√	3	√	500K	8	6	2	—	H/D	√	√
LM3S5749	100	50	128	64	2	0~61	2	2	2	2	√	√	4	√	1M	8	8	5	1	H/D	√	√
LM3S5652	64	50	128	32	1	0~33	1	1	1	1	√	√	3	√	500K	6	—	6	—	OTG	√	√
LM3S5662	64	50	128	32	1	0~33	1	—		1	√	√	3	√	500K	4	6	5	—	OTG	√	√
LM3S5752	64	50	128	64	1	0~33	1	1	1	1	√	√	3	√	500K	6	—	6	—	OTG	√	√
LM3S5757	100	50	128	64	1	25~61	2	2		1	√	√	3	√	500K	8	—	3	—	OTG	√	√
LM3S5762	64	50	128	64	1	0~33	1			1	√	√	3	√	500K	4	6	5	—	OTG	√	√
LM3S5767	100	50	128	64	1	25~61	1	1		1	√	√	3	√	500K	8	6	2	—	OTG	√	√
LM3S5768	100	50	128	64	2	0~61	2	2	3	1	√	√	4	√	1M	8	8	8	—	OTG	√	√
LM3S5769	100	50	128	64	2	0~61	2	2	2	2	√	√	4	√	1M	8	8	5	1	OTG	√	√

9. S6000 系列

本系列芯片支持最大主频为 50 MHz 的 ARM Cortex - M3 内核，Flash 程序存储器为 64～256 KB，SRAM 随机存储器为 16～64 KB。芯片为 LQFP - 100 封装。集成的外设有：100 MHz 以太网、睡眠模块、正交编码器、ADC、带死区 PWM、温度传感器、模拟比较器、UART、SSI、通用定时器、I²C、CCP 等。

表 1-10 列出的是 S6000 系列芯片内带外围设备状况。

10. S8000 系列

本系列芯片支持最大主频为 50 MHz 的 ARM Cortex - M3 内核，Flash 程序存储器为 64～256 KB，SRAM 随机存储器为 16～64 KB。芯片为 LQFP - 100 封装。集成的外设有：100 MHz 以太网、CAN 控制器、睡眠模块、正交编码器、ADC、带死区 PWM、温度传感器、模拟比较器、UART、SSI、通用定时器、I²C、CCP 等。

表 1-11 列出的是 S8000 系列芯片内带外围设备状况。

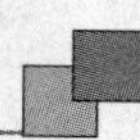

表1-10 S6000系列芯片内带外设表

型号	封装	频率/MHz	Flash/KB	SRAM/KB	UART	GPIO	SSI	I^2C	模拟比较器	EtherNet	E1588	温度传感器	外部32 kHz时钟	通用定时器	睡眠模块	ADC 每秒采样数	ADC 10位采样通道	PWM功能 PWM引脚（死区控制）	PWM功能 CCP引脚	正文编码器
LM3S6100	100	25	64	16	1	10~30	1	—	1	√	—	—	√	3	—	—	—	—	4	—
LM3S6110	100	25	64	16	1	8~35	1	—	3	√	—	—	√	3	—	—	—	2	4	—
LM3S6420	100	25	96	32	1	23~46	1	—	2	√	—	—	√	3	—	—	—	—	4	—
LM3S6422	100	25	96	32	1	12~34	1	—	2	√	—	√	√	3	—	250K	2	—	4	—
LM3S6432	100	50	96	32	2	13~43	1	1	2	√	—	√	√	3	—	250K	3	2	4	—
LM3S6537	100	50	96	64	2	6~41	1	1	2	1	√	√	√	4	√	500K	4	6	6	—
LM3S6610	100	25	128	32	3	5~46	1	1	3	√	—	—	√	4	√	—	—	4	6	1
LM3S6611	100	50	128	32	3	10~46	2	2	2	√	—	—	√	4	√	—	—	—	8	—
LM3S6618	100	50	128	32	2	5~38	2	2	2	√	—	√	√	4	√	500K	8	—	8	—
LM3S6633	100	50	128	32	2	14~41	1	1	1	√	—	√	√	3	√	500K	3	—	8	—
LM3S6637	100	50	128	32	2	9~41	1	1	3	√	—	√	√	4	√	1M	4	—	6	—
LM3S6730	100	50	128	64	1	23~46	1	—	2	√	—	—	√	3	—	—	—	—	4	—
LM3S6753	100	50	128	64	2	5~41	1	1	2	1	√	√	√	4	√	500K	4	6	4	1
LM3S6816	100	50	256	32	3	7~35	√	√	—	1	—	—	√	5	√	500K	6	2	6	—
LM3S6911	100	50	256	64	3	10~46	2	2	2	√	—	—	√	4	√	—	—	—	8	—
LM3S6916	100	50	256	64	3	7~35	√	√	—	1	—	—	√	5	√	500K	6	2	6	—
LM3S6918	100	50	256	64	2	5~38	2	2	2	√	—	√	√	4	√	500K	8	—	8	—
LM3S6938	100	50	256	64	3	5~38	1	1	3	√	—	√	√	4	√	1M	8	—	6	—
LM3S6950	100	50	256	64	3	1~46	2	1	3	1	√	—	√	4	√	—	—	6	6	1
LM3S6952	100	50	256	64	3	5~43	1	1	3	√	—	√	√	3	√	500K	3	4	4	1
LM3S6965	100	50	256	64	3	0~42	1	2	2	√	—	√	√	4	√	1M	4	6	4	2

表1-11 S8000系列芯片内带外设表

型号	封装	频率/MHz	Flash/KB	SRAM/KB	UART	GPIO	SSI	I^2C	模拟比较器	EtherNet	E1588	CAN	温度传感器	外部32 kHz时钟	通用定时器	睡眠模块	ADC 每秒采样数	ADC 10位采样通道	PWM功能 PWM引脚（死区控制）	PWM功能 CCP引脚	正文编码器
LM3S8530	100	50	96	64	1	8~35	2	1	—	1	—	3	—	√	4	—	—	—	—	2	—
LM3S8538	100	50	96	64	2	7~36	1	1	3	1	√	1	√	√	4	—	1M	8	—	4	—
LM3S8630	100	50	128	32	2	10~31	1	1	—	1	—	1	—	√	4	√	—	—	—	2	—
LM3S8730	100	50	128	64	2	11~32	1	1	—	1	√	1	—	√	4	√	—	—	—	2	—
LM3S8733	100	50	128	64	2	7~35	1	1	3	1	—	1	√	√	4	√	500K	4	—	4	—
LM3S8738	100	50	128	64	3	4~38	2	1	1	1	—	1	√	√	4	√	500K	8	—	6	—
LM3S8930	100	50	256	64	1	13~34	1	1	—	1	—	2	—	√	4	√	—	—	—	2	—
LM3S8933	100	50	256	64	2	6~36	1	1	3	1	√	1	√	√	4	√	1M	4	—	4	—
LM3S8938	100	50	256	64	3	3~38	1	2	3	1	√	1	√	√	4	√	1M	8	—	6	—
LM3S8962	100	50	256	64	2	4~42	1	1	1	1	√	1	√	√	4	√	500K	4	6	2	2
LM3S8970	100	50	256	64	2	17~46	2	1	—	1	√	3	—	√	4	√	—	—	—	2	—
LM3S8971	100	50	256	64	1	4~38	1	—	1	√	—	1	√	√	4	√	1M	8	√	6	1

11．S9000 系列

本系列芯片支持最大主频为 100 MHz 的 ARM Cortex－M3 内核，Flash 程序存储器为 128～256 KB，SRAM 随机存储器为 64～96 KB。芯片为 LQFP－100 封装。集成的外设有：100 MHz 以太网、CAN 控制器、USB OTG、外部总线 EPI、ROM 片上 StellarisWare 软件、睡眠模块、正交编码器、ADC、带死区 PWM、温度传感器、模拟比较器、UART、SSI、通用定时器、I^2S、I^2C、CCP、高精度振荡器、DMA 等。

表 1－12 列出的是 S9000 系列芯片内带外围设备状况。

表 1－12　S9000 系列芯片内带外设表

型号	封装	Flash/KB	RAM/KB	频率/MHz	UART	GPIO	SSI	I^2C	I^2S	模拟比较器	数字比较器	EtherNet	E1588	CAN	USB	EPI	温度传感器	高精度振荡器	通用定时器	睡眠模块	ADC		PWM功能		ROM片上软件	QEI
																					通道	采样数	PWM引脚（死区控制）	CCP引脚		
LM3S9790	100	128	64	80	3	0~60	2	2	√	3	16	√	—	2	OTG	√	√	√	4	√	16	1M	—	8	√	—
LM3S9792	100	128	64	80	3	0~65	2	2	√	3	16	√	—	2	OTG	√	√	√	4	—	16	1M	8	8	√	2
LM3S9B90	100	256	96	80	3	0~60	2	2	√	3	16	√	—	2	OTG	√	√	√	4	√	16	1M	—	8	√	—
LM3S9B92	100	256	96	80	3	0~65	2	2	√	3	16	√	—	2	OTG	√	√	√	4	—	16	1M	8	8	√	2
LM3S9B95	100	256	96	100	3	0~65	2	2	√	3	16	√	√	2	OTG	√	√	√	4	—	16	1M	8	8	√	2
LM3S9B96	100	256	96	80	3	0~65	2	2	√	3	16	√	√	2	OTG	√	√	√	4	—	16	1M	8	8	√	2

列出以上芯片的一个重要目的就是让读者对 Cortex－M3 内核系列芯片有一个彻底的了解，从中能选择出最适应工程开发的理想的芯片。

第 2 章

Stellaris 系列芯片 LM3S615 内部资源应用实践

LM3S615 是 Stellaris 系列具有代表性的芯片。LM3S600 有别于 LM3S100 芯片的地方是，增加了集成正交编码器、ADC、带死区 PWM 和温度传感器，同时主频增加到 50 MHz，Flash 存储器扩大到 32 KB，引脚设置为 LQFP－48 封装。这为我们的应用提供了更大的方便。

想说明的是，有关更多的 ARM Corte－M3 理论方面的知识已在《ARM Cortex－M3 内核微控制器快速入门与应用》书中给出了，所以在此不多叙，希望读者朋友在选择这本书的同时也参考《ARM Cortex－M3 内核微控制器快速入门与应用》。

下面对编程中要用到的有关系统控制方面的两个 API 函数进行介绍。

1. 外设使能

Stellaris 系列微控制器的所有外设（如：GPIO、SPI、UART 等），都需要通过设置 RCGCn 系列寄存器后才能进行工作。工作前必须设置外设相对应的位，例如，要启用 GPIO 端口 B 模块，就必须先设置 RCGC2 寄存器中的 GPIOB 位为 1。

外设运行模式时钟选通控制寄存器 RCGC 一共有 3 个，分别是 RCGC0、RCGC1 和 RCGC2。

RCGC0 寄存器的各位配置如表 2－1 所列。

表 2－1　RCGC0 寄存器各位分配表

位　号	31：16	20	19:17	16	15：12	11:8
名　称	保留	PWM	保留	ADC	MINSYSDIV	MAXDCSPD

位　号	7	6	5	4	3	2	1	0
名　称	MPU	保留	TBMPSNS	PLL	WDT	SWO	SWD	JTAG

RCGC1 寄存器的各位配置如表 2－2 所列。

表 2-2　RCGC1 寄存器各位分配表

位　号	31:27	26	25	24	23:19	18	17	16
名　称	保留	COMP2	COMP1	COMP0	保留	TIMER2	TIMER1	TIMER0

位　号	15:13	12	11:5	4	3:2	1	0
名　称	保留	I2C0	保留	SSI0	保留	UART1	UART0

RCGC2 寄存器的各位配置如表 2-3 所列。

表 2-3　RCGC2 寄存器各位分配表

位　号	31:5	4	3	2	1	0
名　称	保留	GPIOE	GPIOD	GPIOC	GPIOB	GPIOA

系统控制寄存器的首地址是 0x400FE000，RCGC2 寄存器的地址偏移量是 0x108，则 RCGC2 寄存器的实际地址为 0x400FE108。系统控制寄存器的各寄存器的地址偏移量请查阅“网上资料\器件资料\LM3S615_ds_cn.pdf”(附录中有说明)。

(1) 手动设置 RCGCn 寄存器

```
⋮
#define HWREG(x)  (*((volatile unsigned long *)(x)))  //32 位地址
⋮
#define SYSCTL_RCGC2   0x400FE108  //确定 RCGC2 寄存器地址
⋮

void main()
{
   HWREG(SYSCTL_RCGC2) |= 0x02;  //置位 RCGC2 寄存器的低 1 位，即 GPIOB = 1
   ⋮
}
⋮
```

(2) 用 Stellaris 芯片驱动库 API 函数设置 RCGC2 寄存器

```
⋮
#include <src/sysctl.h>
⋮
void main()
{//设置 RCGC2 寄存器
   SysCtlPeripheralEnable(SYSCTL_PERIPH_GPIOB);
   ⋮
}
⋮
```

(3) 设置外设寄存器的 API 函数

函数名称：SysCtlPeripheralEnable()。

函数原型：void SysCtlPeripheralEnable(unsigned long ulPeripheral)；

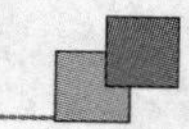

函数功能：用于使能芯片内核 Cortex－M3 微控制器以外的设备。

参数说明：ulPeripheral 为要启动的外设，取值范围如下（必须使用这些常量）。

```
SYSCTL_PERIPH_PWM        0x00100000    // PWM(脉宽调制)
SYSCTL_PERIPH_ADC        0x00010000    // ADC(模/数转换器)
SYSCTL_PERIPH_WDOG       0x00000008    // Watchdog(看门狗)
SYSCTL_PERIPH_UART0      0x10000001    // UART 0(异步串行通信接口 0)
SYSCTL_PERIPH_UART1      0x10000002    // UART 1(异步串行通信接口 1)
SYSCTL_PERIPH_SSI        0x10000010    // SSI(同步串行通信接口)
SYSCTL_PERIPH_QEI        0x10000100    // QEI(正交编码器接口)
SYSCTL_PERIPH_I2C        0x10001000    // I²C
SYSCTL_PERIPH_TIMER0     0x10010000    // Timer 0(定时器 0)
SYSCTL_PERIPH_TIMER1     0x10020000    // Timer 1(定时器 1)
SYSCTL_PERIPH_TIMER2     0x10040000    // Timer 2(定时器 2)
// Analog comparator 0(模拟比较器 0)
SYSCTL_PERIPH_COMP0      0x11000000
// Analog comparator 0(模拟比较器 1)
SYSCTL_PERIPH_COMP1      0x12000000
// Analog comparator 0(模拟比较器 2)
SYSCTL_PERIPH_COMP2      0x14000000
SYSCTL_PERIPH_GPIOA      0x20000001    // GPIO A(输入/输出口 A)
SYSCTL_PERIPH_GPIOB      0x20000002    // GPIO B(输入/输出口 B)
SYSCTL_PERIPH_GPIOC      0x20000004    // GPIO C(输入/输出口 C)
SYSCTL_PERIPH_GPIOD      0x20000008    // GPIO D(输入/输出口 D)
SYSCTL_PERIPH_GPIOE      0x20000010    // GPIO E(输入/输出口 E)
// Cortex M3 MPU(存储器保护单元)
SYSCTL_PERIPH_MPU        0x30000080
SYSCTL_PERIPH_TEMP       0x30000020    // 温度传感器
SYSCTL_PERIPH_PLL        0x30000010    // PLL(运动模式控制)
```

函数返回值：无。

有关外设启用的具体应用见本章的各课题实践程序。

2. 时钟频率设置

(1) 时钟频率设置描述

在 Cortex－M3 内核微控制器内，PLL 时钟分频上电复位过程中默认是禁止的，如果需要 PLL 时钟分频，可以通过调用芯片驱动库中的 API 函数启用。通过函数配置 PLL 时钟输入参考时钟源为主振荡器。

例 1　设置 Cortex－M3 内核微控制器工作频率为 8 MHz。

代码如下：

```
SysCtlClockSet(SYSCTL_SYSDIV_1 | SYSCTL_USE_OSC |SYSCTL_OSC_MAIN | SYSCTL_XTAL_8MHZ);
```

Stellaris 芯片是通过 SysCtlClockSet()函数来配置所用的各种时钟频率，包括内外时钟源。

SysCtlClockSet()函数参数说明如下：

函数原型：void SysCtlClockSet(unsigned long ulConfig)；

函数功能：用于设置 Stellaris 芯片时钟。

参数说明：ulConfig 为所需要的器件时钟配置值。

ulConfig 参数使用的配置值宏定义如下：

```
//系统时钟分频器使用下面的宏定义来选择
SYSCTL_SYSDIV_1          0x07800000        //系统时钟分频器(osc/pll)/1
SYSCTL_SYSDIV_2          0x00C00000        //系统时钟分频器(osc/pll)/2
SYSCTL_SYSDIV_3          0x01400000        //系统时钟分频器(osc/pll)/3
SYSCTL_SYSDIV_4          0x01C00000        //系统时钟分频器(osc/pll)/4
SYSCTL_SYSDIV_5          0x02400000        //系统时钟分频器(osc/pll)/5
SYSCTL_SYSDIV_6          0x02C00000        //系统时钟分频器(osc/pll)/6
SYSCTL_SYSDIV_7          0x03400000        //系统时钟分频器(osc/pll)/7
SYSCTL_SYSDIV_8          0x03C00000        //系统时钟分频器(osc/pll)/8
SYSCTL_SYSDIV_9          0x04400000        //系统时钟分频器(osc/pll)/9
SYSCTL_SYSDIV_10         0x04C00000        //系统时钟分频器(osc/pll)/10
SYSCTL_SYSDIV_11         0x05400000        //系统时钟分频器(osc/pll)/11
SYSCTL_SYSDIV_12         0x05C00000        //系统时钟分频器(osc/pll)/12
SYSCTL_SYSDIV_13         0x06400000        //系统时钟分频器(osc/pll)/13
SYSCTL_SYSDIV_14         0x06C00000        //系统时钟分频器(osc/pll)/14
SYSCTL_SYSDIV_15         0x07400000        //系统时钟分频器(osc/pll)/15
SYSCTL_SYSDIV_16         0x07C00000        //系统时钟分频器(osc/pll)/16
SYSCTL_USE_PLL           0x00000000        //选择为 PLL 时钟
SYSCTL_USE_OSC           0x00003800        // 选择为 osc 时钟
//外部晶振频率使用下面的宏定义来选择
SYSCTL_XTAL_3_57MHZ      0x00000100        //将外部晶振设为 3.579 545 MHz
SYSCTL_XTAL_3_68MHZ      0x00000140        //将外部晶振设为 3.686 4 MHz
SYSCTL_XTAL_4MHZ         0x00000180        //将外部晶振设为 4 MHz
SYSCTL_XTAL_4_09MHZ      0x000001C0        //将外部晶振设为 4.096 MHz
SYSCTL_XTAL_4_91MHZ      0x00000200        //将外部晶振设为 4.915 2 MHz
SYSCTL_XTAL_5MHZ         0x00000240        //将外部晶振设为 5 MHz
SYSCTL_XTAL_5_12MHZ      0x00000280        //将外部晶振设为 5.12 MHz
SYSCTL_XTAL_6MHZ         0x000002C0        //将外部晶振设为 6 MHz
SYSCTL_XTAL_6_14MHZ      0x00000300        //将外部晶振设为 6.144 MHz
SYSCTL_XTAL_7_37MHZ      0x00000340        //将外部晶振设为 7.372 8 MHz
SYSCTL_XTAL_8MHZ         0x00000380        //将外部晶振设为 8 MHz
SYSCTL_XTAL_8_19MHZ      0x000003C0        //将外部晶振设为 8.192 MHz
//振荡器选择宏定义
SYSCTL_OSC_MAIN          0x00000000        // 设置为主振荡器
SYSCTL_OSC_INT           0x00000010        // 设置为整数振荡器
SYSCTL_OSC_INT4          0x00000020        //设置为整数振荡器的 1/4
SYSCTL_INT_OSC_DIS       0x00000002        // 使用内部的振荡器电路
SYSCTL_MAIN_OSC_DIS      0x00000001        // 使用主振荡器电路
```

函数返回值：无。

需要说明的是，本函数参数宏定义的使用是有一定规则的，比如系统时钟是由 SYSCTL_USE_PLL 和 SYSCTL_USE_OSC 来选择；芯片的振荡源是由 SYSCTL_OSC_MAIN、SYSCTL_OSC_INT 和 SYSCTL_OSC_INT4 来选择；内部振荡器和主振荡器

是由SYSCTL_INT_OSC_DIS和SYSCTL_MAIN_OSC_DIS来选择。使用SYSCTL_USE_OSC | SYSCTL_OSC_MAIN来选择由外部振荡源或主振荡器来提供系统时钟；使用SYSCTL_USE_PLL | SYSCTL_OSC_MAIN来选择由PLL提供系统时钟，并使用SYSCTL_XTAL_xxx来选择合适的晶振体。

例2 设置微控制器芯片使用主振荡器，频率为6 MHz。

代码如下：

```
SysCtlClockSet(SYSCTL_SYSDIV_1 | SYSCTL_USE_OSC |
               SYSCTL_OSC_MAIN | SYSCTL_XTAL_6MHZ);
```

(2) 编程实例

硬件系统使用6 MHz外部晶振，通过PLL分频器将系统时钟配置为20 MHz。

程序编写如下：

```
//-----------------------------------------------------------------
#include "hw_memmap.h"
#include "hw_types.h"
#include "ssi.h"
#include "gpio.h"
#include "sysctl.h"
#include "systick.h"
#define   BEEP   GPIO_PIN_5      //启用蜂鸣器
#define   KEY1   GPIO_PIN_4      //使用按键
void JTAGProtect(void);          //防止JTAG失效

//-----------------------------------------------------------------
//函数名称：Delay
//函数功能：延时函数(输入参数越大，延时时间越长)
//入口参数：ulTime  为延时时间值
//出口参数：无
//函数返回值:无
//-----------------------------------------------------------------
void Delay (unsigned long  ulTime)
{
    for(; ulTime; ulTime--);
}
//程序主函数
int main (void)
{
    unsigned long  i;
    JTAGProtect();                  //防止JTAG失效
    //设微控制器芯片使用外部主振荡器，频率为8 MHz
    SysCtlClockSet(SYSCTL_SYSDIV_1|SYSCTL_USE_OSC|SYSCTL_OSC_MAIN
                   |SYSCTL_XTAL_8MHZ);
    //设外设GPIO端口A模块启用
    SysCtlPeripheralEnable(SYSCTL_PERIPH_GPIOA);
    //设GPIO端口A模块的PA5引脚为推挽，使用输出电流为4 mA
```

```
    GPIOPadConfigSet(GPIO_PORTA_BASE, BEEP, GPIO_STRENGTH_4MA,
                     GPIO_PIN_TYPE_STD);
    //设 GPIO 端口 A 模块中的 PA5 引脚方向为输出,
    GPIODirModeSet(GPIO_PORTA_BASE, BEEP, GPIO_DIR_MODE_OUT);
    for (i = 0; i < 10; i++)
    {
        GPIOPinWrite(GPIO_PORTA_BASE,BEEP,~BEEP);        //置 PA5 引脚为低电平
        Delay(200000);
        GPIOPinWrite(GPIO_PORTA_BASE,BEEP,BEEP);         //置 PA5 引脚为高电平
        Delay(200000);
    }

    //设微控制器芯片使用 PLL10 分频为系统频率
    SysCtlClockSet(SYSCTL_SYSDIV_8 | SYSCTL_OSC_MAIN |
                   SYSCTL_USE_PLL | SYSCTL_XTAL_8MHZ);

    for (i = 0; i < 10; i++)
    {
        GPIOPinWrite(GPIO_PORTA_BASE,BEEP,~BEEP);        //置 PA5 引脚为低电平
        Delay(200000);
        GPIOPinWrite(GPIO_PORTA_BASE,BEEP,BEEP);         //置 PA5 引脚为高电平
        Delay(200000);
    }

    while (1) ;
}
//-------------------------------------------------------------------------
//函数名称:JTAGProtect
//函数功能:防止 JTAG 失效的程序
//入口参数:无
//出口参数:无
//-------------------------------------------------------------------------
void JTAGProtect (void)
{
    SysCtlPeripheralEnable(SYSCTL_PERIPH_GPIOA);
    //设置 KEY 所在引脚为输入
    GPIODirModeSet(GPIO_PORTA_BASE, GPIO_PIN_4, GPIO_DIR_MODE_IN);
    //如果复位时按下 KEY,则进入
    if ( GPIOPinRead( GPIO_PORTA_BASE , GPIO_PIN_4)  ==  0x00 )
    {
        for (;;);                                        //死循环,以等待 JTAG 连接
    }
    //禁止 KEY 所在的 GPIO 端口
    SysCtlPeripheralDisable(SYSCTL_PERIPH_GPIOA);
    }
}
```

特别提示: 错误配置 PLL 将使系统进入异常,导致 JTAG 无法正常工作,也就是芯片

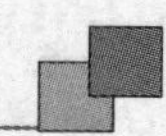

不可以再次进行编程。所以，在做该实验时一定要做好预防措施，即加入防 JTAG 失效代码，如上例中的 JTAGProtect () 函数，用以通过一个按键在还没有进入主程序前按下直接进入死循环区，这样就避开了下面的程序对 PLL 进行的设置。如果没有发生 PLL 配置错误就不需要按下此键。同样，以后在别的设置中，如果发生了同类错误，使 JTAG 不能正常工作时也可以这样操作。防止 JTAG 失效是一个常备的工作，Stellaris 系列芯片天生就有这个缺陷，所以要切记切记！！

编后语：对外设的设置和系统时钟的设置，是因为 Stellaris 系列芯片在上电复位时各外设和 PLL 频率都是禁止的，使用前必须使用一个启用动作。编写程序时要切记这一点。太多的理论在本书中不多讲，在《ARM Cortex－M3 内核微控制器快速入门与应用》中已详细介绍。要记住一点的是，在 Cortex－M3 内核微控制器系列芯片中，所编代码可以相互移植，也就是在 LM3Sxxxx 系列芯片中能够通用。

课题 1　基本的 GPIO 应用信号输出练习与 GPIO 按键信号输入及中断功能的应用方法

【实验目的】

了解和掌握 LM3S615 芯片基本的 GPIO 输入/输出原理与使用方法。

【实验设备】

① 所用工具：30 W 烙铁 1 把，数字万用表 1 个；

② PC 机 1 台；

③ 开发软件 IAR Embedded Workbench5.20v 集成开发平台 1 套；

④ LM LINK JTAG 调试器 1 套，EasyARM615 开发套件 1 套。

【外扩器件】

课题所需外扩元器件请查寻图 K1－1～图 K1－12。

【LM3S615 内部资料】

LM3S615 的 GPIO 模块由 5 个物理模块组成，每个模块对应一个独立的 GPIO 端口，分别是：端口 A、端口 B、端口 C、端口 D 和端口 E。GPIO 模块遵循 FiRM 规范，并且支持 0～34 个可编程的输入/输出引脚，具体取决于正在使用的外设。GPIO 模块具有以下的特性：

① 可编程控制 GPIO 中断。

➤ 屏蔽中断发生；

➤ 边沿触发(上升沿，下降沿，上升、下降沿)；

➤ (高或低)电平触发。

② 输入/输出可承受 5 V 电压。

③ 在读和写操作中通过地址线进行位屏蔽。

④ 可编程控制 GPIO 引脚(pad)配置。

➤弱上拉或下拉电阻；

➤2 mA、4 mA 和 8 mA 引脚驱动；

➤8 mA 驱动的斜率控制；

➤开漏使能；

➤数字输入使能。

有关更详尽的 GPIO 相关资料，请查阅“网上资料\器件资料\LM3S615_ds_cn.pdf”文件中的“章 8　通用输入/输出端口(GPIO)”。

【实例编程】

K1.1　GPIO 应用信号输出练习

K1.1.1　操作实例任务

① 应用 GPIO 输出信号控制两灯互闪。

② 应用 GPIO 输出信号控制流水灯。

③ 应用 GPIO 输出信号控制两位数码管显示。

K1.1.2　操作任务实例编程

1. GPIO 信号输出编程步骤

第一步　启动外设 GPIO 模块。在 LM3S615 芯片内集成 GPIO 端口共 5 个，分别是端口 A、端口 B、端口 C、端口 D 和端口 E。各端口的引脚分配是：端口 A 共 6 个引脚，分别为 PA0～PA5；端口 B 共 8 个引脚，分别为 PB0～PB7；端口 C 共 8 个引脚，分别为 PC0～PC7；端口 D 共 8 个引脚，分别为 PD0～PD7；端口 E 共 4 个引脚，分别为 PE0～PE3。其中，比较完整的且能提供用户常用的端口只有 PD 口，而 PC 和 PB 口虽然有很多引脚，但是平常不能完整使用，因为 PB 口有一个引脚用于 JTAG 模块(即 PB7 引脚)，PC 口有 4 个引脚用于 JTAG 模块(分别是 PC0～PC3)。虽然 JTAG 模块用的这些引脚可以用作普通的引脚，但是在学习中这样做会给程序下载带来不便，只有工程应用中才这样做(即一次性写死)。遇上 JTAG 程序下载问题，有一部分就是这些引脚引起的。切记切记！在本书的所有例程中都加有防 JTAG 失效的代码，千万要记牢这一事件 (PB7 和 PC0～PC3 平时尽量不用)。

在启用 GPIO 模块进入工作状态时用的 API 函数是 SysCtlPeripheralEnable()。在本书的所有例程中将全部使用 Luminary 公司提供的 Stellaris 芯片驱动库，也就是 API 函数。通过这些函数在编程时就可以不再理会那些芯片内的各种寄存器，因为 ARM Cortex - M3 内核的扩大使我们已经无暇顾及那么多的寄存器，对 ARM Cortex - M3 32 位内核微控制器的编程，就像普通台式机编程一样。这是单片机编程向计算机编程的迈进。也就是一步一步地远离具体的硬件，因为低层的代码厂家已经提供。这样为我们的学习和应用提供了更大的方便。所以在 ARM Cortex - M3 32 位内核微控制器中，重点要学习和掌握的就是 API 接口函数，而不是 C51 单片机中的各寄存器。

只有熟悉了各功能模块启用的 API 函数，玩起 ARM Cortex－M3 芯片来才能得心应手。

第二步 设定引脚的使用方向（即用于输入还是输出）。Stellaris 系列芯片的 GPIO 引脚是有方向的，由 GPIODIV 寄存器负责管理。用于信号输入时必须设置本寄存器相应的位为输入状态，比如键盘信号输入、脉冲信号输入等；用于信号输出时必须设置本寄存器相应的位为输出状态，比如驱动普通的 LED 灯、驱动外设的控制设备等。设置时必须调用 API 函数 GPIODirModeSet()。要说明的是本步使用的函数与第三步相同。

第三步 设定引脚控制模式（即由软件控制还是由硬件控制）。Stellaris 系列芯片的 GPIO 引脚可以设为由软件控制也可以设为由硬件控制。这一功能主要用于与外设进行的通信，比方说 SSI、I^2C 等系统自带的外围设备。使用的寄存器为 GPIOAFSEL，用来设置这一寄存器的 API 函数是 GPIODirModeSet()。

第四步 对 GPIODATA 数据寄存器实施读/写操作。GPIODATA 数据寄存器是 Stellaris 系列芯片 GPIO 引脚的数据管理寄存器，通过对这一寄存器进行读/写操作便可以控制接在引脚上的用户设备。比如，点亮一个指示灯（写），接收一个按键信号（读）等。使用的 API 函数是 GPIOPinRead()（读）、GPIOPinWrite()（写）。

2. 使用的 API 函数说明

(1) GPIO 外设模块启用函数 SysCtlPeripheralEnable()

函数名称英文缩写详解：Sys(System，系统)，Ctl(Control，控制)，Peripheral(外围设备)，Enable(使能)。

函数原型：void SysCtlPeripheralEnable(unsigned long ulPeripheral)；

函数功能：用于使能 ARM Cortex－M3 内核的外围设备。

入口参数：ulPeripheral 为外设名称的宏定义。

入口参数的取值范围：

```
#define SYSCTL_PERIPH_PWM        0x00100000  // PWM(脉宽调制器)
#define SYSCTL_PERIPH_ADC        0x00010000  // ADC(模/数转换器)
#define SYSCTL_PERIPH_WDOG       0x00000008  // Watchdog(看门狗)
#define SYSCTL_PERIPH_UART0      0x10000001  // UART0(通用异步收发器 0)
#define SYSCTL_PERIPH_UART1      0x10000002  // UART1(通用异步收发器 1)
#define SYSCTL_PERIPH_SSI        0x10000010  // SSI(同步串行通信接口)
#define SYSCTL_PERIPH_QEI        0x10000100  // QEI(正交编码器接口)
#define SYSCTL_PERIPH_I2C        0x10001000  // I2C(I²C 接口)
#define SYSCTL_PERIPH_TIMER0     0x10010000  // Timer 0(定时器 0)
#define SYSCTL_PERIPH_TIMER1     0x10020000  // Timer 1(定时器 1)
#define SYSCTL_PERIPH_TIMER2     0x10040000  // Timer 2(定时器 2)
// Analog comparator 0(模拟比较器 0)
#define SYSCTL_PERIPH_COMP0      0x11000000
// Analog comparator 1(模拟比较器 1)
#define SYSCTL_PERIPH_COMP1      0x12000000
// Analog comparator 2(模拟比较器 2)
```

```
#define SYSCTL_PERIPH_COMP2     0x14000000
#define SYSCTL_PERIPH_GPIOA     0x20000001  // GPIO A(输入/输出端口 A)
#define SYSCTL_PERIPH_GPIOB     0x20000002  // GPIO B(输入/输出端口 B)
#define SYSCTL_PERIPH_GPIOC     0x20000004  // GPIO C(输入/输出端口 C)
#define SYSCTL_PERIPH_GPIOD     0x20000008  // GPIO D(输入/输出端口 D)
#define SYSCTL_PERIPH_GPIOE     0x20000010  // GPIO E(输入/输出端口 E)
// Cortex M3 MPU(存储器保护单元)
#define SYSCTL_PERIPH_MPU       0x30000080
// Temperature sensor(温度传感器)
#define SYSCTL_PERIPH_TEMP      0x30000020
#define SYSCTL_PERIPH_PLL       0x30000010  // PLL(系统用时钟)
```

出口参数：无。

函数返回值：无。

例 3　启用 PD 端口用于流水灯控制，启用 PB 端口用于按键输入。

代码如下：

```
SysCtlPeripheralEnable(SYSCTL_PERIPH_GPIOD); //启用 PD 端口
SysCtlPeripheralEnable(SYSCTL_PERIPH_GPIOB); //启用 PB 端口
```

或：

```
SysCtlPeripheralEnable(SYSCTL_PERIPH_GPIOD| SYSCTL_PERIPH_GPIOB);
```

(2) GPIO 外设方向与模式设置函数 GPIODirModeSet()

函数名称英文缩写详解：GPIO(输入/输出)，Dir(方向)，Mode(模式)，Set(设置)。即设置各引脚输入/输出方向和软件或硬件工作模式。

函数原型：void GPIODirModeSet(unsigned long ulPort, unsigned char ucPins, unsigned long ulPinIO);

函数功能：用于设置 GPIO 引脚的工作方向和模式。

入口参数：

① ulPort 为端口首地址。取值范围：

```
#define GPIO_PORTA_BASE  0x40004000  // GPIO 端口 A
#define GPIO_PORTB_BASE  0x40005000  // GPIO 端口 B
#define GPIO_PORTC_BASE  0x40006000  // GPIO 端口 C
#define GPIO_PORTD_BASE  0x40007000  // GPIO 端口 D
#define GPIO_PORTE_BASE  0x40024000  // GPIO 端口 E
```

② ucPins 为引脚编号。取值范围：

```
#define GPIO_PIN_0  0x00000001  // GPIO 引脚 0
#define GPIO_PIN_1  0x00000002  // GPIO 引脚 1
#define GPIO_PIN_2  0x00000004  // GPIO 引脚 2
#define GPIO_PIN_3  0x00000008  // GPIO 引脚 3
#define GPIO_PIN_4  0x00000010  // GPIO 引脚 4
#define GPIO_PIN_5  0x00000020  // GPIO 引脚 5
#define GPIO_PIN_6  0x00000040  // GPIO 引脚 6
```

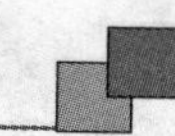

```
#define GPIO_PIN_7   0x00000080   // GPIO 引脚 7
```

③ ulPinIO 为方向与模式选择。取值范围：

```
// Pin(引脚) is a GPIO input(输入)
#define GPIO_DIR_MODE_IN    0x00000000
// Pin(引脚) is a GPIO output(输出)
#define GPIO_DIR_MODE_OUT    0x00000001
// Pin(引脚) is a peripheral function(硬件控制)
#define GPIO_DIR_MODE_HW    0x00000002
```

出口参数：无。

函数返回值：无。

例 4　启用 PC4 引脚用于 LED 指示灯。

解题：要使 PC4 引脚输出信号，必须设置引脚为输出，使用参数为 GPIO_PORTC_BASE(PC 口首地址)、GPIO_PIN_4(引脚编号)和 GPIO_DIR_MODE_OUT(输出模式)。代码如下：

```
#define PC4_LED GPIO_PIN_4
⋮
//设置 PC4 引脚信号为输出
GPIODirModeSet(GPIO_PORTC_BASE,PC4_LED,GPIO_DIR_MODE_OUT);
⋮
```

(3) 从 GPIODATA 数据寄存器中读出数据函数 GPIOPinRead()

函数名称英文缩写详解：GPIO(输入/输出)，Pin(引脚)，Read(读)。

函数原型：long GPIOPinRead(unsigned long ulPort, unsigned char ucPins);

函数功能：用于读取引脚数据。

入口参数：

① ulPort 为端口首地址。取值范围：

```
#define GPIO_PORTA_BASE    0x40004000   // GPIO 端口 A
#define GPIO_PORTB_BASE    0x40005000   // GPIO 端口 B
#define GPIO_PORTC_BASE    0x40006000   // GPIO 端口 C
#define GPIO_PORTD_BASE    0x40007000   // GPIO 端口 D
#define GPIO_PORTE_BASE    0x40024000   // GPIO 端口 E
```

② ucPins 为引脚编号。取值范围：

```
#define GPIO_PIN_0    0x00000001   // GPIO 引脚 0
#define GPIO_PIN_1    0x00000002   // GPIO 引脚 1
#define GPIO_PIN_2    0x00000004   // GPIO 引脚 2
#define GPIO_PIN_3    0x00000008   // GPIO 引脚 3
#define GPIO_PIN_4    0x00000010   // GPIO 引脚 4
#define GPIO_PIN_5    0x00000020   // GPIO 引脚 5
#define GPIO_PIN_6    0x00000040   // GPIO 引脚 6
#define GPIO_PIN_7    0x00000080   // GPIO 引脚 7
```

出口参数：无。

函数返回值：返回读取的数据。

例 5　读取 PA 口中的 PA0 引脚上的按键信号。

解题：一般在单片机上接按键，其信号一定是 0 值，也就是说，当按键按下时直接让引脚接地，使引脚上的高电平变为 0。编程时用寻查引脚是否为 0 来判断按键是否按下。LM3Sxxx 系列 32 位微控制器也是一样，所以本任务如有按键按下则读回的值一定是 0。

PA 口的首地址为 GPIO_PORTA_BASE。PA0 引脚编号为 GPIO_PIN_0。

代码如下：

```
long nlKeyAssignments; //用于存放读出的键值
nlKeyAssignments = GPIOPinRead(GPIO_PORTA_BASE,GPIO_PIN_0);
If(nlKeyAssignments == 0)
{//PA0 引脚上的按键已按下
}
```

(4) 向 GPIODATA 数据寄存器写入数据函数 GPIOPinWrite()；

函数名称英文缩写详解：GPIO(输入/输出)，Pin(引脚)，Write (写)。

函数原型：void GPIOPinWrite(unsigned long ulPort, unsigned char ucPins, unsigned char ucVal)；

函数功能：用于向引脚写入数据。

入口参数：

① ulPort 为端口首地址。取值范围：

```
#define GPIO_PORTA_BASE    0x40004000   // GPIO 端口 A
#define GPIO_PORTB_BASE    0x40005000   // GPIO 端口 B
#define GPIO_PORTC_BASE    0x40006000   // GPIO 端口 C
#define GPIO_PORTD_BASE    0x40007000   // GPIO 端口 D
#define GPIO_PORTE_BASE    0x40024000   // GPIO 端口 E
```

② ucPins 为引脚编号。取值范围：

```
#define GPIO_PIN_0    0x00000001   // GPIO 引脚 0
#define GPIO_PIN_1    0x00000002   // GPIO 引脚 1
#define GPIO_PIN_2    0x00000004   // GPIO 引脚 2
#define GPIO_PIN_3    0x00000008   // GPIO 引脚 3
#define GPIO_PIN_4    0x00000010   // GPIO 引脚 4
#define GPIO_PIN_5    0x00000020   // GPIO 引脚 5
#define GPIO_PIN_6    0x00000040   // GPIO 引脚 6
#define GPIO_PIN_7    0x00000080   // GPIO 引脚 7
```

③ ucVal 为向引脚写入的数据。比如 0x59 这样的数据。

出口参数：无。

函数返回值：无。

例 6 向 PD 口写入数字字模。

解题：PD 口的首地址为 GPIO_PORTD_BASE。

代码如下：

```
GPIOPinWrite(GPIO_PORTD_BASE,0x80); //向 PD 口发送数字 8 的字模(共阳)
```

3. GPIO 信号输出编程实践

任务① GPIO 输出信号控制两灯互闪

实例程序：

```
//----------------------------------------------------------------------
//文件名：Gpio_Pd_Main_.c
//功能：实现两灯互闪
//说明：本实例程序使用 PD4 和 PC4 两引脚上的指示灯
//----------------------------------------------------------------------
#include "hw_ints.h"
#include "hw_memmap.h"
#include "hw_types.h"
#include "gpio.h"
#include "sysctl.h"

#define HW_REG32B(addr)   (*((volatile unsigned long *)(addr)))  //操作 32 位地址
void GPio_Initi(void);   //GPIO 初始化(启用)
#define PC4_LED   GPIO_PIN_4
#define PD7_LED   GPIO_PIN_7
//----------------------------------------------------------------------
// 函数名称：jtagWait
// 函数功能：用于防止 JTAG 失效
// 输入参数：无
// 输出参数：无
//----------------------------------------------------------------------
void  jtagWait(void)
{
    SysCtlPeripheralEnable(SYSCTL_PERIPH_GPIOA);
    //设置 KEY 所在引脚为输入
    GPIODirModeSet(GPIO_PORTA_BASE, GPIO_PIN_4, GPIO_DIR_MODE_IN);
    //如果复位时按下 KEY,则进入
    if ( GPIOPinRead( GPIO_PORTA_BASE , GPIO_PIN_4)  ==   0x00 )
    {
        for (;;);          //死循环,以等待 JTAG 连接
    }
    //禁止 KEY 所在的 GPIO 端口
    SysCtlPeripheralDisable(SYSCTL_PERIPH_GPIOA);
}
//----------------------------------------------------------------------
//函数名称：delay
//函数功能：用于延时
//入口参数：d 为延时的时间长度
```

```
//出口参数：无
//--------------------------------------------------------------------------
void delay(int d)
{
  int i = 0;
  for( ; d; --d)
   for(i = 0;i<10000;i++);
}
//--------------------------------------------------------------------------
//程序主函数
//--------------------------------------------------------------------------
int  main()
{
    //防止 JTAG 失效
    delay(10);
    jtagWait();
    delay(10);

    GPio_Initi();  //初始外设 GPIO PC 口、PD 口为输出状态

    while(1)
    {
      //指示灯处理
      //读出 PC4_LED 引脚值,判断是否为 0
      if(GPIOPinRead(GPIO_PORTC_BASE, PC4_LED) == 0x00)
      {  //如果 PC4 引脚为 0 就给其写 1,熄灭指示灯
         GPIOPinWrite(GPIO_PORTC_BASE, PC4_LED,PC4_LED);
         //同时给 PD7 写入 0,点亮指示灯
         GPIOPinWrite(GPIO_PORTD_BASE, PD7_LED,0x00);}
       else
        { //否则就给 PC4 写入 0,点亮指示灯
         GPIOPinWrite(GPIO_PORTC_BASE, PC4_LED,~PC4_LED);
         //同时给 PD7 写入 1,熄灭指示灯
         GPIOPinWrite(GPIO_PORTD_BASE, PD7_LED,PD7_LED);}

       delay(30);                                          //延时
    }
}
//--------------------------------------------------------------------------
// 函数名称:GPio_Initi
// 函数功能:启动外设 GPIO PC 口、PD 口为输出状态
// 输入参数:无
// 输出参数:无
//--------------------------------------------------------------------------
void GPio_Initi(void)
{
    //使能 GPIO PC 口、PD 口外设
    SysCtlPeripheralEnable( SYSCTL_PERIPH_GPIOC|SYSCTL_PERIPH_GPIOD );
    //设定 PC4、PD7 为输出,用于指示灯点亮
    GPIODirModeSet(GPIO_PORTC_BASE, PC4_LED,GPIO_DIR_MODE_OUT);
    GPIODirModeSet(GPIO_PORTD_BASE, PD7_LED,GPIO_DIR_MODE_OUT);
```

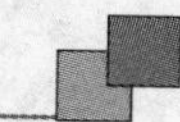

```
}
//----------------------------------------------------------------------------
```

例程所在位置见"网上资料\参考程序\课题 1_GPIO\GPIO_PD7_PC4[互闪]*.*"。

重要说明：因篇幅的限制，后续例程中的省略部分请读者查阅网上资料中的参考程序，路径在每一个任务的最后一行，从下面的任务开始，后续的省略处不再作说明。

任务② 应用 GPIO 输出信号控制流水灯。

实例程序：

```
//----------------------------------------------------------------------------
//文件名：Gpio_Pd_Main.c
//功能：实现 PD 口花样流水灯
//说明：虽然此芯片不是用来控制流水灯的，但是可以先用 PD 口来熟悉一下引脚输出功能
//连线方法：从 EasyARM615 实验平台中的 PD0～PD7 引脚上输出信号
//----------------------------------------------------------------------------
⋮
//程序主函数
void  main()
{
    unsigned char chPD = 0x01,chPD2 = 0xFE;
    unsigned char cPdp[4] = {0x18,0x24,0x42,0x81};
    unsigned char cPds[4] = {0xE7,0xDB,0xBD,0x7E};
    int nJsq = 0,nJsq2 = 0, i = 0;
    //防止 JTAG 失效
    delay(10);
    jtagWait();
    delay(10);
    SysCtlClockSet(SYSCTL_SYSDIV_1 | SYSCTL_USE_OSC | SYSCTL_OSC_MAIN |
                   SYSCTL_XTAL_8MHZ);

    GPio_Initi();                          //初始外设 GPIO PC 口、PD 口为输出状态
    while(1)
    {
     nJsq2 = 0;
     do
     {
      chPD = 0x01;
      chPD2 = 0xFE;
      nJsq = 0;
      //左移
      for(i = 0;i<8;i++)
      {
        GPIOPinWrite(GPIO_PORTD_BASE,chPD,chPD2);             //亮灯
        delay(5);
        GPIOPinWrite(GPIO_PORTD_BASE,chPD,~chPD2);            //熄灯
        chPD = chPD<<1;
        chPD2 = chPD2<<1;
```

```
      chPD2 |= 0x01;      //移位后向低0位加1用以屏蔽低位亮的灯
      nJsq++;
      if(nJsq >= 8)       //8次循环满后重新初始化
      {chPD = 0x01;
       chPD2 = 0xFE;
       nJsq = 0;
      }
    }
    //右移
    chPD = 0x80;
    chPD2 = 0x7F;
    nJsq = 0;
    for(i=0;i<8;i++)
    {
      GPIOPinWrite(GPIO_PORTD_BASE,chPD,chPD2);          //亮灯
      delay(5);
      GPIOPinWrite(GPIO_PORTD_BASE,chPD,~chPD2);         //熄灯

      chPD = chPD>>1;
      chPD2 = chPD2>>1;
      chPD2 |= 0x80;             //移位后向低0位加1用以屏蔽低位亮的灯
      nJsq++;
      if(nJsq >= 8)              //8次循环满后重新初始化
      {chPD = 0x80;
       chPD2 = 0x7F;
       nJsq = 0; }
      }

   nJsq2++;
  }
 while(nJsq2 < 4);
 //中间开花
 nJsq2 = 0;
 do
  {
   for(i=0;i<4;i++)
   {
    GPIOPinWrite(GPIO_PORTD_BASE,cPdp[i],cPds[i]);          //亮灯
    delay(10);
    GPIOPinWrite(GPIO_PORTD_BASE,cPdp[i],~cPds[i]);         //熄灯
   }
   nJsq2++;
  }
  while(nJsq2 < 8);
 }
}
⋮
```

例程所在位置见“网上资料\参考程序\课题1_GPIO\ GPIO_PD口_流水灯\ *. *”。

任务③　应用 GPIO 输出信号控制两位数码管显示。

实例程序：

```
//------------------------------------------------------------------------
//文件名：Gpio_Pd_Main.c
//功能：实现 PD 口输出数字字模
//说明：实现两位数码管显示数字
//连线方法：从 EasyARM615 实验平台中的 PD0～PD7 引脚上输出信号到扩展模块的 a～dp(J0～J7)
//          上，并将 PA0 连接到 J10，PA1 连接到 J11，3.3 V 连接到 J8，Gnd 连接到 J9
//------------------------------------------------------------------------
 ⋮
void  GPio_Initi(void);                              //GPIO 初始化
void  jtagWait(void);                                //防 JTAG 失效
void  Sendzhimou(unsigned char chTypeheadData,int nDelaytime);  //用于发送数字字模
void  IndicatorLight(void);                          //启用指示灯
void Delay(int nDelaytime);                          //用于延时
#define PA0_PIN   GPIO_PIN_0                         //用于控制数码管的个位
#define PA1_PIN   GPIO_PIN_1                         //用于控制数码管的十位
#define PC4_LED   GPIO_PIN_4                         //指示灯
#define PD7_LED   GPIO_PIN_7
//数字字模(用于共阳数码管)
unsigned char chTypehead[10] = {0xC0,0xF9,0xA4,0xB0,0x99,0x92,0x82,0xF8,0x80,0x90};
//                                0    1    2    3    4    5    6    7    8    9
//程序主函数
void  main()
{
   int nJsq = 0,nWg = 0,nWs = 0,nJsq2 = 0;
   //防止 JTAG 失效
   Delay(10);
   jtagWait();
   Delay(10);
   SysCtlClockSet(SYSCTL_SYSDIV_1 | SYSCTL_USE_OSC | SYSCTL_OSC_MAIN |
                  SYSCTL_XTAL_8MHZ);
   GPio_Initi();                                     //初始外设 GPIO PC 口、PD 口为输出状态

   while(1)
   {
     do
     { //个位(使能/禁止)
       GPIOPinWrite(GPIO_PORTA_BASE,PA0_PIN|PA1_PIN,~PA0_PIN|PA1_PIN);
       Sendzhimou(chTypehead[nWg],2);      //发送数字字模
       //十位(禁止/使能)
       GPIOPinWrite(GPIO_PORTA_BASE,PA0_PIN|PA1_PIN,PA0_PIN|~PA1_PIN);
       Sendzhimou(chTypehead[nWs],2);      //发送数字字模
       nJsq++;
     }
     while(nJsq < 30);
     nJsq2++;
```

```
        nWs =   nJsq2/10;                          //取出个位
        nWg =   nJsq2 % 10;                        //取出十位
        if(nJsq2 > 99)nJsq2 = 0;
        nJsq = 0;
        IndicatorLight();                          //指示灯
      // Delay(10);
      }
}
⋮
//----------------------------------------------------------------------------
// 函数名称：Sendzhimou
// 函数功能：用于发送数字字模
// 输入参数：chTypeheadData 用于传送数字字模
//           nDelaytime 用于设定延时时间
// 输出参数：无
//----------------------------------------------------------------------------
void  Sendzhimou(unsigned char chTypeheadData,int nDelaytime)
{
    GPIOPinWrite(GPIO_PORTD_BASE,0xFF,chTypeheadData);              //亮
    Delay(nDelaytime);
    GPIOPinWrite(GPIO_PORTD_BASE,0xFF,~chTypeheadData);             //熄

}
```

例程所在位置见“网上资料\参考程序\课题 1_GPIO\ GPIO_PD 口_两位数码管 2*.*”。

K1.1.3 外扩模块电路图与连线

任务①外扩模块电路图使用 EasyARM615 开发平台自带的连接在 PD7 和 PC4 引脚上的指示灯。

任务②外扩模块电路图如图 K1－1 所示。连线方法：将图 K1－1 中的 LJ0～LJ7 顺序连接到 EasyARM615 开发平台上的 PD0～PD7。

任务③外扩模块电路图如图 K1－2 所示。连线方法：将图 K1－2 中的 J0～J7 顺

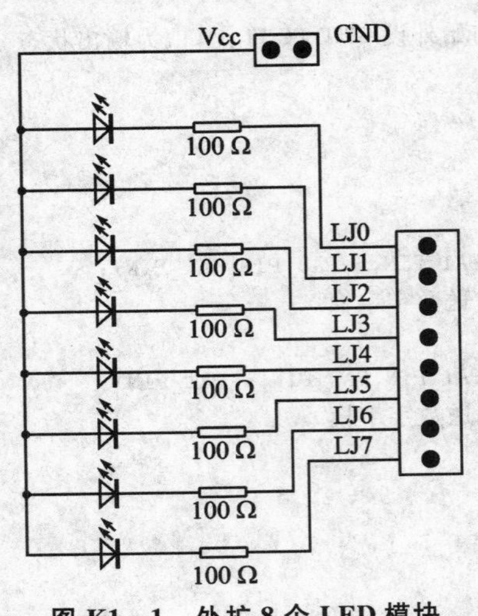

图 K1－1 外扩 8 个 LED 模块

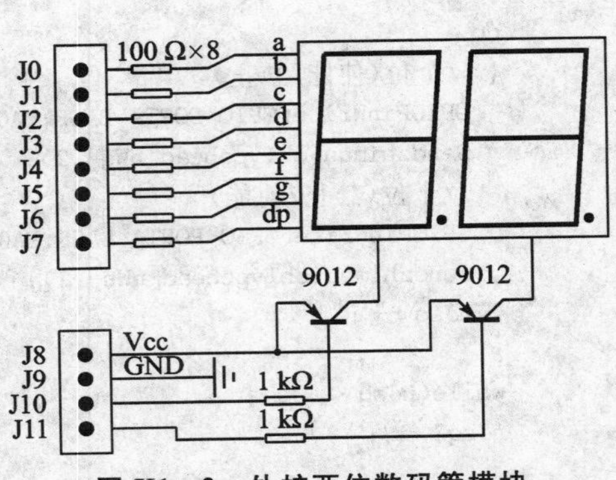

图 K1－2 外扩两位数码管模块

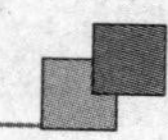

序连接到EasyARM615开发平台上的PD0～PD7，并将J10连接到PA0，J11连接到PA1，J8连接到3.3 V，J9连接到GND。

K1.2 GPIO按键信号输入练习

K1.2.1 操作实例任务

① 应用GPIO输入按键信号控制单灯亮熄。

② 应用单个数码管显示4×4键盘键值。

③ 应用4×5键盘与YM1602液晶显示器制作简易计算器。

K1.2.2 操作任务实例编程

1. GPIO按键信号输入编程步骤

第一步 启动GPIO外设模块。本实例程序启用GPIO端口A。

第二步 设置GPIO引脚方向。本实例程序设定GPIO端口A的PA0～PA3引脚为信号输入模式，用于读取按键信号。

第三步 设定引脚控制模式，即由软件控制还是硬件控制。本实例程序设定引脚控制模式为软件控制，直接使用输入模式。

第四步 读取GPIO引脚信息。即调用API读取端口信号函数。

2. 使用的API函数说明

本节使用API函数说明见本课题的K1.1.2。

3. GPIO按键信号输入编程实践

任务① 应用GPIO输入按键信号控制单灯亮熄。

```
//--------------------------------------------------------------------------
//文件名：Gpio_Main.c
//功能：实现按键功能
//说明：操作时按下按键所对应的指示灯点亮，放松按键后指示灯熄灭
//连线方法：KEY1～KEY4顺序连接到PA2～PA5，LED1～LED4顺序连接到PC4～PC7
//--------------------------------------------------------------------------
⋮
void  GPio_Initi(void);                    //GPIO初始化(启用)
void  jtagWait(void);                      //用于防止JTAG失效
void  delay(int d);                        //用于延时
//LED(指示灯)
#define PC4_LED1   GPIO_PIN_4
#define PC5_LED2   GPIO_PIN_5
#define PC6_LED3   GPIO_PIN_6
#define PC7_LED4   GPIO_PIN_7
//KEY(按键)
#define PA0_KEY1   GPIO_PIN_2
#define PA1_KEY2   GPIO_PIN_3
#define PA2_KEY3   GPIO_PIN_4
#define PA3_KEY4   GPIO_PIN_5
//程序主函数
int  main()
```

```
{
    //防止 JTAG 失效
    delay(10);
    jtagWait();
    delay(10);
    GPio_Initi();   //初始化外设 GPIO PC 口、PA 口
    while(1)
    {
      //如果 KEY1 键按下
      if(GPIOPinRead( GPIO_PORTA_BASE,PA0_KEY1) == 0x00)
        GPIOPinWrite(GPIO_PORTC_BASE, PC4_LED1,~PC4_LED1);        //点亮
       else
        GPIOPinWrite(GPIO_PORTC_BASE, PC4_LED1,PC4_LED1);         //熄灭
      //如果 KEY2 键按下
      if(GPIOPinRead( GPIO_PORTA_BASE,PA1_KEY2) == 0x00)
        GPIOPinWrite(GPIO_PORTC_BASE, PC5_LED2,~PC5_LED2);        //点亮
       else
        GPIOPinWrite(GPIO_PORTC_BASE, PC5_LED2,PC5_LED2);         //熄灭
      //如果 KEY3 键按下
      if(GPIOPinRead( GPIO_PORTA_BASE,PA2_KEY3) == 0x00)
        GPIOPinWrite(GPIO_PORTC_BASE, PC6_LED3,~PC6_LED3);        //点亮
       else
        GPIOPinWrite(GPIO_PORTC_BASE, PC6_LED3,PC6_LED3);         //熄灭
      //如果 KEY4 键按下
      if(GPIOPinRead( GPIO_PORTA_BASE,PA3_KEY4) == 0x00)
        GPIOPinWrite(GPIO_PORTC_BASE, PC7_LED4,0x00);             //点亮
       else
        GPIOPinWrite(GPIO_PORTC_BASE, PC7_LED4,PC7_LED4);         //熄灭
      delay(20);                                                  //延时
    }
}
⋮
```

例程所在位置见“网上资料\参考程序\课题 1_GPIO\ GPIO_PA_KEY[单个按键]*.*”。

任务② 应用单个数码管显示 4×4 键盘键值。

下面是 4×4 按键模板程序。

```
//****************************************************************
//文件功能：4×4 按键模板程序库
//文件名：Key_4×4_In.h
//操作说明：使用时直接在各按键的执行函数中加入功能代码即可
//使用平台：EasyARM615 实验平台
//扩展模块与平台连线方法：4×4 键盘引脚的高 4 位连接到 PA0～PA3,低 4 位连接到 PB0～PB3
//****************************************************************
//用于 4×4 的高 4 位
#define PA0_KEY1   GPIO_PIN_0
```

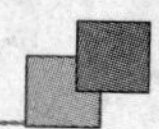

```
#define PA1_KEY2   GPIO_PIN_1
#define PA2_KEY3   GPIO_PIN_2
#define PA3_KEY4   GPIO_PIN_3
//用于 4×4 的低 4 位
#define PB0_KEY5   GPIO_PIN_0
#define PB1_KEY6   GPIO_PIN_1
#define PB2_KEY7   GPIO_PIN_2
#define PB3_KEY8   GPIO_PIN_3
void Key1();                              //按键执行函数第 1 键
 ⋮                                        //省略部分见程序实例,路径在本例的最后一行
void Key16();                             //按键执行函数第 16 键
//数字字模(用于共阳数码管)
unsigned char chTypehead[16] = {0xC0,0xF9,0xA4,0xB0,0x99,0x92,
                     0x82,0xF8,0x80,0x90,0x88,0x83,0xC6,0xA1,0x86,0x8E};
//                              0    1    2    3    4    5
//                         6    7    8    9    A    B    C    D    E    F
//--------------------------------------------------------------------------
// 函数名称：GPio_Initi_Key
// 函数功能：启动外设 GPIO,PB 口为输出状态,PA 口为输入状态(初始化 4×4 键盘)
// 输入参数：无
// 输出参数：无
//--------------------------------------------------------------------------
void GPio_Initi_Key(void)
{
   //使能 GPIO PA 口、PB 口外设,用于 4×4 键盘
   SysCtlPeripheralEnable( SYSCTL_PERIPH_GPIOA| SYSCTL_PERIPH_GPIOB);
   //设定 PA0～PA3 为输入用于按键输入(启用 PA 口的低 4 位为输入)
   GPIODirModeSet(GPIO_PORTA_BASE, 0x0F,GPIO_DIR_MODE_IN);
   //设定 PB0～PB3 为输出用于按键输入(启用 PB 口的低 4 位为输出)
   GPIODirModeSet(GPIO_PORTB_BASE, 0x0F,GPIO_DIR_MODE_OUT);
}
//--------------------------------------------------------------------------
//函数名称：Key4x4Input()
//函数功能：键值处理函数(按键信号输入)
//--------------------------------------------------------------------------
void Key4x4Input()
{
   //置 PB0 引脚为低电平
   GPIOPinWrite(GPIO_PORTB_BASE,0x0F,0xFE);
   //读取 PA0～PA3 四个引脚的值,判断是否有键按下
   if(GPIOPinRead(GPIO_PORTA_BASE,PA0_KEY1) == 0x00)Key1();
   if(GPIOPinRead(GPIO_PORTA_BASE,PA1_KEY2) == 0x00)Key2();
   if(GPIOPinRead(GPIO_PORTA_BASE,PA2_KEY3) == 0x00)Key3();
   if(GPIOPinRead(GPIO_PORTA_BASE,PA3_KEY4) == 0x00)Key4();
   //置 PB1 引脚为低电平
   GPIOPinWrite(GPIO_PORTB_BASE,0x0F,0xFD);
   //读取 PA0～PA3 四个引脚的值,判断是否有键按下
   if(GPIOPinRead(GPIO_PORTA_BASE,PA0_KEY1) == 0x00)Key5();
```

```
    if(GPIOPinRead(GPIO_PORTA_BASE,PA1_KEY2) == 0x00)Key6();
    if(GPIOPinRead(GPIO_PORTA_BASE,PA2_KEY3) == 0x00)Key7();
    if(GPIOPinRead(GPIO_PORTA_BASE,PA3_KEY4) == 0x00)Key8();
    //置 PB2 引脚为低电平
    GPIOPinWrite(GPIO_PORTB_BASE,0x0F,0xFB);
    //读取 PA0～PA3 四个引脚的值,判断是否有键按下
    if(GPIOPinRead(GPIO_PORTA_BASE,PA0_KEY1) == 0x00)Key9();
    if(GPIOPinRead(GPIO_PORTA_BASE,PA1_KEY2) == 0x00)Key10();
    if(GPIOPinRead(GPIO_PORTA_BASE,PA2_KEY3) == 0x00)Key11();
    if(GPIOPinRead(GPIO_PORTA_BASE,PA3_KEY4) == 0x00)Key12();
    //置 PB3 引脚为低电平
    GPIOPinWrite(GPIO_PORTB_BASE,0x0F,0xF7);
    //读取 PA0～PA3 四个引脚的值,判断是否有键按下
    if(GPIOPinRead(GPIO_PORTA_BASE,PA0_KEY1) == 0x00)Key13();
    if(GPIOPinRead(GPIO_PORTA_BASE,PA1_KEY2) == 0x00)Key14();
    if(GPIOPinRead(GPIO_PORTA_BASE,PA2_KEY3) == 0x00)Key15();
    if(GPIOPinRead(GPIO_PORTA_BASE,PA3_KEY4) == 0x00)Key16();
}
//以下是 16 个按键执行函数
//第 1 键
void Key1()
{ //请在此处加入执行代码
    GPIOPinWrite(GPIO_PORTD_BASE,0xFF,chTypehead[0]);
}
//第 2 键
void Key2()
{//请在此处加入执行代码
    GPIOPinWrite(GPIO_PORTD_BASE,0xFF,chTypehead[1]);
}
⋮                                     //省略部分见程序实例,路径在本例的最后一行
//第 15 键
void Key15()
{//请在此处加入执行代码
    GPIOPinWrite(GPIO_PORTD_BASE,0xFF,chTypehead[14]);
}
//第 16 键
void Key16()
{//请在此处加入执行代码
    GPIOPinWrite(GPIO_PORTD_BASE,0xFF,chTypehead[15]);
}
```

下面是主程序代码：

```
//--------------------------------------------------------------------------
//文件名：Key_4x4_Main.c
//功能：实现 4×4 按键功能
//说明：见 Key_4x4_In.h 文件
//--------------------------------------------------------------------------
⋮
```

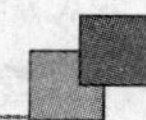

```
#include "Key_4x4_In.h"

void  GPio_Initi(void);                     //GPIO 初始化(启用)
void  IndicatorLight(void);                 //启用指示灯
void  Delay(int nDelaytime);                //用于延时
void  jtagWait(void);                       //用于防止 JTAG 失效
//LED(指示灯)
#define PC4_LED1   GPIO_PIN_4
#define PC5_LED2   GPIO_PIN_5
#define PC6_LED3   GPIO_PIN_6
#define PC7_LED4   GPIO_PIN_7
//程序主函数
int  main()
{
    //防止 JTAG 失效
    Delay(10);
    jtagWait();
    Delay(10);
    GPio_Initi();                           //初始外设 GPIO PC 口
    GPio_Initi_Key();                       //初始化 4×4 键盘
    while(1)
    {
        Key4x4Input();                      //获取 4×4 按键信号
        IndicatorLight();                   //芯片运行指示灯
        Delay(20);                          //延时
    }
}
⋮
```

例程所在位置见"网上资料\参考程序\课题 1_GPIO\ GPIO_4x4Key[键盘]2\ *.*"。

任务③ 应用 4×5 键盘与 YM1602 液晶显示器制作简易计算器。

4×5 键盘内部代码展示如下：

```
//******************************************************************
//文件功能：4×5 按键模板程序库
//文件名：Key_4x5_In.h
//操作说明：使用时直接在各按键的执行函数中加入功能代码即可
//使用平台：EasyARM615 实验平台
//扩展模块与平台连线方法：4×5 键盘引脚的高 4 位连接到 PA0～PA3,低 4 位连接到
//                      PB0～PB3,高第 8 位连接到 PE0
//******************************************************************
#include "TC1602_lcd.h"
#include "stdlib.h"

//用于 4×5 的高 4 位
#define PA0_KEY1   GPIO_PIN_0
#define PA1_KEY2   GPIO_PIN_1
```

```
#define PA2_KEY3   GPIO_PIN_2
#define PA3_KEY4   GPIO_PIN_3
//用于 4×5 的低 4 位
#define PB0_KEY5   GPIO_PIN_0
#define PB1_KEY6   GPIO_PIN_1
#define PB2_KEY7   GPIO_PIN_2
#define PB3_KEY8   GPIO_PIN_3
//用于 4×5 的高第 8 位
#define PE0_KEY9   GPIO_PIN_0

void Key1();                                 //按键执行函数第 1 键
 ⋮                                           //省略部分见程序实例,路径在本例的最后一行
void Key20();                                //按键执行函数第 20 键

//以下变量用于计算器控制
uchar cReadKey[18];                          //用于装入按键值
char cReadKey2[18];                          //用于装入按键值
char cReadKey3[18];                          //用于装入按键值
uchar disp[13];
unsigned char chCount = 0,chCountlod;        //按键次数计数
float fReadKey = 0.0;
int bCtrl,bCtrl2,bCtrl3,nfage = 0;
//-------------------------------------------------------------------------
//名称：Init_key()
//功能：初始化按键变量值
//-------------------------------------------------------------------------
void Init_key()
{  unsigned int a = 0;
   for(a = 0;a<18;a++)
   {cReadKey[a] = 0x00;
    cReadKey2[a] = 0x00;
    cReadKey3[a] = 0x00;}
   chCount = 0;
   fReadKey = 0.0;
   chCountlod = 0;
   bCtrl = 0;
   bCtrl2 = 0;
   bCtrl3 = 0;
   nfage = 0;
}
//-------------------------------------------------------------------------
// 函数名称：GPio_Initi_Key
// 函数功能：启动外设 GPIO PA 口、PB 口、PE 口,设置 PE0 引脚为输出状态,PA 口为
//          输入状态(初始化 4×5 键盘)
//-------------------------------------------------------------------------
void GPio_Initi_Key(void)
{
    //使能 GPIO、PA 口、PB 口、PE 口 外设,用于 4×5 键盘
    SysCtlPeripheralEnable( SYSCTL_PERIPH_GPIOA|
```

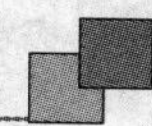

```
                    SYSCTL_PERIPH_GPIOB|SYSCTL_PERIPH_GPIOE);
    //设定 PA0～PA3 为输入用于按键输入(启用 PA 口的低 4 位为输入)
    GPIODirModeSet(GPIO_PORTA_BASE, 0x0F,GPIO_DIR_MODE_IN);
    //设定 PB0～PB3 为输出(启用 PB 口的低 4 位为输出)
    GPIODirModeSet(GPIO_PORTB_BASE, 0x0F,GPIO_DIR_MODE_OUT);
    //设定 PE0 引脚为输出(启用 PE0 引脚为输出)
    GPIODirModeSet(GPIO_PORTB_BASE, 0x01,GPIO_DIR_MODE_OUT);
    //初始化按键值
    Init_key();
}
//--------------------------------------------------------------------------
//函数名称：Key4x4Input()
//函数功能：键值处理函数(按键信号输入)
//--------------------------------------------------------------------------
void Key4x4Input()
{
    //置 PB0 引脚为低电平
    GPIOPinWrite(GPIO_PORTB_BASE,0x0F,0xFE);
    //读取 PA0～PA3 四个引脚的值,判断是否有键按下
    if(GPIOPinRead(GPIO_PORTA_BASE,PA0_KEY1) == 0x00)Key1();
    if(GPIOPinRead(GPIO_PORTA_BASE,PA1_KEY2) == 0x00)Key2();
    if(GPIOPinRead(GPIO_PORTA_BASE,PA2_KEY3) == 0x00)Key3();
    if(GPIOPinRead(GPIO_PORTA_BASE,PA3_KEY4) == 0x00)Key4();
    //置 PB1 引脚为低电平
    GPIOPinWrite(GPIO_PORTB_BASE,0x0F,0xFD);
    ⋮
                                        //省略部分见程序实例,路径在本例的最后一行
    //置 PE0 引脚为低电平
    GPIOPinWrite(GPIO_PORTB_BASE,PE0_KEY9,0xFE);                          //开
    //读取 PA0～PA3 四个引脚的值,判断是否有键按下
    if(GPIOPinRead(GPIO_PORTA_BASE,PA0_KEY1) == 0x00)Key17();
    if(GPIOPinRead(GPIO_PORTA_BASE,PA1_KEY2) == 0x00)Key18();
    if(GPIOPinRead(GPIO_PORTA_BASE,PA2_KEY3) == 0x00)Key19();
    if(GPIOPinRead(GPIO_PORTA_BASE,PA3_KEY4) == 0x00)Key20();
    GPIOPinWrite(GPIO_PORTB_BASE,PE0_KEY9,PE0_KEY9);                      //关
}
//以下是 20 个按键执行函数
//第 1 键,用于输入数字 0
void Key1()
{ //请在此处加入执行代码
    if(chCount>15)return;
    cReadKey[chCount] = '0';
    chCount ++ ;
    chCountlod = chCount;
    bCtrl = 1;
}
//第 2 键,用于输入数字 1
void Key2()
{//请在此处加入执行代码
    if(chCount>15)return;
```

```
        cReadKey[chCount] = 1;
        chCount ++ ;
        chCountlod = chCount;
        bCtrl = 1;
    }
//第 3 键,用于输入数字 2
void Key3()
{//请在此处加入执行代码
        if(chCount>15)return;
        cReadKey[chCount] = 2;
        chCount ++ ;
        chCountlod = chCount;
        bCtrl = 1;
}
//第 4 键,用于输入数字 3
void Key4()
{//请在此处加入执行代码
        if(chCount>15)return;
        cReadKey[chCount] = 3;
        chCount ++ ;
        chCountlod = chCount;
        bCtrl = 1;
}
//第 5 键,用于输入数字 4
void Key5()
{//请在此处加入执行代码
        if(chCount>15)return;
        cReadKey[chCount] = 4;
        chCount ++ ;
        chCountlod = chCount;
        bCtrl = 1;
}
//第 6 键,用于输入数字 5
void Key6()
{//请在此处加入执行代码
        if(chCount>15)return;
        cReadKey[chCount] = 5;
        chCount ++ ;
        chCountlod = chCount;
        bCtrl = 1;
}
//第 7 键,用于输入数字 6
void Key7()
{//请在此处加入执行代码
        if(chCount>15)return;
        cReadKey[chCount] = 6;
        chCount ++ ;
        chCountlod = chCount;
        bCtrl = 1;
```

```
}
//第 8 键,用于输入数字 7
void Key8()
{//请在此处加入执行代码
    if(chCount>15)return;
    cReadKey[chCount] = '7';
    chCount ++ ;
    chCountlod = chCount;
    bCtrl = 1;
}
//第 9 键,用于输入数字 8
void Key9()
{ //请在此处加入执行代码
    if(chCount>15)return;
    cReadKey[chCount] = '8';
    chCount ++ ;
    chCountlod = chCount;
    bCtrl = 1;
}
//第 10 键,用于输入数字 9
void Key10()
{//请在此处加入执行代码
    if(chCount>15)return;
    cReadKey[chCount] = '9';
    chCount ++ ;
    chCountlod = chCount;
    bCtrl = 1;
}
//第 11 键,用于输入符号"."
void Key11()
{//请在此处加入执行代码
    if(chCount>15)return;
    cReadKey[chCount] = '.';
    chCount ++ ;
    chCountlod = chCount;
    bCtrl = 1;
}
//第 12 键,用于输入运算符号"+"
void Key12()
{//请在此处加入执行代码
    if(chCount>15)return;
    cReadKey[chCount] = '+';
    chCount ++ ;
    chCountlod = chCount;
    bCtrl = 1;
    bCtrl3 = 1;
}
//第 13 键,用于输入运算符号"-"
void Key13()
```

```
{//请在此处加入执行代码
    if(chCount>15)return;
    cReadKey[chCount] ='-';
    chCount++;
    chCountlod = chCount;
    bCtrl = 1;
    bCtrl3 = 1;
}
//第 14 键,用于退格删除字符
void Key14()
{//请在此处加入执行代码
   if(chCount <= 0)return;
    chCount--;
    cReadKey[chCount] ='';
    bCtrl = 1;
}
//第 15 键,用于等出(=)计算好的数据结果
void Key15()
{//请在此处加入执行代码
   int nJsq1 = 0,nJsq2 = 0,nJsq3 = 0;
   long int nlShu3 = 0,WB;
   long int nlShu1 = 0,nlShu2 = 0;
   uchar chFuhao;
   if(bCtrl3 == 0)return;
   bCtrl3 = 0;
   for(nJsq3 = 0;nJsq3<18;nJsq3++)
     if(cReadKey[nJsq3] == '+'||cReadKey[nJsq3] == '-'||cReadKey[nJsq3]
                        == '*'||cReadKey[nJsq3] == '/')
    {nJsq2 = nJsq3+1;chFuhao = cReadKey[nJsq3]; break; }
     else
       cReadKey2[nJsq3] = cReadKey[nJsq3];
    for(nJsq3 = nJsq2;nJsq3<18;nJsq3++)
    {  cReadKey3[nJsq1] = cReadKey[nJsq3];
       nJsq1++;}
    nlShu1 = atoi(cReadKey2);
    nlShu2 = atoi(cReadKey3);
    Send_String_1602(0xCD,&chFuhao,1);
    if(chFuhao == '+')
      nlShu3 = (long)(nlShu1 + nlShu2);
     else  if(chFuhao == '-')
       nlShu3 = (long)(nlShu1 - nlShu2);
      else  if(chFuhao == '*')
        nlShu3 = (long)(nlShu1 * nlShu2);
       else  if(chFuhao == '/')
       {if(nlShu2 > 0)
           nlShu3 = (long) (nlShu1 / nlShu2);
         else ;
       }else ;
```

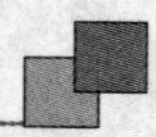

```
    disp[9] = nlShu3 % 10;
    WB = nlShu3/10;
    disp[8] = WB % 10;
    WB = WB/10;
    disp[7] = WB % 10;
    WB = WB/10;
    disp[6] = WB % 10;
    WB = WB/10;
    disp[5] = WB % 10;
    WB = WB/10;
    disp[4] = WB % 10;
    WB = WB/10;
    disp[3] = WB % 10;
    WB = WB/10;
    disp[2] = WB % 10;
    WB = WB/10;
    disp[1] = WB % 10;
    WB = WB/10;
    disp[0] = WB % 10;
    //将数据加 30 变为可显示用的 ASCII 码
    for(nJsq3 = 0;nJsq3<10;nJsq3 ++ )
    disp[nJsq3] | = 0x30;
    //显示计算的结果
    bCtrl2 = 1;
}
//第 16 键,用于清除屏幕字符
void Key16()
{//请在此处加入执行代码
    Init_key();
    Cls();                              //清屏
}
//第 17 键,用于输入运算符号"*"
void Key17()
{//请在此处加入执行代码
    if(chCount>15)return;
    cReadKey[chCount] ='*';
    chCount ++ ;
    chCountlod = chCount;
    bCtrl = 1;
    bCtrl3 = 1;
}
//第 18 键,用于输入运算符号"/"
void Key18()
{//请在此处加入执行代码
    if(chCount>15)return;
    cReadKey[chCount] ='/';
    chCount ++ ;
    chCountlod = chCount;
```

```
        bCtrl = 1;
        bCtrl3 = 1;
    }
    //第 19 键,待用
    void Key19()
    {//请在此处加入执行代码

    }
    //第 20 键,用于清除屏幕字符
    void Key20()
    {//请在此处加入执行代码
        Init_key();
        Cls();                                  //清屏
    }
```

说明：计算器在很多情况下都会用到。此处通过调用库函数 atoi()、atoll()、atof()对读到的按键字符串进行转换并获取数值，而后对其进行"+"、"−"、"*"、"/"处理得到需要的数，再将其显示到液晶显示器上。对按键值的处理方法是：将每一次按键的值存入字符组中，按先后顺序从低到高，使用计数器记下按键的次数，当等号(=)按下时就对获取的按键值数组进行处理，分出被加数和加数，或被乘数和乘数等，通过处理得到想要的结果。具体编程见上面 Key_4x5_In.h 文件中的按键代码。

主程序代码如下：

```
//-------------------------------------------------------------------
//文件名：Key_4x5_Main.c
//功能：运用 4×5 键盘实现简易计算器功能
//说明：在工程设计中经常要用到 4×5 这样的键盘,所以在此处列出实例
//-------------------------------------------------------------------
⋮
#include "Key_4x4_In.h"
void  GPio_Initi(void);                         //GPIO 初始化(启用)
void  IndicatorLight(void);                     //启用指示灯
void  jtagWait(void);                           //用于防止 JTAG 失效
void  Delay(int nDelaytime);                    //用于延时
//LED(指示灯)
#define PC4_LED1   GPIO_PIN_4
#define PC5_LED2   GPIO_PIN_5
#define PC6_LED3   GPIO_PIN_6
#define PC7_LED4   GPIO_PIN_7
//程序主函数
int  main()
{
    //防止 JTAG 失效
    Delay(10);
    jtagWait();
    Delay(10);
    GPio_Initi();                               //初始外设 GPIO PC 口
```

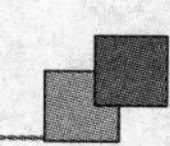

```
    GPio_Initi_Key();                                //初始化 4×5 键盘
    Init_TC1602();                                   //初始化液晶显示屏 1602
    Send_String_1602(0xCE,"BY",3);                   //用于标识显示器是否可用
    while(1)
    {
       Key4x4Input();                                //获取 4×5 按键信号
       //显示按键处理后的字符信息
       if(bCtrl)
       { bCtrl = 0;
         Send_String_1602(0x80,cReadKey,chCountlod);}
       //显示计算结果
       if(bCtrl2)
       { bCtrl2 = 0;
         Send_String_1602(0xC0,"=",1);
         Send_String_1602(0xC1,disp,10); }

       IndicatorLight();                             //芯片运行指示灯
       Delay(20);                                    //延时
    }
}
:
```

说明：有关 TC1602_lcd.h 液晶驱动程序库在《ARM Cortex-M3 内核微控制器快速入门与应用》的课题 12 中作了详尽的讲解，此处不再赘述。

例程见"网上资料\参考程序\课题 1_GPIO\ GPIO_4x5Key_1602[键盘]3\ *.*"。

K1.2.3　外扩模块电路图与连线

任务①使用 EasyARM615 实验平台内带的按键进行工作。接线方法：KEY1～KEY4 顺序连接到平台的 PA2～PA5 引脚，LED1～LED4 顺序连接到平台的 PC4～PC7 引脚。

任务②外扩模块电路图如图 K1-3 所示，样式图如图 K1-4 所示，所用数码管电

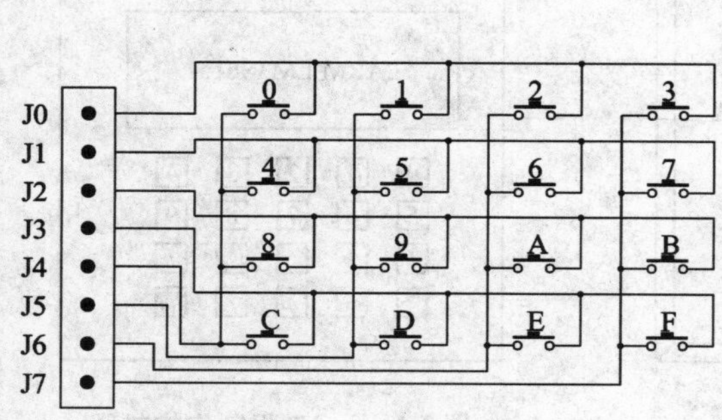

图 K1-3　4×4 键盘电路图

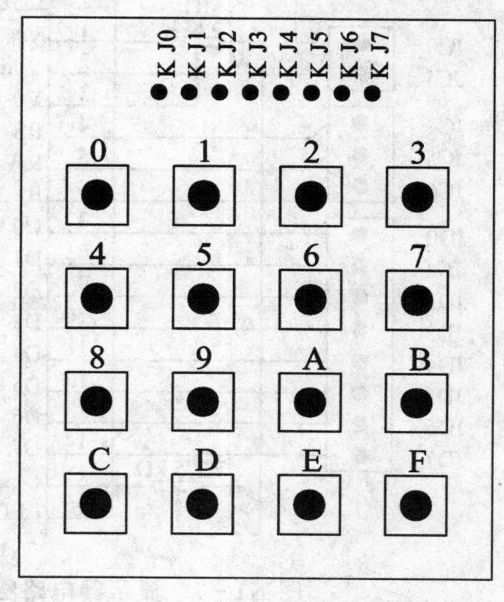

图 K1-4　4×4 键盘样式图

路图与连线如图 K1－2 所示。与 EasyARM615 实验平台连线：4×4 键盘引脚的高 4 位(J4～J7)连接到 PA0～PA3 引脚，低 4 位(J0～J3)连接到 PB0～PB3 引脚。

任务③外扩模块电路图如图 K1－5 所示，键盘样式图如图 K1－6 所示，显示器的电路图如图 K1－7 所示，工程制作样式图如图 K1－8 所示。

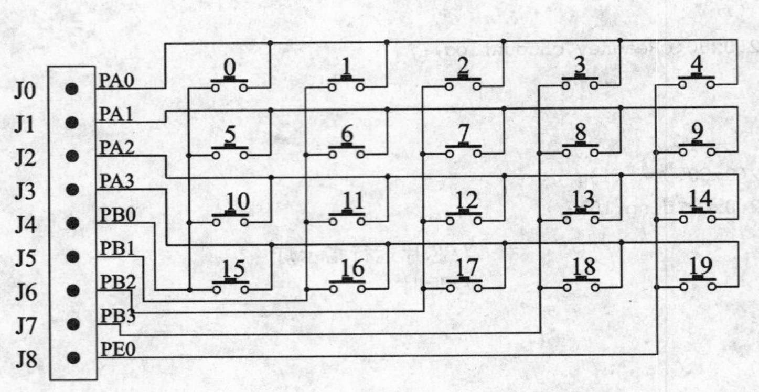

图 K1－5　4×5 键盘电路图

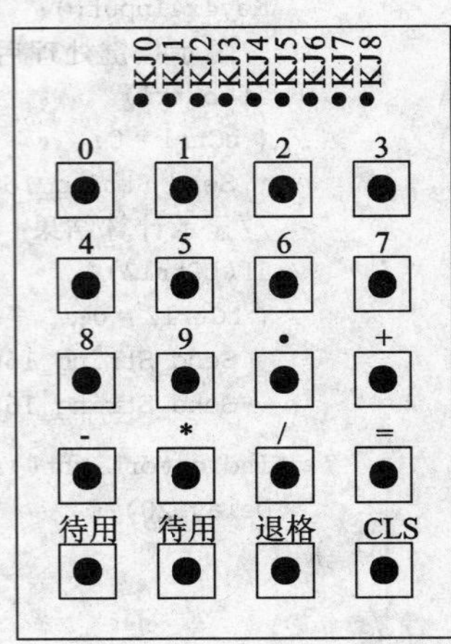

图 K1－6　4×5 键盘样式图

与 EasyARM615 实验平台的连线方法：

图 K1－5 模块与平台的连线：4×5 键盘引脚的高 4 位 KJ4～KJ7 连接到 PA0～PA3，低 4 位 KJ0～KJ3 连接到 PB0～PB3，高第 8 位 KJ8 连接到 PE0。

图 K1－7 模块与平台的连线：JC4(RS)连接到 PB4，JC5(RW)连接到 PB5，JC6(E)连接到 PB6，JD0～JD7 连接到 PD0～PD7，JC1 接 5 V 电源正端，JC0 接 5 V 电源负端。

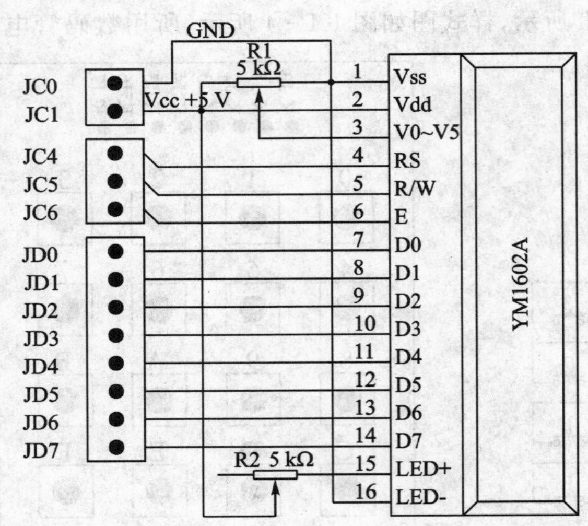

图 K1－7　显示器电路图

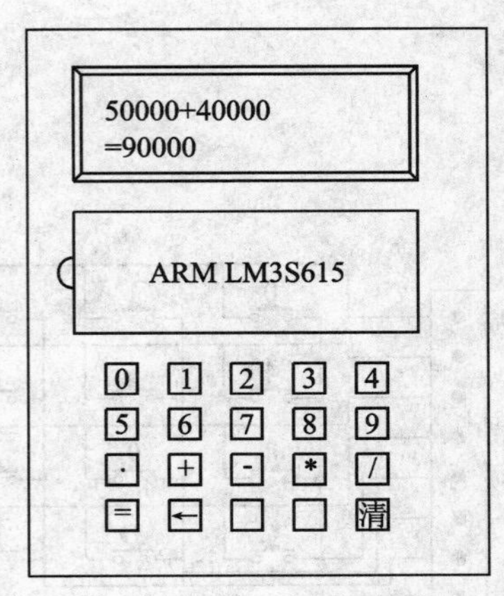

图 K1－8　工程制作样式图

K1.3 GPIO中断信号输入练习

K1.3.1 操作实例任务

① 使用按键信号启用中断程序。

② 无线遥控在照明灯中的应用(GPIO中断信号的运用)。

K1.3.2 操作任务实例编程

1. GPIO中断信号输入编程步骤

GPIO外设中断编程主要有三项工作要做,一是要启动GPIO外设模块,二是要启用相关联的中断系统,三是要编写中断服务子程序。

具体编程步骤如下:

第一步 启动GPIO功能模块。这项工作与前面讲的GPIO模块输入/输出编程一样。

第二步 设置相应引脚为信号输入状态,用于获取脉冲信号。

第三步 设置产生中断信号的触发方式。对于ARM Cortex-M3内核系统来说,触发中断工作方式有:上升沿、下降沿、低电平等。编程时根据实际情况选择。

第四步 注册中断服务子程序。在这一项操作中,按照C语言的编程规则,先说明一个中断用函数,然后注册成中断用执行函数。这是在ARM Cortex-M3内核系统编程中编写中断服务子程序的一种最简单的方法。当然还有更复杂的方法,在《ARM Cortex-M3内核微控制器快速入门与应用》的课题2中已经作了详尽的讲解,在此不再赘述。

第五步 启动引脚中断。设置相对应的引脚为中断功能。

第六步 使能GPIO端口中断。启用相对应引脚模块的中断功能。如启动GPIO端口B中断为使能状态。

第七步 启动全局中断。设置全局中断为使能状态。

第八步 编写中断服务子程序。编写中断启用后的具体执行代码。

2. 使用的API函数说明

有关GPIO使能所用API函数请参阅K1.1.2的"2. 使用的API函数说明"。

(1) GPIO外设模块引脚中断触发方式设置函数GPIOIntTypeSet()

函数名称英文缩写详解:GPIO(输入/输出),Int(Interrupt,中断),Type(类型),Set(设置)。

函数原型:void GPIOIntTypeSet(unsigned long ulPort, unsigned char ucPins,
unsigned long ulIntType);

函数功能:用于设置中断的触发方式。

入口参数:

① ulPort为GPIO模块中的端口首地址。取值范围:

```
#define GPIO_PORTA_BASE      0x40004000   // GPIO端口A
#define GPIO_PORTB_BASE      0x40005000   // GPIO端口B
```

```
#define GPIO_PORTC_BASE      0x40006000  // GPIO 端口 C
#define GPIO_PORTD_BASE      0x40007000  // GPIO 端口 D
#define GPIO_PORTE_BASE      0x40024000  // GPIO 端口 E
```

② ucPins 为引脚编号。取值范围：

```
#define GPIO_PIN_0       0x00000001  // GPIO 引脚 0
#define GPIO_PIN_1       0x00000002  // GPIO 引脚 1
#define GPIO_PIN_2       0x00000004  // GPIO 引脚 2
#define GPIO_PIN_3       0x00000008  // GPIO 引脚 3
#define GPIO_PIN_4       0x00000010  // GPIO 引脚 4
#define GPIO_PIN_5       0x00000020  // GPIO 引脚 5
#define GPIO_PIN_6       0x00000040  // GPIO 引脚 6
#define GPIO_PIN_7       0x00000080  // GPIO 引脚 7
```

③ ulIntType 为中断触发类型。取值范围：

```
// Interrupt(中断)on falling(下降)edge(边缘),即下降沿
#define GPIO_FALLING_EDGE           0x00000000
// Interrupt(中断)on rising(上升)edge(边缘),即上升沿
#define GPIO_RISING_EDGE            0x00000004
// Interrupt(中断)  on both(两者)edges(边缘),即上升沿或下降沿
#define GPIO_BOTH_EDGES             0x00000001
// Interrupt(中断)on low(低)level(水平),即低电平
#define GPIO_LOW_LEVEL              0x00000002
// Interrupt(中断)  on high(高)level(水平),即高电平
#define GPIO_HIGH_LEVEL             0x00000007
```

出口参数：无。

函数返回值：无。

例 7　设置 GPIO 端口 E 的 PE0 引脚的中断触发方式为高电平触发。

解题：查 ulPort 参数的 GPIO 端口 E 的首地址为 GPIO_PORTE_BASE，查 ucPins 参数 PE0 引脚的编号为 GPIO_PIN_0，查 ulIntType 参数的触发类型为 GPIO_HIGH_LEVEL。

代码如下：

```
//设置 PE0 引脚中断的触发方式为 HIGH(高电平)触发
GPIOIntTypeSet(GPIO_PORTE_BASE, GPIO_PIN_0, GPIO_HIGH_LEVEL);
```

或

```
#define PE0_KEY0 GPIO_PIN_0
 ⋮
//设置 PE0 引脚中断的触发方式为 HIGH(高电平)触发
GPIOIntTypeSet(GPIO_PORTE_BASE, PE0_KEY0, GPIO_HIGH_LEVEL);
 ⋮
```

(2) 注册中断服务子程序使用函数 GPIOPortIntRegister()

函数名称英文缩写详解：GPIO(输入/输出)，Port(端口)，Int(Interrupt，中断)，

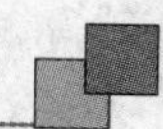

Register(注册)。

函数原型：void GPIOPortIntRegister(unsigned long ulPort,
　　　　　　　　　　　　　　　　　　void (* pfIntHandler)(void));

函数功能：用于注册一个中断函数名称。

入口参数：

ulPort 为 GPIO 模块中的端口首地址。取值范围：

```
#define GPIO_PORTA_BASE      0x40004000   // GPIO Port A
#define GPIO_PORTB_BASE      0x40005000   // GPIO Port B
#define GPIO_PORTC_BASE      0x40006000   // GPIO Port C
#define GPIO_PORTD_BASE      0x40007000   // GPIO Port D
#define GPIO_PORTE_BASE      0x40024000   // GPIO Port E
```

出口参数：void (* pfIntHandler)(void)为待注册的中断函数名称。

函数返回值：无。

例 8　为 GPIO C 端口注册一个中断函数名称。

解题：查 ulPort 参数 GPIO 端口 C 的首地址为 GPIO_PORTC_BASE,假设已经声明的待注册的函数名称为 GPIO_Port_PC_ISR。

代码如下：

```
GPIOPortIntRegister(GPIO_PORTB_BASE,GPIO_Port_PC_ISR);      //注册一个中断执行函数
                                                             //名称
```

(3) 使能引脚中断使用函数 GPIOPinIntEnable()

函数名称英文缩写详解：GPIO(输入/输出),Pin(引脚),Int(Interrupt,中断),Enable(使能)。

函数原型：void GPIOPinIntEnable(unsigned long ulPort,
　　　　　　　　　　　　　　　　unsigned char ucPins);

函数功能：用于使能外设 GPIO 模块的引脚中断。

入口参数：

① ulPort 为 GPIO 模块中的端口首地址。取值范围：

```
#define GPIO_PORTA_BASE   0x40004000  // GPIO 端口 A
#define GPIO_PORTB_BASE   0x40005000  // GPIO 端口 B
#define GPIO_PORTC_BASE   0x40006000  // GPIO 端口 C
#define GPIO_PORTD_BASE   0x40007000  // GPIO 端口 D
#define GPIO_PORTE_BASE   0x40024000  // GPIO 端口 E
```

② ucPins 为引脚编号。取值范围：

```
#define GPIO_PIN_0    0x00000001  // GPIO 引脚 0
#define GPIO_PIN_1    0x00000002  // GPIO 引脚 1
#define GPIO_PIN_2    0x00000004  // GPIO 引脚 2
#define GPIO_PIN_3    0x00000008  // GPIO 引脚 3
#define GPIO_PIN_4    0x00000010  // GPIO 引脚 4
```

```
#define GPIO_PIN_5    0x00000020   // GPIO 引脚 5
#define GPIO_PIN_6    0x00000040   // GPIO 引脚 6
#define GPIO_PIN_7    0x00000080   // GPIO 引脚 7
```

出口参数：无。

函数返回值：无。

例 9　使能 GPIO 端口 A 引脚 PA0 中断。

解题：查 ulPort 端口 A 首地址为 GPIO_PORTA_BASE,引脚 PA0 为 GPIO_PIN_0。代码如下：

```
#define PA0_INTKEY   GPIO_PIN_0
⋮
// 使能 PB5 引脚外中断
GPIOPinIntEnable(GPIO_PORTa_BASE, PA0_INTKEY);
```

(4) 使能 GPIO 端口中断函数 IntEnable()

函数名称英文缩写详解：Int(Interrupt,中断),Enable(使能)。

函数原型：void IntEnable(unsigned long ulInterrupt)；

函数功能：用于使能 GPIO 模块的端口中断。

入口参数：

ulInterrupt 为中断编号。取值范围：

```
#define INT_GPIOA          16          // GPIO 端口 A
#define INT_GPIOB          17          // GPIO 端口 B
#define INT_GPIOC          18          // GPIO 端口 C
#define INT_GPIOD          19          // GPIO 端口 D
#define INT_GPIOE          20          // GPIO 端口 E
#define INT_UART0          21          // UART0 Rx 和 Tx
#define INT_UART1          22          // UART1 Rx 和 Tx
#define INT_SSI0           23          // SSI0 Rx 和 Tx
#define INT_I2C0           24          // I2C0 Master 和 Slave
#define INT_PWM_FAULT      25          // PWM Fault
#define INT_PWM0           26          // PWM Generator 0
#define INT_PWM1           27          // PWM Generator 1
#define INT_PWM2           28          // PWM Generator 2
#define INT_QEI0           29          // Quadrature Encoder 0
#define INT_ADC0           30          // ADC Sequence 0
#define INT_ADC1           31          // ADC Sequence 1
#define INT_ADC2           32          // ADC Sequence 2
#define INT_ADC3           33          // ADC Sequence 3
#define INT_WATCHDOG       34          // Watchdog timer(看门狗)
#define INT_TIMER0A        35          // Timer 0 subtimer A
#define INT_TIMER0B        36          // Timer 0 subtimer B
#define INT_TIMER1A        37          // Timer 1 subtimer A
#define INT_TIMER1B        38          // Timer 1 subtimer B
#define INT_TIMER2A        39          // Timer 2 subtimer A
#define INT_TIMER2B        40          // Timer 2 subtimer B
```

```
#define INT_COMP0           41          // Analog Comparator 0
#define INT_COMP1           42          // Analog Comparator 1
#define INT_COMP2           43          // Analog Comparator 2
#define INT_SYSCTL          44          // System Control (PLL, OSC, BO)
#define INT_FLASH           45          // FLASH Control
#define INT_GPIOF           46          // GPIO 端口 F
#define INT_GPIOG           47          // GPIO 端口 G
#define INT_GPIOH           48          // GPIO 端口 H
#define INT_UART2           49          // UART2 Rx and Tx
#define INT_SSI1            50          // SSI1 Rx and Tx
#define INT_TIMER3A         51          // Timer 3 subtimer A
#define INT_TIMER3B         52          // Timer 3 subtimer B
#define INT_I2C1            53          // I2C1 Master and Slave
#define INT_QEI1            54          // Quadrature Encoder 1
#define INT_CAN0            55          // CAN0
#define INT_CAN1            56          // CAN1
#define INT_CAN2            57          // CAN2
#define INT_ETH             58          // Ethernet
#define INT_HIBERNATE       59          // Hibernation module
```

出口参数：无。

函数返回值：无。

例 10　使能 GPIO A 端口中断,用于 PA0 的中断请求。

代码如下：

```
IntEnable(INT_GPIOA);                   // 使能 GPIO PA 口中断
```

(5) 全局中断使能函数 IntMasterEnable()

函数名称英文缩写详解：Int(Interrupt,中断),Master(主要的),Enable(使能)。

函数原型：void IntMasterEnable(void);

函数功能：用于启用全局中断。

入口参数：无。

出口参数：无。

函数返回值：无。

例 11　使能 GPIO 端口 B 工作于中断状态。

```
//使能 GPIO PB 端口中断
IntEnable(INT_GPIOB);
IntMasterEnable();                      // 使能全局总中断
```

注： 启用中断时请包含〈interrupt. h〉头文件。

3. GPIO 中断信号输入编程实践

任务①　使用按键信号启用中断程序。

程序编写如下：

```
//***********************************************************************
//文件名：GpioInt_Main.c
//功能：实现 GPIO 引脚中断功能
//说明：中断执行函数只要调用 GPIOPortIntRegister()函数注册即可
//-----------------------------------------------------------------------
⋮
#include "interrupt.h"                              //中断用
#define PB5_KEYINT      GPIO_PIN_5                  //定义 PB5 引脚接按键产生中断信号
//LED(指示灯)
#define PC4_LED  GPIO_PIN_4
#define PC5_LED  GPIO_PIN_5
#define PC6_LED  GPIO_PIN_6
#define PC7_LED  GPIO_PIN_7
//函数说明
void  GPio_Int_Initi(void);                         //启用中断功能
void  GPio_Initi(void);                             //GPIO 初始化(启用)
void  IndicatorLight(void);                         //启用指示灯
//声明一个中断执行函数(请调用中断注册函数将其注册)
void  GPIO_Port_PB_ISR(void);
void  jtagWait(void);                               //防止 JTAG 失效
void Delay(int nDelaytime);                         //用于延时
//-----------------------------------------------------------------------
//函数原型：int main(void)
//功能描述：主函数
//-----------------------------------------------------------------------
int main(void)
{
  //防止 JTAG 失效
  Delay(10);
  jtagWait();
  Delay(10);

  GPio_Initi();                                     //初始化 GPIO 模块
  GPio_Int_Initi();                                 //启用 GPIO 模块中断功能
  while (1)
  {
    //读取 PC5 引脚指示灯是否被中断程序点亮
    if(GPIOPinRead(GPIO_PORTC_BASE,PC5_LED) == 0x00 )
    //如果中断已经点亮此灯在此将其熄灭
    GPIOPinWrite(GPIO_PORTC_BASE, PC5_LED, PC5_LED);
    IndicatorLight();                               //芯片运行指示灯
    Delay(30);
  }
}
//-----------------------------------------------------------------------
//函数名称：GPio_Int_Initi(void)
//函数功能：启动外设 GPIO 各端口引脚中断工作
//-----------------------------------------------------------------------
void GPio_Int_Initi(void)
```

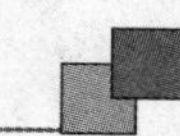

```
{
  //①启动引脚功能
  //使能 GPIO 外设,PB 口用于外中断输入
  SysCtlPeripheralEnable(SYSCTL_PERIPH_GPIOB);
  //②设置引脚输入/输出方向
  //设置 PB5 引脚为输入模式,用于输入脉冲信号产生中断
  GPIODirModeSet(GPIO_PORTB_BASE, PB5_KEYINT, GPIO_DIR_MODE_IN);
  //③设置 PB5 引脚中断的触发方式为 falling(下降沿)触发
  GPIOIntTypeSet(GPIO_PORTB_BASE, PB5_KEYINT, GPIO_FALLING_EDGE);
  //④注册中断回调函数(中断执行函数)
  //注册一个中断执行函数名称
  GPIOPortIntRegister(GPIO_PORTB_BASE,GPIO_Port_PB_ISR);
  //⑤启用中断
  //使能 PB5 引脚外中断
  GPIOPinIntEnable(GPIO_PORTB_BASE, PB5_KEYINT);
  //使能 GPIO  PB 口中断
  IntEnable(INT_GPIOB);
  //使能总中断
  IntMasterEnable();
}
//----------------------------------------------------------------
//函数原型: void GPIO_Port_PB_ISR(void)
//功能描述: PB 口中断子程序,执行过程是首先清除中断标志,再启用指示标识中断已经产生
//说明: 请使用 GPIOPortIntRegister()函数注册中断回调函数名称
//----------------------------------------------------------------
void GPIO_Port_PB_ISR(void)
{
  //清零 PB5 引脚上的中断标志
  GPIOPinIntClear(GPIO_PORTB_BASE,PB5_KEYINT);
  //点亮 PC5 引脚上的 LED 灯,标志中断已经工作
  GPIOPinWrite(GPIO_PORTC_BASE, PC5_LED, ~PC5_LED);
}
⋮
```

例程所在位置见“网上资料\参考程序\课题 1_GPIO\ GPIO_P 口 INT_Key[按键]*.*”。

任务② 无线遥控在照明灯中的应用(GPIO 中断信号的运用)。

程序编写如下:

```
//****************************************************************
//文件名: GpioInt_Main.c
//功能: 实现 GPIO 引脚中断功能
//说明: 中断执行函数只要调用 GPIOPortIntRegister()函数注册即可照明灯模块与 615
//      平台的连接线,DJ1 连接到 PC6,DJ2 连接到 PC7,DJ3 连接到 PE4,DJ4 连接到 PE5;
//      遥控接收模块与 615 平台的连接线,JS0 连接到 PE0,JS1 连接到 PE1,JS2 连接到 PE2,
//      JS3 连接到 PE3
//再次说明: 本练习采用 GPIO 端口的 PC6、PC7、PE4、PE5 控制照明的开/关,用 PE0~PE3
//          接收无线遥控发来的信号
```

```
//--------------------------------------------------------------------------
⋮
#include "interrupt.h"                          //中断用
//LED(指示灯)
#define PC4_LED   GPIO_PIN_4
#define PC5_LED   GPIO_PIN_5
//用于驱动外设开关
#define PC6_LED   GPIO_PIN_6
#define PC7_LED   GPIO_PIN_7
#define PE4_LED   GPIO_PIN_4
#define PE5_LED   GPIO_PIN_5
//函数说明
void  GPio_Int_Initi(void);                     //启用中断功能
void  GPio_Initi(void);                         //GPIO 初始化(启用)
void  IndicatorLight(void);                     //启用指示灯
void  jtagWait(void);                           //防止 JTAG 失效
void Delay(int nDelaytime);                     //用于延时
void  GPIO_Port_PE_ISR(void);                   //声明中断执行函数(请用中断注册函数将其注册)
//全局变量说明
int  nJsq = 0,nJsq1 = 0,nJsq2 = 0,nJsq3 = 0;    //计数器
//--------------------------------------------------------------------------
// 函数原型：int main(void)
// 功能描述：主函数
//--------------------------------------------------------------------------
int main(void)
{
  //防止 JTAG 失效
  Delay(10);
  jtagWait();
  Delay(10);
  nJsq = 0;
  nJsq1 = 0;
  nJsq2 = 0;
  nJsq3 = 0;
  GPio_Initi();                                 //初始化 GPIO 模块
  GPio_Int_Initi();                             //启用 GPIO 模块中断功能
  while (1)
  {
    IndicatorLight();                           //芯片运行指示灯
    Delay(30);
  }
}
//--------------------------------------------------------------------------
// 函数名称：GPio_Int_Initi(void)
// 函数功能：启动 GPIO PB 口和 PE 口外设,工作于中断状态
// 输入参数：无
// 输出参数：无
//--------------------------------------------------------------------------
void GPio_Int_Initi(void)
```

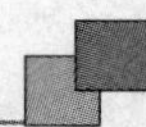

```
{
  //①启动 GPIO 引脚功能
  //使能 GPIO PB 口外设用于外中断输入
  SysCtlPeripheralEnable(SYSCTL_PERIPH_GPIOE);
  //②设置 GPIO 引脚输入/输出方向
  //设置 PE0～PE3 引脚为输入模式,用于接收输入脉冲信号产生中断
  GPIODirModeSet(GPIO_PORTE_BASE, 0x0F, GPIO_DIR_MODE_IN);
  //③设置 PE0～PE3 引脚中断的触发方式为 falling(下降沿)触发
  GPIOIntTypeSet(GPIO_PORTE_BASE, 0x0F, GPIO_FALLING_EDGE);
  //④注册中断回调函数(中断执行函数)
  //注册一个中断执行函数名称
  GPIOPortIntRegister(GPIO_PORTE_BASE,GPIO_Port_PE_ISR);
  //⑤启用中断
  //使能 PE0～PE3 引脚外设中断
  GPIOPinIntEnable(GPIO_PORTE_BASE, 0x0F);
  //使能 GPIO PE 口中断
  IntEnable(INT_GPIOE);
  //使能总中断
  IntMasterEnable();
}
//-----------------------------------------------------------------------
//函数原型:void GPIO_Port_PE_ISR(void)
//功能描述:PE 口中断子程序(执行过程是首先清除中断标志,再运行执行代码)
//说明:请使用 GPIOPortIntRegister()函数注册中断回调函数名称
//-----------------------------------------------------------------------
void GPIO_Port_PE_ISR(void)
{
  unsigned char chPe;
  GPIOPinIntClear(GPIO_PORTE_BASE,0x0F);      //清零 PE0～PE3 引脚上的中断标志
  //请在下面添加中断执行代码
  //查寻 PE 口低 4 位引脚状态
  chPe = GPIOPinRead(GPIO_PORTE_BASE, 0x0F);
  //对外设按键进行判断
  switch(chPe)
   {
   case 0x0E:
     if(nJsq == 0)
     {//启动外设电源开关
       GPIOPinWrite(GPIO_PORTC_BASE, PC5_LED, ~PC6_LED);
       nJsq = 1;}
      else
      {//关闭外设电源开关
        GPIOPinWrite(GPIO_PORTC_BASE, PC5_LED, PC6_LED);
        nJsq = 0;}
        break;
   case 0x0D:
     if(nJsq1 == 0)
     {//启动外设电源开关
       GPIOPinWrite(GPIO_PORTC_BASE, PC6_LED, ~PC7_LED);
```

```
        nJsq1 = 1;}
        else
        {//关闭外设电源开关
         GPIOPinWrite(GPIO_PORTC_BASE, PC6_LED, PC7_LED);
         nJsq1 = 0;}
        break;
    case 0x0B:
      if(nJsq2 == 0)
      { //启动外设电源开关
        GPIOPinWrite(GPIO_PORTE_BASE, PE4_LED, ~PE4_LED);
        nJsq2 = 1;}
       else
       {//关闭外设电源开关
         GPIOPinWrite(GPIO_PORE_BASE, PE4_LED, PE4_LED);
         nJsq2 = 0;}
        break;
    case 0x07:
      if(nJsq3 == 0)
      {//启动外设电源开关
        GPIOPinWrite(GPIO_PORTE_BASE, PE5_LED, ~PE5_LED);
        nJsq3 = 1;}
       else
       {//关闭外设电源开关
         GPIOPinWrite(GPIO_PORTE_BASE, PE5_LED, PE5_LED);
         nJsq3 = 0;}
      break;
  }
}
//------------------------------------------------------------------------
⋮
```

例程所在位置见“网上资料\参考程序\课题 1_GPIO\ GPIO_P 口 INT_Key[无线开关]\ *. *”。

K1.3.3 外扩模块电路图与连线

任务①使用 EasyARM615 开发平台中的 GPIO 端口 B 中的 PB5 引脚外接按键发出信号。用时请按下 KEY3 键即可发送信号。

任务②外扩模块电路图，照明灯模块如图 K1－9 所示，遥控发送模块如图 K1－10 所示，遥控接收模块如图 K1－11 所示。

与 EasyARM615 开发平台连线方法：

图 K1－9 与平台的连线：DJ1 连接到 PC4，DJ2 连接到 PC5，DJ3 连接到 PE4，DJ4 连接到 PE5。

图 K1－11 与平台的连线：JS0 连接到 PE0，JS1 连接到 PE1，JS2 连接到 PE2，JS3 连接到 PE3。

提示：LM3S615 采用少引脚封装，一般的手工焊接比较难，为了方便学习，周立功公司配有这种焊好的 PACK 板。其引脚分配如图 K1-12 所示。有兴趣动手做练习的读者可以按图 K1-12 制作模块。

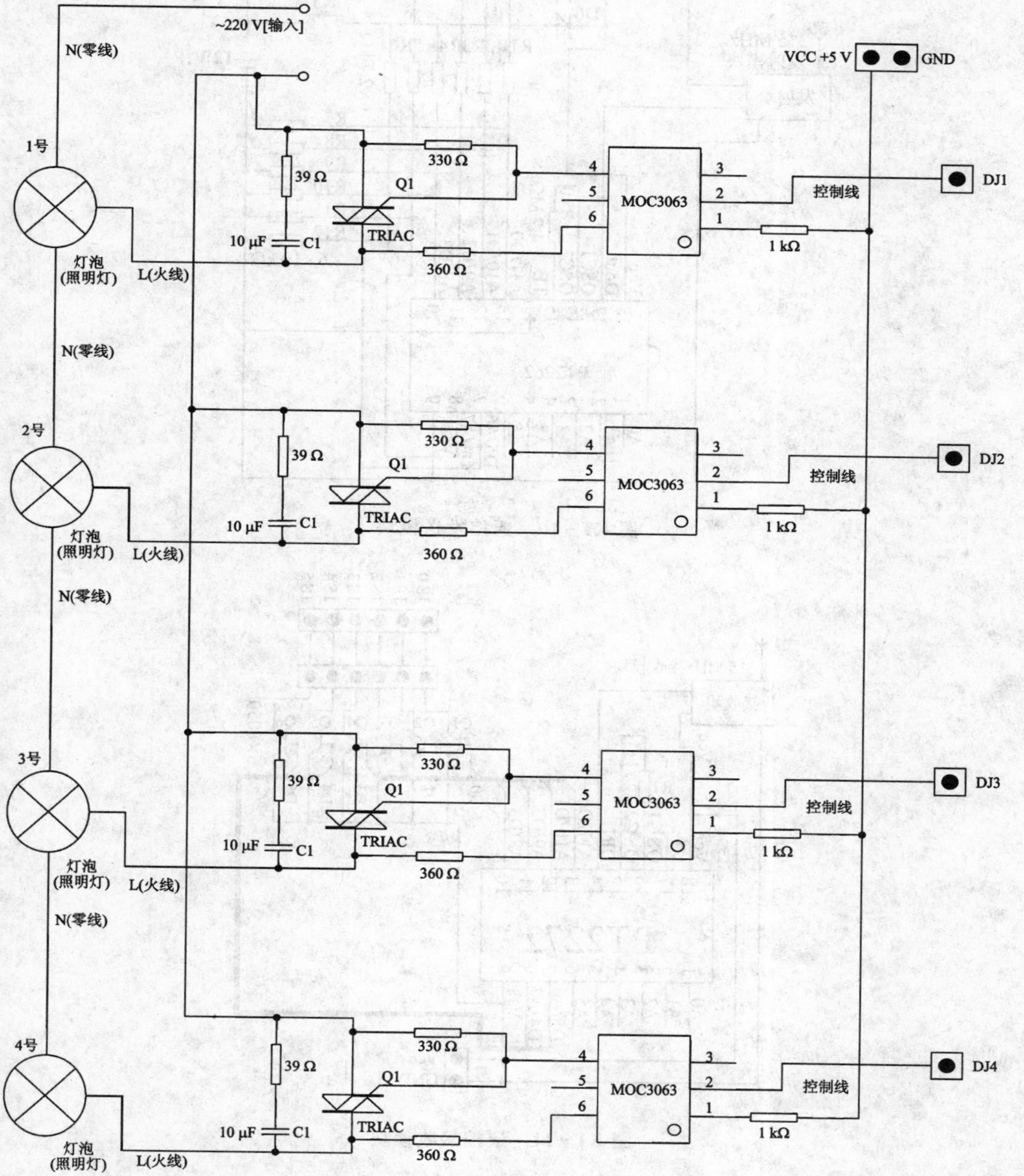

图 K1-9　照明灯模块

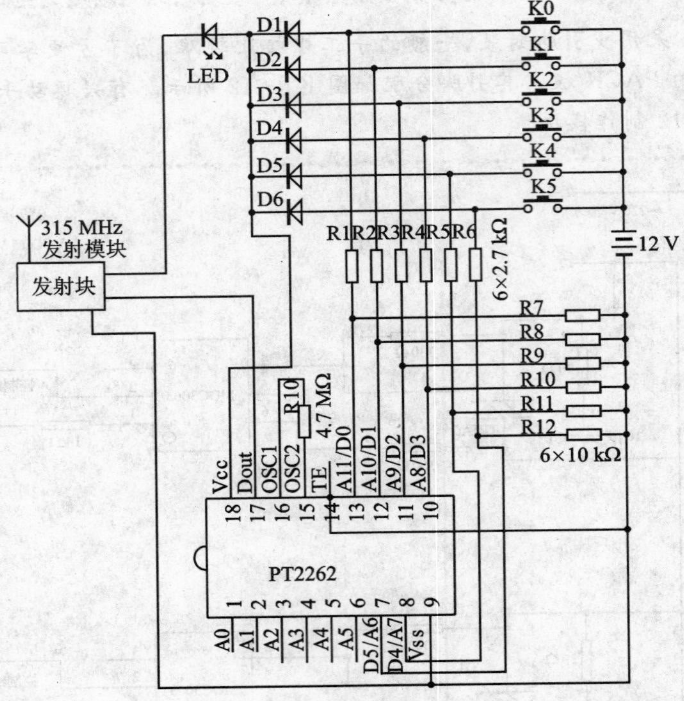

图 K1－10 遥控发送模块

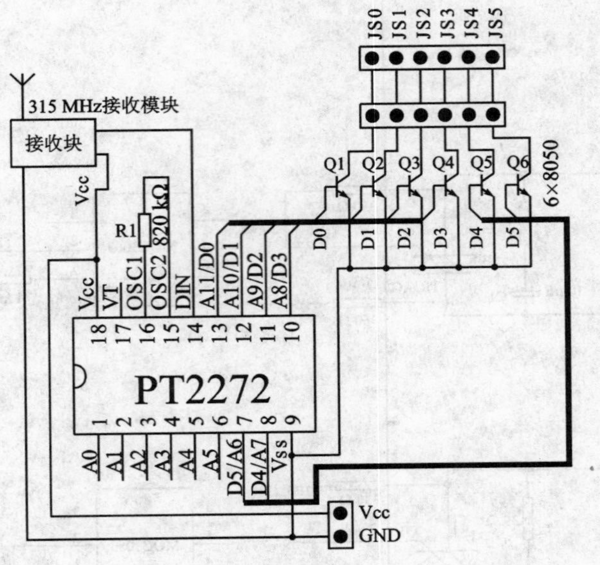

图 K1－11 遥控接收模块

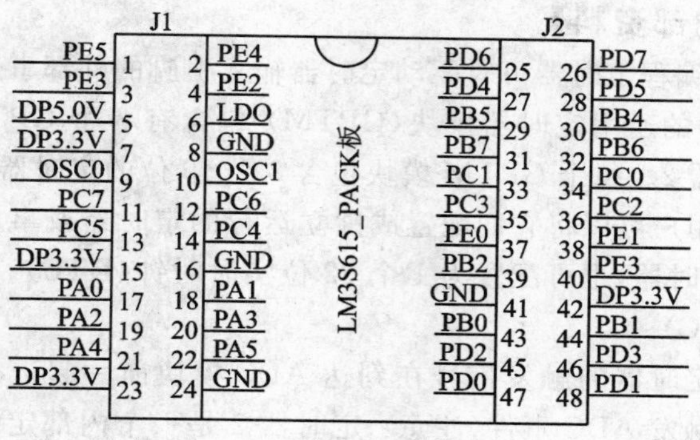

图 K1－12　LM3S615_PACK 板引脚图

作业：

在 K1.2.1 操作实例“任务③　应用 4×5 键盘与 YM1602 液晶显示器制作简易计算器”基础上制作一个英文字母打字练习系统。要求打满一屏时能自动清屏，并带上自动换行功能。

编后语： 图 K1－12 的 PACK 板是练习制作工程的基础，可以将板上的引脚根据工程需要进行排列。本课题引进的练习主要是基础训练。当初在 LM3S101 实验平台上，由于引脚过少没能做与 P89V51RD2 单片机一样的练习，所以在这个平台上做了多个练习，熟悉 C51 单片机的读者一眼就可以看出。在学习过程中需要特别注意的是 API 函数的运用，这不像过去学过的 C51 小系统，所以记忆有一定难度。如何解决这个问题？有效的办法是，将有用的东西全部编写成规范的函数模块，这样在后续的编程中就可以直接抄用。有关式样在各例程中都已经作了展示，请参阅各操作任务例程。

课题 2　通用定时器的启动与应用

【实验目的】

了解和掌握 LM3S300/600/800 芯片中定时器的工作原理与使用方法。

【实验设备】

① 所用工具：30 W 烙铁 1 把，数字万用表 1 个；

② PC 机 1 台；

③ 开发软件 IAR Embedded Workbench5.20v 集成开发平台 1 套；

④ LM LINK JTAG 调试器 1 套，EasyARM615 开发套件 1 套。

【外扩器件】

课题所需外扩元器件请查寻图 K2－1、图 K2－2。

【LM3S615 内部资料】

LM3S615 的可编程定时器可对驱动定时器输入引脚的外部事件进行计数或定时。Stellaris 系列芯片中的通用定时器模块（GPTM）包含有 3 个 GPTM 模块，即定时器 0、定时器 1 和定时器 2。每个 GPTM 模块包含 2 个 16 位的定时器/计数器（称作 Timer A 和 Timer B），用户可以将它们配置成独立运行的定时器或事件计数器，或将它们配置成 1 个 32 位定时器，也可配置为 1 个 32 位实时时钟（RTC）。定时器也可用于触发模/数转换器（ADC）。

由于所有通用定时器的触发信号在到达 ADC 模块前一起进行或操作，因而只需使用一个定时器来触发 ADC 事件（注意：定时器 2 是一个内部定时器，只能用来产生内部中断或触发 ADC 时间）。通用定时器模块是 Stellaris 系列微控制器的一个定时资源。定时器资源还包括系统定时器（SysTick），支持以下模式：

➢ 32 位定时器模式
  —可编程单次触发（one-shot）定时器。
  —可编程周期定时器。
  —使用 32.768 kHz 输入时钟的实时时钟。
  —事件的停止可由软件来控制（RTC 模式除外）。

➢ 16 位定时器模式
  —带 8 位预分频器的通用定时器功能模块（仅单次触发模式和周期模式）。
  —可编程单次触发定时器。
  —可编程周期定时器。
  —事件的停止可由软件来控制。

➢ 16 位输入捕获模式
  —输入边沿计数捕获。
  —输入边沿定时捕获。

➢ 16 位 PWM 模式
  —简单的 PWM 模式，可通过软件实现 PWM 信号的输出反相。

有关更详尽的定时器的相关资料，请查阅“网上资料\器件资料\LM3S615_ds_cn.pdf”文件中的“章 9　通用定时器”。

【实例编程】

K2.1　定时器的定时功能练习

K2.1.1　操作实例任务

① 单次触发定时器 0 的启动练习。

② 启用定时器 1 工作于周期触发，产生 RTC 实时时钟，启用定时器 0 工作于周期触发，扫描键盘用于调时。使用 8 位数码管显示实时时钟。

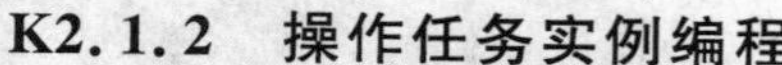

K2.1.2　操作任务实例编程

1. 定时器的启用编程步骤

第一步　使能定时器外设。在 Stellaris 系列芯片中除 ARM Cortex－M3 内核外，其余都属于外设，所以都需要调用 SysCtlPeripheralEnable()函数启用相应的外设工作。注意，如果想禁止外设工作请使用 SysCtlPeripheralDisable ()函数。

第二步　配置定时器。在 Stellaris 系列芯片中的定时器都是采用 32 位寄存器进行工作的，这在 8 位单片机中是不可想象的。有时这种 32 位的定时器还可以分成 2 个相对应的定时器，即 TimerA 和 TimerB。这是工作在 16 位定时器时才可以这样做。所以这种定时器初用起来有点复杂，多用几次才可能明白。这种定时器在配置上也比较复杂，如单次触发、周期触发、RTC 实时时钟定时等；还有，是采用 32 位工作还是 16 位工作，是用于定时还是计数，这些都要通过本步进行配置。

第三步　装载定时计数初值。装载定时的时间长度值，也就是定时器的定时时间，如 100 ms 或 1 000 ms 等。在 Stellaris 系列芯片中的一种做法是先调用 SysCtlClockSet()函数设置系统时间为定时器的时钟源，然后调用 SysCtlClockGet()函数读取 1s 的时间长度为定时器的定时时间长度填值。如果想完成 100ms 的填值，可以是这样“SysCtlClockGet()/10”(即 1000/10＝100)。

第四步　注册定时器的中断服务函数名。这一步是完成中断服务函数的合法性工作，在 Stellaris 系列芯片中，这种做法是最简单的。在注册前先在文件的最前面声明一个用于定时器中断的函数，然后进行合法注册，接着就可以编写定时器的中断服务子程序代码了。

第五步　启动定时器与定时器中断。调用 TimerIntEnable()函数设置定时器为计数溢出时产生中断，调用 TimerEnable()函数使能定时器。

第六步　使能全局中断。在启用中断工作时一定要记住使能全局中断，否则中断服务函数无法工作。使用函数 IntMasterEnable()。

第七步　编写中断服务子程序。以上 6 步工作做完后，便可以编写中断执行代码。在中断执行函数中，第一行代码就是清 0 中断标识，否则下次中断将无法产生，切记。

2. 使用的 API 函数说明

(1) 外设模块启用函数 SysCtlPeripheralEnable()

外设模块启用函数已经在 K1.1.2 中给出了，此处不再多述。

(2) 定时器配置函数 TimerConfigure()

函数名称英文缩写详解：Timer(时钟)，Configure(配置)。

函数原型：void TimerConfigure(unsigned long ulBase，unsigned long ulConfig)；

函数功能：用于配置定时器的工作方式和触发方式。

入口参数：

① ulBase 为定时器的启始地址(则首地址)。取值范围：

```
#define TIMER0_BASE    0x40030000   // Timer0(定时器 0)
#define TIMER1_BASE    0x40031000   // Timer1(定时器 1)
```

```
#define TIMER2_BASE    0x40032000  // Timer2(定时器 2)
```

② ulConfig 为触发方式和定时器使用的位数(32 位或 16 位)。取值范围：

```
#define TIMER_CFG_32_BIT_OS       0x00000001     // 32 位单次触发
#define TIMER_CFG_32_BIT_PER      0x00000002     // 32 位周期触发
#define TIMER_CFG_32_RTC          0x01000000     // 32 位实时时钟
#define TIMER_CFG_16_BIT_PAIR     0x04000000     // 分为 2 个 16 位定时器
#define TIMER_CFG_A_ONE_SHOT      0x00000001     // Timer A 16 位单次触发
#define TIMER_CFG_A_PERIODIC      0x00000002     // Timer A  16 位周期触发
#define TIMER_CFG_A_CAP_COUNT     0x00000003     // Timer A 事件计数器
#define TIMER_CFG_A_CAP_TIME      0x00000007     // Timer A 事件定时器
#define TIMER_CFG_A_PWM           0x0000000A     // Timer A PWM(脉宽)输出
#define TIMER_CFG_B_ONE_SHOT      0x00000100     // Timer B  16 位单次触发
#define TIMER_CFG_B_PERIODIC      0x00000200     // Timer B  16 位周期触发
#define TIMER_CFG_B_CAP_COUNT     0x00000300     // Timer B 事件计数器
#define TIMER_CFG_B_CAP_TIME      0x00000700     // Timer B 事件定时器
#define TIMER_CFG_B_PWM           0x00000A00     // Timer B PWM (脉宽)输出
```

出口参数：无。

函数返回值：无。

例 12　设定时器 2 为 16 位周期触发定时器。

解题：查参数得知定时器 2 的启始地址为 TIMER2_BASE,16 位定时器的参数是将 32 位定时器分为 2 个 16 位定时器而得,即 TIMER_CFG_16_BIT_PAIR,16 位定时器的 Timer A 的周期触发参数是 TIMER_CFG_A_PERIODIC。在这里你也可以用 Timer B,工作效果是一样的。

代码如下：

```
//设置定时器 2 为 16 位周期触发定时器,使用 TimerA 定时器
  TimerConfigure(TIMER2_BASE, TIMER_CFG_16_BIT_PAIR|TIMER_CFG_A_PERIODIC);
```

(3) 设定定时时间长度值函数 TimerLoadSet()

函数名称英文缩写详解：Timer(时钟),Load(装载),Set(设置)。

函数原型：void TimerLoadSet(unsigned long ulBase, unsigned long ulTimer,
　　　　　　　　　　　　　unsigned long ulValue);

函数功能：用于设定定时器的定时时间长度。

入口参数：

① ulBase 为定时器的启始地址,即首地址。取值范围：

```
#define TIMER0_BASE    0x40030000  // Timer0(定时器 0)
#define TIMER1_BASE    0x40031000  // Timer1(定时器 1)
#define TIMER2_BASE    0x40032000  // Timer2(定时器 2)
```

② ulTimer 为定时器选择,则为 Timer A 或 Timer B。使用 32 位定时时只能选择 TimerA。取值范围：

```
#define TIMER_A      0x000000ff  // Timer A
```

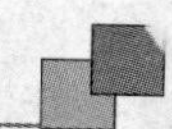

```
#define TIMER_B      0x0000ff00  // Timer B
#define TIMER_BOTH   0x0000ffff  // Timer Both(两者)
```

③ ulValue 为定时器的定时时间长度值。通过调用 SysCtlClockGet()函数读回的值为 1 s。

出口参数：无。

函数返回值：无。

例 13　启动定时器 1 为 32 位定时器每 200 ms 触发定时器中断一次。

解题：定时器 1 的首地址为 TIMER1_BASE，32 位定时选择的定时器为 Timer A，定时的时间长度通过调用 SysCtlClockGet()函数读取。

代码如下：

```
unsigned long nlTimeLength;
nlTimeLength = SysCtlClockGet();          //获取系统时钟源 1 s
nlTimeLength = nlTimeLength/4;            //得出 200 ms
//设置定时器定时时间长度为 200 ms
TimerLoadSet(TIMER0_BASE, TIMER_A, nlTimeLength);
```

(4) 注册定时器的中断服务函数名函数 TimerIntRegister()

函数名称英文缩写详解：Timer(时钟)，Int(Interrupt，中断)，Register(注册)。

函数原型：void TimerIntRegister(unsigned long ulBase, unsigned long ulTimer, void (* pfnHandler)(void));

函数功能：用于注册定时器中断服务函数名称。

入口参数：

① ulBase 为定时器的启始地址，即首地址。取值范围：

```
#define TIMER0_BASE   0x40030000  // Timer0(定时器 0)
#define TIMER1_BASE   0x40031000  // Timer1(定时器 1)
#define TIMER2_BASE   0x40032000  // Timer2(定时器 2)
```

② ulTimer 为定时器选择，即为 Timer A 或 Timer B。使用 32 位定时时只能选择 Timer A。取值范围：

```
#define TIMER_A      0x000000ff  // Timer A
#define TIMER_B      0x0000ff00  // Timer B
#define TIMER_BOTH   0x0000ffff  // Timer Both(两者)
```

③ void (* pfnHandler)(void)参数为出口参数

出口参数：void (* pfIntHandler)(void)为待注册的定时器中断函数名称。

函数返回值：无

例 14　注册一个定时器 2 工作在 32 位定时状态下的中断服务函数名称。

解题：定时器 2 的首地址为 TIMER2_BASE，32 位定时器选择的定时器为 TIMER_A，声明的待注册的定时器 2 中断服务函数名为 Time2_32B_TimeA_Inter_ISR。

代码如下：

```
//注册 Time2_32B_TimeA_Inter_ISR 为定时器 2 的中断服务函数名称
TimerIntRegister(TIMER2_BASE,TIMER_A,Time2_32B_TimeA_Inter_ISR);
```

(5) 设定定时器中断方式函数 TimerIntEnable()

函数名称英文缩写详解：Timer(时钟),Int(Interrupt,中断),Enable(使能)。

函数原型：void TimerIntEnable(unsigned long ulBase,
unsigned long ulIntFlags);

函数功能：用于启动定时器中断功能进入工作状态。

入口参数：

① ulBase 为定时器的启始地址,即首地址。取值范围：

```
#define TIMER0_BASE    0x40030000    // Timer0(定时器 0)
#define TIMER1_BASE    0x40031000    // Timer1(定时器 1)
#define TIMER2_BASE    0x40032000    // Timer2(定时器 2)
```

② ulIntFlags 为产生中断的方式。取值范围：

```
// CaptureB 捕获 TimerB 事件产生中断
#define TIMER_CAPB_EVENT            0x00000400
// CaptureB 捕获 TimerB 匹配产生中断
#define TIMER_CAPB_MATCH            0x00000200
// TimerB 定时溢出时产生中断
#define TIMER_TIMB_TIMEOUT          0x00000100
// RTC 中断覆盖
#define TIMER_RTC_MATCH             0x00000008
// CaptureA 捕获 TimerA 事件产生中断
#define TIMER_CAPA_EVENT            0x00000004
// CaptureA 捕获 TimerB 匹配产生中断
#define TIMER_CAPA_MATCH            0x00000002
// TimerA 定时溢出时产生中断
#define TIMER_TIMA_TIMEOUT          0x00000001
```

出口参数：无。

函数返回值：无。

例 15　设定定时器 1 以定时溢出产生中断。

代码如下：

```
//设置定时器 1 为溢出中断
TimerIntEnable(TIMER1_BASE, TIMER_TIMA_TIMEOUT);
```

(6) 启动定时器函数 TimerEnable()

函数名称英文缩写详解：Timer(定时器),Enable(使能)。

函数原型：void TimerEnable(unsigned long ulBase, unsigned long ulTimer);

函数功能：用于启用定时器。

入口参数：

① ulBase 为定时器的启始地址(即首地址)。取值范围：

```
#define TIMER0_BASE       0x40030000  // Timer0(定时器 0)
#define TIMER1_BASE       0x40031000  // Timer1(定时器 1)
#define TIMER2_BASE       0x40032000  // Timer2(定时器 2)
```

② ulTimer 为定时器选择，即为 Timer A 或 Timer B。使用 32 位定时时只能选择 Timer A。取值范围：

```
#define TIMER_A       0x000000ff  // Timer A
#define TIMER_B       0x0000ff00  // Timer B
#define TIMER_BOTH    0x0000ffff  // Timer Both(两者)
```

出口参数：无。

函数返回值：无。

例 16　启用定时器 0 工作在 32 位定时状态。

代码如下：

```
TimerEnable(TIMER0_BASE, TIMER_A);                    //启动定时器 0
```

(7) 全局中断使能函数 IntMasterEnable()

函数名称英文缩写详解：Int(Interrupt，中断)，Master(主要的)，Enable(使能)。

函数原型：void IntMasterEnable(void)；

函数功能：用于启用全局中断。

入口参数：无。

出口参数：无。

函数返回值：无。

代码如下：

```
IntMasterEnable();              //使能全局总中断
```

3. 定时器编程实践

任务①　单次触发定时器 0 的启动练习。

```
//*****************************************************************************
//文件名：Time0_Main.c
//功能：采用单次触发使两灯互闪
//连线方法：直接使用 EasyARM615 实验平台上的器件
//---------------------------------------------------------------------------
:
#define PC4_LED   GPIO_PIN_4
#define PC5_LED   GPIO_PIN_5
#define PC6_LED   GPIO_PIN_6
//函数说明
void  GPio_Initi(void);                          //GPIO 初始化
void  jtagWait(void);                            //防 JTAG 失效
void  IndicatorLight(void);                      //芯片运行指示灯
//定时器 0 的中断执行函数说明
void  Time0_TimeA_Inter_ISR(void);               //请注意要先声明后注册再后才能使用
```

```
//定时器 0 初始化函数说明
void  Timer0_TimeA_Initi(void);
void  jtagWait(void);                                    //用于防止 JTAG 失效
void Delay(int nDelaytime);                              //用于延时
//----------------------------------------------------------------------------
//下面是主程序部分
//----------------------------------------------------------------------------
int  main(void)
{
   //防止 JTAG 失效
   Delay(10);
   jtagWait();
   Delay(10);

   GPio_Initi();                                         //初始化 GPIO 引脚为输出
   Timer0_TimeA_Initi();                                 //初始化并启动定时器 0

   while(1)
   {
     //系统运行指示灯
     IndicatorLight() ;
     Delay(20);
   }
}
//----------------------------------------------------------------------------
// 函数名称：Timer0_TimeA_Initi
// 函数功能：定时器 0 初始设置并启动定时器 0 中断
//----------------------------------------------------------------------------
void Timer0_TimeA_Initi(void)
{
   //设定系统晶振为定时器的时钟源
   SysCtlClockSet( SYSCTL_SYSDIV_1 | SYSCTL_USE_OSC | SYSCTL_OSC_MAIN |
                   SYSCTL_XTAL_6MHZ );
  //使能定时器 0 外设
  SysCtlPeripheralEnable( SYSCTL_PERIPH_TIMER0 );
  //处理器使能(全局中断使能)
  IntMasterEnable();
  //设置定时器 0 为 32 位单次触发模式
  TimerConfigure(TIMER0_BASE, TIMER_CFG_32_BIT_OS);
  //设置定时器定时时间长度为 1 s。调用 SysCtlClockGet()获取 1 s 时间
  TimerLoadSet(TIMER0_BASE, TIMER_A, SysCtlClockGet());
  //注册 Time0_TimeA_Inter_ISR 为定时器 0 的中断服务函数名称
  TimerIntRegister(TIMER0_BASE,TIMER_A,Time0_TimeA_Inter_ISR);
  //设置定时器 0 为溢出中断
  TimerIntEnable(TIMER0_BASE, TIMER_TIMA_TIMEOUT);
  //启动定时器 0
  TimerEnable(TIMER0_BASE, TIMER_A);
}
//----------------------------------------------------------------------------
```

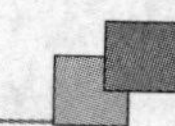

```
//函数名称：Time0_TimeA_Inter_ISR
//函数功能：定时器 0 中断事件处理子程序(工作方式为 32 位单次触发模式)
//输入参数：无
//输出参数：无
//-----------------------------------------------------------------------
void Time0_TimeA_Inter_ISR(void)
{
    //清除定时器 0 中断标志位
    TimerIntClear(TIMER0_BASE, TIMER_TIMA_TIMEOUT);
    //请在下面编写执代码
    //指示灯处理
    //读出 PC5_LED 引脚值判断是否为 0
    if(GPIOPinRead(GPIO_PORTC_BASE, PC5_LED) == 0x00)
    //如果 PC5 引脚为 0,就点亮 PC6 引脚指示灯,熄灭 PC5 引脚指示灯
    GPIOPinWrite(GPIO_PORTC_BASE, PC5_LED|PC6_LED,PC5_LED|~PC6_LED);
    else
    //否则就点亮 PC5 引脚指示灯,熄灭 PC6 引脚指示灯
    GPIOPinWrite(GPIO_PORTC_BASE, PC5_LED|PC6_LED,~PC5_LED|PC6_LED);
    //重新设置定时器(因为使用的是单次触发,如果不重新设置,则下一个定时将不被启动)
    //重载定时器的计数初值。此处仍设为 1 s,即"SysCtlClockGet()"函数读取 1 s
    // 系统时钟
    TimerLoadSet(TIMER0_BASE, TIMER_A, SysCtlClockGet());
    //使能定时器 0(启动定时器 0)
    //因为本实例使用的是单次触发,所以必须要再次启动
    TimerEnable(TIMER0_BASE, TIMER_A);
}
//-----------------------------------------------------------------------
⋮
//*********************************************************************
```

例程所在位置见"网上资料\参考程序\课题 2_定时器\ Time0_32B_单次触发(例1)\ *. *"。

任务② 启用定时器 1 工作于周期触发,产生 RTC 实时时钟,启用定时器 0 工作于周期触发,扫描键盘用于调时。使用 8 位数码管显示实时时钟。

```
//*********************************************************************
//文件名：Time_RTC_Main.c
//功能：实现 8 位数码管显示定时器 0 RTC 工作模式下产生的实时时钟
//说明：程序中使用 4 个按键调时,KEY1 功能为确认,KEY2 功能为方向移动,KEY3 功能为加 1
//      键,KEY4 功能为减 1 键
//与 EasyARM615 实验平台的连线方法：a~dp 顺序连接到 PD0~PD7,Q0~Q3 顺序连接
//      到 PA0~PA3,Q4~Q7 顺序连接到 PB0~PB3,K1~K3 顺序连接到 PE0~PE3
//-----------------------------------------------------------------------
⋮
#define PC4_LED  GPIO_PIN_4
#define PC5_LED  GPIO_PIN_5
#define PC6_LED  GPIO_PIN_6
```

```
#include "Nixietube_Temp8b.h"
#include "key_4bkey.h"
//函数说明
void  GPio_Initi(void);                              //GPIO 初始化
void  jtagWait(void);                                //防 JTAG 失效
void  IndicatorLight(void);                          //芯片运行指示灯
//定时器 1 的中断执行函数说明
void  Time1_TimeA_Inter_ISR(void);                   //请注意,要先声明后注册再后才能使用
//定时器 1 初始化函数说明
void  Timer1_TimeA_Initi(void);
//定时器 0 的中断执行函数说明
void  Time0_TimeA_Inter_ISR(void);                   //请注意,要先声明后注册再后才能使用
//定时器 0 初始化函数说明
void  Timer0_TimeA_Initi(void);
void  jtagWait2(void);                               //用于防止 JTAG 失效
void  jtagWait(void);                                //用于防止 JTAG 失效
void  Delay(int nDelaytime);                         //用于延时
//--------------------------------------------------------------------------------
//下面是主程序部分
//--------------------------------------------------------------------------------
int  main(void)
{    //此处加上两个防失效是因为这里容易出现,当然做工程时可以不要
     //防止 JTAG 失效
     Delay(10);
     jtagWait2();
     Delay(10);
     //防止 JTAG 失效
     Delay(10);
     jtagWait();
     Delay(10);
     //设定系统晶振为定时器的时钟源,启用定时器时一定要加上此句,否则定时器找不到
     //时钟源
     SysCtlClockSet( SYSCTL_SYSDIV_1 | SYSCTL_USE_OSC | SYSCTL_OSC_MAIN |
                     SYSCTL_XTAL_6MHZ );
     GPio_Initi();                                   //初始化 GPIO 引脚 PC 为输出
     GPio_PAPB_Initi();                              //初始化 GPIO 引脚 PA、PB 为输出
     Key_GPOI_PE_Init();                             //初始化 GPIO 引脚 PE 为输入
     nSec = 0;
     nMin = 0;
     nHour = 0;
     unTime[0] = nSec;
     unTime[1] = nMin;
     unTime[2] = nHour;
     DataTreat(unTime);
     Timer1_TimeA_Initi();                           //初始化并启动定时器 1 用于产生时钟
     Timer0_TimeA_Initi();                           //初始化并启动定时器 0 用于扫描按键
     while(1)
```

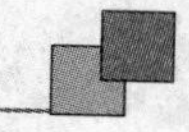

```
    {
      Nixietube_8bDisp(0x08);                        //显示 8 位数据
      //系统运行指示灯
      IndicatorLight();
      //Delay(5);
    }
}
//--------------------------------------------------------------------
// 函数名称：Timer1_TimeA_Initi
// 函数功能：定时器 1 初始设置并启动定时器 1 中断
//--------------------------------------------------------------------
void Timer1_TimeA_Initi(void)
{
  //使能定时器 1 外设
  SysCtlPeripheralEnable( SYSCTL_PERIPH_TIMER1 );
  //处理器使能(全局中断使能)
  IntMasterEnable();
  //设置定时器 1 为 32 位实时时钟触发模式(PER 周期)
  TimerConfigure(TIMER1_BASE, TIMER_CFG_32_BIT_PER);
  //设置定时器定时时间长度为 1 s。调用 SysCtlClockGet()获取 1 s 时间
  TimerLoadSet(TIMER1_BASE, TIMER_A, SysCtlClockGet());
  //注册 Time1_TimeA_Inter_ISR 为定时器 1 的中断服务子程序名称
  TimerIntRegister(TIMER1_BASE,TIMER_A,Time1_TimeA_Inter_ISR);
  //设置定时器 1 为溢出中断
  TimerIntEnable(TIMER1_BASE, TIMER_TIMA_TIMEOUT);
  //启动定时器 1
  TimerEnable(TIMER1_BASE, TIMER_A);
}
//--------------------------------------------------------------------
//函数名称：Time1_TimeA_Inter_ISR
//函数功能：定时器 1 中断事件处理子程序(工作方式为 32 位周期触发模式)
//--------------------------------------------------------------------
void Time1_TimeA_Inter_ISR(void)
{
   //清除定时器 1 中断标志位
   TimerIntClear(TIMER1_BASE, TIMER_TIMA_TIMEOUT);
   //请在下面编写执代码
   nSec++;                                  //秒钟
   if(nSec > 59)
   {nSec = 0;
    nMin++;                                 //分钟
    if(nMin > 59)
    {nMin = 0;
     nHour++;                               //时钟
     if(nHour > 23)
      nHour = 0;
    }
   }
```

```
   unTime[0] = nSec;
   unTime[1] = nMin;
   unTime[2] = nHour;
   DataTreat(unTime);
   //定时器运行指示灯
   GPIOPinWrite(GPIO_PORTC_BASE, PC5_LED,GPIOPinRead(GPIO_PORTC_BASE,
               PC5_LED) ^ PC5_LED);
}
//------------------------------------------------------------------
//函数名称：Timer0_TimeA_Initi
//函数功能：定时器 0 初始设置并启动定时器 0 中断
//------------------------------------------------------------------
void Timer0_TimeA_Initi(void)
{
  //使能定时器 0 外设
  SysCtlPeripheralEnable( SYSCTL_PERIPH_TIMER0 );
  //处理器使能(全局中断使能)
  IntMasterEnable();
  //设置定时器 0 为 32 位周期触发模式
  TimerConfigure(TIMER0_BASE, TIMER_CFG_32_BIT_PER);
  //设置定时器定时时间长度为 1/3 秒。调用“SysCtlClockGet()”获取 1 s 时间
  TimerLoadSet(TIMER0_BASE, TIMER_A, SysCtlClockGet()/3 - 300);
  //注册 Time0_TimeA_Inter_ISR 为定时器 0 的中断服务子程序名称
  TimerIntRegister(TIMER0_BASE,TIMER_A,Time0_TimeA_Inter_ISR);
  //设置定时器 0 为溢出中断
  TimerIntEnable(TIMER0_BASE, TIMER_TIMA_TIMEOUT);
  //启动定时器 0
  TimerEnable(TIMER0_BASE, TIMER_A);
}
//------------------------------------------------------------------
//函数名称：Time0_TimeA_Inter_ISR
//函数功能：定时器 0 中断事件处理子程序(工作方式为 32 位周期触发模式)
//说明：启动本定时器用于扫描 4 位按键,使用 350 ms 的扫描速度
//------------------------------------------------------------------
void Time0_TimeA_Inter_ISR(void)
{
    //清除定时器 0 中断标志位
    TimerIntClear(TIMER0_BASE, TIMER_TIMA_TIMEOUT);
    //请在下面编写执代码
    Read_Key();                          //读出按键信号
}
//------------------------------------------------------------------
```

下面是 8 位数码管显示程序：

```
//*****************************************************************
//文件功能：用于实现 8 位数码管显示
//文件名：Nixietube_Temp8b.h
//说明：本系统使用 LM3S615 芯片中的 GPIO 端口 D 输出数据到数码管的段码处,用 GPIO 端口 A
```

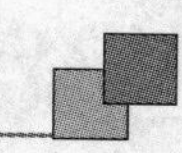

```
//          的 PA0～PA3 和 GPIO 端口 B 的 PB0～PB3 组成 8 个控制引脚,控制 8 位数码管的显示
//*************************************************************************
unsigned char  bAcc;                      //用于位控制
void Timelag(unsigned char nN);
void DataTreat(unsigned int unTime[8]);   //用于将整数化为字模
//数字字模(共阳)   0    1    2    3    4    5    6    7    8    9    -
unsigned char  chZhimo[11] =
                        {0xC0,0xF9,0xA4,0xB0,0x99,0x92,0x82,0xF8,0x80,0x90,0xBF};
//数字字模(共阴)
unsigned char  chZhimo2[11] =
                        {0x3F,0x06,0x5B,0x4F,0x66,0x6D,0x7D,0x07,0x7F,0x6F,0x40};
unsigned char uchMould[8];                //用于传递字模
//定义时间变量
int nSec = 0;                             //秒钟
int nMin = 0;                             //分钟
int nHour = 0;                            //小时
unsigned int unTime[4];
unsigned int nTimeJs = 0;                 //数码位控制
//-------------------------------------------------------------------------
//名称:Timelag()
//功能:延时,时间长度为 nN×200×2,最后一个 2 为每指令执行时间大约为 2 μs
//入口参数:nN(传递延时长度)
//-------------------------------------------------------------------------
void Timelag(unsigned char nN)
{
   unsigned char a,b;
   //嵌套循环解决延时问题
   for(a = 0;a<nN;a++)
    for(b = 0;b<200;b++);
}
//-------------------------------------------------------------------------
//函数名称:GPio_PAPB_Initi
//函数功能:启动外设 GPIO PA 口、PB 口、PD 口进入输出,用于 8 段数码管的数据显示
//-------------------------------------------------------------------------
void GPio_PAPB_Initi(void)
{
   //使能 GPIO PA 口、PB 口、PD 口外设
   SysCtlPeripheralEnable(SYSCTL_PERIPH_GPIOA|SYSCTL_PERIPH_GPIOB
                          |SYSCTL_PERIPH_GPIOD);
   //设定 PA0～PA3 口为输出
   GPIODirModeSet(GPIO_PORTA_BASE, 0x0F,GPIO_DIR_MODE_OUT);
   //设定 PB0～PB3 口为输出
   GPIODirModeSet(GPIO_PORTB_BASE, 0x0F,GPIO_DIR_MODE_OUT);
   //设定 PD 口为输出用于向数码管发送数据
   GPIODirModeSet(GPIO_PORTD_BASE, 0xFF,GPIO_DIR_MODE_OUT);
}
//-------------------------------------------------------------------------
//函数名称:Nixietube_8bDisp()
//函数功能:用于扫描并显示 8 位数字
```

```
//入口参数：chDigit 为要显示的位数，取值范围为 0x01～0x08
//出口参数：无
//---------------------------------------------------------------
void Nixietube_8bDisp(unsigned char chDigit)
{
    unsigned char i = 0,nJsqq;
    bAcc = 0x0E;
    if(chDigit > 3)
      nJsqq = chDigit - 4;
     else nJsqq = 0;
    for(i = 0;i<chDigit;i++)
    {
        GPIOPinWrite(GPIO_PORTD_BASE,0xFF,uchMould[i]);
        GPIOPinWrite(GPIO_PORTA_BASE,0x0F,bAcc);
        bAcc <<= 1;
        bAcc |= 0x01;
        Timelag(3);
    }
    GPIOPinWrite(GPIO_PORTA_BASE,0x0F,0xFF);
    bAcc = 0x0E;
    for(i = 4;i<nJsqq + 4;i++)
    {
        GPIOPinWrite(GPIO_PORTD_BASE,0xFF,uchMould[i]);
        GPIOPinWrite(GPIO_PORTB_BASE,0x0F,bAcc);
        bAcc <<= 1;
        bAcc |= 0x01;
        Timelag(3);
    }
    GPIOPinWrite(GPIO_PORTB_BASE,0x0F,0xFF);
}
//---------------------------------------------------------------
//函数名称：DataTreat()
//函数功能：用于将整数转换为字模
//入口参数：unTime 用于传送([2]时、[1]分、[0]秒或年、月、日)
//出口参数：返回获取的字模，共 8 个
//---------------------------------------------------------------
void DataTreat(unsigned int unTime[4])
{
   unsigned int nTimeB[8],i = 0;
   nTimeB[0] = unTime[0] % 10;            //取个位
   nTimeB[1] = unTime[0]/10;              //取十位
   nTimeB[2] = 10;
   nTimeB[3] = unTime[1] % 10;            //取个位
   nTimeB[4] = unTime[1]/10;              //取十位
   nTimeB[5] = 10;
   nTimeB[6] = unTime[2] % 10;            //取个位
   nTimeB[7] = unTime[2]/10;              //取十位

   for(i = 0;i<8;i++)
```

```
    uchMould[i] = chZhimo[nTimeB[i]];
 }
 //------------------------------------------------------------------------
 //函数名称：DataTreat_dp_disp()
 //函数功能：用于调时操纵 dp 点
 //入口参数：无
 //出口参数：返回获取的字模共 8 个
 //------------------------------------------------------------------------
void DataTreat_dp_disp()
{
   unsigned int nTimeB[8],i = 0;
   nTimeB[0] = nSec % 10;                    //取个位
   nTimeB[1] = nSec/10;                      //取十位
   nTimeB[2] = 10;
   nTimeB[3] = nMin % 10;                    //取个位
   nTimeB[4] = nMin/10;                      //取十位
   nTimeB[5] = 10;
   nTimeB[6] = nHour % 10;                   //取个位
   nTimeB[7] = nHour/10;                     //取十位
   for(i = 0;i<8;i++)
   uchMould[i] = chZhimo[nTimeB[i]];
   if(nTimeJs == 1)
   {uchMould[0] &= 0x7F;
    uchMould[3] |= 0x80;
    uchMould[6] |= 0x80;
    uchMould[7] &= 0x7F;
    }
    else if(nTimeJs == 2)
    {uchMould[6] |= 0x80;
     uchMould[0] |= 0x80;
     uchMould[3] &= 0x7F;
     uchMould[7] &= 0x7F;
    }
    else  if(nTimeJs == 3)
    {uchMould[0] |= 0x80;
     uchMould[6] &= 0x7F;
     uchMould[3] |= 0x80;
     uchMould[7] &= 0x7F;
    }
    else ;
}
//***********************************************************************
```

下面是 4 位按键程序：

```
//***********************************************************************
//文件名：key_4bkey.h
//功能：4 位按键处理程序。4 键设在 PE0、PE1、PE2、PE3 引脚上，系统采用 ARM Coretx - M3
//          内核芯片 LM3S615
```

```
//----------------------------------------------------------------------
#define PE0_KEY1 GPIO_PIN_0
#define PE1_KEY2 GPIO_PIN_1
#define PE2_KEY3 GPIO_PIN_2
#define PE3_KEY4 GPIO_PIN_3
void Read_Key();                               //读取键值函数
void Key1();                                   //按键执行函数第 1 键
void Key2();                                   //按键执行函数第 2 键
void Key3();                                   //按键执行函数第 3 键
void Key4();                                   //按键执行函数第 4 键
unsigned int nKeyCtrl = 0;                     //声明一个整数变量,用于按键控制
//unsigned int nTimeJs = 0;                    //数码位控制
void Key_GPOI_PE_Init();                       //用于初始化按键控制值
//----------------------------------------------------------------------
//函数名称：Key_GPOI_PE_Init
//函数功能：启动外设 GPIO PE 口,用于 PE0～PE3 按键输入
//输入参数：无
//输出参数：无
//----------------------------------------------------------------------
void Key_GPOI_PE_Init(void)
{
   //使能 GPIO PE 口外设
   SysCtlPeripheralEnable(SYSCTL_PERIPH_GPIOE);
   //设定 PE0～PE3 用于按键输入
   GPIODirModeSet(GPIO_PORTE_BASE, 0x0F,GPIO_DIR_MODE_IN);
   nKeyCtrl = 0;                               //用于按键控制
   nTimeJs = 0;                                //数码位控制
}
//----------------------------------------------------------------------
//函数名称：Read_Key()
//函数功能：用于读取 PE0～PE3 上按键信号
//----------------------------------------------------------------------
void Read_Key()
{
   if(GPIOPinRead(GPIO_PORTE_BASE,PE0_KEY1) ==  0x00)Key1();
   if(GPIOPinRead(GPIO_PORTE_BASE,PE1_KEY2) ==  0x00)Key2();
   if(GPIOPinRead(GPIO_PORTE_BASE,PE2_KEY3) ==  0x00)Key3();
   if(GPIOPinRead(GPIO_PORTE_BASE,PE3_KEY4) ==  0x00)Key4();
}
//以下是 8 个按键函数
//第 1 键,用作确认键
void Key1()
{//请在下面加入执行代码
  if(nKeyCtrl == 0)
  {  nKeyCtrl = 1;                             //启动其他键工作
     //禁止
     //禁止定时器为溢出中断
     TimerIntDisable(TIMER1_BASE, TIMER_TIMA_TIMEOUT);
```

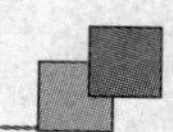

```
        //禁止定时器 1 工作
        TimerDisable(TIMER1_BASE, TIMER_A);
        nTimeJs = 1;                          //调秒分时日月年方向控制
         //用于显示 dp 点亮
        DataTreat_dp_disp();
      }
      else
      {  nKeyCtrl = 0;                        //关闭其他键工作
        //启动
        //设置定时器为溢出中断
        TimerIntEnable(TIMER1_BASE, TIMER_TIMA_TIMEOUT);
        //启动定时器 1
        TimerEnable(TIMER1_BASE, TIMER_A);
      }
    }
    //第 2 键,用作方向键
    void Key2()
    {//请在下面加入执行代码
      if(nKeyCtrl == 0) return;               //确认键没有按下直接返回
      if(nTimeJs == 1)
        nTimeJs = 2;
       else if(nTimeJs == 2)
         nTimeJs = 3;
        else if(nTimeJs == 3)
          nTimeJs = 1;
         else ;
      //用于显示 dp 点亮
      DataTreat_dp_disp();
    }
    //第 3 键,用作加 1 键
    void Key3()
    {//请在下面加入执行代码
      if(nKeyCtrl == 0) return;               //确认键没有按下直接返回
        //时钟调试
        if(nTimeJs == 1)                      //秒钟
        { nSec ++ ;
          if(nSec>59)nSec = 0;
           DataTreat_dp_disp();
        }
         else if(nTimeJs == 2)                //分钟
         { nMin ++ ;
           if(nMin>59)nMin = 0;
           DataTreat_dp_disp();
          }
          else if(nTimeJs == 3)               //时钟
          { nHour ++ ;
            if(nHour>23)nHour = 0;
```

```
            DataTreat_dp_disp();
          }
          else ;
    }
    //第 4 键,用作减 1 键
    void Key4()
    {//请在下面加入执行代码
      if(nKeyCtrl == 0) return;                      //确认键没有按下直接返回
        //时钟调试
        if(nTimeJs == 1)                             //秒钟
        { nSec -- ;
          if(nSec<0)nSec = 59;
          DataTreat_dp_disp();
        }
         else if(nTimeJs == 2)                       //分钟
         { nMin -- ;
           if(nMin<0)nMin = 59;
           DataTreat_dp_disp();
         }
          else if(nTimeJs == 3)                      //时钟
          { nHour -- ;
            if(nHour<0)nHour = 23;
            DataTreat_dp_disp();
          }
          else ;
    }
    //***********************************************************************
```

例程所在位置见“网上资料\参考程序\课题 2_定时器\ Time_32B_RTC 实时时钟 2(例 2)*.*”。

K2.1.3 外扩模块电路图与连线

任务①外扩模块电路图使用 EasyARM615 开发平台自带的连接在 PC6、PC5 引脚上的指示灯。

任务②外扩模块电路图如图 K2－1 所示。

与 EasyARM615 开发平台的连线方法：将图 K2－1 中的 J0～J7 顺序连接到 PD0～PD7，J8～J11 顺序连接到 PA0～PA3，J11～J15 顺序连接到 PB0～PB3，J18～J21 顺序连接到 PE0～PE3(a～dp 顺序连接到 PD0～PD7，Q0～Q3 顺序连接到 PA0～PA3，Q4～Q7 顺序连接到 PB0～PB3，K1～K3 顺序连接到 PE0～PE3)，J16、J17 连接到电源的正负极。

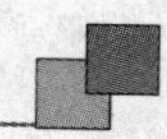

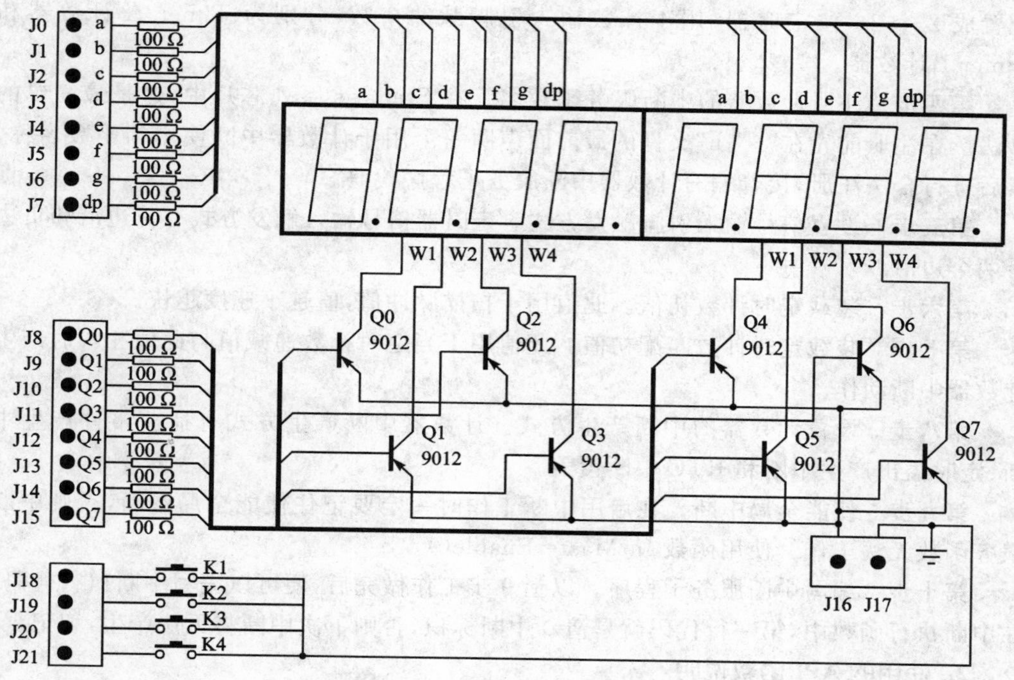

图 K2-1　外扩 8 位数码管模块电路

K2.2　定时器的计数功能练习

K2.2.1　操作实例任务

① 定时器 0 计数功能的实现。

② 启用定时器 0 和定时器 1 计数方波脉冲的个数。

K2.2.2　操作任务实例编程

1. 定时器的计数器编程步骤

第一步　使能定时器外设。在 Stellaris 系列芯片中除 ARM Cortex-M3 内核外，其余都属于外设，所以都需要调用 SysCtlPeripheralEnable()函数启用相应的外设进入工作。注意，如果想禁止外设工作请使用 SysCtlPeripheralDisable ()函数。

第二步　设置信号输入引脚。每个定时器的计数信号输入引脚是系统固定好的，定时器 0 的 2 个 16 位定时器 TimerA 对应的计数信号输入引脚为 CCP0(PD4)，TimerB 对应的计数信号输入引脚为 CCP1(PE3)；定时器 1 的 2 个 16 位定时器 TimerA 对应的计数信号输入引脚为 CCP2(PD5)，TimerB 对应的计数信号输入引脚为 CCP3(PC6)；定时器 2 的 2 个 16 位定时器 TimerA 对应的计数信号输入引脚为 CCP4(PE2)，TimerB 对应的计数信号输入引脚为 CCP5(PC4)。在启用定时器用于计数器时必须设置这些引脚的信号输入触发方式。

第三步　配置定时器为 2 个 16 位计数器。将 Stellaris 系列芯片中的 32 位定时器配置成 2 个 16 位定时器，用于计数输入引脚脉冲个数，分别为 Timer A 计数器和 Timer B计数器。

第四步 注册计数器的中断服务函数名。在 Stellaris 系列芯片中，这是最简单的做法。在注册前先在"＊.h"文件的最前面声明一个用于计数器中断使用的函数名称，然后进行合法注册，接着编写计数器中断服务子程序代码。

第五步 设置信号输入引脚触发方式。定时器信号输入触发方式有正边沿和负边沿两个边沿。

第六步 装载定时计数初值。此值用于扫描脉冲值，值越小速度越快。

第七步 装载定时计数匹配初值。此值用于当定时计数递减值与此值相等时产生计数器中断动作。

第八步 设置计数器的中断产生方式。计数器中断产生方式有捕获事件产生中断、定时溢出产生中断和 RTC 中断覆盖。

第九步 使能全局中断。在启用中断工作时一定要记住使能全局中断，否则中断服务函数无法工作。使用函数 IntMasterEnable()。

第十步 编写中断服务子程序。以上 9 步工作做完后，便可以编写中断执行代码。在中断执行函数中，第一行代码就是清 0 中断标识，否则下次中断将无法产生，切记。

2. 使用的 API 函数说明

在 K2.1.2 中介绍过的函数在此不再重述。

(1) 计数信号输入引脚设置函数 GPIOPinTypeTimer()

函数名称英文缩写详解：GPIO(输入/输出)，Pin(引脚)，Type(类型)，Timer(定时器)。

函数原型：
```
void GPIOPinTypeTimer(unsigned long ulPort,
                      unsigned char ucPins);
```

函数功能：用于设置引脚类型。

入口参数：

① ulPort 为端口首地址。取值范围：

```
#define GPIO_PORTA_BASE        0x40004000   // GPIO 端口 A
#define GPIO_PORTB_BASE        0x40005000   // GPIO 端口 B
#define GPIO_PORTC_BASE        0x40006000   // GPIO 端口 C
#define GPIO_PORTD_BASE        0x40007000   // GPIO 端口 D
#define GPIO_PORTE_BASE        0x40024000   // GPIO 端口 E
```

② ucPins 为引脚编号。取值范围：

```
#define GPIO_PIN_0             0x00000001   // GPIO 引脚 0
#define GPIO_PIN_1             0x00000002   // GPIO 引脚 1
#define GPIO_PIN_2             0x00000004   // GPIO 引脚 2
#define GPIO_PIN_3             0x00000008   // GPIO 引脚 3
#define GPIO_PIN_4             0x00000010   // GPIO 引脚 4
#define GPIO_PIN_5             0x00000020   // GPIO 引脚 5
```

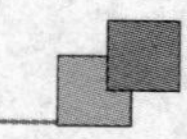

```
#define GPIO_PIN_6    0x00000040  // GPIO 引脚 6
#define GPIO_PIN_7    0x00000080  // GPIO 引脚 7
```

出口参数：无。

函数返回值：无。

例 17 设置定时器 0 为 16 位定时/计数器，使 Timer B 定时器工作在计数模式下，其信号输入引脚为 PE3(CCP1)。

解题：GPIO 端口 E 的首地址为 GPIO_PORTE_BASE，PE3 的引脚编号为 GPIO_PIN_3。

代码如下：

```
⋮
#define PE3_CCP1 GPIO_PIN_3
⋮
//设置 PE3 引脚为 CCP1 功能的输入口
GPIOPinTypeTimer( GPIO_PORTE_BASE, PE3_CCP1);
⋮
```

(2) 设置定时/计数器的计数捕获模式函数 TimerControlEvent()

函数名称英文缩写详解：Timer(定时器)，Control(控制)，Event(事件)。

函数原型：void TimerControlEvent(unsigned long ulBase, unsigned long ulTimer,
                                  unsigned long ulEvent)；

函数功能：用于设置定时器的计数捕获模式。

入口参数：

① ulBase 为定时器的启始地址，即首地址。取值范围：

```
#define TIMER0_BASE   0x40030000  // Timer0(定时器 0)
#define TIMER1_BASE   0x40031000  // Timer1(定时器 1)
#define TIMER2_BASE   0x40032000  // Timer2(定时器 2)
```

② ulTimer 为定时器选择，即为 Timer A 或 Timer B。取值范围：

```
#define TIMER_A      0x000000ff  // Timer A
#define TIMER_B      0x0000ff00  // Timer B
#define TIMER_BOTH   0x0000ffff  // Timer Both(两者)
```

③ ulEvent 为捕获事件。取值范围：

```
#define TIMER_EVENT_POS_EDGE      0x00000000  // 正边沿计数
#define TIMER_EVENT_NEG_EDGE      0x00000404  // 负边沿计数
#define TIMER_EVENT_BOTH_EDGES    0x00000C0C  // 两个边沿都参与计数
```

出口参数：无。

函数返回值：无。

例 18 设置定时器 0 中的 16 位定时器 Timer A 为负边沿计数捕获。

代码如下：

```
// 设置定时器 0 为 16 位定时器,配置负边沿计数捕获模式
TimerControlEvent(TIMER0_BASE,TIMER_A,TIMER_EVENT_NEG_EDGE);
```

(3) 匹配计数值函数 TimerMatchSet()

函数名称英文缩写详解：Timer(定时器),Match(匹配),Set(设置)。

函数原型：void TimerMatchSet(unsigned long ulBase, unsigned long ulTimer, unsigned long ulValue);

函数功能：用于设置定时器的计数匹配值。

入口参数：

① ulBase 为定时器的启始地址,即首地址。取值范围：

```
#define TIMER0_BASE   0x40030000   // Timer 0(定时器 0)
#define TIMER1_BASE   0x40031000   // Timer 1(定时器 1)
#define TIMER2_BASE   0x40032000   // Timer 2(定时器 2)
```

② ulTimer 为定时器选择,即为 Timer A 或 Timer B。取值范围：

```
#define TIMER_A      0x000000ff   // Timer A
#define TIMER_B      0x0000ff00   // Timer B
#define TIMER_BOTH   0x0000ffff   // Timer Both(两者)
```

③ ulValue 为匹配值。此值用于与计数器计数初值减 1 后对比。如果相等则产生计数中断;如果不相等则计数初值继续减 1,直到相等。两者的差值越大产生中断的时间就越长。

出口参数：无。

函数返回值：无。

例 19　设置定时器 2 的 Timer B 的计数匹配值。

代码如下：

```
//设置定时器匹配值为 1(为减 1 后相等产生中断值,两值差越大产生中断的时间越长)
TimerMatchSet(TIMER2_BASE,TIMER_B, 1);
```

3. 定时器计数编程实践

任务①　定时器 0 计数功能的实现。

```
//**************************************************************
//文件名：time_16_count.c
//功能：使 Stellaris 系列微控制器定时器工作在计数状态,则使定时器实现边沿输入计数
//       并产生中断
//定时器的计数原理：设 KEY1(CCP0)为边沿输入,由定时器递减计数,当计数值与
//       匹配值相等时,产生中断并使 LED1 的状态产生翻转
//说明：本例程使用的 LM3S615 芯片计数引脚为 PD4(CCP0),计数动作指示为 PC6 引脚,程序
//       运行指示灯为 PC4 引脚
//--------------------------------------------------------------
⋮
#define KEY1 GPIO_PIN_4                    //定义 KEY1 :PD4(CCP0)
#define LED1 GPIO_PIN_6                    //定义 LED1 :PC6(LED)
```

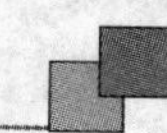

```
#define PC4_LED   GPIO_PIN_4
#define PC5_LED   GPIO_PIN_5
void Delay(int nDelaytime);                   //用于延时
void GPio_Initi(void);                        //启动外设 GPIO PC 口、PD 口进入输出
void  IndicatorLight(void);                   //启用指示灯
void  jtagWait(void);                         //用于防止 JTAG 失效
//-----------------------------------------------------------------------
// 函数名称：Timer0_TimeA_Count_ISR
// 函数功能：定时器 0 计数中断事件处理子程序
//-----------------------------------------------------------------------
void Timer0_TimeA_Count_ISR (void)
{   //清除定时器 0 中断
    TimerIntClear(TIMER0_BASE, TIMER_CAPA_MATCH);
    //重装定时器装载值为 2
    TimerLoadSet(TIMER0_BASE, TIMER_A, 2);
    //翻转 GPIO PC6 端口
GPIOPinWrite(GPIO_PORTC_BASE, LED1,GPIOPinRead(GPIO_PORTC_BASE,LED1) ^ LED1);
    //使能定时器 0
    TimerEnable(TIMER0_BASE, TIMER_A);
}
//-----------------------------------------------------------------------
// 函数名称：Time0_Initi_count
// 函数功能：定时器 0 初始设置并启动定时器 0 进入计数状态
//-----------------------------------------------------------------------
void  Time0_Initi_count(void)
{
   //设定晶振为定时器的时钟源
   SysCtlClockSet( SYSCTL_SYSDIV_1 | SYSCTL_USE_OSC | SYSCTL_OSC_MAIN |
                   SYSCTL_XTAL_6MHZ);
   //使能定时器 0 外设
   SysCtlPeripheralEnable( SYSCTL_PERIPH_TIMER0 );
   //使能 GPIO D 口外设
   SysCtlPeripheralEnable( SYSCTL_PERIPH_GPIOD );

   IntMasterEnable();                         // 处理器使能(全局中断)
   //设置 PD4 为 CCP0 功能输入口
   GPIOPinTypeTimer( GPIO_PORTD_BASE,KEY1);
   //设定定时器 0 分为 2 个 16 位定时器，工作在计数状态
   TimerConfigure(TIMER0_BASE, TIMER_CFG_16_BIT_PAIR |
                  TIMER_CFG_A_CAP_COUNT);
   //设置定时器 0 为 16 位定时器，匹配为负边沿计数捕获模式
   TimerControlEvent(TIMER0_BASE,TIMER_A,TIMER_EVENT_NEG_EDGE);
   //注册计数中断产生的工作函数名称
   TimerIntRegister(TIMER0_BASE,TIMER_A,Timer0_TimeA_Count_ISR);
   //设定减 1 计数差值(设置定时器装载值为 2(为减 1 计数值)
   TimerLoadSet(TIMER0_BASE, TIMER_A, 2);
   //设置定时器匹配值为 1(为减 1 后相等产生中断值，两值差越大产生中断的时间越长)
   TimerMatchSet(TIMER0_BASE,TIMER_A, 1);
   //GPTM 捕获 A 的匹配中断使能
```

```
    TimerIntEnable(TIMER0_BASE, TIMER_CAPA_MATCH);
    //使能定时器并开始等待边沿事件
    TimerEnable(TIMER0_BASE, TIMER_A);
    //使能定时器 0
    IntEnable(INT_TIMER0A);
}
//----------------------------------------------------------------------
int  main(void)
{
    //防止 JTAG 失效
    Delay(10);
    jtagWait();
    Delay(10);
    GPio_Initi();                                    //初始化 PC 口用于指示灯
    Time0_Initi_count();                             //启动定时器 0 工作在计数状态
    while(1)
    {
      //系统运行指示灯
      IndicatorLight();
      Delay(20);
    }
}
//----------------------------------------------------------------------
  ⋮
//************************************************************************
```

例程所在位置见“网上资料\参考程序\课题 2_定时器\ Time0_16B_计数器(例 3)*.*”。

任务② 启用定时器 0 和定时器 1 计数方波脉冲的个数(此处借用 8 位数码管显示脉冲的计数个数,单位为 s)。

```
//************************************************************************
//文件名:time_16_count.c
//功能:使 Stellaris 系列微控制器中的定时器工作在计数状态,则使定时器实现边沿输入/
//       计数并产生中断
//定时器的计数原理:设 KEY1(CCP1)边沿输入,由定时器递减计数,当计数值与匹配值相
//       等时,产生中断并使 LED1 的状态产生翻转
//说明:本例程使用的 LM3S615 芯片计数引脚 PE3(CCP0),计数动作指示为 PC6 引脚 LED
//       灯,程序运行指示灯为 PC4 引脚 LED 灯,获取的脉冲值由 PD 口的 8 位数码管显示
//本程序主要用于计数方波脉冲的个数
//----------------------------------------------------------------------
  ⋮
#include "Nixietube_Temp8b.h"
#define PE3_KEY1 GPIO_PIN_3                         //定义 KEY1 :PE3(CCP1)
#define PC6_LED1 GPIO_PIN_6                         //定义 LED1 :PC6(LED)
#define PC4_LED  GPIO_PIN_4
#define PC5_LED  GPIO_PIN_5
unsigned long nlFreqCount = 0;                      //用于计数获取的频率值
```

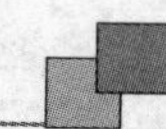

```
//函数说明
void  GPio_Initi(void);                    //GPIO 初始化
void  jtagWait(void);                      //防 JTAG 失效
void  IndicatorLight(void);                //芯片运行指示灯
//定时器 1 的中断执行子程序(函数)说明
void  Time1_TimeA_Inter_ISR(void);         //请注意要先声明后注册,然后才能使用
//定时器 1 初始化函数说明
void  Timer1_TimeA_Initi(void);
//定时器 0 的 Time B 中断执行子程序(函数)说明
void  Timer0_TimeB_Count_ISR(void);        //请注意要先声明后注册,然后才能使用
//定时器 0 的 Time B 初始化函数说明
void  Time0_TimeB_Initi_count(void);
void Delay(int nDelaytime);                //用于延时
void GPio_Initi(void);                     //启动外设 GPIO PC 口进入输出
void  IndicatorLight(void);                //启用指示灯
//-------------------------------------------------------------------------
//函数名称:Timer0_TimeB_Count_ISR
//函数功能:定时器 0 计数中断事件处理子程序
//-------------------------------------------------------------------------
void Timer0_TimeB_Count_ISR (void)
{
    //清除定时器 0 中断
    TimerIntClear(TIMER0_BASE, TIMER_CAPB_MATCH);
    //重装定时器装载值为 2
    TimerLoadSet(TIMER0_BASE, TIMER_B, 2);
    //计数获取的频率(启用定时器 1 按 1 s 读取即可获得频率值)
    nlFreqCount ++ ;
    //工作指示灯(翻转 GPIO PC6 端口)
    GPIOPinWrite(GPIO_PORTC_BASE, PC6_LED1,
            GPIOPinRead(GPIO_PORTC_BASE,PC6_LED1) ^ PC6_LED1);
    //使能定时器 0
    TimerEnable(TIMER0_BASE, TIMER_B);
}
//-------------------------------------------------------------------------
//函数名称:Time0_TimeB_Initi_count
//函数功能:设置定时器 0 为 16 位定时器,并使定时器 0 的 Timer B 定时器为计数状态
//输入参数:无
//输出参数:无
//-------------------------------------------------------------------------
void  Time0_TimeB_Initi_count(void)
{
    //设定晶振为定时器时钟源
    SysCtlClockSet( SYSCTL_SYSDIV_1 | SYSCTL_USE_OSC | SYSCTL_OSC_MAIN |
                    SYSCTL_XTAL_6MHZ);
    //使能定时器 0 外设
    SysCtlPeripheralEnable( SYSCTL_PERIPH_TIMER0 );
    //使能 GPIO E 口外设
    SysCtlPeripheralEnable( SYSCTL_PERIPH_GPIOE );
    //设置 PE3 为 CCP1 功能输入口
```

```
    GPIOPinTypeTimer(GPIO_PORTE_BASE,PE3_KEY1);
    //设定定时器 0 工作在 Timer B 定时器计数状态
    TimerConfigure(TIMER0_BASE, TIMER_CFG_16_BIT_PAIR |
                   TIMER_CFG_B_CAP_COUNT);
    //设置定时器 0 为 16 位定时器匹配负边沿计数捕获模式
    TimerControlEvent(TIMER0_BASE,TIMER_B,TIMER_EVENT_NEG_EDGE);
    //注册计数中断产生的工作函数名称
    TimerIntRegister(TIMER0_BASE,TIMER_B,Timer0_TimeB_Count_ISR);
    //设定减 1 计数差值(设置定时器装载值为 2(为减 1 计数值))
    TimerLoadSet(TIMER0_BASE, TIMER_B, 2);
    //设置定时器匹配值为 1(为计数减 1 后相等产生中断值,两值差越大产生中断的时间越长)
    TimerMatchSet(TIMER0_BASE,TIMER_B, 1);
    // GPTM 捕获 TimerB 的匹配中断使能
    TimerIntEnable(TIMER0_BASE, TIMER_CAPB_MATCH);
    //使能定时器并开始等待边沿事件
    TimerEnable(TIMER0_BASE, TIMER_B);
    //使能定时器 0 的 TimerB
    IntEnable(INT_TIMER0B);
    IntMasterEnable();                        //处理器使能(全局中断)
}
//---------------------------------------------------------------------------
//主函数
int  main(void)
{
    //防止 JTAG 失效
    Delay(10);
    jtagWait();
    Delay(10);
    nlFreqCount = 0;                          //频率计数器
    GPio_Initi();                             //初始化 PC 口用于指示灯
    GPio_PAPB_Initi();                        //初始化数码管显示系统
    Time0_TimeB_Initi_count();                //启动定时器 0 的 Timer B 工作在计数状态
    Timer1_TimeA_Initi();                     //启动定时器 1 按 1 s 定时读取频率计数值
    while(1)
    {
      //数码管显示
      Nixietube_8bDisp(0x08);                 //0x08 设为 8 位数码管同时显示
      //系统运行指示灯
      IndicatorLight();
    }
}
//---------------------------------------------------------------------------
//函数名称:Timer1_TimeA_Initi
//函数功能:定时器 1 初始设置并启用定时器 1 中断
//---------------------------------------------------------------------------
void Timer1_TimeA_Initi(void)
{
  //设定系统晶振为定时器的时钟源
  SysCtlClockSet( SYSCTL_SYSDIV_1 | SYSCTL_USE_OSC | SYSCTL_OSC_MAIN |
                  SYSCTL_XTAL_6MHZ );
```

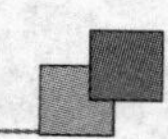

```
    //使能定时器 1 外设
    SysCtlPeripheralEnable( SYSCTL_PERIPH_TIMER1 );
    //处理器使能(全局中断使能)
    IntMasterEnable();
    //设置定时器 1 为 32 位实时时钟触发模式(PER 周期)
    TimerConfigure(TIMER1_BASE, TIMER_CFG_32_BIT_PER);
    //设置定时器定时时间长度为 1 s。调用 SysCtlClockGet()获取 1 s 时间
    TimerLoadSet(TIMER1_BASE, TIMER_A, SysCtlClockGet());
    //注册 Time1_TimeA_Inter_ISR 为定时器 1 的中断服务子程序名称
    TimerIntRegister(TIMER1_BASE,TIMER_A,Time1_TimeA_Inter_ISR);
    //设置定时器 1 为溢出中断
    TimerIntEnable(TIMER1_BASE, TIMER_TIMA_TIMEOUT);
    //启动定时器 1
    TimerEnable(TIMER1_BASE, TIMER_A);
}
//------------------------------------------------------------------
//函数名称:Time1_TimeA_Inter_ISR
//函数功能:定时器 1 中断事件处理子程序(工作方式为 32 位周期触发模式)
//------------------------------------------------------------------
void Time1_TimeA_Inter_ISR(void)
{
    //清除定时器 1 中断标志位
    TimerIntClear(TIMER1_BASE, TIMER_TIMA_TIMEOUT);
    //请在下面编写执代码
    //显示获取的频率的值
    Nixietube_Disp_Integer(nlFreqCount);
    nlFreqCount = 0;                          //清 0 频率计数器
    //频率获取指示灯
    GPIOPinWrite(GPIO_PORTC_BASE, PC5_LED,
                 GPIOPinRead(GPIO_PORTC_BASE, PC5_LED) ^ PC5_LED);
}
//------------------------------------------------------------------
⋮
//******************************************************************
```

例程所在位置见“网上资料\参考程序\课题 2_定时器\ Time0_TimeB_16B_计数器(例 4)\ *. *”。

K2.2.3　外扩模块电路图与连线

任务①外扩模块电路图使用 EasyARM615 开发平台自带的连接在 PD4 引脚上的按键和 PC6 引脚上的指示灯。

任务②外扩模块电路图如图 K2－1 所示。与 EasyARM615 开发平台的连线方法也相同。

K2.3　定时器的 PWM 脉宽调制功能练习

K2.3.1　操作实例任务

① 启用定时器 PWM 脉宽调制实现 LED 指示灯逐渐熄灭,而后又逐渐点亮。

② 启用定时器定时控制 PWM 脉宽实现简易风扇电机变频调速。

K2.3.2 操作任务实例编程

1. GPIO 中断信号输入编程步骤

第一步 使能定时器外设。同 K2.2。

第二步 设置信号输出引脚为硬件控制输出。对 GPIO 引脚的输入/输出设置有三种，一是设为输入，用于按键和脉冲信号；二是设为输出，用于驱动外围的接口器件；三是硬件控制输出信号。用于 PWM 调制时，只有设置为通过硬件来处理。

第三步 配置定时器为 2 个 16 位定时器，工作方式为 PWM 脉宽调制。

第四步 装载定时计数初值。此值用于定时计数。

第五步 装载定时计数匹配初值。此值用于定时计数递减值与此值相等时产生脉宽输出，变换此值可以调节脉冲的宽度。

第六步 启动定时器。

2. 使用的 API 函数说明

本节所用函数大部分已经在 K2.1.2 和 K2.2.2 讲解。此处不再赘述。

下面介绍一个设置引脚电流强度增大的函数 GPIOPadConfigSet()。

函数名称英文缩写详解：GPIO（输入/输出），Pad（增大），Config（配置），Set（设置）。

函数原型：void GPIOPadConfigSet(unsigned long ulPort, unsigned char ucPins,
unsigned long ulStrength, unsigned long
ulPadType);

函数功能：用于增大引脚电流的设置。

入口参数：

① ulPort 为端口首地址。取值范围：

```
#define GPIO_PORTA_BASE   0x40004000  // GPIO 端口 A
#define GPIO_PORTB_BASE   0x40005000  // GPIO 端口 B
#define GPIO_PORTC_BASE   0x40006000  // GPIO 端口 C
#define GPIO_PORTD_BASE   0x40007000  // GPIO 端口 D
#define GPIO_PORTE_BASE   0x40024000  // GPIO 端口 E
```

② ucPins 为引脚编号。取值范围：

```
#define GPIO_PIN_0   0x00000001  // GPIO 引脚 0
#define GPIO_PIN_1   0x00000002  // GPIO 引脚 1
#define GPIO_PIN_2   0x00000004  // GPIO 引脚 2
#define GPIO_PIN_3   0x00000008  // GPIO 引脚 3
#define GPIO_PIN_4   0x00000010  // GPIO 引脚 4
#define GPIO_PIN_5   0x00000020  // GPIO 引脚 5
#define GPIO_PIN_6   0x00000040  // GPIO 引脚 6
#define GPIO_PIN_7   0x00000080  // GPIO 引脚 7
```

③ ulStrength 电流强度。取值范围：

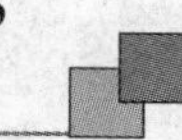

```
// 2 mA drive(驱动)strength(强度)
#define GPIO_STRENGTH_2MA           0x00000001
// 4 mA drive(驱动)strength(强度)
#define GPIO_STRENGTH_4MA           0x00000002
// 8 mA drive(驱动)strength(强度)
#define GPIO_STRENGTH_8MA           0x00000004
// 8 mA drive(驱动)with(用)slew(回转)rate(比率)control(控制)
#define GPIO_STRENGTH_8MA_SC        0x0000000C       //8 mA 用比率回旋控制
```

④ ulPadType 增度类型。取值范围：

```
// Push(强) - pull(拉)
#define GPIO_PIN_TYPE_STD           0x00000008
// Push - pull with(用) weak(弱) pull - up(上拉)
#define GPIO_PIN_TYPE_STD_WPU       0x0000000A
// Push - pull with(用) weak  pull - down(下拉)
#define GPIO_PIN_TYPE_STD_WPD       0x0000000C
// Open(打开) - drain(漏极)
#define GPIO_PIN_TYPE_OD            0x00000009
// Open - drain with(用) weak (弱) pull - up(上拉)
#define GPIO_PIN_TYPE_OD_WPU        0x0000000B
// Open - drain with(用) weak(弱) pull - down(下拉)
#define GPIO_PIN_TYPE_OD_WPD        0x0000000D
// Analog(模拟量) comparator(比较器)
#define GPIO_PIN_TYPE_ANALOG        0x00000000
```

出口参数：无。

函数返回值：无。

例 20　设 PA0 引脚为 4 mA 的弱上拉输出。

代码如下：

```
//设置 PA0 引脚的电流输出驱动强度为 4 mA,输出类型为推挽
GPIOPadConfigSet(GPIO_PORTA_BASE, GPIO_PIN_0,
                 GPIO_STRENGTH_4MA, GPIO_PIN_TYPE_STD_WPU);
```

3. 定时器 PWM 功能编程实践

任务①　启用定时器 PWM 脉宽调制实现 LED 指示灯逐渐熄灭，而后又逐渐点亮。

```
//*************************************************************
//文件名：Timer0_16B_PWM_Main.c
//功能：设置从 PD4(CCP0)引脚输出 PWM 脉宽,使接到 PD4(CCP0)引脚上的指示灯变亮变暗
//-------------------------------------------------------------
⋮
#include"interrupt.h"

#define PD4_PWM   GPIO_PIN_4
#define PC4_LED   GPIO_PIN_4
#define PC5_LED   GPIO_PIN_5
```

```
#define PC6_LED   GPIO_PIN_6
unsigned long nMat = 2000;         //用于匹配变换值,通过按键减 1 或加 1
void  jtagWait(void);              //防止 JTAG 失效
void delay(int d);                 //延时子程序
void GPio_Initi(void);             //启动外设 GPIO 为输入/输出
//------------------------------------------------------------------------
// 函数名称：Timer0A_Initi
// 函数功能：定时器 0 初始设置为 PWM 输出
// 输入参数：无
// 输出参数：无
//------------------------------------------------------------------------
void Timer0A_Initi_PWM(void)
{
  //使能定时器 0 外设
  SysCtlPeripheralEnable( SYSCTL_PERIPH_TIMER0 );
  //使能 GPIO B 口外设启用 PB 口用于输出
  SysCtlPeripheralEnable(SYSCTL_PERIPH_GPIOD);
  //处理器使能(全局中断)
  IntMasterEnable();
  //设置 GPIO PD4(CCP0)为输出口,并由硬件控制
  //GPIO_DIR_MODE_HW(表明引脚将被设置成由硬件进行控制)
  GPIODirModeSet(GPIO_PORTD_BASE,PD4_PWM,GPIO_DIR_MODE_HW);
  //设置引脚电流的输出强度
  //设置定时器 0 为周期触发模式,并同时设置为 16 位 PWMA 模式
  TimerConfigure(TIMER0_BASE, TIMER_CFG_16_BIT_PAIR | TIMER_CFG_A_PWM);
  //设置定时器装载初值
  TimerLoadSet(TIMER0_BASE, TIMER_A, 3000);
  //设置 TimerA 的 PWM 匹配值(这个值可以变换大小),设为 0 没有输出
  TimerMatchSet(TIMER0_BASE,TIMER_A,0);
  //启动定时器 0
  TimerEnable(TIMER0_BASE, TIMER_A);
}
//------------------------------------------------------------------------
// 函数名称：GPio_Initi
// 函数功能：启动外设 GPIO 为输入/输出
//------------------------------------------------------------------------
void GPio_Initi(void)
{
    ⋮
  //设置 PA 口用作按键功能
  SysCtlPeripheralEnable(SYSCTL_PERIPH_GPIOA);
  //设置 KEY 所在引脚为输入状态(PA0～PA1)
  GPIODirModeSet(GPIO_PORTA_BASE, GPIO_PIN_0|GPIO_PIN_1, GPIO_DIR_MODE_IN);
}
//------------------------------------------------------------------------
//PA0_Key 为单按键
//------------------------------------------------------------------------
void  PA0_Key(void)
{
```

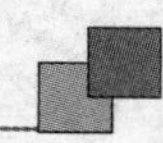

```
    //如果复位时按下 KEY,则进入
    if ( GPIOPinRead( GPIO_PORTA_BASE , GPIO_PIN_0) == 0x00 )
    {
      nMat--;
      if(nMat<=0)nMat=0;
      TimerMatchSet(TIMER0_BASE,TIMER_A,nMat);
      //指示灯处理
      //读出 PC4_LED 引脚值判断是否为 0
      if(GPIOPinRead(GPIO_PORTC_BASE, PC4_LED)==0x00)
      //如果 PC4 引脚为 0 就给其写 1,熄灯
      GPIOPinWrite(GPIO_PORTC_BASE, PC4_LED,0x10);
      else GPIOPinWrite(GPIO_PORTC_BASE, PC4_LED,0x00);  //写 0,亮灯
    }
}
//-------------------------------------------------------------------
//PA1_Key 为单按键
//-------------------------------------------------------------------
void  PA1_Key(void)
{
    //如果复位时按下 KEY,则进入
    if ( GPIOPinRead( GPIO_PORTA_BASE , GPIO_PIN_1) == 0x00 )
    {
      nMat++;
      if(nMat>=2990)nMat=2990;
      TimerMatchSet(TIMER0_BASE,TIMER_A,nMat);
      //指示灯处理
      //读出 PC6_LED 引脚值判断是否为 0
      if(GPIOPinRead(GPIO_PORTC_BASE, PC6_LED)==0x00)
        //如果 PC6 引脚为 0 就给其写 1,熄灯
        GPIOPinWrite(GPIO_PORTC_BASE, PC6_LED,0x40);
       else GPIOPinWrite(GPIO_PORTC_BASE, PC6_LED,0x00);  //写 0,亮灯
    }
}
//-------------------------------------------------------------------
//下面是主程序部分
//-------------------------------------------------------------------
int  main(void)
{
    //防止 JTAG 失效
    delay(10);
    jtagWait();
    delay(10);
    nMat=0;
    //设定系统晶振为定时器时钟源
    SysCtlClockSet( SYSCTL_SYSDIV_1 | SYSCTL_USE_OSC |
                    SYSCTL_OSC_MAIN | SYSCTL_XTAL_6MHZ );
    GPio_Initi();                   //启动 GPIO 输出
    Timer0A_Initi_PWM();            //初始化并启动定时器
    while(1)
```

```
    {
      PA0_Key();
      PA1_Key();
      //指示灯处理
      //读出 PC5_LED 引脚值判断是否为 0
      if(GPIOPinRead(GPIO_PORTC_BASE, PC5_LED) = = 0x00)
         //如果 PC5 引脚为 0 就给其写 1,熄灯
         GPIOPinWrite(GPIO_PORTC_BASE, PC5_LED,0x20);
       else GPIOPinWrite(GPIO_PORTC_BASE, PC5_LED,0x00);  //写 0,亮灯
      delay(10);
    }
}
//-----------------------------------------------------------------------
//***********************************************************************
```

例程所在位置见"网上资料\参考程序\课题 2_定时器\ Time_16B_PWM(脉宽调制)1(例 5)\＊.＊"。

任务②　启用定时器定时控制 PWM 脉宽实现简易风扇电机变频调速。

```
//***********************************************************************
//文件名:Time_PWM_Main.c
//功能:实现风扇仿真调速控制
//说明:程序中使用 4 个按键调速,KEY1 功能为减速,KEY2 功能为增速,KEY3 功能为最大速度,
//      KEY4 功能为关闭风扇
//与 EasyARM615 实验平台的连线方法:DJ1 连接到 PC5,KEY1～KEY3 顺序连接到 PE0～PE3
//再次说明:本练习只是一个仿真,虽然没有多大意义,但我们可以看到一个明显的调速过程,
//             说不定在某些工程的设计中可以用上。脉冲输出引脚为 PC5
//-----------------------------------------------------------------------
 ⋮
#define PC4_LED   GPIO_PIN_4
#define PC5_LED   GPIO_PIN_5
#define PC6_LED   GPIO_PIN_6
//函数说明
void  GPio_Initi(void);                      //GPIO 初始化
void  jtagWait(void);                        //防 JTAG 失效
void  Delay(int nDelaytime);                 //用于延时
void  IndicatorLight(void);                  //芯片运行指示灯
//定时器 1 的中断执行子程序(函数)说明
void  Time1_TimeA_Inter_ISR(void);           //请注意要先声明后注册,然后才能使用
//定时器 1 初始化函数说明
void  Timer1_TimeA_Initi(unsigned long nTimeLength);
//定时器 0 的中断执行子程序(函数)说明
void  Time0_TimeA_Inter_ISR(void);           //请注意要先声明后注册,然后才能使用
//定时器 0 初始化函数说明
void  Timer0_TimeA_Initi(void);
unsigned long nTimeLengthJsq = 3;
unsigned long nTimeLength1,nTimeLength2,nTimeLength3;
#include "key_4bkey.h"
//-----------------------------------------------------------------------
```

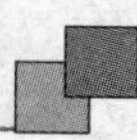

```
//下面是主程序部分
//-----------------------------------------------------------------------------
int  main(void)
{
    //防止 JTAG 失效
    Delay(10);
    jtagWait();
    Delay(10);
    //设定系统晶振为定时器的时钟源,启用定时器时一定要加上此句,否则定时器找不到时
    //钟源
    SysCtlClockSet( SYSCTL_SYSDIV_1 | SYSCTL_USE_OSC | SYSCTL_OSC_MAIN |
                    SYSCTL_XTAL_6MHZ );
    nTimeLengthJsq = 12;                        //定时时间长度初值
    GPio_Initi();                               //初始化 GPIO 引脚 PC 口为输出
    Key_GPOI_PE_Init();                         //初始化 GPIO 引脚 PE 口为输入
    //初始化并启动定时器 1 用于产生时钟脉冲
    Timer1_TimeA_Initi(nTimeLengthJsq);
    //初始化并启动定时器 0 用于扫描按键
    Timer0_TimeA_Initi();
    while(1)
    {
      //系统运行指示灯
      IndicatorLight();
      Delay(5);
    }
}
//-----------------------------------------------------------------------------
//函数名称:Timer1_TimeA_Initi
//函数功能:定时器 1 初始设置并启动定时器 1 中断
//输入参数:nTimeLength 为定时的时间长度的除数值
//输出参数:无
//-----------------------------------------------------------------------------
void Timer1_TimeA_Initi(unsigned  long nTimeLength)
{
  unsigned long  nTimeLength2;
  if(nTimeLength<=0) return;
  nTimeLength2 = SysCtlClockGet()/nTimeLength;
  //使能定时器 1 外设
  SysCtlPeripheralEnable( SYSCTL_PERIPH_TIMER1 );
  //处理器使能(全局中断使能)
  IntMasterEnable();
  //设置定时器 1 为 32 位实时时钟触发模式(PER 周期)。
  TimerConfigure(TIMER1_BASE, TIMER_CFG_32_BIT_PER);
  //设置定时器定时时间长度
  TimerLoadSet(TIMER1_BASE, TIMER_A, nTimeLength2);
  //注册 Time1_TimeA_Inter_ISR 为定时器 1 的中断服务子程序名称
  TimerIntRegister(TIMER1_BASE,TIMER_A,Time1_TimeA_Inter_ISR);
  //设置定时器 1 为溢出中断
  TimerIntEnable(TIMER1_BASE, TIMER_TIMA_TIMEOUT);
```

```
    //启动定时器 1
    TimerEnable(TIMER1_BASE, TIMER_A);
}
//------------------------------------------------------------------------
//函数名称：Time1_TimeA_Inter_ISR
//函数功能：定时器 1 中断事件处理子程序(工作方式为 32 位周期触发模式)
//------------------------------------------------------------------------
void Time1_TimeA_Inter_ISR(void)
{
    //清除定时器 1 中断标志位
    TimerIntClear(TIMER1_BASE, TIMER_TIMA_TIMEOUT);
    //用于产生脉冲驱动风扇
    GPIOPinWrite(GPIO_PORTC_BASE, PC5_LED,GPIOPinRead(GPIO_PORTC_BASE,
                PC5_LED) ^ PC5_LED);
}
//------------------------------------------------------------------------
//函数名称：Timer0_TimeA_Initi
//函数功能：定时器 0 初始设置并启用定时器 0 中断
//------------------------------------------------------------------------
void Timer0_TimeA_Initi(void)
{
    //使能定时器 0 外设
    SysCtlPeripheralEnable( SYSCTL_PERIPH_TIMER0 );
    //处理器使能(全局中断使能)
    IntMasterEnable();
    //设置定时器 0 为 32 位周期触发模式
    TimerConfigure(TIMER0_BASE, TIMER_CFG_32_BIT_PER);
    //设置定时器定时时间长度为 1/3 秒。调用 SysCtlClockGet()获取 1 s 时间
    TimerLoadSet(TIMER0_BASE, TIMER_A, SysCtlClockGet()/3 - 300);
    //注册 Time0_TimeA_Inter_ISR 为定时器 0 的中断服务子程序名称
    TimerIntRegister(TIMER0_BASE,TIMER_A,Time0_TimeA_Inter_ISR);
    //设置定时器 0 为溢出中断
    TimerIntEnable(TIMER0_BASE, TIMER_TIMA_TIMEOUT);
    //启动定时器 0
    TimerEnable(TIMER0_BASE, TIMER_A);
}
//------------------------------------------------------------------------
//函数名称：Time0_TimeA_Inter_ISR
//函数功能：定时器 0 中断事件处理子程序(工作方式为 32 位周期触发模式)
//说明：启动本定时器用于扫描 4 位按键,使用 350 ms 的扫描速度
//------------------------------------------------------------------------
void Time0_TimeA_Inter_ISR(void)
{
    //清除定时器 0 中断标志位
    TimerIntClear(TIMER0_BASE, TIMER_TIMA_TIMEOUT);
    //请在下面编写执行代码
    Read_Key();                              //读出按键信号
}
```

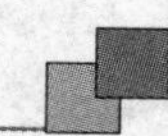

```
//------------------------------------------------------------------------------
:
//******************************************************************************
```

例程所在位置见“网上资料\参考程序\课题 2_定时器\ Time_16B_PWM(脉宽调制)3(例 6)\ *. *”。

K2.3.3 外扩模块电路图与连线

风扇简易变频接口电路图如图 K2-2 所示。

任务①外扩模块电路图使用 EasyARM615 开发平台自带的 LED,将 PD4(CCP0)引脚用杜邦线与 PC4 引脚连接起来。

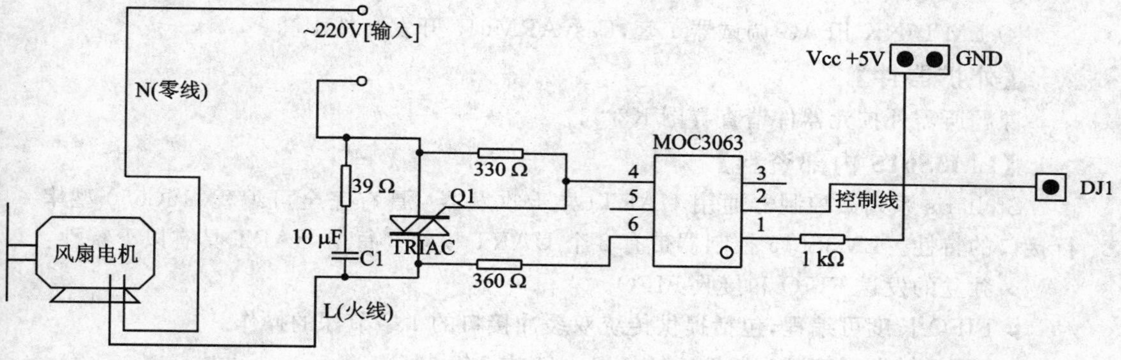

图 K2-2 风扇简易变频接口电路

任务②外扩模块电路图如图 K2-2 所示。与 EasyARM615 开发平台的连线方法:将图 K2-2 中的 DJ1 引脚用杜邦线连接到 PC5 引脚。

作业:

使用定时器 2 产生实时时钟,用 JCM12864M 液晶显示器显示(也就是做一个日历表)。

编后语: 有关 LM3S615 定时器的运用就谈到这,学习本课题最重要的就是中断函数名的注册,实际上有一种复杂的注册方法,曾在《ARM Cortex-M3 内核微控制器快速入门与应用》一书中谈到,但再没有比用 API 函数进行注册更好的方法了。学习中还要注重 C 语言的编程优势,即有用的函数块可以直接复制后根据实情稍作修改进行应用。

课题 3　通用 UART 串行通信的启动与应用

【实验目的】

了解和掌握 LM3S300/600/800 芯片 UART 串行通信的原理与使用方法。

【实验设备】

① 所用工具：30 W 烙铁 1 把，数字万用表 1 个；

② PC 机 1 台；

③ 开发软件 IAR Embedded Workbench5.20v 集成开发平台 1 套；

④ LM LINK JTAG 调试器 1 套，EasyARM615 开发套件 1 套。

【外扩器件】

课题所需外扩元器件请查寻图 K3－1。

【LM3S615 内部资料】

Stellaris 系列微控制器通用 UART(异步收发器) 具有完全可编程、16C550 型串行接口的特性。LM3S615 控制器带有 2 个 UART 模块。每个 UART 具有以下特性：

➢ 独立的发送 FIFO 和接收 FIFO。

➢ FIFO 长度可编程，包括提供传统双缓冲接口的 1 字节深的操作。

➢ FIFO 触发深度可为 1/8、1/4、1/2、3/4 或 7/8。

➢ 可编程的波特率发生器允许速率高达 3.125 Mbit/s。

➢ 标准的异步通信位：起始位、停止位和奇偶校验位(parity)。

➢ 检测错误的起始位。

➢ 线中止(line－break)的产生和检测。

➢ 完全可编程的串行接口特性：

—5、6、7 或 8 个数据位；

—偶校验、奇校验、粘着或无奇偶校验位的产生/检测；

—产生 1 个或 2 个停止位。

使用的信号输入/输出模块为 GPIO 端口 A(UART0)和端口 D(UART1)。具体的引脚功能分配：PA0 用于 U0Rx，PA1 用于 U0Tx，PD2 用于 U1Rx，PD3 用于 U1Tx。

有关 Stellaris 系列微控制器通用异步收发器(UART)更加详尽的资料请查阅“网上资料\器件资料\LM3S615_ds_cn.pdf”中的“章 12　通用异步收发器(UART)”。

【实例编程】

K3.1　操作实例任务

① 实现 LM3S615 UART1 串行与上位机 PC 进行单字节数据收发。

② 实现 PC、LM3S615 单片机(32 位)、P89V51 单片机(8 位)通过 UART 异步串

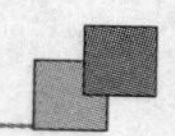

行联机通信(要求：单字节数据从 PC 发出后，每经过一个转发加 1 一次，最后在 PC 的串行助手中显示的数据是经过 3 次转发的数据，如从 PC 发送 1 到达 PC 的显示窗口时已经是 4)。

K3.2 操作任务实例编程

K3.2.1 UART 串行通信的编程步骤

第一步 启动 UART 模块外设。

第二步 启动 UART 模块使用的输入/输出所在的引脚模块。

第三步 设置 UART 模块匹配的引脚。

第四步 配置 UART 通信需要的参数，如波特率、奇偶校验位等。

第五步 注册 UART 异步串行通信中断函数名称。

第六步 启动 UART 异步串行通信数据发送功能。

第七步 启动 UART 异步串行通信数据接收功能。

第八步 编写 UART 异步串行通信中断函数代码。

K3.2.2 使用的 API 函数说明

在课题 1、课题 2 已经介绍过的函数，此处不再赘述。

(1) 设置 UART 通信信号输入/输出引脚函数 GPIOPinTypeUART()

函数名称英文缩写详解：GPIO(输入/输出)，Pin(引脚)，Type(类型)，UART(异步收发器)。

函数原型：void GPIOPinTypeUART (unsigned long ulPort, unsigned char ucPins);

函数功能：用于设置 UART 的输入/输出引脚。

入口参数：

① ulPort 为端口首地址。取值范围：

```
#define GPIO_PORTA_BASE          0x40004000   // GPIO 端口 A
#define GPIO_PORTB_BASE          0x40005000   // GPIO 端口 B
#define GPIO_PORTC_BASE          0x40006000   // GPIO 端口 C
#define GPIO_PORTD_BASE          0x40007000   // GPIO 端口 D
#define GPIO_PORTE_BASE          0x40024000   // GPIO 端口 E
```

② ucPins 为引脚编号。取值范围：

```
#define GPIO_PIN_0               0x00000001   // GPIO 引脚 0
#define GPIO_PIN_1               0x00000002   // GPIO 引脚 1
#define GPIO_PIN_2               0x00000004   // GPIO 引脚 2
#define GPIO_PIN_3               0x00000008   // GPIO 引脚 3
#define GPIO_PIN_4               0x00000010   // GPIO 引脚 4
#define GPIO_PIN_5               0x00000020   // GPIO 引脚 5
#define GPIO_PIN_6               0x00000040   // GPIO 引脚 6
#define GPIO_PIN_7               0x00000080   // GPIO 引脚 7
```

出口参数：无。

函数返回值：无。

例 21　设置 GPIO 端口 D 的 PD2、PD3 引脚用作 UART 串行通信输入/输出。

代码如下：

```
//设置 GPIO 端口 D 的 PD2、PD3 引脚用作 UART0 输入/输出
//(PD2 - >RXD,PD3 - >TXD)
GPIOPinTypeUART(GPIO_PORTA_BASE, GPIO_PIN_0 | GPIO_PIN_1);
```

(2) 配置 UART 通信接口参数函数 UARTConfigSet()

函数名称英文缩写详解：UART(异步收发器),Config(配置),Set(设置)。

函数原型：void UARTConfigSet(unsigned long ulBase, unsigned long ulBaud, unsigned long ulConfig);

函数功能：用于配置异步通信接口模块参数。

入口参数：

① ulBase UART 模块首地址。取值范围：

```
#define UART0_BASE      0x4000C000   // UART0
#define UART1_BASE      0x4000D000   // UART1
#define UART2_BASE      0x4000E000   // UART2
```

② ulBaud 波特率。取值范围：4 800、9 600、19 200、38 400、43 000、56 000、57 600、115 200。

③ ulConfig UART 接口参数配置。取值范围：

```
#define UART_CONFIG_WLEN_8        0x00000060   // 8 位数据位
#define UART_CONFIG_WLEN_7        0x00000040   // 7 位数据位
#define UART_CONFIG_WLEN_6        0x00000020   // 6 位数据位
#define UART_CONFIG_WLEN_5        0x00000000   // 5 位数据位
#define UART_CONFIG_STOP_ONE      0x00000000   // 1 位停止位
#define UART_CONFIG_STOP_TWO      0x00000008   // 2 位停止位
#define UART_CONFIG_PAR_NONE      0x00000000   // 无校验位
#define UART_CONFIG_PAR_EVEN      0x00000006   // 偶校验位
#define UART_CONFIG_PAR_ODD       0x00000002   // 奇校验位
#define UART_CONFIG_PAR_ONE       0x00000086   // 1 个校验位
#define UART_CONFIG_PAR_ZERO      0x00000082   // 0 个校验位
```

出口参数：无。

函数返回值：无。

例 22　配置 UART0 通信接口。

代码如下：

```
//配置 UART0 为：9600 8 - N - 1 模式发送数据
UARTConfigSet(UART0_BASE, 9600, (UART_CONFIG_WLEN_8 |
              UART_CONFIG_STOP_ONE | UART_CONFIG_PAR_NONE));
```

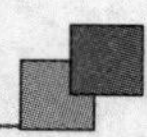

(3) 注册 UART 中断函数名称函数 UARTIntRegister()

函数名称英文缩写详解：UART(异步收发器),Int(中断),Register(注册)。

函数原型：void UARTIntRegister(unsigned long ulBase, void(*pfnHandler)(void));

函数功能：用于注册 UART 异步收发器中断函数名称。

入口参数：

① ulBase UART 异步收发器模块首地址。取值范围：

```
#define UART0_BASE    0x4000C000   // UART0
#define UART1_BASE    0x4000D000   // UART1
#define UART2_BASE    0x4000E000   // UART2
```

② *pfnHandler 需注册的函数名称。

出口参数：无。

函数返回值：无。

例 23 注册一个 UART0 的接收数据中断函数名称。

代码如下：

```
//注册 UART0 串行接收中断程序的函数名称为 UART0RxIntHandler
UARTIntRegister(UART0_BASE,UART0_Rx_Int_Handler);
```

(4) UART 中断使能函数 UARTIntEnable()

函数名称英文缩写详解：UART(异步收发器),Int(中断),Enable(使能)。

函数原型：void UARTIntEnable(unsigned long ulBase, unsigned long ulIntFlags);

函数功能：用于使能 UART 模块中断。

入口参数：

① ulBase UART 异步收发器模块首地址。取值范围：

```
#define UART0_BASE      0x4000C000   // UART0
#define UART1_BASE      0x4000D000   // UART1
#define UART2_BASE      0x4000E000   // UART2
```

② ulIntFlags。取值范围：

```
#define UART_INT_OE     0x400        // 过载错误中断
#define UART_INT_BE     0x200        // 暂停错误中断
#define UART_INT_PE     0x100        // 奇偶错误中断
#define UART_INT_FE     0x080        // 帧错误中断
#define UART_INT_RT     0x040        // 接收超时中断
#define UART_INT_TX     0x020        // 发送中断
#define UART_INT_RX     0x010        // 接收中断
```

出口参数：无。

函数返回值：无。

例 24　启用串行接收中断,并加上接收中断超时。

代码如下:

```
//启用接收中断和中断超时
UARTIntEnable(UART0_BASE, UART_INT_RX | UART_INT_RT);
```

K3.2.3　UART 串行通信编程实践

由于 LM3Sxxxx 芯片内部结构的复杂性,无法将 UART 的编程过程讲得很清楚,学习 UART 编程的唯一方法就是使用已编好的模板文件(模块开发包程序)。

为了提高读者的学习效率和缩短学习时间,本书整理了一个 UART 通信开发包程序文件供使用,取名为 Lm3sxxxUart1SR.h,代码如下:

```
//*************************************************************
//文件名:Lm3sxxxUart1SR.h
//功能:LM_Uart1 串行通信程序
//说明:Lm3sxxx 芯片中的 UART1 使用的引脚为 PD2->U1RxD、PD3->U1TxD
//-------------------------------------------------------------
//外用函数说明:
//    (1) 初始化串行通信函数
//        函数原型:LM3Sxxx_UART1_Initi(int nBaudrate);
//        入口参数:nBaudrate 为波特率取值,如 9 600、43 000、115 200 等
//        出口参数:无
//    (2) 发送数据函数
//        函数原型:void UART1Send(unsigned char * pucBuffer, unsigned long ulCount);
//        入口参数:pucBuffer 为发送字符串缓冲区,ulCount 为字符串的个数
//        出口参数:无
//    (3) 接收数据函数
//        函数原型:unsigned char UART1Rcv();
//        入口参数:无
//        出口参数:无
//        函数返回值:返回一个接收到的字符
//使用说明:使用时先调用 LM3Sxxx_UART1_Initi()函数初始化串口,然后对数据进行发
//          送和接收
//-------------------------------------------------------------
⋮
#include "uart.h"
//-------------------------------------------------------------
static volatile const unsigned char * g_pucBuffer1 = 0;
static volatile unsigned long g_ulCount1 = 0;          //发送数据内部计数器(待发送的数据的
                                                       //个数)
//外用变量
unsigned char g_pucString1[] = "welcome to http://www.ltfmcucx.com\r\n";
unsigned long nlRcvData1 = 0;                          //用于存放接收到的数据(外用)
unsigned int  nbRcvFlags1 = 0;       //接收数据标识符(当接收数据中断服务程序收到有数据
                                     //时 nbRcvFlags = 1,请用户手工清 0)
unsigned char uchRcvd1 = 0x44;                         //存入接收到的数据
void UART1Send(unsigned char * pucBuffer, unsigned long ulCount);    //发送函数
void Ddelay1(int e);                                   //延时子程序
```

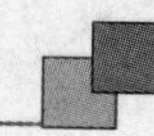

```
//--------------------------------------------------------------------------------
//定义待发送的数据串。用户可自行定义和修改
//--------------------------------------------------------------------------------
//函数名称：UART1_Rx_Int_Handler()
//函数功能：UART1 接收数据中断服务子程序(中断执行程序)
//输入参数：无
//输出参数：无
//说明：如果系统发现上位机有数据发过来，就将数据存入 nlRcvData 缓冲区，
//      并置位 nbRcvFlags 标识
//--------------------------------------------------------------------------------
void UART1_Rx_Int_Handler(void)
{
    //发现数据发过来先清除中断标志位
    UARTIntClear(UART1_BASE, UART_INT_RX);
    //接收上位机发来的数据
    nlRcvData1 = UARTCharGet(UART1_BASE);
    //将接收到的数据发回
    //接收数据标识符为 1(接收到数据)
    nbRcvFlags1 = 1;
}
//--------------------------------------------------------------------------------
//函数名称：UART1TxData()
//函数功能：UART1 串行发送数据程序
//输入参数：无
//输出参数：无
//说明：本程序用了两个参数，都是全局变量，一个是 g_pucBuffer 数据缓存区，一个是要发送
//      的数据个数 g_ulCount，在程序要执行数据发送前，将数据传送到这两个缓存区即可
//--------------------------------------------------------------------------------
void UART1TxData(void)
{
    while(g_ulCount1 && UARTSpaceAvail(UART1_BASE))
    {   // 发送下一个字符
        UARTCharNonBlockingPut(UART1_BASE, *g_pucBuffer1++);
        g_ulCount1--;                                   //发送字符数自减
        Ddelay1(2);                                     //增加一个延时
    }
}
//--------------------------------------------------------------------------------
//函数名称：UART1_Tx_IntHandler()
//函数功能：UART1 发送数据中断处理器(中断执行程序)
//输入参数：无
//输出参数：无
//说明：如果系统发现有数据发送存在，就启动此程序调用 UARTTxIntHandler()函数发送数据
//--------------------------------------------------------------------------------
void UART1_Tx_Int_Handler(void)
{
    unsigned long ulStatus;
    //获得中断状态。查看是否有数据要发
    ulStatus = UARTIntStatus(UART1_BASE, true);
```

```
    //清除等待响应的中断
    UARTIntClear(UART1_BASE, ulStatus);
    //检查是否有未响应的传输中断(判断是否有发送数据的信号)
    if(ulStatus & UART_INT_TX)
    {
        UART1TxData();                                    //处理传输中断(发送数据)
    }
}
//-----------------------------------------------------------------------------
//下面是 UART 串行通信中外用程序
//-----------------------------------------------------------------------------
//函数名称：UART1Send()
//函数功能：向 UART 发送字符串数据(用户用数据发送子程序)
//入口参数：pucBuffer 为待发送的数据缓存区,存放时最好用数组,ulCount 为待发送数据的
//          个数
//输出参数：无
//说明：用户需要发送数据时调用此程序即可
//-----------------------------------------------------------------------------
void UART1Send(unsigned char * pucBuffer, unsigned long ulCount)
{
    //等待数据发送缓冲区的数据发送完毕
    while(g_ulCount1);                                //等待,直到之前的字符串发送完毕
    //将要发送的数据存入中心缓存区,准备数据发送
    g_pucBuffer1 = pucBuffer;                         //保存待传输的数据
    g_ulCount1 = ulCount;                             //保存计数值
    //禁止发送中断
    UARTIntDisable(UART1_BASE, UART_INT_TX);          //使能发送前先禁止
    UART1TxData();                                    //初始化数据发送
    //启动发送中断
    UARTIntEnable(UART1_BASE, UART_INT_TX);           //使能 UART 发送
}
//-----------------------------------------------------------------------------
//函数名称：UART1Rcv()
//函数功能：读取收到的数据
//输入参数：无
//输出参数：uchRcvd(传送接收到的数据)
//-----------------------------------------------------------------------------
unsigned char UART1Rcv()
{
    if(nbRcvFlags1)
    { nbRcvFlags1 = 0;                                //清除接收数据标识
      uchRcvd1 = nlRcvData1;                          //读取收到的数据
    }
    return uchRcvd1;
}
//-----------------------------------------------------------------------------
//此程序演示了通过串口发送数据。UART1 将被配置为 9 600 baud, 8 - n - 1 模式持续发
//送数据。字符将利用中断的方式通过 UART1 发送
//-----------------------------------------------------------------------------
```

```
//函数名称：LM3Sxxx_UART1_Initi()
//函数功能：UART1 串行初始化程序
//入口参数：nBaudrate 为波特率
//出口参数：无
//------------------------------------------------------------------------
void LM3Sxxx_UART1_Initi(int nBaudrate)
{
    //设置串行外设为输出
    SysCtlPeripheralEnable(SYSCTL_PERIPH_UART1);
    //启动 PA 口用于串行发送
    SysCtlPeripheralEnable(SYSCTL_PERIPH_GPIOD);
    //启动全局中断
    IntMasterEnable();
    //设置 GPIO 的 PD2 和 PD3 引脚为 UART1 引脚。(PD2 - >RxD,PD3 - >TxD)
    //从 PD2：PD3 收/发数据,这是硬件设置规定的
    GPIOPinTypeUART(GPIO_PORTD_BASE, GPIO_PIN_2 | GPIO_PIN_3);
    //设置 UART 串行用通信参数
    //配置 UART1 为 nBaudrate(9600)波特率，8 - N - 1 模式发送数据
    UARTConfigSet(UART1_BASE, nBaudrate, (UART_CONFIG_WLEN_8 |
                  UART_CONFIG_STOP_ONE | UART_CONFIG_PAR_NONE));
    //注册 UART1 串行发送中断程序的函数名称为 UART1IntHandler
    UARTIntRegister(UART1_BASE,UART1_Tx_Int_Handler);
    //注册 UART 串行接收中断程序的函数名称为 UARTRxIntHandler
    UARTIntRegister(UART1_BASE,UART1_Rx_Int_Handler);
    //使 UART 串行中断使能(启用发送中断)
    UARTIntEnable(UART1_BASE, UART_INT_TX);
    //启用接收中断和中断超时
    UARTIntEnable(UART1_BASE, UART_INT_RX | UART_INT_RT);
    //初值
    nlRcvData1 = 0x44;
    //将接收数据标识符清 0
    nbRcvFlags1 = 0;
}
//------------------------------------------------------------------------
//************************************************************************
```

例程所在位置见“网上资料\参考程序\课题 3_UART\ Lm3Sxxx_UART1_Send_Rcv\ *. *”。

任务①　实现 LM3S615 UART1 与上位机 PC 进行单字节数据收/发。

```
//************************************************************************
//文件名：lm3Sxxx_Uart1_Main.c
//功能：实现 LM3S615 UART1 串行数据收/发
//说明：本程序使用 LM3S615 中的串行 UART1 通信,实现文件数据传输
//------------------------------------------------------------------------
#include "Lm3sxxxUart1SR.h"
#define PC4_LED   GPIO_PIN_4
#define PC5_LED   GPIO_PIN_5
#define PC6_LED   GPIO_PIN_6
```

```
#define PB5_KEY3 GPIO_PIN_5
void jtagWait(void);                    //防止 JTAG 失效
void Delay(int nDelaytime);             //用于延时
void GPio_Initi(void);                  //启动外设 GPIO 输入/输出
//---------------------------------------------------------------------
// 函数名称：GPio_Initi
// 函数功能：启动外设 GPIO 输入/输出
//---------------------------------------------------------------------
void GPio_Initi(void)
{
   ⋮
   //设置 PB 口用作按键功能
   SysCtlPeripheralEnable(SYSCTL_PERIPH_GPIOB);
   //设置 KEY3 所在引脚为输入(PB5)
   GPIODirModeSet(GPIO_PORTB_BASE, PB5_KEY3, GPIO_DIR_MODE_IN);
}
//---------------------------------------------------------------------
//  PB5_KEY3 为单按键
//---------------------------------------------------------------------
void  PB5_Key(void)
{
    //如果复位时按下 KEY3,则进入
    if ( GPIOPinRead( GPIO_PORTB_BASE , PB5_KEY3) == 0x00 )
    {   //发送 80 个字符
        UART1Send("ABCDEFGHIJKLMNOPQRSTUVWXYZ_ABCDEFGHIJK
                   LMNOPQRSTUVWXYZ_ABCDEFGHIJKLMNOPQRSTUVWXYZ",80);
    }
}
//---------------------------------------------------------------------
//主函数
//---------------------------------------------------------------------
int main()
{
    unsigned char uchRcvd2;
    //防止 JTAG 失效
    Delay(10);
    jtagWait();
    Delay(10);
    //设定系统晶振为 UART 时钟源
    SysCtlClockSet( SYSCTL_SYSDIV_1 | SYSCTL_USE_OSC | SYSCTL_OSC_MAIN |
                    SYSCTL_XTAL_6MHZ );
    GPio_Initi();                       //启动 GPIO 输出
    LM3Sxxx_UART1_Initi(9600);          //启动 UART1 串行模块程序,并设波特率为 9 600 baud
    Delay(100);
   while(1)
   {
     PB5_Key();                         //按键
     //程序运行指示灯处理
     //读出 PC5_LED 引脚值判断是否为 0
```

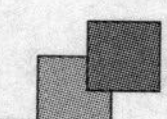

```
        if(GPIOPinRead(GPIO_PORTC_BASE, PC5_LED) == 0x00)
          //如果 PC5 引脚为 0,就给其写 1,熄灯
          GPIOPinWrite(GPIO_PORTC_BASE, PC5_LED,0x20);
        else GPIOPinWrite(GPIO_PORTC_BASE, PC5_LED,0x00); //否则写 0,亮灯
        Delay(30);
       uchRcvd2 = UART1Rcv();
       UART1Send(&uchRcvd2,1);           //发送
     }
}
//------------------------------------------------------------------
⋮
//******************************************************************
```

例程所在位置见“网上资料\参考程序\课题 3_UART\ Lm3Sxxx_UART1_Send_Rcv\ *. *”。

任务② 实现 PC、LM3S615 单片机(32 位)、P89V51 单片机(8 位)通过异步串行 UART 联机通信(要求:单字节数据从 PC 发出后,每经过一个转发加 1 一次,最后在 PC 的串行助手中显示的数据是经过 3 次转发的数据,例如从 PC 发送 1 到达 PC 的显示窗口时已经是 4)。

对任务的理解:要实现三机通信必须要保证有一机能有 2 个 UART 通信能力,来实现对上对下,LM3S615 单片机就配有 UART0 和 UART1,恰好能完成本任务的需要。

通信任务的分配:UART0 负责上位机的通信工作,UART1 负责下位机的通信。

LM3S615 单片机程序编写如下:

```
//******************************************************************
//文件名:PC_Lm3sxx_P89v51_Main.c
//功能:使用 LM3S615 实现 UART 串行转发数据
//说明:LM3S615 有两个 UART 串行,本例程是实现 UART0 接收上位机数据,UART1 负责下位机。
//通信使用引脚:LM3Sxxx 芯片中的 UART0 使用的引脚为 PA0->U0RxD、PA1->U0TxD; UART1
//    使用的引脚为 PD2->U1RxD、PD3->U1TxD。数据在三机转发过程中经过 3 次加 1 后
//    发回 PC,也就是 PC 发出一个 1 最后回到 PC 时已经是 4
//------------------------------------------------------------------
#include "Lm3sxxxUart0SR.h"
#include "Lm3sxxxUart1SR.h"
#define PC4_LED   GPIO_PIN_4
#define PC5_LED   GPIO_PIN_5
#define PC6_LED   GPIO_PIN_6
#define PB5_KEY3 GPIO_PIN_5
void  IndicatorLight(void);          //芯片运行指示灯
void  jtagWait(void);                //用于防止 JTAG 失效
void  delay(int d);                  //用于延时
void  GPio_Initi(void);              //启动外设 GPIO 输入输出
void  IndicatorLight(void);          //启用指示灯
//------------------------------------------------------------------
int main()                           //主函数
```

```
{
    unsigned char uchRcvd2,uchRcvd3;
    //防止 JTAG 失效
    delay(10);
    jtagWait();
    delay(10);
    //设定系统晶振为 UART 通信时钟源
    SysCtlClockSet( SYSCTL_SYSDIV_1 | SYSCTL_USE_OSC | SYSCTL_OSC_MAIN |
                SYSCTL_XTAL_6MHZ );
    GPio_Initi();                    //启动 GPIO 输出
    LM3Sxxx_UART0_Initi(9600);       //启动 UART0 串行模块程序,并设波特率为 9 600 baud
    LM3Sxxx_UART1_Initi(9600);       //启动 UART1 串行模块程序,并设波特率为 9 600 baud
    delay(50);
  while(1)
    {
      //UART0 接收数据,UART1 转发数据
      if(nbRcvFlags0 == 1)
      {//读出上位机发来的数据
        uchRcvd2 = UART0Rcv();
        uchRcvd2 ++ ;                 //加 1 以后转发给下位机
        UART1Send(&uchRcvd2,1);       //发送
      }
      //UART1 接收数据,UART0 转发数据
      if(nbRcvFlags1 == 1)
      {//读出下位机发来的数据
        uchRcvd3 = UART1Rcv();
        uchRcvd3 ++ ;                 //加 1 以后转发给上位机
        UART0Send(&uchRcvd3,1);       //发送
      }
        delay(10);
        IndicatorLight();             //芯片运行指示灯
    }
}
//-----------------------------------------------------------------
  ⋮
//*****************************************************************
```

例程所在位置见“网上资料\参考程序\课题 3_UART\ PC_LM3Sxx_P89V51 三机串行通信\ *. *”。

P89V51Rxx 单片机程序编写如下：

```
//*****************************************************************
//文件名：commapp_main.c
//功能：串行通信程序模板
//说明：转发上位机发来的数据
//-----------------------------------------------------------------
#include <reg52.h>
#include <uart_com_temp.h>
sbit P00 = P0^0;
```

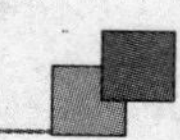

```
sbit P10 = P1^0;
void Dey_Ysh(unsigned int nN);                              //延时程序
//---------------------------------------------------------------------------
//主程序
//---------------------------------------------------------------------------
void main()
{    unsigned char chRcv;
     P10 = 0;
      //启动串行通信,硬件使用的晶振是 11.059 2,设波特率为 9 600 baud
     InitUartComm(11.0592,9600);
     while(1)
     {//请在下面加入用户代码
      chRcv = Rcv_Comm();                                  //接收串行数据
      if(chMark = = 1)
      {chMark  =  0;                                       //清 0 接收数据标识符
       chRcv + + ;                                         //加 1 返回接收到的数据
       Send_Comm(chRcv);                                   //将收到的数据再发送到上位机
      }
       P00 = ～P00;                                        //程序运行指示灯
      Dey_Ysh(2);                                          //延时
     }
}
//---------------------------------------------------------------------------
 ⋮
//---------------------------------------------------------------------------
```

串行开发包 uart_com_temp.h 程序:

```
//***************************************************************************
//串行发送与接收(与 PC 机通信)
//用定时器 2 产生波特率
//文件名: uart_com_temp.h
//---------------------------------------------------------------------------
unsigned char chComDat = 0x41;             //A
unsigned char chMark = 0x00;               //用于标识串行收到数据,用户用后清 0x00
//---------------------------------------------------------------------------
//函数名称: InitUartComm()
//函数功能: 初始化并启动串行口
//入出参数: fExtal 为晶振大小(如 11.059 2 MHz、12.00 MHz),lBaudRate 为波特率
//出口参数: 无
//---------------------------------------------------------------------------
void InitUartComm(float fExtal,long lBaudRate)
{
    unsigned long nM,nInt;
    unsigned char cT2H1,cT2L1;
    float fF1;

    fF1 = (fExtal * 1000000)/(32 * lBaudRate);
    nInt =  fF1 ;
    nM = 65536 - nInt;
```

```
    cT2L1  =  nM;
    nM   =  nM>>8;
    cT2H1  =  nM;
    T2CON = 0x34;                               //设置控制方式
    RCAP2H = cT2H1;                             //给内部波特率计数器赋初值
    RCAP2L = cT2L1;
    TCLK = 1;                                   //启动定时器 2 作波特率发生器
    TR2 = 1;                                    //启动定时器 2
    SCON = 0x50;                                //设置串口位启用方式 1 工作
    PCON = 0x00;                                //电源用默认值
    chMark = 0x00;
}
//--------------------------------------------------------------------------
//函数名称：Send_Comm()
//函数功能：串行数据发送子程序
//入口参数：chComDat(传送要发送的串行数据)
//出口参数：无
//--------------------------------------------------------------------------
void Send_Comm(unsigned char chComDat)
{
    SBUF = chComDat;
    TI = 0;                                     //清除标志位
}
//--------------------------------------------------------------------------
//函数名称：Rcv_Comm()
//函数功能：串行数据接收子程序
//入口参数：无
//出口参数：chComDat(传送要发送的串行数据)
//--------------------------------------------------------------------------
unsigned char Rcv_Comm()
{
    if(RI)                                      //当 RI 为真时表示上位机有数据发过来
    { chComDat = SBUF;
      RI = 0;                                   //手工清除标志位
      chMark  =  1;                             //标识收到数据
    }
    return  chComDat;
}
//--------------------------------------------------------------------------
//*************************************************************************
```

例程所在位置见"网上资料\参考程序\课题 3_UART\ Uart_Comm_Temp_P89V51\ *. *"。

K3.3 外扩模块电路图与连线

任务①外扩模块电路图使用 EasyARM615 开发平台自带的连接在 PD2、PD3 的 UART1 串行通信模块。指示灯使用 PC4 引脚上的指示灯。

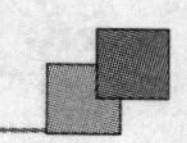

任务②外扩模块电路图如图 K3－1 所示。与 EasyARM615 开发平台连线方法：将图 K3－1 中的 P3.1(TxD)连到 PD2(U1Rx)，P3.0(RxD)连到 PD3(U1Tx)。

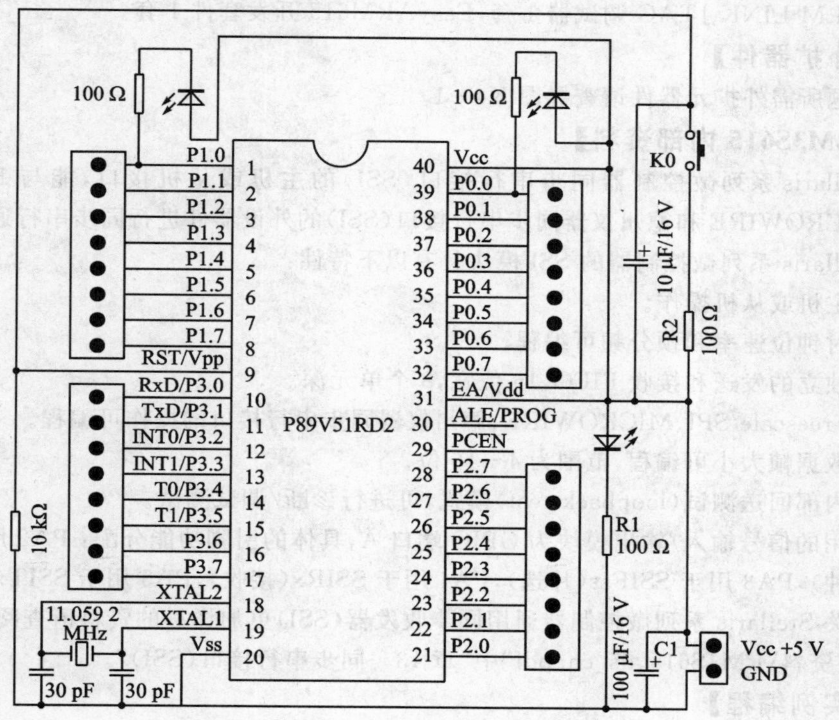

图 K3－1 外扩模块 P89V51 模块电路图

作业：

编写一个实现批量数据传输的程序。

编后语：在工业控制领域，UART 通信应用非常广泛，所以 LM3Sxxx 系列芯片都配有多个这种通信模块，这给工程设计人员带来了方便。

课题 4 同步串行通信口(SSI)的启动与应用

【实验目的】

了解和掌握 LM3S300/600/800 芯片同步串行通信接口(SSI)的原理与使用方法。

【实验设备】

① 所用工具：30 W 烙铁 1 把，数字万用表 1 个；

② PC 机 1 台；

③ 开发软件 IAR Embedded Workbench5.20v 集成开发平台 1 套；

④ LM LINK JTAG 调试器 1 套，EasyARM615 开发套件 1 套。

【外扩器件】

课题所需外扩元器件请查寻图 K4－1。

【LM3S615 内部资料】

Stellaris 系列微控制器同步串行接口（SSI）的主机或从机接口，能与 Freescale SPI、MICROWIRE 和德州仪器同步串行接口（SSI）的外设器件进行同步串行通信。

Stellaris 系列微控制器的 SSI 模块具有以下特性：

➢ 主机或从机操作。

➢ 时钟位速率和预分频可编程。

➢ 独立的发送和接收 FIFO，16 位宽，8 个单元深。

➢ Freescale SPI、MICROWIRE、德州仪器同步串行接口的操作可编程。

➢ 数据帧大小可编程，范围为 4～16 位。

➢ 内部回送测试（loopback test）模式，可进行诊断/调试测试。

使用的信号输入/输出模块为 GPIO 端口 A，具体的引脚功能分配：PA2 用于 SSIClk（时钟），PA3 用于 SSIFss（片选），PA4 用于 SSIRx（接收），PA5 用于 SSITx（发送）。

有关 Stellaris 系列微控制器通用同步收发器（SSI）更加详尽的资料请查阅“网上资料\器件资料\LM3S615_ds_cn.pdf”中“章 13　同步串行接口（SSI）”。

【实例编程】

K4.1　操作实例任务

现实 LM3S615 微控制器与 P89V51Rxxx 单片机（8 位）进行同步串行收/发数据。要求：P89V51Rxxx 单片机接收到 LM3S615 微控制器发来的数据后，一方面将数据原样发回，另一方面向数码管发送用于显示数码管字模，再一方面向 PC 机串行接口发送用于查看数据是否正确；另外 LM3S615 微控制器在发送数据后立即接收下位机发回的数据，并同时发向 PC 串行接口，用于查看数据的转发是否正确。本任务发送的数据为数码管字模。

K4.2　操作任务实例编程

1. 同步串行接口（SSI）编程步骤

第一步　启动 SSI 通信模块。SSI 模块在 Stellaris 系列微控制器中属于外围接口器件。

第二步　使能 SSI 通信 I/O 口。SSI 模块使用的输入/输出模块为 GPIO 端口 A 的 2～5 引脚，即 PA2～PA5，共 4 个引脚。任务分配是：PA2 用于 SSIClk（时钟），PA3 用于 SSIFss（片选），PA4 用于 SSIRx（接收），PA5 用于 SSITx（发送）。使用时必须要使能这些引脚和 A 端口。

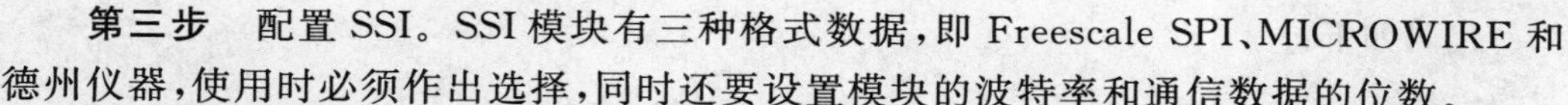

第三步　配置 SSI。SSI 模块有三种格式数据，即 Freescale SPI、MICROWIRE 和德州仪器，使用时必须作出选择，同时还要设置模块的波特率和通信数据的位数。

第四步　设置 SSI 输出引脚为硬件控制。在启用该接口时必须设定所用引脚为硬件直接控制。本课题使用的是一个 SSI 通信的硬件接口。

第五步　使能 SSI。以上四步处理好后便可启用 SSI 模块进入工作。

2. 使用的 API 函数说明

(1) SSI 模块配置函数 SSIConfig()

函数名称英文缩写详解：SSI(同步串行收发器)，Config(配置)。

函数原型：void SSIConfig(unsigned long ulBase, unsigned long ulProtocol,
　　　　　　　　unsigned long ulMode, unsigned long ulBitRate,
　　　　　　　　unsigned long ulDataWidth);

函数功能：用于配置同步串行收发模块。

入口参数：

① ulBase——SSI 启始地址(基址)。取值范围：

```
#define SSI_BASE      0x40008000  // SSI(首地址)
```

② ulProtocol——帧格式选择(协议)。取值范围：

```
//选择 Freescale SPI 帧格式
#define SSI_FRF_MOTO_MODE_0        0x00000000
//选择 Texas Instruments 同步串行帧格式
#define SSI_FRF_MOTO_MODE_1        0x00000002
//选择 MICROWIRE 帧格式
#define SSI_FRF_MOTO_MODE_2        0x00000001
//保留格式
#define SSI_FRF_MOTO_MODE_3        0x00000003
```

③ ulMode——模式选择。取值范围：

```
#define SSI_MODE_MASTER      0x00000000      // SSI(主模块)
#define SSI_MODE_SLAVE       0x00000001      // SSI slave(从模式)
#define SSI_MODE_SLAVE_OD    0x00000002      // SSI 禁止从机输出
```

④ ulBitRate——传输速率。取值范围：4 800、9 600、19 200、38 400、43 000、56 000、57 600、115 200。

⑤ ulDataWidth——数据宽度。取值范围：4～16 位之间。

出口参数：无。

函数返回值：无。

例 25　配置 SSI 通信接口的传输速率为 9 600 bit/s，数据宽度 8 位，工作模式为主机。

解题：SSI 的起始地址为 0x40008000(SSI_BASE)，SPI 的定位协议是 SSI_FRF_MOTO_MODE_0，模式为主机(SSI_MODE_MASTER)。

代码如下：

```
void SSIConfig(SSI_BASE,                //SSI 起始地址
    SSI_FRF_MOTO_MODE_0,                //选择 SPI 帧格式工作
      SSI_MODE_MASTER,                  //设为主机模式工作
              9600,                     //传输速率
                 8);                    //8 位数据宽度
```

(2) 启用 SSI 同步串行通信函数 SSIEnable()

函数名称英文缩写详解：SSI(同步串行收发模块)，Enable(使能)。

函数原型：void SSIIntEnable(unsigned long ulBase, unsigned long ulIntFlags);

函数功能：用于启用同步串行通信模块。

入口参数：

① ulBase——SSI 模块的起始地址。取值范围：

```
#define SSI_BASE      0x40008000  // SSI(首地址)
```

② ulIntFlags——启用的中断标识。取值范围：

```
#define SSI_TXFF          0x00000008  //发送数据中断标志
#define SSI_RXFF          0x00000004  //接收数据中断标志
#define SSI_RXTO          0x00000002  //接收超时产生中断标志
#define SSI_RXOR          0x00000001  //接收溢出产生中断标志
```

出口参数：无。

函数返回值：无。

例 26　启动 SSI 通信模块的接收(Rx)和溢出中断。

代码如下：

```
// 使能 SSI 通信接收中断
SSIIntEnable(SSI_BASE,SSI_RXFF | SSI_RXOR);
```

3. 同步串行接口(SSI)编程实践

(1) SSI 模块程序开发包文件 Lm3Sxxx_ssi_Spi.h

```
//********************************************************************
//文件名：Lm3Sxxx_ssi_Spi.h
//功能：LM_SSI 同步串行通信程序
//--------------------------------------------------------------------
//外用函数说明：
//     (1) 初始化串行通信函数
//          函数原型：Lm3Sxxx_ssi_Spi_Initi(void);
//          入口参数：无
//          出口参数：无
//     (2) 发送多字节数据函数
//          函数原型：Lm3Sxxx_ssi_Spi_NB_Send(unsigned char * lpchData,unsigned int
                                                    nCount);
//          入口参数：lpchData 为发送字符串缓冲区,uCount 为字符串的个数
```

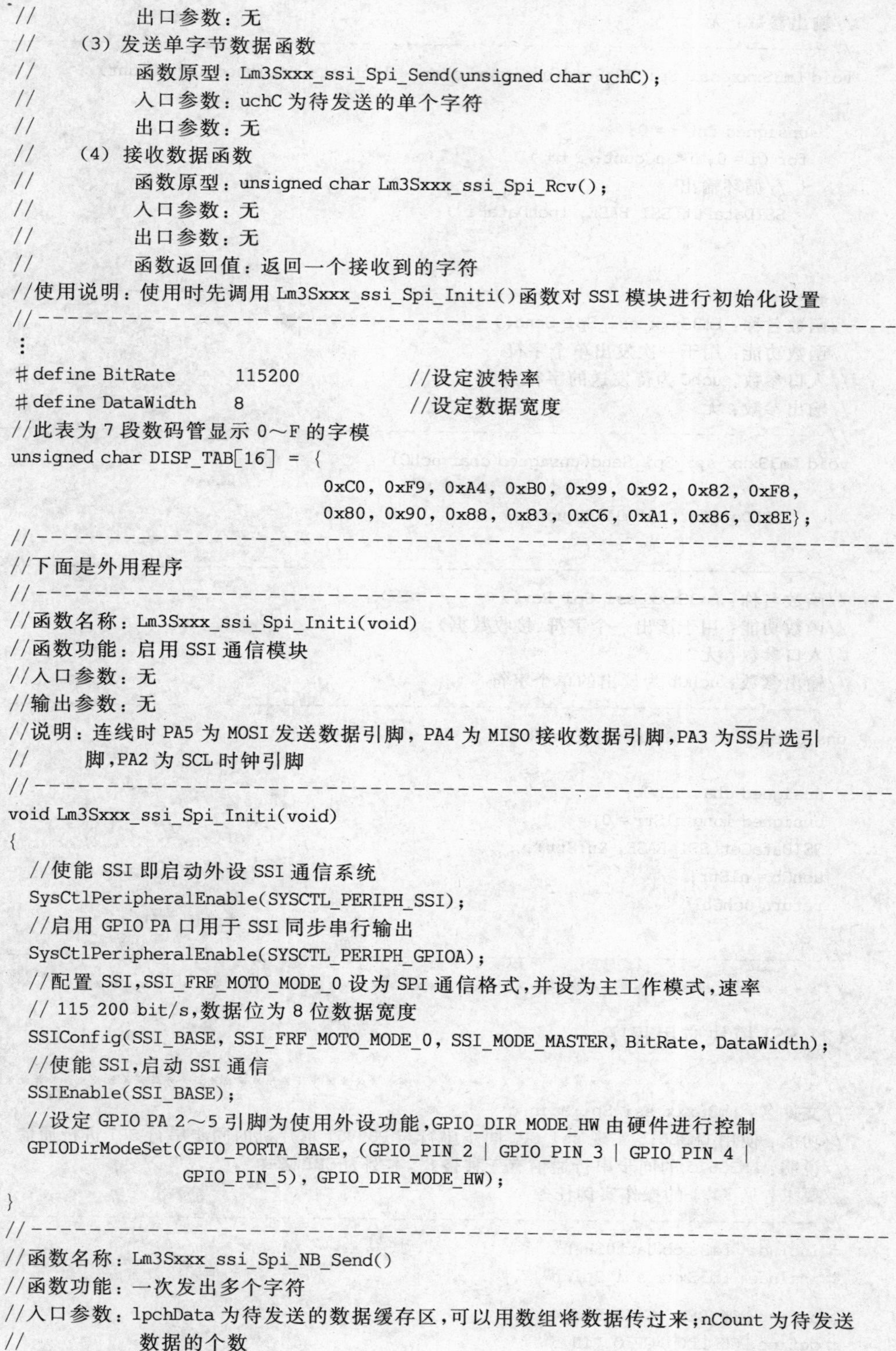

```
//          出口参数：无
//      (3) 发送单字节数据函数
//          函数原型：Lm3Sxxx_ssi_Spi_Send(unsigned char uchC);
//          入口参数：uchC 为待发送的单个字符
//          出口参数：无
//      (4) 接收数据函数
//          函数原型：unsigned char Lm3Sxxx_ssi_Spi_Rcv();
//          入口参数：无
//          出口参数：无
//          函数返回值：返回一个接收到的字符
//使用说明：使用时先调用 Lm3Sxxx_ssi_Spi_Initi()函数对 SSI 模块进行初始化设置
//--------------------------------------------------------------------------
⋮
#define BitRate       115200              //设定波特率
#define DataWidth     8                   //设定数据宽度
//此表为 7 段数码管显示 0～F 的字模
unsigned char DISP_TAB[16] = {
                        0xC0, 0xF9, 0xA4, 0xB0, 0x99, 0x92, 0x82, 0xF8,
                        0x80, 0x90, 0x88, 0x83, 0xC6, 0xA1, 0x86, 0x8E};
//--------------------------------------------------------------------------
//下面是外用程序
//--------------------------------------------------------------------------
//函数名称：Lm3Sxxx_ssi_Spi_Initi(void)
//函数功能：启用 SSI 通信模块
//入口参数：无
//输出参数：无
//说明：连线时 PA5 为 MOSI 发送数据引脚，PA4 为 MISO 接收数据引脚，PA3 为SS片选引
//      脚，PA2 为 SCL 时钟引脚
//--------------------------------------------------------------------------
void Lm3Sxxx_ssi_Spi_Initi(void)
{
  //使能 SSI 即启动外设 SSI 通信系统
  SysCtlPeripheralEnable(SYSCTL_PERIPH_SSI);
  //启用 GPIO PA 口用于 SSI 同步串行输出
  SysCtlPeripheralEnable(SYSCTL_PERIPH_GPIOA);
  //配置 SSI,SSI_FRF_MOTO_MODE_0 设为 SPI 通信格式，并设为主工作模式，速率
  // 115 200 bit/s，数据位为 8 位数据宽度
  SSIConfig(SSI_BASE, SSI_FRF_MOTO_MODE_0, SSI_MODE_MASTER, BitRate, DataWidth);
  //使能 SSI，启动 SSI 通信
  SSIEnable(SSI_BASE);
  //设定 GPIO PA 2～5 引脚为使用外设功能，GPIO_DIR_MODE_HW 由硬件进行控制
  GPIODirModeSet(GPIO_PORTA_BASE, (GPIO_PIN_2 | GPIO_PIN_3 | GPIO_PIN_4 |
              GPIO_PIN_5), GPIO_DIR_MODE_HW);
}
//--------------------------------------------------------------------------
//函数名称：Lm3Sxxx_ssi_Spi_NB_Send()
//函数功能：一次发出多个字符
//入口参数：lpchData 为待发送的数据缓存区，可以用数组将数据传过来；nCount 为待发送
//              数据的个数
```

```
//输出参数：无
//--------------------------------------------------------------------------
void Lm3Sxxx_ssi_Spi_NB_Send(unsigned char * lpchData,unsigned int nCount)
{
    unsigned int i = 0;
    for (i = 0; i<nCount; i++)
    { //循环输出
      SSIDataPut(SSI_BASE, lpchData[i]);
    }
}
//--------------------------------------------------------------------------
//函数名称：Lm3Sxxx_ssi_Spi_Send()
//函数功能：用于一次发出单个字符
//入口参数：uchC 为待发送的字符
//输出参数：无
//--------------------------------------------------------------------------
void Lm3Sxxx_ssi_Spi_Send(unsigned char uchC)
{
    SSIDataPut(SSI_BASE, uchC);
}
//--------------------------------------------------------------------------
//函数名称：Lm3Sxxx_ssi_Spi_Rcv()
//函数功能：用于读出一个字符(接收数据)
//入口参数：无
//输出参数：uchCb 为读出的单个字符
//--------------------------------------------------------------------------
unsigned char Lm3Sxxx_ssi_Spi_Rcv()
{
  unsigned char uchCb;
  unsigned long nlStr = 0;
  SSIDataGet(SSI_BASE, &nlStr);
  uchCb = nlStr;
  return uchCb;
}
//--------------------------------------------------------------------------
//**************************************************************************
```

(2) SSI 模块应用程序

```
//**************************************************************************
//文件名：Lm3Sxxx_ssi_Spi_Main.c
//功能：使用 LM3S615 实现 ssi_SPI 同步串行与 P89V51 单片机的同步串行 SPI 进行通信
//说明：LM3S615 的同步串行通信有三种格式，本例为 SPI 格式
//要求：见 K4.1 的操作实例任务
//--------------------------------------------------------------------------
#include "Lm3sxxxUart0SR.h"
#include "Lm3Sxxx_ssi_Spi.h"

#define PC4_LED   GPIO_PIN_4
#define PC5_LED   GPIO_PIN_5
```

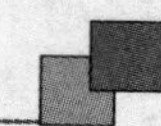

```
#define PC6_LED   GPIO_PIN_6
//函数说明
void  GPio_Initi(void);                        //GPIO 初始化
void  jtagWait(void);                          //防 JTAG 失效
void  IndicatorLight(void);                    //芯片运行指示灯
void Delay(int nDelaytime);                    //用于延时
//-------------------------------------------------------------------
//函数原形：int main(void)
//功能描述：主函数
//-------------------------------------------------------------------
int main(void)
{
    unsigned char i,uchC;
    //防止 JTAG 失效
    Delay(10);
    jtagWait();
    Delay(10);

    Lm3Sxxx_ssi_Spi_Initi();                   //初始化 SSI 同步串行通信
    LM3Sxxx_UART0_Initi(9600);                 //初始化串行口
    GPio_Initi();                              //初始化 GPIO 端口 C 用于指示灯

    while (1)
    {
      for (i = 0; i<16; i++)
      { //循环输出 0～F 的字模
        Lm3Sxxx_ssi_Spi_Send(DISP_TAB[i]);
        uchC = Lm3Sxxx_ssi_Spi_Rcv();          //读回对方机发来的数据

        //输出后延时一段时间
        Delay(40);
        //接收数据到指定数组
        IndicatorLight();
        //向 PC 机发送一个字符
        UART0Send(&uchC,1);
      }
    }
}
//-------------------------------------------------------------------
⋮
//*******************************************************************
```

例程所在位置见“网上资料\参考程序\课题4　SSI\ Lm3Sxxx_ssi_Rcv_Send\ *.*”。

(3) 8位单片机SPI通信程序

```
//*******************************************************************
//文件名称：P89V51_SPI.h
//文件功能：P89V51xx  SPI 驱动程序库
//说明：获得上位机发来的 SPI 数据后，立即发回并同时向 PC 发一份
```

```
//-------------------------------------------------------------
sfr SPCTL = 0xD5;                     //设置特殊寄存器(状态寄存器)
sfr SPCFG = 0xAA;                     //SPI 配置寄存器
sfr SPDAT = 0x86;                     //SPI 数据寄存器
sbit SS_V51    = P1^4;                //映射引脚(片选脚)
sbit MOSI_V51 = P1^5;                 //数据发送引脚
sbit MISO_V51 = P1^6;                 //数据接收引脚
sbit SPICLK = P1^7;                   //时钟线
bit bMrak;                            //标示号
unsigned char bdata chCFG;            //用于接收状态字数据
sbit chCFG7 = chCFG^7;
//-------------------------------------------------------------
//程序名称：Inti_SPI_Main()
//程序功能：设置 P89V51 SPI 为主机通信工作模式并启用(启用主机 SPI 通信)
//程程说明：程序会清零 SPI 状态标志位(硬件连接为单主单从模式)
//-------------------------------------------------------------
void Inti_SPI_Main()
{
    SPCTL = 0xDC;                     //设置 SPI 总线为主机,上升沿有效
    SPCFG = 0xC0;                     //置位状态字
    bMrak = 0;                        //初始化新数据标志位
}
//-------------------------------------------------------------
//程序名称：Inti_SPI_Slave()
//程序功能：设置 P89V51 SPI 为从机通信工作模式并启用(初始为从机模式)
//程序说明：程序会清零 SPI 状态标志位(硬件连接为单主单从模式)
//-------------------------------------------------------------
void Inti_SPI_Slave()
{   SPCTL = 0xCC;                     //设置 SPI 总线为从机,上升沿有效
    SPCFG = 0xC0;                     //置位状态字
    bMrak = 0;                        //初始化新数据标志位
}
//-------------------------------------------------------------
//程序名称：Send_Data_Main()
//程序功能：主机发送数据,并接收从机传送过来的数据
//入口参数：chMDat 为传送所要发送的数据
//出口参数：chMDat 为返回接收到从机传送过来的数据
//程序说明：程序采用查询方式等待数据发送完毕,发送数据前要选择好从机,
//          若不想发送数据,可以直接使用"MOV   A,SPDAT"
//-------------------------------------------------------------
unsigned char Send_Data_Main(unsigned char chMDat)
{    SS_V51 = 0;                      //拉低片选线准备发射数据
     SPDAT = chMDat;                  //SPI 数据寄存器写入数据
  Aing:
     chCFG = SPCFG;                   //读出配置志
     //判断状态字是否为高电平,即数据是否发送完毕
     if(chCFG7 == 0)goto Aing;        //数据是否发完,若发完置 SPCFG 的高 7 位为高电平
     SS_V51 = 1;                      //若数据发送完毕,将片选引脚拉高
     chMDat = SPDAT;                  //取回从对方发来的数据
```

```
    SS_V51 = 0;
   return chMDat;
 }
//------------------------------------------------------------------------
//程序名称：Send_data_Slave()
//程序功能：从机发送数据
//入口参数：chMDat 为所要发送的数据
//出口参数：chMDat 为 SPI 状态字。若为 00 则表明数据已正确写入数据缓冲区
//程序说明：(从机发送)若 WCOL 为 1,则表明此数据未发送
//------------------------------------------------------------------------
unsigned char Send_data_Slave(unsigned char chMDat)
{
    SPCFG = 0xC0;                      //恢复 SPI 状态标志位为高电平
    SPDAT = chMDat;                    //将数据写入 SPI 数据寄存器
    chMDat = SPCFG;                    //获取 SPI 状态字状态
    return chMDat;
}
//------------------------------------------------------------------------
//程序名称：MReadRCV_DAT()
//程序功能：读取上一次接收到的数据(主机)
//出口参数：SDAT2 为所读取到的数据
//程序说明：子程序会清除 SPI 状态字
//------------------------------------------------------------------------
unsigned char MReadRCV_DAT()
{
     unsigned char SDAT2;
     SPCFG = 0x40;                     //恢复 SPI 状态标志位为高电平
     SDAT2 = SPDAT;                    //读取接收到的数据
     return SDAT2;
}
//------------------------------------------------------------------------
//程序名称：SReadRCV_DAT()
//程序功能：从机读取数据(无等待)
//入口参数：无
//出口参数：SDAT 为读出的数据
//程序说明：bMrak 为从机接收新数据标志位,bMrak = 1 时表示接收正确(新的数据),
//          子程序会清除 SPI 状态字
//------------------------------------------------------------------------
unsigned char SReadRCV_DAT()
{
    unsigned char SDAT;
    bMrak = 0;
    chCFG = SPCFG;                     //读出状态字
    if(chCFG7 = = 0)
    { SPCFG = 0xC0;                    //恢复 SPI 状态标志位为高电平
     bMrak = 1;                        //标识有新数据产生(若是新的数据,则置位 bMrak)
    }
   SDAT = SPDAT;                       //读取 SPI( SPDAT 寄存器中的数据)
   return SDAT;
```

```
}
//------------------------------------------------------------------
//******************************************************************
```

下面是主程序：

```
//******************************************************************
//文件名：P89V51s.c
//功能：向上位机 SPI 通信接口收发数据
//------------------------------------------------------------------
#include <commSR.h>
#include <P89V51_SPI.h>
sbit P10 = P1^0;
sbit P00 = P0^0;
sbit P06 = P0^6;
sbit P07 = P0^7;
sbit P20 = P2^0;
void Dey_Ysh(unsigned int nN);
unsigned char chJSQ;
//------------------------------------------------------------------
void main()
{
    Init_Comm();                        //初始化串口
    Inti_SPI_Slave();                   //初始化 SPI 为从机模式
    P00 = 0;
    while(1)
    {
        P00 = ~P00;
        P10 = ~P10;
        chJSQ = SReadRCV_DAT();         //从机接收主机发来的字符
        Dey_Ysh(1);
        Send_data_Slave(chJSQ);         //从机发送
        P2  =  chJSQ;                   //发送给数码管(用于显示)
        Send_Comm(chJSQ);               //发向 PC
        Dey_Ysh(1);
    }
}
//------------------------------------------------------------------
⋮
//******************************************************************
```

例程所在位置见“网上资料\参考程序\课题 4　SSI\ P89V51_SPI 从机\ *. *”。

K4.3　外扩模块电路图与连线

SSI 从机外扩模块电路如图 K4 - 1 所示。与 EasyARM615 开发平台上的连线方法：用杜邦线将 PA5 连接到 P1.5 引脚，将 PA4 连接到 P1.6 引脚，将 PA3 连接到P1.4 引脚，将 PA2 连接到 P1.7 引脚。

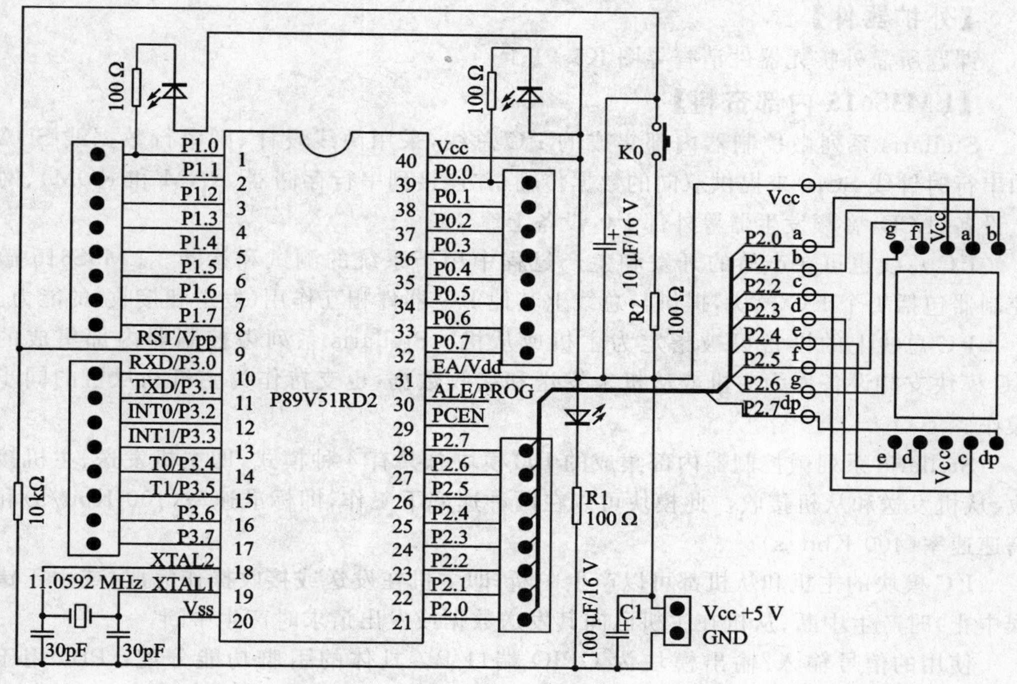

图 K4-1 SSI从机外扩模块电路

作业：

使用 SSI 实现对 74HC595 进行数据的发送与接收，并显示到 PC 的串行助手上。

编后语： SSI 同步串行通信模块，是一种用途比较广泛的外设接口，传输速率非常高。但是与这种硬件接口直接打交道的芯片比较少。

课题5 内部集成的硬件 I^2C 接口的启动与应用

【实验目的】

了解和掌握 LM3S300/600/800 芯片内部集成的硬件 I^2C 接口的原理与使用方法。

【实验设备】

① 所用工具：30 W 烙铁 1 把，数字万用表 1 个；

② PC 机 1 台；

③ 开发软件 IAR Embedded Workbench5.20v 集成开发平台 1 套；

④ LM LINK JTAG 调试器 1 套，EasyARM615 开发套件 1 套。

【外扩器件】

课题所需外扩元器件请查寻图 K5－1。

【LM3S615 内部资料】

Stellaris 系列微控制器内部集成的 I^2C 总线，采用两线设计（则串行数据线 SDA 和串行时钟线 SCL）来提供双向的数据传输，并连接到串行存储器（RAM 和 ROM）、网上设备、LCD、音频发生器等外部 I^2C 设备上。

I^2C 总线也可在产品的开发和生产过程中用于系统的测试和诊断。LM3S615 微控制器包括 1 个 I^2C 模块，提供与总线上其他 I^2C 器件相互作用（发送和接收）的能力。

I^2C 总线上的设备可被指定为主机或从机。Stellaris 系列微控制器内部集成的 I^2C 模块支持设备作为主机或从机来发送和接收数据，也支持作为主机和从机的同步操作。

Stellaris 系列微控制器内部集成的 I^2C 模块总共有 4 种模式，即主机发送、主机接收、从机发送和从机接收。此模块可以在两种速率下工作，即标准速率（100 Kbit/s）和高速速率（400 Kbit/s）。

I^2C 模块的主机和从机都可以产生中断，即主机在发送或接收操作完成（或由于错误中止）时产生中断；从机在主机已向其发送数据或发出请求时产生中断。

使用的信号输入/输出模块为 GPIO 端口 B。具体的引脚功能分配：PB2 用于 SCL，PB3 用于 SDA。

有关 Stellaris 系列微控制器内部集成 I^2C 模块的详细资料请查阅“网上资料\器件资料\LM3S615_ds_cn. pdf”中的“章 14 内部集成电路（I^2C）接口”。

【实例编程】

Stellaris 系列微控制器内部集成的 I^2C 模块数据输入/输出练习。

K5.1 操作实例任务

通过 Stellaris 微控制器内部集成的 I^2C 模块向外设 CAT24C08 写/读数据，并将读出的数据发向 PC。

K5.2 操作任务实例编程

1. 硬件 I^2C 模块编程步骤

第一步 使能 I^2C 外设。

第二步 使能 I^2C 硬件模块所要用到的 GPIO 输入/输出模块。

第三步 配置相关引脚用于 I^2C 硬件操作。

第四步 注册硬件 I^2C 中断函数名称。

第五步 初始化硬件 I^2C 为主机低速模块工作。

第六步 使能硬件 I^2C 中断。

第七步 使能全局中断。

第八步 编写中断函数内容。

第九步 编写读/写硬件 I^2C 总线函数。

2. 使用的API函数说明

由于Stellaris微控制器内部集成 I^2C 模块在使用中断进行数据传输时,编程异常复杂,为便于读者的学习,本书特意整理了一个Stellaris微控制器内部集成的 I^2C 模块开发包。取名为"Lm3sxx_i2c_Int.h"。

开发包的内容如下(省略部分见网上资料):

```
//******************************************************************************
//文件名:lm3sxx_i2c_Int.h
//功能:硬件I²C实现中断读/写数据
//说明:本硬件I²C只适用高位在前协议的I²C器件
//------------------------------------------------------------------------------
//外用函数说明:
//    (1)初始化硬件I²C函数
//         函数原型:void Lm3sxx_I2C_Intit(unsigned char ucSlavAddr1);
//         入口参数:ucSlavAddr1为器件地址,如CAT24C02的地址是0xA0
//         出口参数:无
//    (2)发送数据函数
//         函数原型:void I2C_Write_Busdata(unsigned char * pucData,
//                                        unsigned long ulOffsetaddr, unsigned long ulCount);
//         入口参数:pucData为发送字符串缓冲区,ulOffsetaddr为器件内部地址,ulCount
//                  为字符串的个数
//         出口参数:无
//    (3)接收数据函数
//         函数原型:void I2C_Read_Busdata(unsigned char * pucData,
//                                       unsigned long ulOffsetaddr, unsigned long ulCount);
//         入口参数:ulOffsetaddr为器件内部地址,ulCount为字符串的个数
//         出口参数:pucData为接收字符串缓冲区
//         函数返回值:返回一个接收到的字符
//使用说明:使用时先调用Lm3sxx_I2C_Intit()函数初始化I²C模块
//------------------------------------------------------------------------------
⋮
void Lm3sxx_I2C_Intit(unsigned char ucSlavAddr1);    //初始化I²C总线
//向I²C总线写入数据(主机)
void I2C_Write_Busdata(unsigned char * pucData, unsigned long ulOffsetaddr, unsigned
                       long ulCount);
//从I²C总线读出数据(主机)
void I2C_Read_Busdata(unsigned char * pucData, unsigned long ulOffsetaddr,
                      unsigned long ulCount);

//以下为CAT24C02定义
#define  writeaddr        0x00              /* 对24C02操作的子地址 */
#define  readaddr         0x00
#define  CAT24c02       0x50                /* 从机地址,注意需原从机地址 */
unsigned char readpucData[16];
unsigned char writepucData[16];
//------------------------------------------------------------------------------
//I²C总线的相关的操作状态
```

```
//-----------------------------------------------------------------------
#define STATE_IDLE          0               /*状态0,总线空闲状态*/
⋮
#define STATE_READ_WAIT      9              /*状态9,读取数据的最终状态*/
#define I2C_PIN          GPIO_PIN_2 | GPIO_PIN_3
                                            /*定义I²C端口引脚PB2、PB3*/
unsigned char ucSlavAddr;                   //用作硬件I²C内部地址传递
//以下变量存储将被发送或接收的数据
static unsigned char *g_pucData = 0;
static unsigned long   g_ulCount = 0;
// 中断服务程序的当前状态
static volatile unsigned long g_ulState = STATE_IDLE;
//-----------------------------------------------------------------------
//中断函数名:I2C_ISR
//函数功能:I²C中断服务程序
//-----------------------------------------------------------------------
void I2C_ISR(void)
{
    I2CMasterIntClear (I2C_MASTER_BASE);    //清除I²C中断
    switch ( g_ulState )                    //根据当前状态执行相关操作
    {
      ⋮
    }
}
//-----------------------------------------------------------------------
//函数名称:I2C_Write_Busdata
//函数功能:向硬件I²C总线写入数据
//输入参数:pucData为待发送的数据,ulOffsetaddr为器件的子地址(器件内部地址),
//          ulCount为待发送数据的个数
//-----------------------------------------------------------------------
void I2C_Write_Busdata(unsigned char *pucData,
                       unsigned long ulOffsetaddr,unsigned long ulCount)
{
    g_pucData = pucData;                    //将要写入的数据存入缓冲区
    g_ulCount = ulCount;
    if (ulCount != 1)                       //根据将要写的字节数设定中断
    {                                       //状态机的下一状态
        g_ulState = STATE_WRITE_NEXT;
    }
    else
    {
        g_ulState = STATE_WRITE_FINAL;
    }
    //设置从地址,准备发送数据
    I2CMasterSlaveAddrSet (I2C_MASTER_BASE, ucSlavAddr , false);
    //将写地址发送到数据寄存器
    I2CMasterDataPut (I2C_MASTER_BASE, ulOffsetaddr);
    //开始循环写字节操作,写该地址作为第一个地址
```

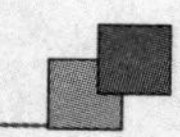

```
    I2CMasterControl (I2C_MASTER_BASE,
                      I2C_MASTER_CMD_BURST_SEND_START);
    while ( g_ulState != STATE_IDLE ) ;   //等待 I²C 为空闲状态
}
//-----------------------------------------------------------------------
//函数名称：I2C_Read_Busdata
//函数功能：从总线上读取数据
//输入参数：pucData 为待发送的数据，ulOffsetaddr 为器件的子地址(器件内部地址)，
//          ulCount 为待发送数据的个数
//-----------------------------------------------------------------------
void I2C_Read_Busdata (unsigned char * pucData,
                       unsigned long ulOffsetaddr, unsigned long ulCount)
{
    g_pucData = pucData;                          //设置读缓冲
    g_ulCount = ulCount;
    if (ulCount == 1)                             //根据将要读的字节数设定下一步
    {                                             //将要进行的操作
        g_ulState = STATE_READ_ONE;
    }
    else
    {
        g_ulState = STATE_READ_FIRST;
    }
    //获取 E²PROM 中的地址设置
    I2CMasterSlaveAddrSet (I2C_MASTER_BASE,ucSlavAddr , false);
    //将目的地址发送到数据寄存器
    I2CMasterDataPut(I2C_MASTER_BASE, ulOffsetaddr);
    //执行单字节发送操作，仅写入地址
    I2CMasterControl(I2C_MASTER_BASE, I2C_MASTER_CMD_SINGLE_SEND);
    //等待 I²C 空闲
    while ( g_ulState != STATE_IDLE ) ;
}
//-----------------------------------------------------------------------
//函数名称：Lm3sxx_I2C_Intit
//函数功能：初始化硬件 I²C 总线
//输入参数：ucSlavAddr1 为器件地址
//-----------------------------------------------------------------------
void Lm3sxx_I2C_Intit(unsigned char ucSlavAddr1)
{   //使能 I²C 外设
    SysCtlPeripheralEnable (SYSCTL_PERIPH_I2C);
    //使能 GPIO 外设
    SysCtlPeripheralEnable (SYSCTL_PERIPH_GPIOB);
    IntMasterEnable();                            //使能处理器中断
    //配置相关引脚，以进行 I²C 操作
    GPIOPinTypeI2C (GPIO_PORTB_BASE, I2C_PIN);
    //注册中断函数名
    I2CIntRegister(I2C_MASTER_BASE,I2C_ISR);
    //初始化 I²C 主机，设置主机为低速
    I2CMasterInit (I2C_MASTER_BASE, false);
```

```
    IntEnable (INT_I2C);                              //使能 I²C 中断
    //使能 I²C 主机中断
    I2CMasterIntEnable (I2C_MASTER_BASE);
    ucSlavAddr = ucSlavAddr1;                         //器件地址
}
/****************************************************************************
结束文件
****************************************************************************/
```

3. 硬件 I²C 模块编程实践

(1) 主程序部分

```
//***************************************************************************/
//文件名：Lm3sxx_i2c_Main.c
//功能：实现硬件 I²C 读/写 CAT24C02 Flash 存储器
//说明：将写入 CAT24C02 Flash 存储器的数据通过 UART 收/发器发向 PC 机，并用串行助手
//      显示读/写结果
//-----------------------------------------------------------------------------
#include "lm3sxx_i2c_Int.h"
#include "Lm3sxxxUart0SR.h"
#include "Lm3sxxx_4bKey.h"
//-----------------------------------------------------------------------------
void  GPio_Initi(void);
void  IndicatorLight(void);                   //芯片运行指示灯
void  jtagWait(void);                         //用于防止 JTAG 失效
void delay(int d);                            //用于延时
#define PC4_LED   GPIO_PIN_4
#define PC5_LED   GPIO_PIN_5
#define PC6_LED   GPIO_PIN_6
#define PB5_KEY3 GPIO_PIN_5
//-----------------------------------------------------------------------------
//主程序
int main(void)
{
    unsigned char pucData[16];
    //防止 JTAG 失效
    delay(10);
    jtagWait();
    delay(10);
    LM3Sxxx_UART0_Initi(9600);                //启动 UART 串行通信
    GPio_Initi();
    //设置晶振为系统时钟
    SysCtlClockSet (SYSCTL_SYSDIV_1 | SYSCTL_USE_OSC | SYSCTL_OSC_MAIN |
                    SYSCTL_XTAL_8MHZ);
    Lm3sxx_I2C_Intit(CAT24C02);               //初始化总线，设 CAT24C02 器件为工作对象
    GPio_Key_Initi();                         //初始化按键
    UART0Send("ABC",3);                       //向 PC 发送一个探测字符
    //向总线写一串字符
```

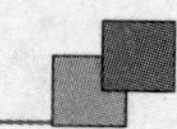

```
    I2C_Write_Busdata("abcdefghabcdefgh", writeaddr, 16);
    delay(5);                            //延时 5～10 ms 用于向 CAT24C02 写入数据
    //从 E²PROM CAT24C02 器件的 00 地址单元中读取 16 个数据
    I2C_Read_Busdata(pucData, readaddr, 16);
    delay(5);                            //延时 5～10 ms 用于从 CAT24C02 器件中读取数据
    //将读到的数据发向 PC
    UART0Send(pucData,16);

    while(1)
    {  //按键
       LmRead4bKey();                    //扫描按键

       IndicatorLight();                 //芯片运行指示
       delay(20);
    }
}
//------------------------------------------------------------------------
 ⋮
//************************************************************************
```

(2) 按键部分

```
//************************************************************************
//文件名：Lm3sxxx_4bKey.h
//功能：实现 4 位按键工作
//------------------------------------------------------------------------
#define PE0_KEY1   GPIO_PIN_0
 ⋮
#define PE3_KEY4   GPIO_PIN_3
void LM4BKey1();
 ⋮
void LM4BKey4();
//------------------------------------------------------------------------
//函数名称：GPio_Key_Initi
//函数功能：启动外设 GPIO PE 口为输入状态,用于按键
//------------------------------------------------------------------------
void GPio_Key_Initi(void)
{
   //使能 GPIO PE 口外设,用于 KEY 按键
   SysCtlPeripheralEnable( SYSCTL_PERIPH_GPIOE);
   //设定 PE0～PE3 为输入,用于按键输入
   //设 PE 口的低 4 位用于键盘
   GPIODirModeSet(GPIO_PORTE_BASE, 0x0F,GPIO_DIR_MODE_IN);
}
//------------------------------------------------------------------------
//函数名称：LmRead4bKey
//函数功能：用于读取按键值
//------------------------------------------------------------------------
void LmRead4bKey()
{
```

```
    //如果 KEY1 键按下
    if(GPIOPinRead(GPIO_PORTE_BASE,PE0_KEY1) == 0x00)LM4BKey1();
    ⋮
    //如果 KEY4 键按下
    if(GPIOPinRead(GPIO_PORTE_BASE,PE3_KEY4) == 0x00)LM4BKey4();
}
//-----------------------------------------------------------------------
//以下是按键执行代码
//-----------------------------------------------------------------------
//按键 Key1
void LM4BKey1()
{   //请在下面加入代码
    I2C_Read_Busdata(readpucData, 0x10, 8);          //从 CAT24C02 中读出 8 个数据
    UART0Send(readpucData,8);                         //将读到的数据发向 PC
}
//-----------------------------------------------------------------------
//按键 Key2
void LM4BKey2()
{   //请在下面加入代码
    UART0Send("B",1);                                 //测试按键
}
//-----------------------------------------------------------------------
//按键 Key2
void LM4BKey3()
{   //请在下面加入代码
    UART0Send("C",1);                                 //测试按键
}
//-----------------------------------------------------------------------
//按键 Key2
void LM4BKey4()
{   //请在下面加入代码
    UART0Send("D",1);                                 //测试按键
    //向 CAT24C02 写入新的数据
    I2C_Write_Busdata ("0123456789ABCDEF", 0x10, 16);
}
//-----------------------------------------------------------------------
//***********************************************************************
```

例程所在位置见“网上资料\参考程序\课题 5_I2C\ Lm3s615_I2C_xxx\ *. * ”。

K5.3 外扩模块电路图与连线

外扩 AT24Cxx 模块电路图如图 K5-1 所示。与 EasyARM615 开发平台上的连线方法：用杜邦线将 PB2 连接到 SCL 引脚，将 PB3 连接到 SDA 引脚。图中的 Vcc 接 5 V 电源的正极，GND 接 5 V 电源的负极。

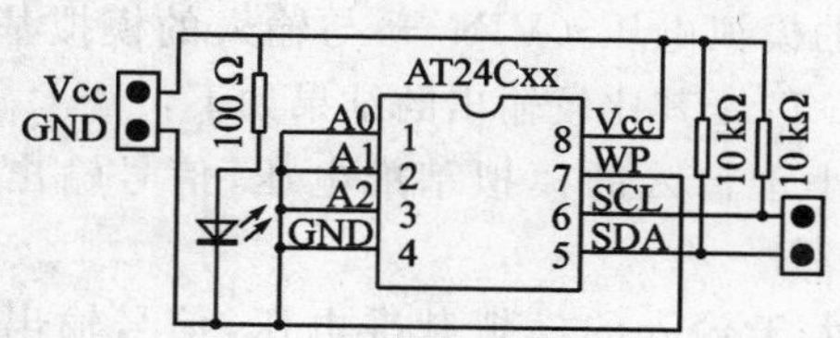

图 K5－1　外扩 AT24Cxx 模块电路

编后语：硬件 I²C 本书是第一次讲述，因为硬件 I²C 的编程难度比较大，特别是相关的外围接口电路协议繁多，比方说低位在前、高位在前等。还有的器件写时数据位是高位在前，读时数据位是低位在前。有兴趣的读者可以着手试一试。

课题 6　模拟比较器的应用

【实验目的】

了解和掌握 LM3S300/600/800 芯片中的模拟比较器的原理与使用方法。

【实验设备】

① 所用工具：30 W 烙铁 1 把，数字万用表 1 个；
② PC 机 1 台；
③ 开发软件 IAR Embedded Workbench5.20v 集成开发平台 1 套；
④ LM LINK JTAG 调试器 1 套，EasyARM615 开发套件 1 套。

【外扩器件】

课题所需外扩元器件请查寻图 K6－1。

【LM3S615 内部资料】

模拟比较器相对 ARM Cortex－M3 内核是一种外设，它能够比较两个模拟电压的大小，并通过自身提供的逻辑输出端将比较结果以信号的形式输出。

LM3S615 微控制器提供 3 个独立的集成模拟比较器，可配置模拟比较器来驱动输出或产生中断或 ADC 事件。

注意：不是所有比较器都可以选择驱动输出引脚。比较器 2 就没有输出引脚。

比较器可将测试电压与下面的其中一种电压相比较：

➢ 独立的外部参考电压。
➢ 一个共用的外部参考电压。
➢ 共用的内部参考电压。

比较器可以向器件引脚提供输出，以替换板上的模拟比较器，或可以使用比较器通过中断或触发 ADC 通知应用，让它开始捕获采样序列。中断产生逻辑和 ADC 触发是各自独立的。这就意味着，中断可以在上升沿产生，而 ADC 在下降沿触发。

比较器通过对输入的模拟电压（VIN－）与输入的模拟基准电压(VIN＋)进行比较来产生信号输出(VOUT)。其比较输出的结果如下：

➤ 输入的模拟电压小于输入的模拟基准电压，信号输出引脚为 1。即 VIN－<VIN＋，VOUT＝1。

➤ 输入的模拟电压大于输入的模拟基准电压，信号输出引脚为 0。即 VIN－>VIN＋，VOUT＝0。

说明：VIN－ 的模拟电压输入源是一个外部输入的用于进行判断电压。VIN＋的模拟电压输入源除了从外部输入模拟电压之外，还可以使用比较器 0 的＋Ve 输入模拟电压或内部参考电压。

LM3S615 微控制器使用的 GPIO 引脚为：模拟比较器 0 使用 PB4(VIN－)引脚作模拟比较电压输入，标号为 C0－，使用 PB6(VIN＋)引脚作模拟比较基准电压输入，标号为 C0＋，使用 PD7(VOUT)引脚作模拟比较结果信号输出，标号为 C0o；模拟比较器 1 使用 PB5(VIN－)引脚作模拟比较电压输入，标号为 C1－，使用 PC5 (VIN＋)引脚作模拟比较基准电压输入，标号为 C1＋，使用 PC5(VOUT)引脚作模拟比较结果信号输出，标号为 C1o，说明，这里的基准电压输入和信号输出使用一个引脚，具体操作时可以使用模拟比较器 0 输入的基准电压或使用内部参考电压作比较；模拟比较器 2 使用 PC7(VIN－)引脚作模拟比较电压输入，标号为 C2－，使用 PC6 (VIN＋)引脚作模拟比较基准电压输入，标号为 C2＋，模拟比较器 2 没有分配信号输出引脚，操作时可以直接读出引脚信号来处理或使用中断。

有关 Stellaris 系列微控制器模拟比较器更加详尽的资料，请查阅“网上资料\器件资料\LM3S615_ds_cn. pdf”中的“章 15 模拟比较器”。

【实例编程】

K6.1 操作实例任务

① 实现通过调节可调电阻变换电压值驱使比较器工作，并输出驱动值使指示灯变换。

② 实现两个 5 V 蓄电池互换对外供电和互换充电，即当一个蓄电池供电电压在 2.5 V以下时就换到另一个蓄电池对外供电，并使自身进入充电状态，充满 5 V 时自动停止。

K6.2 操作实例任务编程

1. 硬件模块编程步骤

第一步 启动模拟比较器模块。

第二步 启动比较器所在的工作模块(GPIO B)。

第三步 设置比较器工作引脚 PB4 为模拟电压输入。

第四步 设置比较器工作引脚 PD7 由硬件控制输出信号。

第五步 配置比较器的控制寄存器。

第六步　如果第四步配置为使用内部基准电压，则本步设置内部基准电压值。

2. 使用的API函数说明

(1) 配置比较器函数ComparatorConfigure()

函数名称英文缩写详解：Comparator(比较器)，Configure(配置)。

函数原型：void ComparatorConfigure(unsigned long ulBase, unsigned long ulComp, unsigned long ulConfig)；

函数功能：用于配置模拟比较器。

入口参数：

① ulBase为模拟比较器启始地址。取值范围：COMP_BASE(首地址)。

② ulComp为模拟比较器编号。取值范围：0～2，0表示模拟比较器0，1表示模拟比较器1，2表示模拟比较器2。

③ ulConfig为配置比较器，分4层内容，即COMP_TRIG_xxx(触发ADC)、COMP_INT_xxx(中断设置)、COMP_ASRCP_xxx(基准电压选择)、COMP_OUTPUT_xxx(比较后信号输出方式)。取值范围：

➢ COMP_TRIG_xxx(触发ADC)

```
//没有触发 ADC
#define COMP_TRIG_NONE            0x00000000
//比较器输出为高时触发 ADC
#define COMP_TRIG_HIGH            0x00000880
//比较器输出为低时触发 ADC
#define COMP_TRIG_LOW             0x00000800
//比较器输出由高变低时触发 ADC
#define COMP_TRIG_FALL            0x00000820
//比较器输出由低变高时触发 ADC
#define COMP_TRIG_RISE            0x00000840
//比较器输出由高变低或由低变高时触发 ADC
#define COMP_TRIG_BOTH            0x00000860
```

➢ COMP_INT_xxx(中断设置)

```
//比较器输出为高时产生中断
#define COMP_INT_HIGH                  0x00000010
//比较器输出为低时产生中断
#define COMP_INT_LOW                   0x00000000
//比较器输出由高变低时产生中断
#define COMP_INT_FALL                  0x00000004
//比较器输出由低变高时产生中断
#define COMP_INT_RISE                  0x00000008
//比较器由高变低或由低变高时产生中断
#define COMP_INT_BOTH                  0x0000000C
```

➢ COMP_ASRCP_xxx(基准电压选择)

```
//使用专用 COMP+引脚上输入的电压作参考电压
#define COMP_ASRCP_PIN            0x00000000
```

```
//使用比较器 0 基准电压输入引脚 COMP0 + 上的电压作参考电压
#define COMP_ASRCP_PIN0              0x00000200
//使用内部产生的电压作为参考电压
#define COMP_ASRCP_REF               0x00000400
```

➢ COMP_OUTPUT_xxx(比较后信号输出方式)

```
//禁止比较器输出
#define COMP_OUTPUT_NONE            0x00000000
//使能比较器的同相输出
#define COMP_OUTPUT_NORMAL          0x00000000
//使能比较器的反相输出
#define COMP_OUTPUT_INVERT          0x00000002
```

出口参数：无。

函数返回值：无。

例 27　配置比较器 1 使用中断，并使用比较器 0 引脚 PB6(C0＋)上输入的基准电压作比较器的参考电压。

解题：LM3S615 微控制器中的模拟比较器的启始地址为 COMP_BASE，比较器 1 的编号为 1，使用比较器 0 引脚 PB6(C0＋)上输入的基准电压作比较器的参考电压，其值为 COMP_ASRCP_PIN0，启用比较器 1 的中断值为 COMP_INT_BOTH。

代码如下：

```
//配置比较器 1
ComparatorConfigure(COMP_BASE, 1, ( COMP_TRIG_NONE |COMP_ASRCP_PIN0|
                    COMP_INT_BOTH | COMP_OUTPUT_NORMAL));
```

(2) 内部比较电压设置函数 ComparatorRefSet()

函数名称英文缩写详解：Comparator(比较器)，Ref(reference，参考)，Set(设置)。

函数原型：void ComparatorRefSet(unsigned long ulBase, unsigned long ulRef)；

函数功能：用于设置内部参考电压值。

入口参数：

① ulBase 为模拟比较器启始地址。取值范围：COMP_BASE(首地址)。

② ulRef 为内部参考电压值。取值范围：

```
#define COMP_REF_OFF              0x00000000    //关闭参考电压
#define COMP_REF_0V               0x00000300    // 设置参考电压为 0 V
#define COMP_REF_0_1375V          0x00000301    //设置参考电压为 0.137 5 V
#define COMP_REF_0_275V           0x00000302    //设置参考电压为 0.275 V
#define COMP_REF_0_4125V          0x00000303    //设置参考电压为 0.412 5 V
#define COMP_REF_0_55V            0x00000304    //设置参考电压为 0.55 V
#define COMP_REF_0_6875V          0x00000305    //设置参考电压为 0.687 5 V
#define COMP_REF_0_825V           0x00000306    //设置参考电压为 0.825 V
#define COMP_REF_0_928125V        0x00000201    //设置参考电压为 0.928 125 V
#define COMP_REF_0_9625V          0x00000307    //设置参考电压为 0.962 5 V
#define COMP_REF_1_03125V         0x00000202    //设置参考电压为 1.031 25 V
```

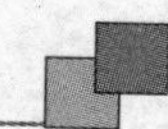

```
#define COMP_REF_1_134375V        0x00000203      //设置参考电压为 1.134 375 V
#define COMP_REF_1_1V             0x00000308      //设置参考电压为 1.1 V
#define COMP_REF_1_2375V          0x00000309      //设置参考电压为 1.237 5 V
#define COMP_REF_1_340625V        0x00000205      //设置参考电压为 1.340 625 V
#define COMP_REF_1_375V           0x0000030A      //设置参考电压为 1.375 V
#define COMP_REF_1_44375V         0x00000206      //设置参考电压为 1.443 75 V
#define COMP_REF_1_5125V          0x0000030B      //设置参考电压为 1.512 5 V
#define COMP_REF_1_546875V        0x00000207      //设置参考电压为 1.546 875 V
#define COMP_REF_1_65V            0x0000030C      //设置参考电压为 1.65 V
#define COMP_REF_1_753125V        0x00000209      //设置参考电压为 1.753 125 V
#define COMP_REF_1_7875V          0x0000030D      //设置参考电压为 1.787 5 V
#define COMP_REF_1_85625V         0x0000020A      //设置参考电压为 1.856 25 V
#define COMP_REF_1_925V           0x0000030E      //设置参考电压为 1.925 V
#define COMP_REF_1_959375V        0x0000020B      //设置参考电压为 1.959 375 V
#define COMP_REF_2_0625V          0x0000030F      //设置参考电压为 2.062 5 V
#define COMP_REF_2_165625V        0x0000020D      //设置参考电压为 2.165 625 V
#define COMP_REF_2_26875V         0x0000020E      //设置参考电压为 2.268 75 V
#define COMP_REF_2_371875V        0x0000020F      //设置参考电压为 2.371 875 V
```

出口参数：无。

函数返回值：无。

例 28　设置比较器 2 使用 2.062 5 V 内部参考电压。

代码如下：

```
// 配置内部参考电压为 2.062 5 V
ComparatorRefSet(COMP_BASE, COMP_REF_2_0625V);
```

(3) 注册比较器中断函数名函数 ComparatorIntRegister()

函数名称英文缩写详解：Comparator(比较器),Int(中断),Register(注册)。

函数原型：void ComparatorIntRegister(unsigned long ulBase, unsigned long ulComp,
void (* pfnHandler)(void));

函数功能：用于注册比较器中断函数名称。

入口参数：

① ulBase 为模拟比较器启始地址。取值范围：COMP_BASE(首地址)。

② ulComp 为模拟比较器编号。取值范围：0~2,0 表示模拟比较器 0,1 表示模拟比较器 1,2 表示模拟比较器 2。

出口参数：void (* pfnHandler)(void)为注册的中断函数名称。

函数返回值：无。

例 29　注册 Comp0_Int_ISR 为比较器 0 的中断函数名称。

代码如下：

```
//注册比较器 0 中断函数名称
ComparatorIntRegister(COMP_BASE,0,Comp0_Int_ISR);
```

3. 模拟比较器模块编程实践

任务①　实现通过调节可调电阻变换电压值驱使比较器工作,并输出驱动值使指示灯变换。

代码编写如下：

```
//*************************************************************************
//文件名：Comp0_in_Main.c
//功能：Stellaris 系列单片机模拟比较器 0 的应用操作
//说明：从 PB4 输入一路模拟信号,模拟比较器使用内部参考电压 2.268 75 V,比较的结
//      果在 PD7 引脚上输出,使连接到 PD7 的 LED1 灯亮灭,通过这种亮灭来判断比较器
//      是否工作。模拟比较器 0 使用 PB4(VIN－)引脚作模拟比较电压输入,标号为 C0－,
//      使用 PB6(VIN＋)引脚作模拟比较基准电压输入,标号为 C0＋,使用 PD7(VOUT)引
//      脚作模拟比较结果信号输出,标号为 C0o
//-------------------------------------------------------------------------
:
#define PB4 GPIO_PIN_4                              // PB4 为 VIN－
#define PC5 GPIO_PIN_5                              // PC5 连接 LED2
#define PD7 GPIO_PIN_7                              // PD7 为 VOUT
void  GPio_Initi(void);
void  IndicatorLight(void);                         //芯片运行指示灯
void  Comp0_Set();                                  //启用比较器 0
void  jtagWait(void);                               //用于防止 JTAG 失效
void Delay(int nDelaytime);                         //用于延时
#define PC4_LED   GPIO_PIN_4
#define PC6_LED   GPIO_PIN_6
//-------------------------------------------------------------------------
//主函数
int main(void)
{
    //防止 JTAG 失效
    Delay(10);
    jtagWait();
    Delay(10);
    GPio_Initi();                                   //初始化 GPIO
    Comp0_Set();                                    //启用比较器 0 工作
    while (1)
    {
        //读取比较结果：1 为点亮 LED2;0 为熄灭 LED2
    if(ComparatorValueGet(COMP_BASE, 0) == 1 )
        GPIOPinWrite(GPIO_PORTC_BASE, PC5, ～ PC5); //点亮 LED2
     else
         GPIOPinWrite(GPIO_PORTC_BASE, PC5, PC5);   //熄灭 LED2
         IndicatorLight();                          //程序运行指示灯
         Delay(20);
    }
}
//-------------------------------------------------------------------------
//函数名称：Comp0_Set
//函数功能：启用比较器 0 比较输出
//输入参数：无
//输出参数：无
```

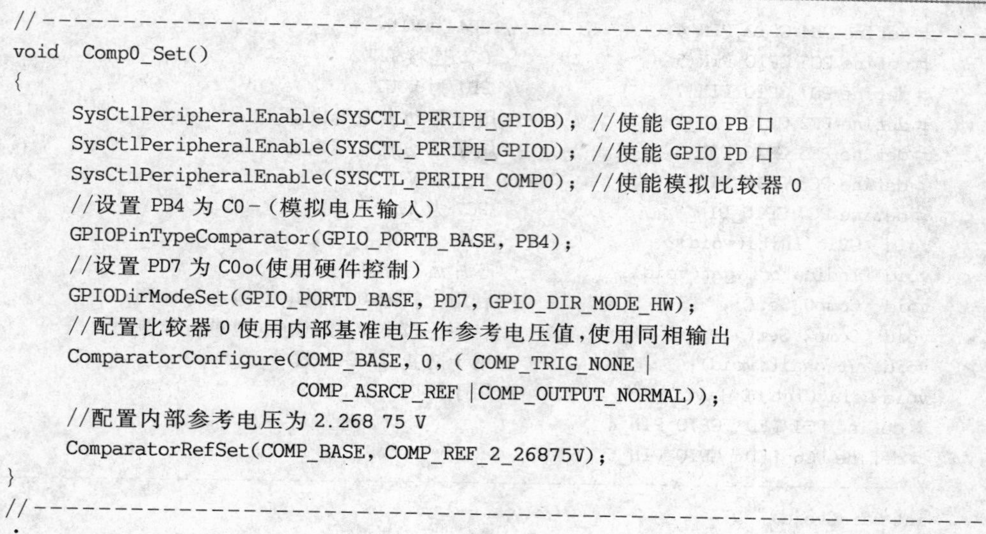

```
//--------------------------------------------------------------------------------
void  Comp0_Set()
{
    SysCtlPeripheralEnable(SYSCTL_PERIPH_GPIOB); //使能 GPIO PB 口
    SysCtlPeripheralEnable(SYSCTL_PERIPH_GPIOD); //使能 GPIO PD 口
    SysCtlPeripheralEnable(SYSCTL_PERIPH_COMP0); //使能模拟比较器 0
    //设置 PB4 为 C0 -(模拟电压输入)
    GPIOPinTypeComparator(GPIO_PORTB_BASE, PB4);
    //设置 PD7 为 C0o(使用硬件控制)
    GPIODirModeSet(GPIO_PORTD_BASE, PD7, GPIO_DIR_MODE_HW);
    //配置比较器 0 使用内部基准电压作参考电压值,使用同相输出
    ComparatorConfigure(COMP_BASE, 0, ( COMP_TRIG_NONE |
                        COMP_ASRCP_REF |COMP_OUTPUT_NORMAL));
    //配置内部参考电压为 2.268 75 V
    ComparatorRefSet(COMP_BASE, COMP_REF_2_26875V);
}
//--------------------------------------------------------------------------------
:
//*****************************************************************************
```

例程所在位置见“网上资料\参考程序\课题 6_模拟比较器\ Comp_in(比较器)[用]\ *. *”。

任务② 实现两个 5 V 蓄电池互换对外供电和互换充电,即当一个蓄电池供电电压在 2.5 V 以下时就换到另一个蓄电池对外供电,并使自身进入充电状态,充满 5 V 时自动停止。

对任务的理解:根据本任务设计电路如图 K6 - 1 所示。按图 K6 - 1 程序设计构想是,使用两个模拟比较器,用比较器 0 检测供电系统,当电压下降到 2.5 V 以下时就换电源供电,同时给前面一个电池充电。充电时检查充电电压,当充到 4.85 V 以上时就关闭充电器。程序编写时,为了简便,采用主循环体查寻各点的电压值。

说明:本任务如果要加入到工程实际应用,还有待于更进一步的测试。本任务的设想应用是利用太阳能和风能对供电电源进行充电。

代码编写如下:

```
//*****************************************************************************
//文件名:Comp0_C2_in_Main.c
//功能:利用比较器实现双电源互换供电与充电
//说明:用比较器 0 的 PB4 引脚作电池供电电压检测信号输入,比较器 0 使用内部
//      2.371 875 V 作参考电压,比较的结果在 PE2 引脚上输出控制供电继电器动作。
//      用比较器 2 的 PC7 引脚作充电电压检测信号输入,采用 PC6 引脚输入比较的基准电
//      压 +5 V 作参考电压,比较的结果通过 PE3 引脚控制充电继电器动作。有关 EasyARM615
//      开发平台与图 K6 - 1 的连线是:PB4 连接到 JPE0,PC7 连接到 JPE1,PC6 连接到 JPE4,
//      PE2 连接到 JPE2,PE3 连接到 JPE3
//--------------------------------------------------------------------------------
:
#include "comp.h"
```

```
#define PB4 GPIO_PIN_4                //PB4 为 VIN-
#define PC5 GPIO_PIN_5                //PC5 连接 LED2
#define PD7 GPIO_PIN_7                //PD7 为 VOUT
#define PE2 GPIO_PIN_2                //用于驱动供电继电器
#define PE3 GPIO_PIN_3                //用于驱动充电继电器
#define PC6 GPIO_PIN_6                //PC6 为 VIN+
#define PC7 GPIO_PIN_7                //PC7 为 VIN-
void  GPio_Initi(void);
void  IndicatorLight(void);           //芯片运行指示灯
void  Comp0_Set();                    //启用比较器 0 对供电电池进行检测
void  Comp2_Set();                    //启用比较器 2 对充电电池进行检测
void  jtagWait(void);                 //用于防止 JTAG 失效
void Delay(int nDelaytime);           //用于延时
#define PC4_LED  GPIO_PIN_4
#define PC6_LED  GPIO_PIN_6
//----------------------------------------------------------------
int main(void)
{
    //防止 JTAG 失效
    Delay(10);
    jtagWait();
    Delay(10);
    GPio_Initi();                     //初始化 GPIO
    Comp0_Set();                      //启用比较器 0 工作
    Comp2_Set();                      //启用比较器 2 工作
    while (1)
    {
      //读取比较器 0 结果,如果下降到 2.371 875 V 以下就换到另一个电池供电
    if(ComparatorValueGet(COMP_BASE, 0) == 1 )
    {
        if(GPIOPinRead(GPIO_PORTE_BASE, PE2) == 0x00)
          //停止供电继电器互换电源,接线柱 JPE2
          GPIOPinWrite(GPIO_PORTE_BASE, PE2, PE2);
        else//启动供电继电器互换电源,接线柱 JPE2
          GPIOPinWrite(GPIO_PORTE_BASE, PE2, ~ PE2);
        //启动充电继电器开始充电,接线柱 JPE3
        GPIOPinWrite(GPIO_PORTE_BASE, PE3, ~ PE3);
        Delay(2);                                         //给一点延时
      }
     //读取比较器 2 比较结果,如果电充到 4.85 V 以上就关闭充电器
        if(ComparatorValueGet(COMP_BASE, 2) == 1 )
        { //关闭充电继电器并禁止充电,接线柱 JPE3
        GPIOPinWrite(GPIO_PORTE_BASE, PE3,  PE3);
        Delay(1);                                         //给一点延时
      }
      IndicatorLight();                                   //程序运行指示灯
      Delay(20);
    }
}
```

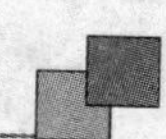

```
//--------------------------------------------------------------------------------
// 函数名称：Comp0_Set
// 函数功能：启用比较器 0 比较输出,控制电池供电继电器
//--------------------------------------------------------------------------------
void  Comp0_Set()
{
    SysCtlPeripheralEnable(SYSCTL_PERIPH_GPIOB);          //使能 GPIO PB 口
    SysCtlPeripheralEnable(SYSCTL_PERIPH_GPIOD);          //使能 GPIO PD 口
    SysCtlPeripheralEnable(SYSCTL_PERIPH_COMP0);          //使能模拟比较器 0
    //设置 PB4 为 C0-(模拟电压输入)
    GPIOPinTypeComparator(GPIO_PORTB_BASE, PB4);          //PB4 接接线柱 JPE0
    //设置 PD7 为 C0o(使用硬件控制)
    GPIODirModeSet(GPIO_PORTD_BASE, PD7, GPIO_DIR_MODE_HW);
    //配置比较器 0 使用内部基准电压作参考电压值,使用同相输出
    ComparatorConfigure(COMP_BASE, 0, ( COMP_TRIG_NONE |
                        COMP_ASRCP_REF | COMP_OUTPUT_NORMAL));
    //配置内部参考电压为 2.371 875 V
    ComparatorRefSet(COMP_BASE, COMP_REF_2_371875V);
}
//--------------------------------------------------------------------------------
// 函数名称：Comp2_Set
// 函数功能：启用比较器 2 比较输出,控制充电继电器
//--------------------------------------------------------------------------------
void  Comp2_Set()
{
    SysCtlPeripheralEnable(SYSCTL_PERIPH_GPIOC);     //使能 GPIO PB 口
    SysCtlPeripheralEnable(SYSCTL_PERIPH_COMP2);     //使能模拟比较器 2
    //设置 PC7 为 C2-、PC6 为 C2+  (模拟电压输入)
    //PC6 接 JPE4、PC7 接 JPE1
    GPIOPinTypeComparator(GPIO_PORTC_BASE, PC7 | PC6);
    //配置模拟比较器 2 为无 ADC 触发,使用对应的引脚 PC6 上的基准电压进行比较
    //比较后并使用同相输出
    ComparatorConfigure(COMP_BASE, 2, ( COMP_TRIG_NONE |
                        COMP_ASRCP_PIN | COMP_OUTPUT_NORMAL));
}
//--------------------------------------------------------------------------------
⋮
//*****************************************************************************
```

例程所在位置见“网上资料\参考程序\课题 7_ PWM\ Comp_比较器应用\ *.*”。

K6.3　外扩模块电路图与连线

任务①外扩模块电路图使用 EasyARM615 开发平台自带的连接在 PD7 和 PC5 引脚上的指示灯。

任务②外扩模块电路图如图 K6－1 所示。与 EasyARM615 开发平台的连线：PB4 连接到 JPE0，PC7 连接到 JPE1，PC6 连接到 JPE4，PE2 连接到 JPE2，PE3 连接到 JPE3。

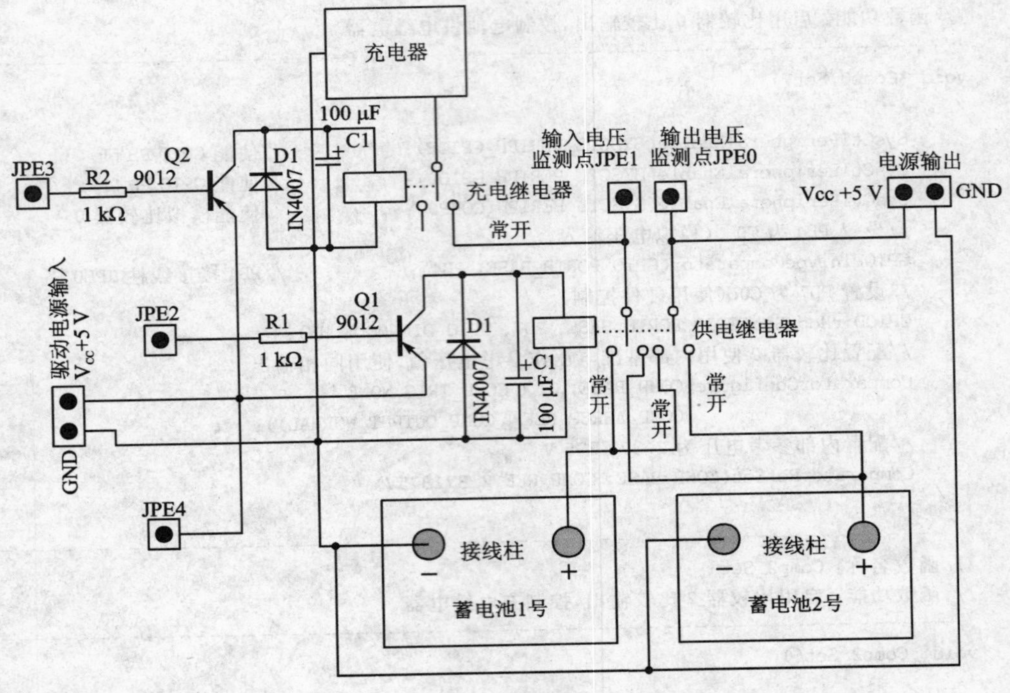

图 K6-1　双电池互换供电系统控制图

编后语：模拟比较器用在电池供电应用中比较广泛（当然还有别的应用），可以在电池电压低于某个值时报警，或给予自动充电。

课题 7　脉宽调制器的应用

【实验目的】

了解和掌握 LM3S300/600/800 芯片中的脉宽调制器的原理与使用方法。

【实验设备】

① 所用工具：30 W 烙铁 1 把，数字万用表 1 个；

② PC 机 1 台；

③ 开发软件 IAR Embedded Workbench5.20v 集成开发平台 1 套；

④ LM LINK JTAG 调试器 1 套，EasyARM615 开发套件 1 套。

【外扩器件】

课题所需外扩元器件请查寻图 K7-1 和图 K7-6。

【LM3S615 内部资料】

1. 概　述

Stellaris 系列微控制器中的专用脉宽调制(PWM)是一项功能强大的技术,它是一种对模拟信号电平进行数字化编码的方法。在脉宽调制中使用高分辨率计数器来产生方波,并且可以通过调整方波的占空比来对模拟信号电平进行编码。PWM 通常使用在开关电源(switching power)和电机控制中。Stellaris 系列微控制器中的 PWM 模块由 3 个 PWM 发生器模块和 1 个控制模块组成。每个 PWM 发生器模块包含 1 个定时器(16 位递减或先递增后递减计数器)、2 个 PWM 比较器、PWM 信号发生器、死区发生器和中断/ADC 触发选择器。而控制模块决定了 PWM 信号的极性,以及将哪个信号传递到引脚。每个 PWM 发生器模块产生 2 个 PWM 信号,这 2 个 PWM 信号可以是独立的信号(基于同一定时器而频率相同的独立信号除外),也可以是一对插入了死区延迟的互补(complementary)信号。这些 PWM 发生模块的输出信号在传递到器件引脚之前由输出控制模块管理。

Stellaris 系列微控制器中的 PWM 模块具有极大的灵活性。它可以产生简单的 PWM 信号,如简易充电泵需要的信号;也可以产生带死区延迟的成对 PWM 信号,如供半 H 桥(half - H bridge)驱动电路使用的信号。3 个发生器模块也可产生 3 相反相器桥所需的完整 6 通道门控。

2. 结构图

LM3S615 控制器包含 3 个发生器模块(PWM0、PWM1 和 PWM2),并产生 6 个独立的 PWM 信号或 3 对带死区延时的 PWM 信号。PWM 模块的结构图如图 K7 - 1 所示。

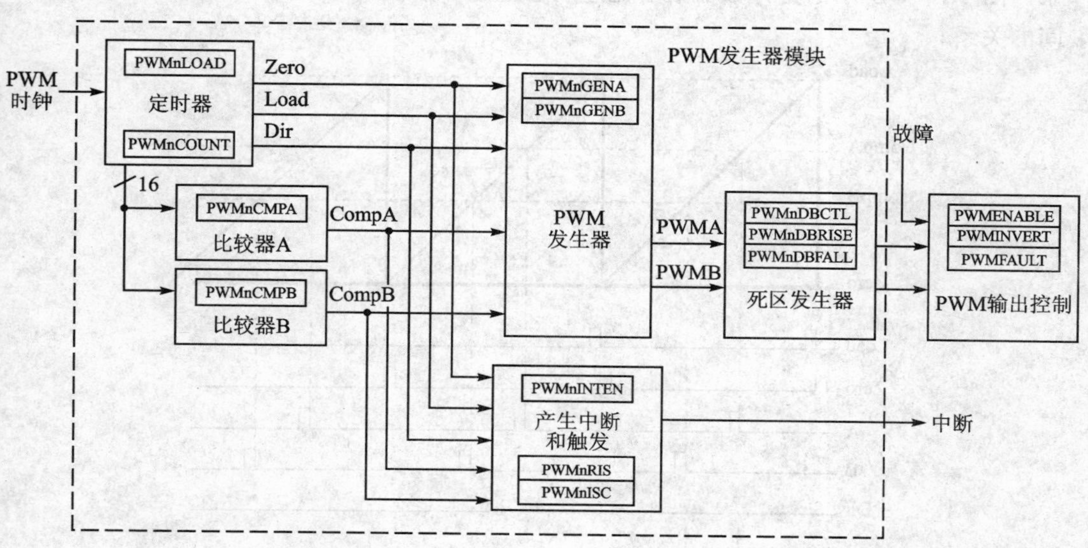

图 K7 - 1　PWM 模块的结构图

3. 功能描述

(1) PWM 定时器

每个 PWM 发生器的定时器都有两种工作模式：递减计数模式或先递增后递减计数模式。在递减计数模式中，定时器从装载值开始计数，计数到 0 时又返回到装载值并继续递减计数。在先递增后递减计数模式中，定时器从 0 开始往上计数，一直计数到装载值，然后从装载值递减到 0，接着再递增到装载值，以此类推。通常，递减计数模式是用来产生左对齐或右对齐的 PWM 信号，而先递增后递减计数模式是用来产生中心对齐的 PWM 信号。

PWM 定时器输出 3 个信号，这些信号在生成 PWM 信号的过程中使用：方向信号(在递减计数模式中，该信号始终为低电平，在先递增后递减计数模式中，则是在低高电平之间切换)；当计数器计数值为 0 时，零脉冲信号发出一个宽度等于时钟周期的高电平脉冲；当计数器计数值等于装载值时，装载脉冲也发出一个宽度等于时钟周期的高电平脉冲。注：在递减计数模式中，零脉冲之后紧跟着一个装载脉冲。

(2) PWM 比较器

每个 PWM 发生器含 2 个比较器，用于监控计数器的值；当比较器的值与计数器的值相等时，比较器输出宽度为单时钟周期的高电平脉冲。在先递增后递减计数模式中，比较器在递增和递减计数时都要进行比较，因此必须通过计数器的方向信号来限定。这些限定脉冲在生成 PWM 信号的过程中使用。如果任一比较器的值大于计数器的装载值，则该比较器永远不会输出高电平脉冲。

图 K7－2 所示的是计数器处于递减计数模式时的行为，以及这些脉冲之间的关系。图 K7－3 所示的是计数器处于先递增后递减计数模式时的行为，以及这些脉冲之间的关系。

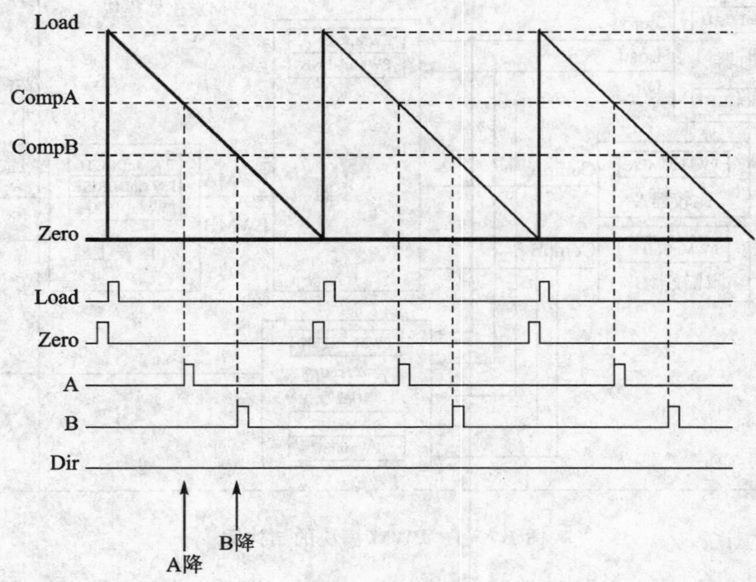

图 K7－2　PWM 递减计数模式

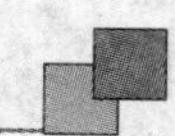

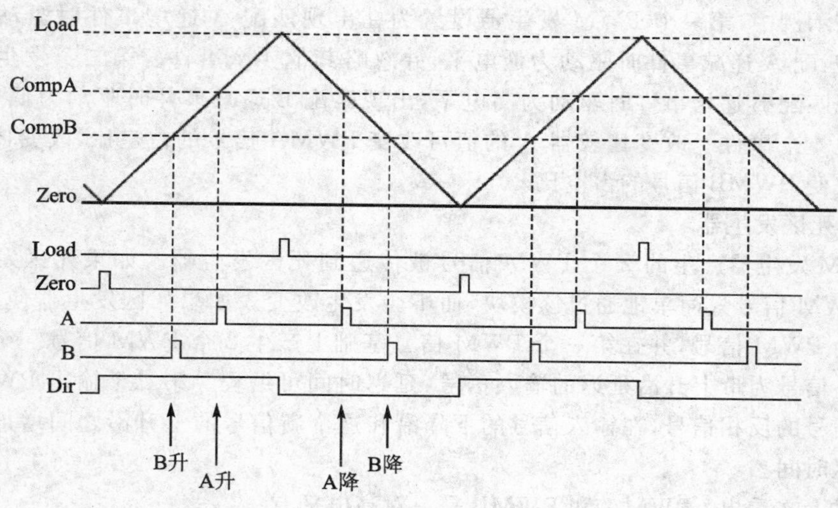

图 K7-3 PWM 先递增后递减计数模式

(3) PWM 信号发生器

PWM 发生器捕获这些脉冲(由方向信号来限定),并产生 2 个 PWM 信号。在递减计数模式中,能够影响 PWM 信号的事件有 4 个:零、装载、匹配 A 递减和匹配 B 递减。在先递增后递减计数模式中,能够影响 PWM 信号的事件有 6 个:零、装载、匹配 A 递减、匹配 A 递增、匹配 B 递减和匹配 B 递增。当匹配 A 或匹配 B 事件与零或装载事件重合时,它们可以被忽略。如果匹配 A 与匹配 B 事件重合,则第一个信号 PWMA 只根据匹配 A 事件生成,第二个信号 PWMB 只根据匹配 B 事件生成。各个事件在 PWM 输出信号上的影响都是可编程的:可以保留(忽略该事件)、可以翻转、可以驱动为低电平或驱动为高电平。

这些动作可用来产生一对不同位置和不同占空比的 PWM 信号,这对信号可以重叠或不重叠。图 K7-4 所示的就是在先递增后递减计数模式产生的一对中心对齐、含不同占空比的重叠 PWM 信号。

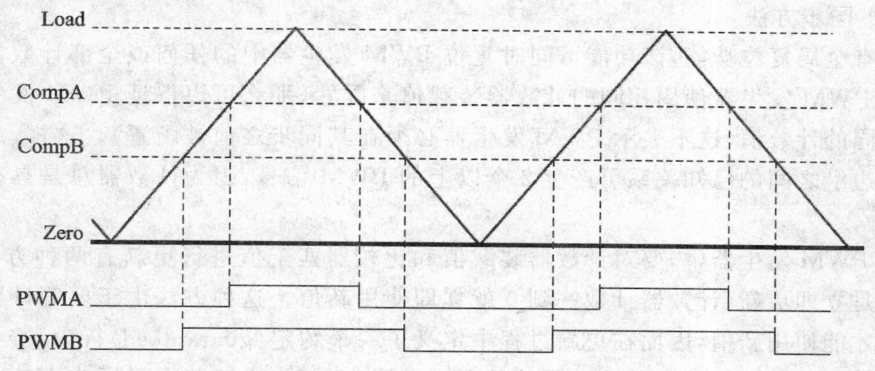

图 K7-4 在先递增后递减计数模式中产生 PWM 信号

在该示例中，第一个 PWM 发生器设置为在出现匹配 A 递增事件时驱动为高电平，出现匹配 A 递减事件时驱动为低电平，并忽略其他 4 个事件。第二个发生器设置为在出现匹配 B 递增事件时驱动为高电平，出现匹配 B 递减事件时驱动为低电平，并忽略其他 4 个事件。改变比较器 A 的值可改变 PWMA 信号的占空比，改变比较器 B 的值可改变 PWMB 信号的占空比。

(4) 死区发生器

PWM 发生器产生的 2 个 PWM 信号被传递到死区发生器。如果死区发生器禁止，则 PWM 信号只简单地通过该模块，而不会发生改变。如果死区发生器使能，则丢弃第二个 PWM 信号，并在第一个 PWM 信号基础上产生 2 个 PWM 信号。第一个输出 PWM 信号为带上升沿延迟的输入信号，延迟时间可编程。第二个输出 PWM 信号为输入信号的反相信号，在输入信号的下降沿和这个新信号的上升沿之间增加了可编程的延迟时间。

通过上文看出：PWMA 和 PWMB 是一对高电平有效的信号，并且其中一个信号总是为高电平，但在跳变处的那段可编程延迟时间除外，都为低电平。这样这两个信号便可用来驱动半 H 桥(half - H bridge)，又由于它们带有死区延迟，因而还可以避免冲过电流(shoot through current)破坏电力电子(power electronics)。图 K7 - 5 所示的是死区发生器对输入 PWM 信号的影响。

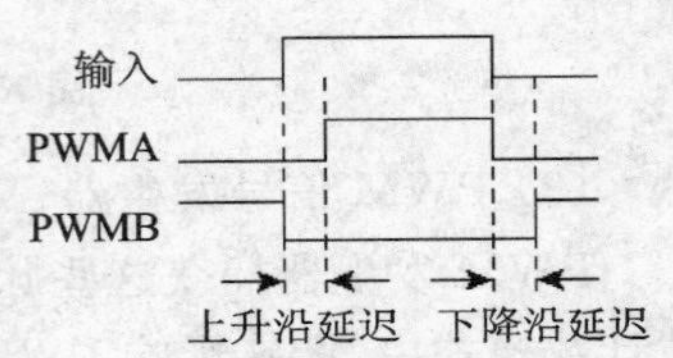

图 K7 - 5　PWM 死区发生器

(5) 中断/ADC 触发选择器

PWM 发生器还捕获相同的 4 个(或 6 个)计数器事件，并使用它们来产生中断或 ADC 触发信号。用户可以选择这些事件中的任一个或一组作为中断源；只要其中一个所选事件发生就会产生中断。此外，也可以选择相同事件、不同事件、同组事件、不同组事件作为 ADC 触发源；只要其中一个所选事件发生就会产生 ADC 触发脉冲。选择的事件不同，在 PWM 信号内产生中断 或 ADC 触发的位置也不同。注：中断和 ADC 触发都是基于原始(raw)事件的，而不考虑死区发生器在 PWM 信号边沿上产生的延迟。

(6) 同步方法

具有全局复位功能，该功能可同时复位 PWM 发生器中的任何或全部计数器。如果多个 PWM 发生器使用相同的计数器装载值来配置，那么可以保证 PWM 发生器也具有相同的计数值(这不表示 PWM 发生器必须在其同步之前被配置)。这样，通过那些信号边沿之间的已知关系可产生 2 个以上的 PWM 信号，因为计数器总是具有相同的值。

在 PWM 发生器中，要对计数器装载值和比较器匹配值进行更新有两种方法：一种方法是立即更新(计数器计数一到 0 就立即使用新值。这种方法由于要等计数器计数到 0 才能使用新值，因而在更新过程中定义了一个约定(guaranteed)行为，避免出现过短或过长的 PWM 输出脉冲)；另一种方法是同步更新(它要等全局同步更新信号有效才使用新值，同步更新信号有效时，计数器一到 0 就立即使用新值)。第二种方法可

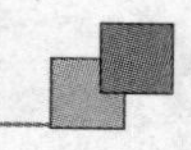

以同时对多个 PWM 发生器中的多项进行更新，而不会在更新过程中出现意外的影响；所有逻辑在根据新值运行之前都先在原来的值上运行。装载和比较器匹配的更新方法可以在各个 PWM 发生器模块中单独配置。当那些模块中的定时器同步时，通常可以在 PWM 发生器模块中使用同步更新机制，尽管该机制正常工作时不要求这个。

(7) 故障状态

影响 PWM 模块的外部条件有两个：一个是故障引脚的信号输入，另一个是由调试器引发的控制器中止。我们可以采用两种机制来处理这些情况，一是强制将输出信号变为无效(inactive)状态，或让 PWM 定时器停止运行。

每个输出信号都带有一个故障位。若故障位置位，则故障输入信号将会使相应的输出信号变为无效状态。如果无效状态指的是信号能够长期停留的安全状态，那么这样可避免输出信号在故障状态下以危险的方式驱动外部电路。此外，故障条件还可以产生控制器中断。

用户可以将 PWM 发生器配置为在停止条件期间停止计数。也可以选择让计数器一直运行，直到计数值为 0 才停止，或计数值为 0 时继续计数和重装。停止状态不会产生控制器中断。

(8) 输出控制模块

每个 PWM 发生器模块产生的是两个原始 PWM 信号，输出控制模块在 PWM 信号进入引脚之前要对其最后的状态进行控制。通过一个寄存器就能够对实际传递到引脚的 PWM 信号进行修改。例如，通过对寄存器执行写操作来修改 PWM 信号(而无需通过修改反馈控制回路来修改各个 PWM 发生器)，以实现无电刷直流电机通信。同样，故障控制也能够禁止所有的 PWM 信号。能够对任一 PWM 信号执行最终的反相操作，使得默认高电平有效的信号变为低电平有效。

(9) 初始化和配置

以下是对 PWM 发生器 0 进行初始化的示例。要求频率为 25 kHz，PWM0 引脚上的占空比为 25%，PWM1 引脚上的占空比为 75%，假定系统时钟为 20 MHz。这个实例假定系统时钟为 20 MHz。

① 使能 PWM 时钟，通过写 0x00100000 到系统控制模块中的 RCGC0 寄存器来实现。

② 在 GPIO 模块中，根据引脚的具体功能，使用 GPIO AFSEL 寄存器来使能相应的引脚。

③ 将系统控制模块中的运行-模式时钟配置(RCC) 寄存器配置为使用 PWM 分频(USEPWMDIV)，并将分频器(PWMDIV) 设置为 2 分频。

④ 将 PWM 发生器配置为递减计数模式，并立即更新参数。

- 向 PWM0CTL 寄存器写入 0x00000000；
- 向 PWM0GENA 寄存器写入 0x0000008C；
- 向 PWM0GENB 寄存器写入 0x0000080C。

⑤ 设置周期。若要得到 25 kHz 频率，即周期为 1/25 000(40 μs)。PWM 时钟源

为 10 MHz;由系统时钟 2 分频得到。这意味着一个定时器周期要等于 400 个 PWM 时钟周期。然后用这个值来设置 PWM0LOAD 寄存器。在递减计数模式中，将 PWM0LOAD 寄存器的 Load 位域设置为请求的周期减 1。

➢ 向 PWM0LOAD 寄存器写入 0x0000018F。

⑥ 将 PWM0 引脚的脉冲宽度设置为 25%占空比。

➢ 向 PWM0CMPA 寄存器写入 0x0000012B。

⑦ 将 PWM1 引脚的脉冲宽度设置为 75%占空比。

➢ 向 PWM0CMPB 寄存器写入 0x00000063。

⑧ 启动 PWM 发生器 0 中的定时器。

➢ 向 PWM0CTL 寄存器写入 0x00000001。

⑨ 使能 PWM 输出。

➢ 向 PWMENABLE 寄存器写入 0x00000003。

使用的信号输出模块为 PD0（PWM0）和 PD1（PWM1），PB0（PWM2）和 PB1（PWM3），PE0（PWM4）和 PE1（PWM5）。

有关 Stellaris 系列微控制器脉宽调制器（PWM）更加详尽的资料请查阅“网上资料\器件资料\LM3S615_ds_cn.pdf”中的“章 16 脉宽调制器（PWM）”。

【实例编程】

K7.1 操作实例任务

Stellaris 系列微控制器脉宽调制器（PWM）的功能主要有：PWM 作为 16 位高分辨率 D/A，PWM 调节 LED 亮度，PWM 演奏乐曲、语音播放 PWM 方波可直接用于乐曲演奏，PWM 控制电机（直流电机、交流电机和步进电机）。

① 使用白炽灯观察 PWM 调制的效果。

② 利用 PWM 制作基于 SPWM 技术的逆变电源。

K7.2 操作任务实例编程

K7.2.1 脉宽调制器（PWM）模块编程步骤

第一步 设定系统时钟源（晶振）为脉宽调制器（PWM）所用。

第二步 设置 PWM 时钟源为 1 分频。

第三步 使能 PWM0 输出引脚模块 PD 端口。

第四步 使能 PWM 外设模块。

第五步 设置 PD 端口中的 PD0 和 PD1 引脚为 PWM0 和 PWM1 之用。

第六步 设置 PWM 发生器 0 为上下计数方式，并使两路 PWM 不同步。

第七步 设置两路 PWM 的共同计数周期。

第八步 分别设置两路 PWM 的匹配值。

第九步 使能 PWM0 和 PWM1 两功能从 PD0 和 PD1 引脚上输出。

第十步 设置 PD0 和 PD1 两引脚的驱动电流强度为 8 mA。

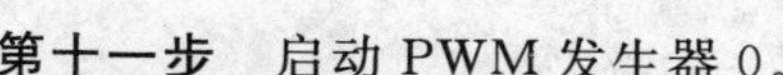

第十一步 启动 PWM 发生器 0。

K7.2.2 使用的 API 函数说明

1. 设置 PWM 时钟源函数 SysCtlPWMClockSet()

函数名称英文缩写详解：Sys(系统)，Ctl(控制)，PWM(脉宽调制)，Clock(时钟)，Set(设置)。

函数原型：void SysCtlPWMClockSet(unsigned long ulConfig)；

函数功能：用于设置系统时钟为脉宽调制分频时钟。

入口参数：ulConfig 为 PWM 模块的时钟分频参数设定。取值范围：

```
#define SYSCTL_PWMDIV_1     0x00000000  // PWM 时钟是系统时钟的 1/1
#define SYSCTL_PWMDIV_2     0x00100000  // PWM 时钟是系统时钟的 1/2
#define SYSCTL_PWMDIV_4     0x00120000  // PWM 时钟是系统时钟的 1/4
#define SYSCTL_PWMDIV_8     0x00140000  // PWM 时钟是系统时钟的 1/8
#define SYSCTL_PWMDIV_16    0x00160000  // PWM 时钟是系统时钟的 1/16
#define SYSCTL_PWMDIV_32    0x00180000  // PWM 时钟是系统时钟的 1/32
#define SYSCTL_PWMDIV_64    0x001A0000  // PWM 时钟是系统时钟的 1/64
```

出口参数：无。

函数返回值：无。

例 30 设置 PWM0 的时钟为系统时钟的 4 分频。

代码如下：

```
// PWM 时钟源 4 分频
SysCtlPWMClockSet(SYSCTL_PWMDIV_4);
```

2. PWM 信号输出引脚设置函数 GPIOPinTypePWM()

函数名称英文缩写详解：GPIO(输入/输出)，Pin(引脚)，Type(类型)，PWM(脉宽调制)。

函数原型：void GPIOPinTypePWM(unsigned long ulPort, unsigned char ucPins)；

函数功能：用于设置 GPIO 引脚为 PWM 类型信号输出。

入口参数：

① ulPort 为端口首地址。取值范围：

```
#define GPIO_PORTA_BASE    0x40004000  // GPIO 端口 A
#define GPIO_PORTB_BASE    0x40005000  // GPIO 端口 B
#define GPIO_PORTC_BASE    0x40006000  // GPIO 端口 C
#define GPIO_PORTD_BASE    0x40007000  // GPIO 端口 D
#define GPIO_PORTE_BASE    0x40024000  // GPIO 端口 E
```

② ucPins 为引脚编号。取值范围：

```
#define GPIO_PIN_0    0x00000001  // GPIO 引脚 0
#define GPIO_PIN_1    0x00000002  // GPIO 引脚 1
#define GPIO_PIN_2    0x00000004  // GPIO 引脚 2
#define GPIO_PIN_3    0x00000008  // GPIO 引脚 3
#define GPIO_PIN_4    0x00000010  // GPIO 引脚 4
```

```
#define GPIO_PIN_5    0x00000020   // GPIO 引脚 5
#define GPIO_PIN_6    0x00000040   // GPIO 引脚 6
#define GPIO_PIN_7    0x00000080   // GPIO 引脚 7
```

出口参数：无。

函数返回值：无。

例 31　设置 PB0 和 PB1 为脉宽调制的 PWM2 和 PWM3 输出。

代码如下：

```
//设置 PB0、PB1 为 PWM2 和 PWM3
GPIOPinTypePWM(GPIO_PORTB_BASE, GPIO_PIN_0 | GPIO_PIN_1);
```

3. 设置 PWM 发生器的工作方式函数 PWMGenConfigure()

函数名称英文缩写详解：PWM(脉宽调制器)，Gen(发生器)，Configure(配置)。

函数原型：void PWMGenConfigure(unsigned long ulBase, unsigned long ulGen, unsigned long ulConfig)；

函数功能：用于配置 PWM 发生器。

入口参数：

① ulBase 为 PWM 启始地址。取值范围：

```
PWM_BASE  //PWM 的首地址
```

② ulGen 为 PWM 发生器编号。取值范围：

```
// PWM 发生器 0 的地址编号(Gen0)
#define PWM_GEN_0                    0x00000040
// PWM 发生器 1 的地址编号(Gen1)
#define PWM_GEN_1                    0x00000080
// PWM 发生器 2 的地址编号(Gen2)
#define PWM_GEN_2                    0x000000C0
```

③ ulConfig 为配置参数。取值范围：

➤ PWM 定时器的计数模式

```
//递减计数模式
#define PWM_GEN_MODE_DOWN            0x00000000
//先递增后递减模式
#define PWM_GEN_MODE_UP_DOWN         0x00000002
```

➤ 计数器装载和比较器的更新模式

```
//同步更新模式
#define PWM_GEN_MODE_SYNC            0x00000038
//异步更新模式
#define PWM_GEN_MODE_NO_SYNC         0x00000000
```

➤ 计数器在调试模式中的行为

```
//调试时一直运行
```

```
#define PWM_GEN_MODE_DBG_RUN      0x00000004
//计数器到零停止直至退出调试模式
#define PWM_GEN_MODE_DBG_STOP     0x00000000
```

出口参数：无。

函数返回值：无。

例 32　设置 PWM 发生器 0 为递减计数，并同步更新。

代码如下：

```
//设置 PWM 发生器 0 为上下计数方式，两路 PWM 不同步
PWMGenConfigure(PWM_BASE, PWM_GEN_0,
                PWM_GEN_MODE_DOWN | PWM_GEN_MODE_SYNC);
```

4. 设定 PWM 计数周期函数 PWMGenPeriodSet()

函数名称英文缩写详解：PWM(脉宽调制器)，Gen(PWM 发生器编号)，Period(周期)，Set(设置)。

函数原型：void PWMGenPeriodSet(unsigned long ulBase, unsigned long ulGen, unsigned long ulPeriod);

函数功能：用于设定 PWM 发生器的计数周期。

入口参数：

① ulBase 为 PWM 启始地址。取值范围：

```
PWM_BASE   //PWM 的首地址
```

② ulGen 为 PWM 发生器编号。取值范围：

```
// PWM 发生器 0 的地址编号(Gen0)
#define PWM_GEN_0       0x00000040
// PWM 发生器 1 的地址编号(Gen1)
#define PWM_GEN_1       0x00000080
// PWM 发生器 2 的地址编号(Gen2)
#define PWM_GEN_2       0x000000C0
```

③ ulPeriod 为周期值。取值范围：PWM 定时器的计时时钟数(类型为长整型)。

出口参数：无。

函数返回值：无。

例 33　设定 PWM 发生器 1 的计数周期值为 500。

代码如下：

```
//设置 PWM2 和 PWM3 两路 PWM 的共同周期为 500
PWMGenPeriodSet(PWM_BASE, PWM_GEN_1, 500);
```

5. 设定 PWM 的计数匹配值函数 PWMPulseWidthSet()

函数名称英文缩写详解：PWM(脉宽调制器)，Pulse(脉冲)，Width(宽度)，Set(设置)。

函数原型：void PWMPulseWidthSet(unsigned long ulBase, unsigned long ulPWMOut, unsigned long ulWidth)；

函数功能：用于设置脉宽调制器脉冲宽度。

入口参数：

① ulBase 为 PWM 启始地址。取值范围：

```
PWM_BASE  //PWM 的首地址
```

② ulPWMOut 为 PWM 输出引脚编号。取值范围：

```
#define PWM_OUT_0        0x00000040  //为 PWM0 输出编号
#define PWM_OUT_1        0x00000041  //为 PWM1 输出编号
#define PWM_OUT_2        0x00000082  //为 PWM2 输出编号
#define PWM_OUT_3        0x00000083  //为 PWM3 输出编号
#define PWM_OUT_4        0x000000C4  //为 PWM4 输出编号
#define PWM_OUT_5        0x000000C5  //为 PWM5 输出编号
```

③ ulWidth 为脉冲的匹配宽度。取值范围：对应输出 PWM 的高电平宽度，宽度值是 PWM 计数器的计时时钟数。

出口参数：无。

函数返回值：无。

例 34　设定 PWM1 的匹配值 3 000。

代码如下：

```
//分别设置两路 PWM 的匹配值 3 000
PWMPulseWidthSet(PWM_BASE, PWM_OUT_1, 3000);
```

6. 使能 PWM 发生器 0 函数 PWMGenEnable()

函数名称英文缩写详解：PWM(脉宽调制器)，Gen(PWM 发生器编号)，Enable(使能)。

函数原型：void PWMGenEnable(unsigned long ulBase, unsigned long ulGen)；

函数功能：用于使能 PWM 发生器。

入口参数：

① ulBase 为 PWM 启始地址。取值范围：

```
PWM_BASE  //PWM 的首地址
```

② ulGen 为 PWM 发生器编号。取值范围：

```
// PWM 发生器 0 的地址编号(Gen0)
#define PWM_GEN_0                    0x00000040
// PWM 发生器 1 的地址编号(Gen1)
#define PWM_GEN_1                    0x00000080
// PWM 发生器 2 的地址编号(Gen2)
#define PWM_GEN_2                    0x000000C0
```

出口参数：无。

函数返回值：无。

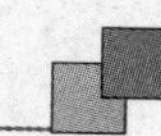

例 35　启动 PWM 发生器 1。

代码如下：

```
//使能 PWM 发生器 1
PWMGenEnable(PWM_BASE, PWM_GEN_1);
```

K7.2.3　PWM 模块编程实践

任务①　使用白炽灯观察 PWM 调制的效果。

代码编写如下：

```
//*******************************************************************
//文件名：Pwm_Main.c
//功能：Stellaris 系列单片机 PWM 脉宽调制器的应用操作
//说明：使用 PWM0 和 PWM1 输出脉宽驱动白炽灯闪烁
//-------------------------------------------------------------------
 :
void  GPio_Initi(void);
void  IndicatorLight(void);                      //芯片运行指示灯
void  Pwm0_Set();                                //启用脉宽调制器 0
void  jtagWait(void);                            //用于防止 JTAG 失效
void  Delay(int nDelaytime);                     //用于延时
#define PC4_LED   GPIO_PIN_4
#define PC6_LED   GPIO_PIN_6
//-------------------------------------------------------------------
//主函数
//-------------------------------------------------------------------
int main(void)
{
    //防止 JTAG 失效
    Delay(10);
    jtagWait();
    Delay(10);
    //设定晶振为系统时钟源
    SysCtlClockSet(SYSCTL_SYSDIV_1 | SYSCTL_USE_OSC | SYSCTL_OSC_MAIN |
                   SYSCTL_XTAL_6MHZ);
    GPio_Initi();                                //初始化 GPIO
    Pwm0_Set();                                  //启用脉宽调制器 0
    while(1)
    {
      IndicatorLight();                          //芯片运行指示灯
      Delay(40);
    }
}

//-------------------------------------------------------------------
//函数名称：Pwm0_Set
//函数功能：用于启用脉宽调制器 0
//-------------------------------------------------------------------
```

```
void  Pwm0_Set()
{
    //PWM 时钟源 1 分频
    SysCtlPWMClockSet(SYSCTL_PWMDIV_1);
    //使能 PD 口外设用于 PWM 模块
    SysCtlPeripheralEnable(SYSCTL_PERIPH_GPIOD);
    //使能 PWM 外设模块
    SysCtlPeripheralEnable(SYSCTL_PERIPH_PWM);
    //设置 PD0、PD1 为 PWM0 和 PWM1 所用
    GPIOPinTypePWM(GPIO_PORTD_BASE, GPIO_PIN_0 | GPIO_PIN_1);
    //设置 PWM 发生器 0 为先增后减计数方式,并使两路 PWM 不同步
    PWMGenConfigure(PWM_BASE, PWM_GEN_0,
                    PWM_GEN_MODE_UP_DOWN | PWM_GEN_MODE_NO_SYNC);
    //设置两路 PWM 的共同计数周期为 60 000
    PWMGenPeriodSet(PWM_BASE, PWM_GEN_0, 60000);
    //分别设置两路 PWM 的匹配值为 50 000 和 10 000
    PWMPulseWidthSet(PWM_BASE, PWM_OUT_0, 50000);        //PWM0
    PWMPulseWidthSet(PWM_BASE, PWM_OUT_1, 10000);        //PWM1
    //使能 PWM0 和 PWM1 进入工作
    PWMOutputState(PWM_BASE, PWM_OUT_0_BIT | PWM_OUT_1_BIT, true);
    //设置引脚 PD0、PD1 电流的输出强度为 8 mA
    GPIOPadConfigSet(GPIO_PORTD_BASE,
                     GPIO_PIN_0|GPIO_PIN_1, //设置 PD0、PD1 强度和类型
                     GPIO_STRENGTH_8MA,     //8 mA 的输出驱动强度
                     GPIO_PIN_TYPE_STD);    //设置为推挽引脚
    //使能 PWM 发生器 0
    PWMGenEnable(PWM_BASE, PWM_GEN_0);
}
//------------------------------------------------------------
 ⋮
//**************************************************************
```

例程所在位置见“网上资料\参考程序\课题 6_模拟比较器\ PWM_Out[用]\ *.*”。

任务② 利用 PWM 制作基于 SPWM 技术的逆变电源。

本例程实例在本书的课题 25 给出。

K7.3 外扩模块电路图与连线

任务①外扩模块白炽灯应用电路图如图 K7 - 6 所示。与 EasyARM615 开发平台的连线方法：JPD0 连接到 PD0,JPD1 连接到 PD1。

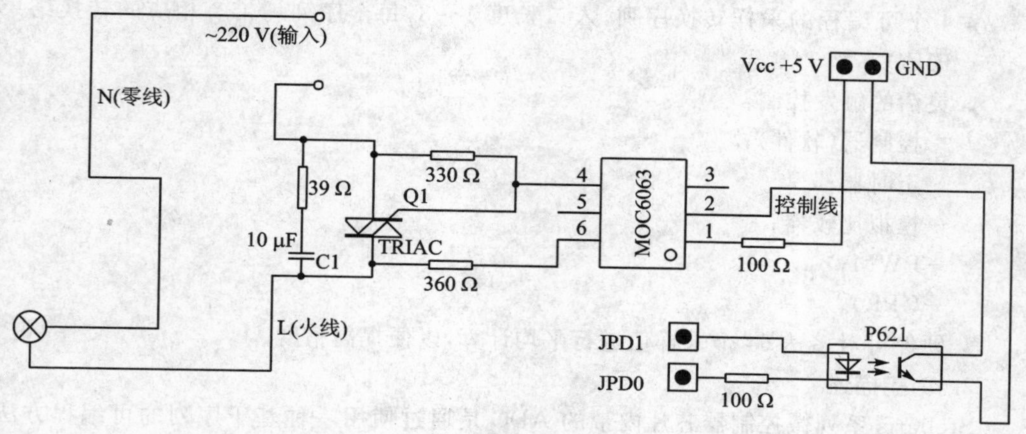

图 K7-6　外扩模块白炽灯应用电路

课题 8　模/数转换器的应用

【实验目的】

了解和掌握 LM3S300/600/800 芯片内带的模/数转换器的原理与使用方法。

【实验设备】

① 所用工具：30 W 烙铁 1 把，数字万用表 1 个；
② PC 机 1 台；
③ 开发软件 IAR Embedded Workbench5.20v 集成开发平台 1 套；
④ LM LINK JTAG 调试器 1 套，EasyARM615 开发套件 1 套。

【外扩器件】

课题所需外扩元器件请查寻图 K8-1、图 K8-2。

【LM3S615 内部资料】

1. 概　述

Stellaris 系列微控制器芯片内带的模/数转换器(ADC) 外设是用于将连续的模拟电压转换成离散的数字量。该 ADC 模块的转换分辨率为 10 位，并支持 2 个输入通道，以及一个内部温度传感器。ADC 模块含有一个可编程的序列发生器，它可在无需控制器干涉的情况下对多个模拟输入源进行采样。每个采样序列均对完全可配置的输入源、触发事件、中断的产生和序列优先级提供灵活的编程。该 ADC 提供下列的特性。

- 2 个 模拟输入通道。
- 单端和差分输入配置。
- 内部温度传感器。
- 500 000 次/秒的采样率。

➢ 4 个可编程的采样转换序列，入口长度 1～8，每个序列均带有相应的转换结果 FIFO。

➢ 灵活的触发控制：

—控制器（软件）；

—定时器；

—模拟比较器；

—PWM；

—GPIO。

➢ 硬件可对多达 64 个采样值进行平均计算，以便提高精度。

2. 功能描述

Stellaris 系列微控制器芯片内带的 ADC 是通过使用一种基于序列的可编程方法来收集采样数据，取代了传统 ADC 模块使用的单次采样或双采样的方法。每个采样序列均为一系列程序化的连续（back - to - back）采样，使得 ADC 可以从多个输入源中收集数据，而无需控制器对它进行重新配置或处理。对采样序列内的每个采样进行编程，包括对某些参数进行编程，如输入源和输入模式（差分输入或单端输入）、采样结束时的中断产生以及指示序列最后一个采样的指示符。

3. 采样序列发生器

采样控制和数据捕获由采样序列发生器进行处理。所有序列发生器的实现方法都相同，不同的只是各自可以捕获的采样数目和 FIFO 深度。

对于一个指定的采样序列，每个采样均通过 ADC 采样序列输入多路复用器选择寄存器（ADCSSMUXn）的 4 个位和 ADC 采样序列控制寄存器（ADCSSCTLn）的 4 个位（半字节）进行定义，其中 n 对应的是序列编号。该 ADCSSMUXn 的半字节用于选择输入引脚，而 ADCSSCTLn 半字节包含采样控制位，这些控制位分别与参数（例如温度传感器的选择、中断使能、序列末端和差分输入模式）对应。采样序列发生器可以通过置位 ADC 活动采样序列发生器寄存器（ADCACTSS）中相应的 ASENn 位进行使能，但也可以在使能之前进行配置。

当配置一个采样序列时，允许同一序列内的相同输入引脚有多种用法。在 ADCSSCTLn 寄存器中，任意采样组合的中断使能（IE）位均可以置位，使得必要时可在每个序列采样结束后产生中断。同样，END 位可以在采样序列的任何点（point）置位。例如，如果使用序列发生器 0，那么可以在第 5 个采样相关的半字节内将 END 位置位，使得序列发生器 0 可以在第 5 个采样后结束采样序列。

在一个采样序列执行完后，可以从 ADC 采样序列结果 FIFO 寄存器（ADCSSFIFOn）中检索结果数据。所有的 FIFO 均为简单的环形缓冲区，该缓冲区通过读取一个地址来“获取（pop）”结束数据。为了实现软件调试，FIFO 头指针和尾指针的位置以及 FULL 和 EMPTY 状态标志都可以在 ADC 采样序列 FIFO 状态寄存器（ADCSSFSTATn）中看到。上溢和下溢条件可以使用 ADCOSTAT 和 ADCUSTAT 寄存器进行监控。

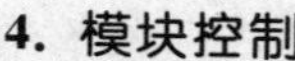

4. 模块控制

在采样序列发生器的外面，控制逻辑的剩余部分负责如中断产生、序列优先级设置和触发配置等任务。

大多数的 ADC 控制逻辑都是在 14～18 MHz 的 ADC 时钟速率下运行。当选择了系统 XTAL 时，内部的 ADC 分频器通过硬件自动配置。自动时钟分频器的配置对所有 Stellaris 系列微控制器均以 16.667 MHz 操作频率为目标。

5. 中　断

采样序列发生器虽然会对引起中断的事件进行检测，但它们不控制中断是否真正被发送到中断控制器。ADC 模块的中断信号由 ADC 中断屏蔽寄存器（ADCIM）的 MASK 位的状态来控制。中断状态可以在两个位置观察到：一个是 ADC 原始中断状态寄存器（ADCRIS），它显示的是采样序列发生器的中断信号的原始状态，另一个是 ADC 中断状态和清除寄存器（ADCISC），它显示的是 ADCRIS 寄存器的 INR 位和 ADCIM 寄存器的 MASK 位进行逻辑与所得的结果。通过向 ADCISC 对应的 IN 位写入 1 来清除中断。

6. 优先级设置

当同时出现采样事件（触发）时，ADC 采样序列发生器优先级寄存器（ADCSSPRI）的值将为这些事件设置优先级，安排它们的处理顺序。优先级值的有效范围是 0～3，其中 0 代表优先级最高，而 3 代表优先级最低。优先级相同的多个活动采样序列发生器单元不会提供一致的结果，因此软件必须确保所有活动采样序列发生器单元的优先级是唯一的。

7. 采样事件

每个采样序列发生器的采样触发在 ADC 事件多路复用器选择寄存器（ADCEMUX）中定义。外部的外设触发源随着 Stellaris 家族成员的变化而改变，但所有器件都共用“控制器”和“一直（always）”触发器。软件可通过置位 ADC 处理器采样序列启动寄存器（ADCPSSI）的 CH 位来启动采样。

在使用“一直”触发器时必须非常小心。如果一个序列的优先级太高，那么可能会忽略（starve）其他低优先级序列。

8. 硬件采样平均电路

使用硬件平均电路可产生具有更高精度的结果，然而结果的改善是以吞吐量的减小为代价的。硬件平均电路可累积高达 64 个采样值并进行平均，从而在序列发生器 FIFO 中形成一个数据入口。吞吐量根据平均计算中的采样数而相应减小。例如，如果将平均电路配置为对 16 个采样值进行平均，则吞吐量也减小了 16 个因子（factor）。

平均电路默认是关闭的，因此，转换器的所有数据直接传送到序列发生器 FIFO 中。进行平均计算的硬件由 ADC 采样平均控制寄存器（ADCSAC）进行控制。ADC 中只有一个平均电路，所有输入通道（不管是单端输入还是差分输入）都接收相同数量的平均值。

9. 模/数转换器

转换器本身会为所选模拟输入产生 10 位输出值。通过某些特定的模拟端口，输入的失真可以降到最低。

10. 测试模式

ADC 模块的测试模式是用户可用的测试模式，它允许在 ADC 模块的数字部分内执行回送操作。这在调试软件中非常有用，无需提供真实的模拟激励信号。该模式可用于 ADC 测试模式回送寄存器(ADCTMLB)。

11. 内部温度传感器

内部温度传感器提供了模拟温度读取操作和参考电压。输出终端 SENSO 的电压通过以下等式计算得到：

$$SENSO = 2.7 - (T + 55) / 75$$

12. 初始化和配置

为了使用 ADC 模块，必须使能 PLL，同时使用所支持的晶振频率。使用不支持的频率可能会导致 ADC 模块的操作发生错误。

13. 模块初始化

ADC 模块的初始化过程很简单，只需几个步骤。主要的步骤包括使能 ADC 时钟和重新配置采样序列发生器的优先级(如有必要)。

ADC 初始化的顺序如下：

① 通过写 0x00010000 的值到 RCGC1 寄存器来使能 ADC 时钟。

② 如果应用要求，那么在 ADCSSPRI 寄存器中重新配置采样序列发生器的优先级。默认配置是采样序列发生器 0 优先级最高，采样序列发生器 3 优先级最低。

14. 采样序列发生器的配置

采样序列发生器的配置要稍微比模块初始化的过程复杂，因为每个采样序列是完全可编程的。

每个采样序列发生器的配置如下：

① 确保采样序列发生器被禁止，这可以通过写 0 到 ADCACTSS 寄存器中对应的 ASEN 位来实现。采样序列发生器无需使能就可编程。如果在配置过程中发生触发事件，那么在编程期间禁止序列发生器就可以预防错误的执行操作。

② 在 ADCEMUX 寄存器中为采样序列发生器配置触发事件。

③ 在 ADCSSMUXn 寄存器中为采样序列的每个采样配置相应的输入源。

④ 在 ADCSSCTLn 寄存器中为采样序列的每个采样配置采样控制位。当对最后半字节进行编程时，确保 END 位已置位。END 位置位失败会导致不可预测的行为。

⑤ 如果要使用中断，那么必须写 1 到 ADCIM 寄存器中相应的 MASK 位。

⑥ 通过写 1 到 ADCACTSS 寄存器中相应的 ASEN 位来使能采样序列发生器逻辑。

使用的信号输入引脚为 ADC0 和 ADC1。

有关 Stellaris 系列微控制器模/数转换器更加详尽的资料请查阅“网上资料\器件

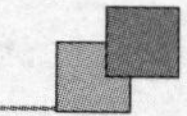

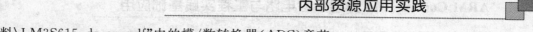

资料\LM3S615_ds_cn.pdf”中的模/数转换器(ADC)章节。

【实例编程】

K8.1 操作实例任务

① 实现对 3.3～0 V 的电压值的读取。

② 实现读出空气质量传感器数据(烟雾传感器的简单实现)。

K8.2 操作任务实例编程

K8.2.1 ADC 模块的编程步骤

第一步 设置系统时钟为 PLL 时钟的 8 分频(即系统时钟为 25 MHz)。

第二步 使能 ADC 模块的时钟。

第三步 设置 ADC 模块使用 125 KS/s 采样频率。

第四步 禁止所有采样序列。

第五步 启用采样序列 0 允许处理器触发。

第六步 设置采样序列 0 的第 0 步使用 ADC0 引脚输入信号。

第七步 使能采样序列 0。

第八步 启用处理器触发采样序列 0。

第九步 等待 FIFO 0 为非空(即等待数据转换结束)。

第十步 读出 10 位转换后的数据结果。

第十一步 将读出的数据换算成真实电压值,单位为 mV。

K8.2.2 使用的 API 函数说明

1. 采样频率设置函数 SysCtlADCSpeedSet()

函数名称英文缩写详解:Sys(系统),Ctl(控制),ADC(模/数转换),Speed(速率),Set(设置)。

函数原型:void SysCtlADCSpeedSet(unsigned long ulSpeed);

函数功能:用于设置系统模/数转换采样率。

入口参数:ulSpeed 为模/数转换中的采样率。取值范围:

```
#define SYSCTL_ADCSPEED_1MSPS    0x00000300   //采样率为 1 MS/s
#define SYSCTL_ADCSPEED_500KSPS 0x00000200   //采样率为 500 KS/s
#define SYSCTL_ADCSPEED_250KSPS 0x00000100   //采样率为 250 KS/s
#define SYSCTL_ADCSPEED_125KSPS 0x00000000   //采样率为 125 KS/s
```

出口参数:无。

函数返回值:无。

例 36 设 ADC 模块的采样率为 500 KS/s。

代码如下:

```
// 500 KS/s 采样率
SysCtlADCSpeedSet(SYSCTL_ADCSPEED_500KSPS);
```

2. 禁止采样序列函数 ADCSequenceDisable( )

函数名称英文缩写详解：ADC(模/数转换)、Sequence(序列)、Disable(禁止)。

函数原型：void ADCSequenceDisable(unsigned long ulBase,
unsigned long ulSequenceNum)；

函数功能：用于禁止采样序列。

入口参数：

① ulBase ADC 为模块首地址。取值范围：ADC_BASE。

② ulSequenceNum 为采样序列编号。取值范围：0～3，LM3S615 芯片中有 4 个采样序列。

出口参数：无。

函数返回值：无。

例 37　禁止采样序列 0。

代码如下：

```
//禁止采样序列 0
ADCSequenceDisable(ADC_BASE, 0);
```

3. 使能采样序列函数 ADCSequence Enable ( )

函数名称英文缩写详解：ADC(模/数转换)、Sequence(序列)、Enable(使能)。

函数原型：void ADCSequence Enable (unsigned long ulBase,
unsigned long ulSequenceNum)；

函数功能：用于启用采样序列。

入口参数：

① ulBase 为 ADC 模块首地址。取值范围：ADC_BASE。

② ulSequenceNum 为采样序列编号。取值范围：0～3，LM3S615 芯片中有 4 个采样序列。

出口参数：无。

函数返回值：无。

例 38　启用采样序列 0。

代码如下：

```
//使能采样序列 0
ADCSequence Enable (ADC_BASE, 0);
```

4. 采样序列触发源和优先级配置函数 ADCSequenceConfigure( )

函数名称英文缩写详解：ADC(模/数转换)，Sequence(序列)，Configure(配置)。

函数原型：void ADCSequenceConfigure(unsigned long ulBase，unsigned long
ulSequenceNum，unsigned long
ulTrigger, unsigned long ulPriority)；

函数功能：用于配置采样序列触发源和优先级。

入口参数：

① ulBase 为 ADC 模块首地址。取值范围：ADC_BASE

② ulSequenceNum 为采样序列编号。取值范围：0～3，LM3S615 芯片中有 4 个采样序列。

③ ulTrigger 为启动采样序列的触发源。取值范围：

```
//处理器通过 ADCProcessorTrigger()函数产生一个触发
#define ADC_TRIGGER_PROCESSOR      0x00000000
//用第一个模拟比较器产生触发
#define ADC_TRIGGER_COMP0          0x00000001
//用第二个模拟比较器产生触发
#define ADC_TRIGGER_COMP1          0x00000002
//用第三个模拟比较器产生触发
#define ADC_TRIGGER_COMP2          0x00000003
//由 GPIO 端口 B4 引脚的一个输入信号产生触发
#define ADC_TRIGGER_EXTERNAL       0x00000004
//由定时器产生一个触发
#define ADC_TRIGGER_TIMER          0x00000005
//由第一个 PWM 发生器产生一个触发
#define ADC_TRIGGER_PWM0           0x00000006
//由第二个 PWM 发生器产生一个触发
#define ADC_TRIGGER_PWM1           0x00000007
//由第三个 PWM 发生器产生一个触发
#define ADC_TRIGGER_PWM2           0x00000008
//触发一直有效，使采样序列重复捕获(只要没有更高优先级的触发源有效)
#define ADC_TRIGGER_ALWAYS         0x0000000F  // Always event
```

说明：不是所有的 Stellaris 系列芯片都可以使用上述全部的触发源，使用时请查询相关器件的数据手册来确定它们的可用触发源。

④ ulPriority 采样序列的优先级设置。

取值范围：0～3。0 代表最高的优先级，3 代表最低的优先级。

说明：在对一系列采样序列的优先级进行编程时，每个采样序列的优先级必须是唯一的，这由调用者来确保优先级的唯一性。

出口参数：无。

函数返回值：无。

例 39　设置采样序列 0 的触发源和优先级。

代码如下：

```
//设采样序列 0 使用处理器触发并采用最高优先级工作
ADCSequenceConfigure(ADC_BASE, 0, ADC_TRIGGER_PROCESSOR, 0);
```

5. 采样序列发生器的步进配置函数 ADCSequenceStepConfigure()

函数名称英文缩写详解：ADC(模/数转换)，Sequence(序列)，Step(步进)，Configure(配置)。

函数原型：void ADCSequenceStepConfigure(unsigned long ulBase，unsigned long

ulSequenceNum，unsigned long
ulStep，unsigned long ulConfig)；

函数功能：用于配置采样序列发生器的步进。

入口参数：

① ulBase 为 ADC 模块首地址。取值范围：ADC_BASE。

② ulSequenceNum 为采样序列编号。取值范围：0～3，LM3S615 芯片中有 4 个采样序列。

③ ulStep 采样序列发生器的步进。取值范围：参数决定触发产生时 ADC 捕获序列的次序。对于第一个采样序列，其值可以是 0～7；对于第二和第三个采样序列，其值为 0～3；对于第四个采样序列，其值只能取 0。

④ ulConfig 为配置的步进值。取值范围：

```
//选择内部温度传感器
#define ADC_CTL_TS                    0x00000080
//配置为完成步进后产生一个中断
#define ADC_CTL_IE                    0x00000040
//将步进定义到序列的末尾
#define ADC_CTL_END                   0x00000020
//选择差分操作
#define ADC_CTL_D                     0x00000010
//选择被采样的通道 0 的值
#define ADC_CTL_CH0                   0x00000000
//选择被采样的通道 1 的值
#define ADC_CTL_CH1                   0x00000001
//选择被采样的通道 2 的值
#define ADC_CTL_CH2                   0x00000002
//选择被采样的通道 3 的值
#define ADC_CTL_CH3                   0x00000003
//选择被采样的通道 4 的值
#define ADC_CTL_CH4                   0x00000004
//选择被采样的通道 5 的值
#define ADC_CTL_CH5                   0x00000005
//选择被采样的通道 6 的值
#define ADC_CTL_CH6                   0x00000006
//选择被采样的通道 7 的值
#define ADC_CTL_CH7                   0x00000007
```

出口参数：无。

函数返回值：无。

例 40　设采样序列 0 的步进选择被采样的通道 0 的值，并将步进定义到序列的末尾。

代码如下：

```
//采样序列 0 的第 0 步使用 ADC0(采样通道 0)，完成第 0 步后结束
ADCSequenceStepConfigure(ADC_BASE, 0, 0, ADC_CTL_CH0 | ADC_CTL_END);
```

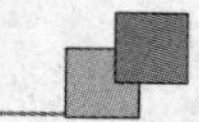

6. 启用处理器触发的函数 ADCProcessorTrigger()

函数名称英文缩写详解：ADC（模/数转换），Processor（处理器），Trigger（触发器）。

函数原型：void ADCProcessorTrigger(unsigned long ulBase,unsigned long ulSequenceNum)；

函数功能：用于启用处理器触发。

入口参数：

① ulBase 为 ADC 模块首地址。取值范围：ADC_BASE。

② ulSequenceNum 为采样序列编号。取值范围：0～3，LM3S615 芯片中有 4 个采样序列。

出口参数：无。

函数返回值：无。

例 41　启用处理器触发

代码如下：

```
//使用处理器触发采样序列 0
ADCProcessorTrigger(ADC_BASE, 0);
```

7. 读取转换后的数据函数 ADCSequenceDataGet()

函数名称英文缩写详解：ADC（模/数转换），Sequence（序列），Data（数据），Get（获取）。

函数原型：long ADCSequenceDataGet(unsigned long ulBase,
unsigned long ulSequenceNum,
unsigned long *pulBuffer)；

函数功能：用于获取采样序列数据。

入口参数：

① ulBase 为 ADC 模块首地址。取值范围：ADC_BASE。

② ulSequenceNum 为采样序列编号。取值范围：0～3，LM3S615 芯片中有 4 个采样序列。

③ pulBuffer 为获取数据的缓冲区，使用时请申请一个长整型的指针变量。

出口参数：pulBuffer 为获取的数据。

函数返回值：返回一个读取的采样数据。

例 42　读取采样序列 0 的数据。

代码如下：

```
//读出采样序列 0 中的 10 位转换结果数据
ADCSequenceDataGet(ADC_BASE, 0, &ulData);
```

K8.2.3　ADC 模块编程实践

任务①　实现对 3.3～0 V 的电压值的读取。

代码编写如下：

```
//*************************************************************
//文件名：ADC0_Main.c
//功能：ADC0模/数转换
//说明：实验平台使用的引脚是PE5对应ADC0,PE4对应ADC1
//------------------------------------------------------------
⋮
#include "Lm3sxxxUart0SR.h"
void  GPio_Initi(void);
void  IndicatorLight(void);                         //芯片运行指示灯
void  uLongDataSend(unsigned long ulData);
void  jtagWait(void);                               //用于防止JTAG失效
void Delay(int nDelaytime);                         //用于延时
#define PC4_LED  GPIO_PIN_4
#define PC6_LED  GPIO_PIN_6
//------------------------------------------------------------
//主函数
//------------------------------------------------------------
int main(void)
{
    unsigned long ulData = 0;
    //防止JTAG失效
    Delay(10);
    jtagWait();
    Delay(10);
    GPio_Initi();                                   //初始化GPIO
    PLLSet();  //设置系统时钟为PLL时钟的8分频,即系统时钟为25 MHz
    SysCtlPeripheralEnable(SYSCTL_PERIPH_ADC);      //使能ADC模块的时钟
    SysCtlADCSpeedSet(SYSCTL_ADCSPEED_125KSPS);     //125 KS/s采样率
    ADCSequenceDisable(ADC_BASE, 0);                //禁止所有采样序列
    //使采样序列0为处理器触发
    ADCSequenceConfigure(ADC_BASE, 0, ADC_TRIGGER_PROCESSOR, 0);
    //采样序列0的第0步使用ADC0(采样序列0),完成第0步后结束
    ADCSequenceStepConfigure(ADC_BASE, 0, 0, ADC_CTL_CH0 | ADC_CTL_END);
    ADCSequenceEnable(ADC_BASE, 0);                 //使能采样序列0
    while(1)
    {
        PLLSet();
        //使用处理器触发采样序列0
        ADCProcessorTrigger(ADC_BASE, 0);
        //等待FIFO 0为非空,即等待转换结束
        while( (HWREG(ADC_BASE + ADC_O_X_SSFSTAT) & 0x00000100) );
        //读出10位转换结果
        ADCSequenceDataGet(ADC_BASE, 0, &ulData);
        //换算成真实电压值,单位mV
         ulData = (ulData * 1090 * 3) /1024;
        Delay(20);
        LM3Sxxx_UART0_Initi(9600);
```

```
        uLongDataSend(ulData);                              //发向串行接口
        IndicatorLight();                                   //程序运行指示灯
        Delay(20);
    }
}
//-------------------------------------------------------------------------
//函数名称：uLongDataSend
//函数功能：将长整型数转换成 ASCII 码发送到 UART 串行接口
//输入参数：ulData 为待转换的数据
//输出参数：无
//-------------------------------------------------------------------------
void  uLongDataSend(unsigned long ulData)
{
  unsigned int i = 0;
  unsigned long ulData1;
  unsigned char chChar[10];
  chChar[5]  = (ulData % 10);
  ulData1    = ulData/10;
  chChar[4]  = (ulData1 % 10);
  ulData1    = ulData1/10;
  chChar[3]  = (ulData1 % 10);
  ulData1    = ulData1/10;
  chChar[2]  = (ulData1 % 10);
  ulData1    = ulData1/10;
  chChar[1]  = (ulData1 % 10);
  ulData1    = ulData1/10;
  chChar[0]  = (ulData1 % 10);
 // ulData1  = ulData1/10;
  UART0Send(" ",1);
  Delay(3);
  for(i = 0;i<6;i++)
  {
   chChar[i]//使其变为 ASCII 码
   UART0Send(&chChar[i],1);
   Delay(3);
  }
  UART0Send("mV ",3);
}
//-------------------------------------------------------------------------
⋮
//*************************************************************************
```

例程所在位置见“网上资料\参考程序\课题 8_ADC\ ADC_Lian1\ *. *”。

任务②　实现读出空气质量传感器数据(烟雾传感器的简单实现)。

限于篇幅本题留给读者做家庭作业。详细的工程用电路图见图 K8－2 所示。

K8.3　外扩模块电路图与连线

任务①可调电压电路图如图 K8－1 所示，与 EasyARM615 开发平台的连线：将

JDD1 连接到 PE5(ADC0)通道。

任务②TGS2602 烟雾传感器电路如图 K8-2 所示。与 EasyARM615 开发平台的连线:将 JDD2 连接到 PE5(ADC0)通道。

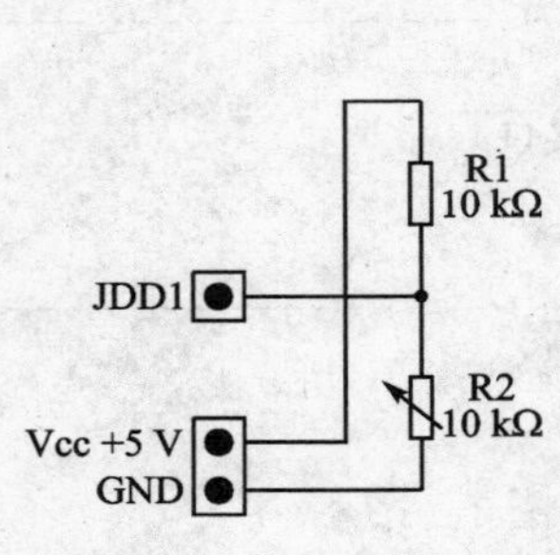

图 K8-1 可调电压电路

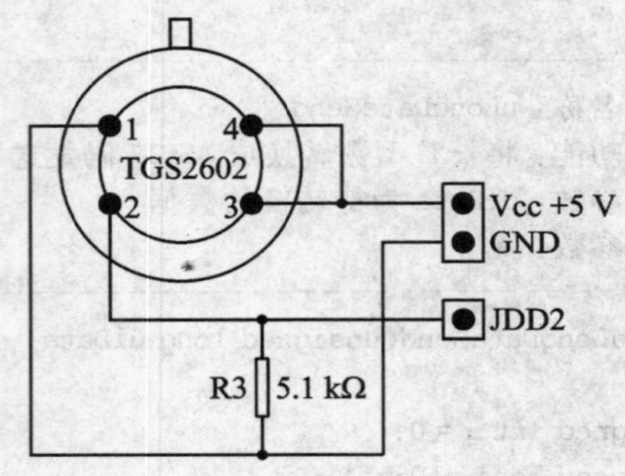

图 K8-2 TGS2602 烟雾传感器电路

作业:

实现读出空气质量传感器数据(烟雾传感器的简单实现)。

编后语: LM3Sxxxx 系列芯片带有模/数转换器,这为模拟信号转换为数字信号带来了方便,使用时请记住这一点。

第 3 章

外围接口电路在 ARM Cortex - M3 内核微控制器 LM3S101 /LM3S615 系统中的应用

GPIO 扩展芯片类

课题 9　74HC595 芯片级联在 LM3S101 微控制器系统中的应用

【实验目的】

了解和掌握 74HC595 芯片级联在 LM3S101 微控制器系统中的应用原理与方法。

【实验设备】

① 所用工具：30 W 烙铁 1 把，数字万用表 1 个；

② PC 机 1 台；

③ 开发软件 IAR Embedded Workbench5.20v 集成开发平台 1 套；

④ LM LINK JTAG 调试器 1 套，EasyARM615 开发套件 1 套。

【外扩器件】

课题所需外扩元器件请查寻图 K9 - 2 和图 K9 - 3。

【工程任务】

① 使用 4 块 74HC595 芯片级联后实现花样变换灯的制作。

② 利用 4 块 74HC595 芯片级联实现单个汉字的显示效果。

【所需外围器件资料】

1. 74HC595 芯片资料说明

74HC595 的详细资料在《ARM Cortex - M3 内核微控制器快速入门与应用》一书的课题 12 中已介绍，本书不再重述。

2. 74HC595 芯片级联方式

74HC595 芯片的级联方法，主要是通过将前一块 74HC595 芯片的 Q7′引脚连到后一块 74HC595 芯片的 SDA(14)引脚，并以此类推继续连接下去直到 *N* 块。而其 RCK 和 CLK 引脚各用一根导线将各芯片串联起来。具体串联电路如图 K9－1 所示。

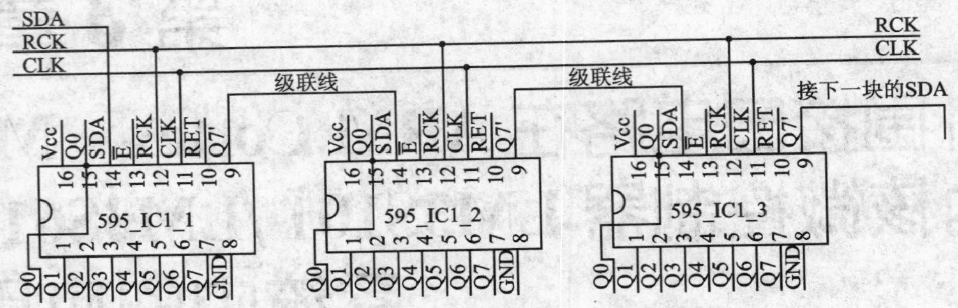

图 K9－1 74HC595 级联电路图

3. 编程方法

74HC595 级联芯片组的数据识别顺序是，首先发出的数据是最后一块芯片优先得到，然后依次是倒数第二块、倒数第三块……。以图 K9－1 为例，首先得到数据是 595_IC1_3 芯片，而后是 595_IC1_2 芯片，最后是 595_IC1_1 芯片。程序在给级联芯片组发送数据时必须按这个规律进行。

【扩展模块电路与制作】

1. 扩展模块电路图

工程任务①使用的级联扩展模块电路图如图 K9－2 所示。

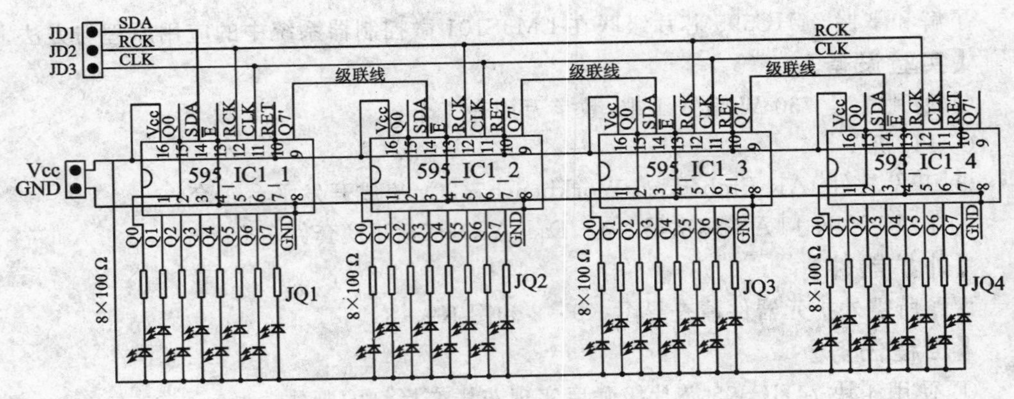

图 K9－2 74HC595 花样灯级联扩展模块电路图

工程任务②使用的 74HC595 驱动汉字点阵模块显示电路图如图 K9－3 所示。

2. 扩展模块与 EasyARM101 开发平台连线

① 图 K9－2 与 EasyARM101 开发平台的连线是，JD1(SDA、MOSI)连接到 PA5，JD2(RCK、CS)连接到 PA3，JD3(CLK)连接到 PA2。

② 图 K9－3 与 EasyARM101 开发平台的连线，方法同图 K9－2。

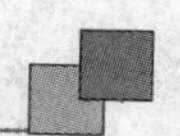

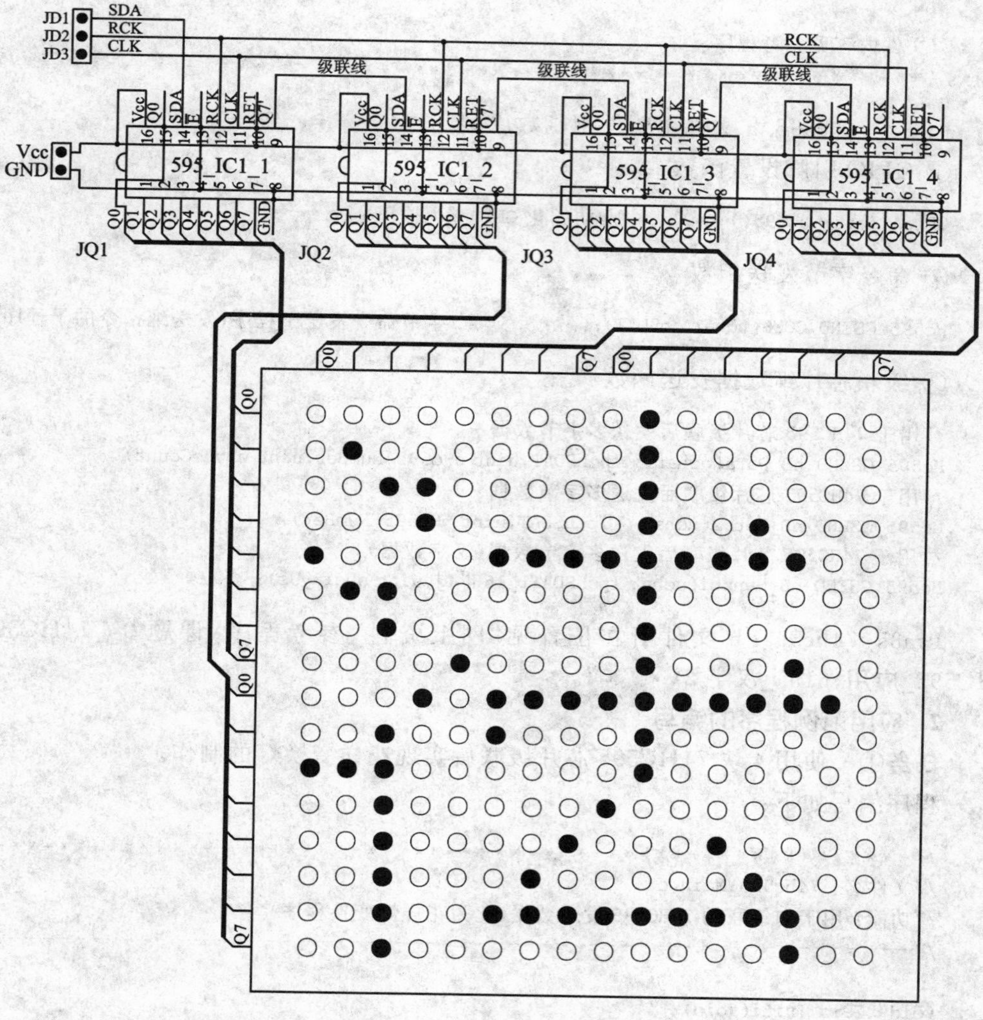

图 K9 - 3 74HC595 驱动汉字点阵模块显示电路

3. 模块制作

扩展模块制作成实验板时按图 K9 - 2 和图 K9 - 3 进行。制作时请留出接线柱。

【程序设计】

1. 扩展器件驱动程序的编写(创建器件驱动程序 Lm3s_74hc595.h 文件)

```
//*************************************************************************
//文件名：Lm3s_74hc595.h
//功能：用于向 74HC595 模块发送数据
//说明：芯片级联时请按级联的个数进行
//        与开发平台的连线：JD1(SDA、MOSI)连接到 PA5，JD2(RCK、CS)连接到 PA3，
//        JD3(CLK)连接到 PA2
//注：74HC595 的控制接口 PA3、PA5、PA2 在实际应用时可以选择其他引脚
//-------------------------------------------------------------------------
```

```
⋮
//文件内容见参考程序
//*********************************************************************
```

Lm3s_74hc595.h 文件主要外用函数原型：

① GPIO 引脚设置函数

```
GPioA_Initi_hc595();          //初始化 GPIO A 为输出
```

② 命令字节发送函数

```
Hc595_GSEND_COM8(uchar chSDAT);          //字节命令发送子程序(发送纯指令的子程序)
```

③ 级联芯片组数据发送函数

```
//用于 74HC595 芯片级联后发送多字节数据
Hc595_GSEND_nB_Data(uchar * lpchSDAT,uint nHc595_NumBer,uint nByteCount)
//用于 74HC595 芯片级联后发送多字节数据
Hc595_GSEND_nB_Data2(uchar * lpchSDAT,uint nHc595_NumBer);
//用于 74HC595 芯片级联后发送多字节数据(汉字数据)
Hc595_GSEND_nB_Hanzhi(uchar lpchSDAT1[16][4],uint nDelayUs);
```

Lm3s_74hc595.h 文件所在位置见"网上资料\参考程序\课题 9 _74HC595\HC595_应用(615)_汉字 2*.*"。

2. 应用范例程序的编写

任务① 使用 4 块 74HC595 芯片级联后实现花样变换灯的制作。

程序编写如下：

```
//*********************************************************************
//文件名：74hc595_Main.c
//功能：用于向级联的 74HC595 发送数据(此为花样灯变换程序)
//-------------------------------------------------------------------
⋮
void  GPio_Initi(void);
void  IndicatorLight_PC4(void);          //芯片运行指示灯
void  IndicatorLight_PC5(void);
void  Delay(int nDelaytime);             //用于延时
void  jtagWait();                        //防止 JTAG 失效
#define PC4_LED  GPIO_PIN_4
#define PC5_LED  GPIO_PIN_5
//花样数据编排,要求按 74HC595 级联的顺序排列
unsigned char chHuayang[8][4] =
{0xfe,0xfe,0xfe,0xfe,0xfd,0xfd,0xfd,0xfd,0xfb,0xfb,0xfb,0xfb,0xf7,0xf7,0xf7,0xf7,
 0xef,0xef,0xef,0xef,0xdf,0xdf,0xdf,0xdf,0xbf,0xbf,0xbf,0xbf,0x7f,0x7f,0x7f,0x7f};
unsigned int nJsq1 = 0;
#include "Lm3s_74hc595.h"
//-------------------------------------------------------------------
//主函数
//-------------------------------------------------------------------
```

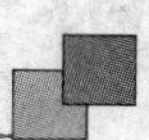

```
int main(void)
{
//防止 JTAG 失效
Delay(10);
jtagWait();
Delay(10);
//设定系统晶振为时钟源
SysCtlClockSet( SYSCTL_SYSDIV_1 | SYSCTL_USE_OSC |
                SYSCTL_OSC_MAIN | SYSCTL_XTAL_6MHZ );
GPio_Initi();                                               //初始化 GPIO
GPioA_Initi_hc595();                                        //初始化 GPIO A 为输出
while(1)
    {
        Hc595_GSEND_nB_Data2(chHuayang[nJsq1],4);           //芯片级联数 4 片
        nJsq1 ++ ;
        if(nJsq1>7)nJsq1 = 0;
        IndicatorLight_PC4();                               //程序运行指示灯
        Delay(20);
    }
}
//---------------------------------------------------------------------
⋮
//*********************************************************************
```

工程所在位置见“网上资料\参考程序\课题 9 _74HC595\HC595_应用(615)_花样*.*”。

任务②　利用 4 块 74HC595 芯片级联实现单个汉字的显示效果。

程序编写如下：

```
//*********************************************************************
//文件名：74hc595_Main.c
//功能：用于向级联的 74HC595 发送数据(此为汉字显示程序)
//说明：本例设计使用定时器 0 扫描汉字字模
//---------------------------------------------------------------------
⋮
#include "Time_time.h"
void  GPio_Initi(void);
void  IndicatorLight_PC4(void);                     //芯片运行指示灯
void  IndicatorLight_PC5(void);                     //芯片运行指示灯
void Delay(int nDelaytime);                         //用于延时
void jtagWait();                                    //防止 JTAG 失效
#define PC4_LED   GPIO_PIN_4
#define PC5_LED   GPIO_PIN_5
//汉字字模与扫描码的编排(因为本例设计是使用 4 片 74HC595 芯片级联,并使前两片芯
//片即 JQ1、JQ2 用于发送纵向扫描码,JQ3 和 JQ4 用于发送行数据,所以编码时应先编写纵
//向扫描码,然后再编写横向的汉字字模码)
unsigned char chHuayang[16][4] =
{0xFE,0xFF,0x00,0x40,0xFD,0xFF,0x40,0x40,0xFB,0xFF,0x30,0x40,0xF7,0xFF,0x10,0x48,
```

```
 0xEF,0xFF,0x87,0xFC,0xDF,0xFF,0x60,0x40,0xBF,0xFF,0x20,0x40,0x7F,0xFF,0x08,0x44,
 0xFF,0xFE,0x17,0xFE,0xFF,0xFD,0x20,0x40,0xFF,0xFB,0xE0,0x40,0xFF,0xF7,0x20,0x80,
 0xFF,0xEF,0x21,0x10,0xFF,0xDF,0x22,0x08,0xFF,0xBF,0x27,0xfc,0xFF,0x7F,0x20,0x04};
unsigned int nJsq1 = 0;
#include "Lm3s_74hc595.h"
//-------------------------------------------------------------------------
//函数名称：Time0Execute()
//函数功能：定时器 0 的中断执行函数,用于对汉字显示进行定时扫描
//-------------------------------------------------------------------------
void  Time0Execute()
{
    //10×100 μs = 1 ms  即汉字的纵上扫描需要 16 ms
    Hc595_GSEND_nB_Hanzhi(chHuayang,10);
    IndicatorLight_PC5();                                   //指示灯
}
//-------------------------------------------------------------------------
//主函数
//-------------------------------------------------------------------------
int main(void)
{
     //防止 JTAG 失效
     Delay(10);
     jtagWait();
     Delay(10);
     //设定系统晶振为时钟源
     SysCtlClockSet( SYSCTL_SYSDIV_1 | SYSCTL_USE_OSC |
                     SYSCTL_OSC_MAIN | SYSCTL_XTAL_6MHZ );
     GPio_Initi();                                          //初始化 GPIO
     GPioA_Initi_hc595();                                   //初始化 GPIO A 为输出
     //启动定时器 0 用于驱动汉字显示,扫描的间隔时间为 1×16 ms
     SetTime0timeMS(16);
     while(1)
     {
        IndicatorLight_PC4();                               //程序运行指示灯
        Delay(5);
     }
}
 ⋮
//*************************************************************************
```

工程所在位置见“网上资料\参考程序\课题 9 _74HC595\ HC595_应用(615)_汉字 2\ *. * ”。

编后语：74HC595 芯片在 LED 点阵屏中的应用非常广泛。对于花样控制灯的应用也比较多,设计时可以选择这一类的芯片。

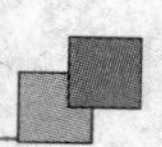

课题 10　串行扩并口 CAT9554A (8 口)/CAT9555(16 口)芯片在 LM3S101 微控制器系统中的应用

【实验目的】

了解和掌握 CAT9554A (8 口)/CAT9555(16 口)芯片在 LM3S101 微控制器系统中扩展 GPIO 口的原理与使用方法。

【实验设备】

① 所用工具：30 W 烙铁 1 把，数字万用表 1 个；

② PC 机 1 台；

③ 开发软件 IAR Embedded Workbench5.20v 集成开发平台 1 套；

④ LM LINK JTAG 调试器 1 套，EasyARM615 开发套件 1 套。

【外扩器件】

课题所需外扩元器件请查寻图 K10 - 3～图 K10 - 7。

【工程任务】

① 用 PCA9554 扩展并口后驱动 8 位指示灯实现花样灯功能。

② 用 PCA9554 扩展并口后获取 8 个按键的输入值，并通过 UART 串行将按键信号发向 PC 机。

③ 用 PCA9554 扩展并口后驱动 TC1602 液晶显示器实现数据显示。

④ 用 PCA9555 扩展 16 位并口后实现 16 位按键功能，并使用任务③显示 16 个按键值。

【所需外围器件资料】

K10.1　CAT9554

K10.1.1　概　述

CAT9554 是一款基于 CMOS 工艺的总线扩展芯片，可以将 I^2C 和 SMBus 扩展成 8 位并行 I/O 口。当应用中需要额外的 I/O 口来连接传感器、电源开关、LED、按钮和风扇等器件时候，可使用此类 I/O 扩展芯片实现简单的解决方案。

CAT9554 包含 1 个输入寄存器、1 个输出寄存器、1 个配置寄存器、1 个极性反转寄存器和 1 路兼容 I^2C/SMBus 的串行接口。

8 个 I/O 口的输入或输出状态可任意配置，系统主控制器可以通过操作极性反转寄存器来对 CAT9554 的输入数据取反。

CAT9554 的特性是低电平有效中断输出，该中断可以用来向系统主控制器指明输入端口状态的改变。

当应用中用到 CAT9554/CAT9554A 芯片的时候，最多允许 8 个器件共用一个总线。CAT9554A 与 CAT9554 的区别在于固定 I^2C 从机地址的不同，这样最多允许 16

个器件(CAT9554A 与 CAT9554 各 8 个)连接到同一个 I²C 总线上。

解惑：CAT9554 是一块串行(I²C)转并行输出，并行输入转串行(I²C)的串扩并芯片，其内部由 4 个寄存器组成，配置寄存器负责输入/输出选择，输入寄存器负责存储并行输入信号，输出寄存器负责解释主控器发来的信号(即由串行转换并输出的数据信号)，极性反转寄存器将高电平变为低电平。在输入时，当任何一个引脚状态发生变化时，其内部会产生一个中断信号。在硬件连接上，CAT9554 有 3 个硬件引脚(即 A0、A1、A2)供定义，3 个引脚有 8 种变化，所以此芯片在同一 I²C 总线上只能挂接 8 个同样的芯片。

K10.1.2 引脚配置

1. 引脚分布

CAT9554 引脚分布如图 K10－1 所示。

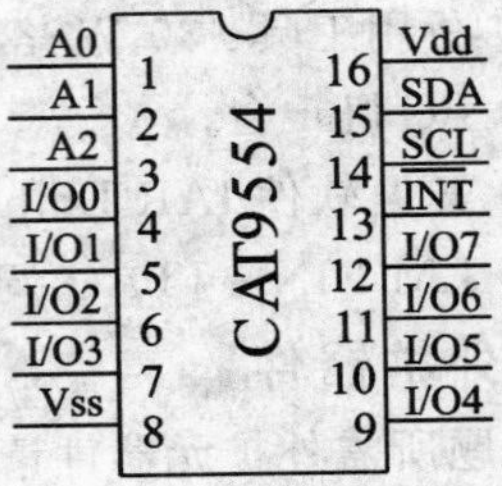

2. 引脚功能

CAT9554 各引脚功能描述如表 K10－1 所列。

图 K10－1 CAT9554 引脚分布

K10.1.3 特 性

- 兼容 400 kHz I²C 总线；
- 工作电源电压为 2.3～5.5 V；
- 低待机电流；
- I/O 口可承受 5 V 电压；
- 8 个 I/O 口，上电时默认为 8 个输入口；
- 高驱动能力；
- I/O 口可分别配置；
- 极性反转寄存器；
- 低电平有效中断输出；
- 内部上电复位；
- 上电时无干扰脉冲信号；
- SCL/SDA 输入的噪声滤波器；
- 最多扩展 8 个器件；
- 工业级温度范围。

表 K10－1 CAT9554 引脚功能描述表

引脚号	符 号	功 能	引脚号	符 号	功 能
1	A0	地址输入 0	9～12	I/O4～I/O7	I/O4 到 I/O7
2	A1	地址输入 1	13	INT	中断输出(开漏)
3	A2	地址输入 2	14	SCL	串行时钟线
4～7	I/O0～I/O3	I/O0 到 I/O3	15	SDA	串行数据线
8	Vss	地	16	Vdd	电源

K10.1.4 CAT9554 寄存器

1. CAT9554 寄存器功能

CAT9554 的寄存器功能如表 K10-2 所列。

表 K10-2 CAT9554 寄存器功能表

内部寄存器	功 能
00H	并行数据输入存储器，用于读出输入的数据
01H	并行数据输出存储器，用于写入要输出的数据
02H	极性反转存储器，用于输入时取反输入的数据位
03H	输入/输出选择寄存器，用于设定并行口的方向

2. CAT9554 寄存器功能详解

(1) 寄存器 00H——输入端口寄存器

其位分配如表 K10-3 所列。

表 K10-3 各位分配表(地址：00H)

位	I7	I6	I5	I4	I3	I2	I1	I0
默认值	1	1	1	1	1	1	1	1

该寄存器是一个只读端口。无论寄存器 03H 将端口定义成输入还是输出，它只反映引脚的输入逻辑电平。对此寄存器的写操作无效。

(2) 寄存器 01H——输出寄存器

其位分配如表 K10-4 所列。

表 K10-4 各位分配表(地址：01H)

位	O7	O6	O5	O4	O3	O2	O1	O0
默认值	1	1	1	1	1	1	1	1

该寄存器是一个只能做输出的寄存器。它反映了由寄存器 03H 定义的引脚的输出逻辑电平。当引脚定义为输入时，该寄存器中的位值无效。从该寄存器读出的值表示的是触发器控制的输出选择，而非真正的引脚电平。

(3) 寄存器 02H——极性反转寄存器

其位分配如表 K10-5 所列。

表 K10-5 各位分配表(地址：02H)

位	N7	N6	N5	N4	N3	N2	N1	N0
默认值	0	0	0	0	0	0	0	0

用户可利用此寄存器对输入端口寄存器的内容取反。若该寄存器某一位被置位(写入 1)，则相应输入端口数据的极性取反；若寄存器的某一位被清零(写入 0)，则相应输入端口数据保持不变。

(4) 寄存器 03H——配置寄存器

其位分配如表 K10－6 所列。

表 K10－6　各位分配表(地址：03H)

位	C7	C6	C5	C4	C3	C2	C1	C0
默认值	1	1	1	1	1	1	1	1

该寄存器用于设置 I/O 引脚的方向。若该寄存器中某一位被置位(写入 1)，则相应的端口配置成带高阻输出驱动器的输入口；若寄存器的某一位被清零(写入 0)，则相应的端口配置成输出口。复位时，I/O 口配置为带弱上拉的输入口。

3. CAT9554 上电复位

将电源与 Vdd 相连，内部的上电复位使 CAT9554 保持复位状态直至 Vdd 的值达到 Vpor。Vdd 值达到 Vpor 时，复位条件撤消，CAT9554 的寄存器和状态机均初始化成默认状态。

4. CAT9554 中断输出

当端口某个引脚的状态发生变化且此引脚配置为输入时，开漏中断激活。当输入返回到前一个状态或读取输入端口寄存器时，中断不被激活。

需要注意的是，将一个 I/O 口的状态从输出变为输入，如果引脚的状态与输入端口寄存器的内容不匹配，将可能产生一个错误的中断。

5. CAT9554 器件地址

CAT9554 地址如表 K10－7 所列。CAT9554A 地址如表 K10－8 所列。

表 K10－7　CAT9554 地址表

Bit7	Bit6	Bit5	Bit4	Bit3	Bit2	Bit1	Bit0
0	1	0	0	A2	A1	A0	R/W

注：R/W＝0 为写入，R/W＝1 为读取。

表 K10－8　CAT9554A 地址表

Bit7	Bit6	Bit5	Bit4	Bit3	Bit2	Bit1	Bit0
0	1	1	1	A2	A1	A0	R/W

注：R/W＝0 为写入，R/W＝1 为读取。

说明：本课题使用的是 CAT9554 芯片，其电路设计为 A2＝A1＝A0＝0 即三引脚接地。所以其器件地址为 0x40，取写入(R/W＝0)为先。

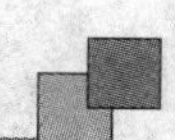

K10.2 CAT9555

K10.2.1 概 述

CAT9555 是一款基于 CMOS 工艺的器件，它提供了 I^2C 和 SMBus 在应用中的 16 位通用并行输入、输出口的扩展。当应用中需要额外的 I/O 口来连接传感器、电源开关、LED、按钮和风扇等器件时，可使用此类 I/O 扩展器件实现简单的解决方案。

CAT9555 包含两个 8 位配置寄存器（输入或输出选择）、输入寄存器、输出寄存器、极性反转寄存器和 1 路兼容 I^2C/SMBus 串行接口。

通过写配置寄存器可将 16 个 I/O 口中的任何一个配置成为输入或输出。系统主控制器可以通过写高电平有效的极性反转寄存器将 CAT9555 的输入数据反转。

当任何输入口状态改变时，CAT9555 就会产生一个低电平中断，该中断可以用来向系统主控器指明输入端口状态的改变。

CAT9555 有 3 个输入引脚来实现扩充 I^2C 地址，最多允许 8 个器件共用在一个 I^2C/SMBus 总线上。CAT9555 固定的 I^2C 地址与 CAT9554 相同，只允许 8 个器件连接到同一个 I^2C/SMBus 总线上。

K10.2.2 特 性

➢ 兼容 400 kHz I^2C 总线；

➢ 工作电源电压为 2.3～5.5V；

➢ 低待机电流；

➢ I/O 口可承受 5 V 电压；

➢ 16 个 I/O 口，默认为 16 个高电平输入口；

➢ 高驱动能力；

➢ 独立的输入/输出配置寄存器；

➢ 极性反转寄存器；

➢ 低电平有效中断输出；

➢ 内部上电复位；

➢ 上电时无干扰脉冲信号；

➢ SCL/SDA 输入的噪声滤波器；

➢ 可级联 8 个器件；

➢ 工业级温度范围；

➢ 提供三种不同的封装形式：与 RoHS 兼容的 24 脚 SOIC、TSSOP 封装和 24 脚的 TQFN 封装（4mm×4mm）。

K10.2.3 引脚配置

1. 引脚分布

CAT9555 引脚分布如图 K10－2 所示。

2. 引脚功能

CAT9555 各引脚功能描述如表 K10－9 所列。

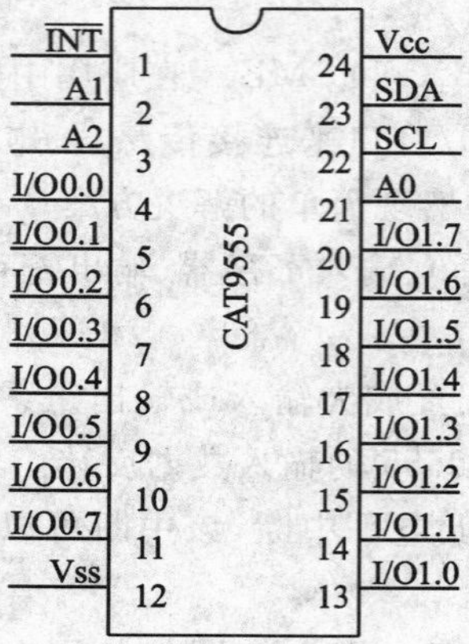

图 K10－2　CAT9555 引脚分布图

表 K10－9　CAT9555 引脚功能描述表

引脚号	符　号	功　能
1	$\overline{INT}$	中断输出（开漏）
2	A1	地址输入 1
3	A2	地址输入 2
4～11	I/O0.0～I/O0.7	输入输出口 I/O0.0 到 I/O0.7
12	Vss	地
13～20	I/O1.0～I/O1.7	输入输出口 I/O1.0 到 I/O1.7
21	A0	地址输入 0
22	SCL	串行时钟线
23	SDA	串行数据线
24	Vcc	电源

K10.2.4　CAT9555 寄存器

1. CAT9555 寄存器功能

CAT9555 寄存器功能如表 K10－10 所列。

表 K10－10　CAT9555 寄存器功能表

内部寄存器	功　能
00H	并行数据输入存储器，用于读出输入的数据（输入端口 0）
01H	并行数据输入存储器，用于读出输入的数据（输入端口 1）
02H	并行数据输出存储器，用于写入要输出的数据（输出端口 0）
03H	并行数据输出存储器，用于写入要输出的数据（输出端口 1）
04H	极性反转存储器，用于输入时取反输入的数据位（极性反转端口 0）
05H	极性反转存储器，用于输入时取反输入的数据位（极性反转端口 1）
06H	输入/输出选择寄存器，用于设定并行口的方向（输入/输出配置端口 0）
07H	输入/输出选择寄存器，用于设定并行口的方向（输入/输出配置端口 1）

2. CAT9555 寄存器功能详解

(1) 寄存器 00H～01H——输入端口寄存器

其位分配如表 K10－11、表 K10－12 所列。

表 K10－11　各位分配表(地址：00H)

位	I0.7	I0.6	I0.5	I0.4	I0.3	I0.2	I0.1	I0.0
默认值	X	X	X	X	X	X	X	X

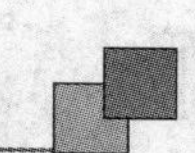

表 K10 - 12 各位分配表(地址: 01H)

位	I1.7	I1.6	I1.5	I1.4	I1.3	I1.2	I1.1	I1.0
默认值	X	X	X	X	X	X	X	X

该寄存器是一个只读端口。无论寄存器 06H 和 07H 将端口定义成输入还是输出,它只反映引脚的输入逻辑电平。对此寄存器的写操作无效。

(2) 寄存器 02H～03H——输出寄存器

其位分配如表 K10 - 13、表 K10 - 14 所列。

表 K10 - 13 各位分配表(地址: 02H)

位	O0.7	O0.6	O0.5	O0.4	O0.3	O0.2	O0.1	O0.0
默认值	1	1	1	1	1	1	1	1

表 K10 - 14 各位分配表(地址: 03H)

位	O1.7	O1.6	O1.5	O1.4	O1.3	O1.2	O1.1	O1.0
默认值	1	1	1	1	1	1	1	1

该寄存器是一个只能做输出的寄存器。它反映了由寄存器 06H～07H 定义的引脚的输出逻辑电平。当引脚定义为输入时,该寄存器中的各位值无效。从该寄存器读出的值表示的是触发器控制的输出选择,而非真正的引脚电平。

(3) 寄存器 04H～05H——极性反转寄存器

其位分配如表 K10 - 15、表 K10 - 16 所列。

表 K10 - 15 各位分配表(地址: 04H)

位	N0.7	N0.6	N0.5	N0.4	N0.3	N0.2	N0.1	N0.0
默认值	0	0	0	0	0	0	0	0

表 K10 - 16 各位分配表(地址: 05H)

位	N1.7	N1.6	N1.5	N1.4	N1.3	N1.2	N1.1	N1.0
默认值	0	0	0	0	0	0	0	0

用户可利用此寄存器对输入端口寄存器的内容取反。若该寄存器某一位被置位(写入 1),则相应输入端口数据的极性取反;若寄存器的某一位被清零(写入 0),则相应输入端口数据保持不变。

(4) 寄存器 06H～07H——配置寄存器

其位分配如表 K10 - 17、表 K10 - 18 所列。

表 K10－17　各位分配表(地址：06H)

位	C0.7	C0.6	C0.5	C0.4	C0.3	C0.2	C0.1	C0.0
默认值	1	1	1	1	1	1	1	1

表 K10－18　各位分配表(地址：07H)

位	C1.7	C1.6	C1.5	C1.4	C1.3	C1.2	C1.1	C1.0
默认值	1	1	1	1	1	1	1	1

该寄存器用于设置 I/O 引脚的方向。若该寄存器中某一位被置位(写入 1)，则相应的端口配置成带高阻输出驱动器的输入口；若寄存器的某一位被清零(写入 0)，则相应的端口配置成输出口。复位时，I/O 口配置为带弱上拉的输入口。

3. CAT9555 上电复位

将电源与 Vcc 相连，内部的上电复位使 CAT9555 保持复位状态直至 Vcc 的值达到 Vpor。Vcc 值达到 Vpor 时，复位条件撤消，CAT9555 的内部寄存器和状态机构初始化成默认状态。

4. CAT9555 中断输出

当端口某个引脚的状态发生变化且此引脚配置为输入时，开漏中断激活。当输入返回到前一个状态或读取输入端口寄存器时，中断不被激活。

需要注意的是，将一个 I/O 口的状态从输出变为输入，如果引脚的状态与输入端口寄存器的内容不匹配，将可能产生一个错误的中断。

5. CAT9555 器件地址

CAT9555 地址如表 K10－19 所列。

表 K10－19　CAT9555 地址表

Bit7	Bit6	Bit5	Bit4	Bit3	Bit2	Bit1	Bit0
0	1	0	0	A2	A1	A0	R/W

注：R/W＝0 为写入，R/W＝1 为读取。

6. CAT9555 的 I²C 数据传送格式

① 向 CAT9555 器件内部输出寄存器写入数据，格式如表 K10－20 所列。

表 K10－20　向输出寄存器(02H～03H)写入数据

器件地址	器件子地址	02H 端口数据 0	03H 端口数据 1
0100xxx0	00000010	Data0(0.7～0.0)	Data1(1.7～1.0)

② 向 CAT9555 器件内部配置寄存器写入数据，格式如表 K10－21 所列。

表 K10-21　向配置寄存器(06H～07H)写入数据

器件地址	器件子地址	06H 端口数据 0	07H 端口数据 1
0100xxx0	00000110	Data0(0.7～0.0)	Data1(1.7～1.0)

③ 从 CAT9555 器件内部任意寄存器读出数据，格式如表 K10-22 所列。

表 K10-22　从任意寄存器读出数据

器件地址(写)	器件子地址	器件地址(读)	端口 0	端口 1
0100xxx0	命令字节	0100xxx1	Data0(0.7～0.0)	Data1(1.7～1.0)

④ 从 CAT9555 器件内部输入寄存器读出数据，格式如表 K10-23 所列。

表 K10-23　从输入寄存器读出数据

器件地址(读)	端口 0(I0.7～0.0)	端口 1(I1.7～1.0)	端口 0(I0.7～0.0)	端口 1(I1.7～1.0)
0100xxx1	Data00	Data10	Data03	Data12

说明：本课题使用的是 CAT9555 芯片，其电路设计为 A2＝A1＝A0＝0，即三引脚接地，所以其器件地址为 0x40。取写入(R/W＝0)为先。

【扩展模块制作】

1. 扩展模块电路图

扩展模块电路图如图 K10-3～图 K10-7 所示。

2. 扩展模块连线

① 图 K10-4 与 EasyARM615 开发板连线：JS0 连接到 PB3，JS1 连接到 PB2，JS2 连接到 PB6(注意：此引脚若用作按键时连接，否则不连接)。

② 图 K10-3 与图 K10-4 连线：DJ0～DJ7 顺序连接到 IO00～IO07。

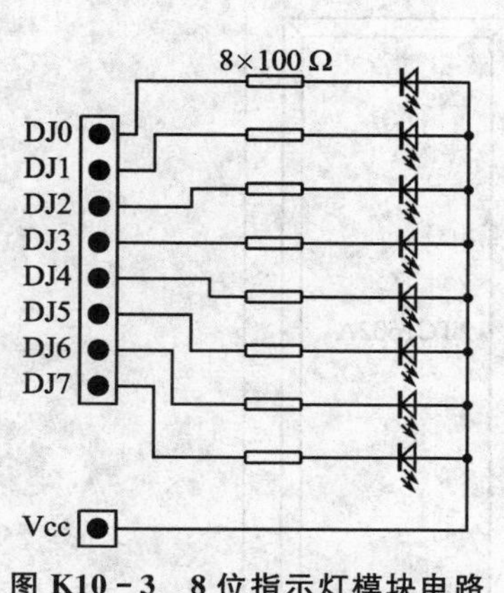

图 K10-3　8 位指示灯模块电路

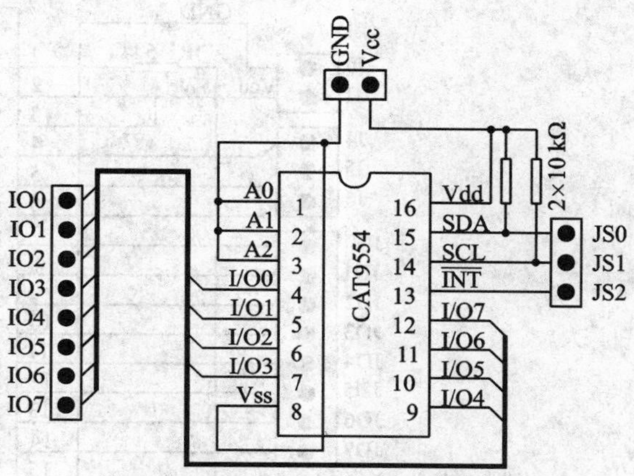

图 K10-4　CAT9554 模块电路

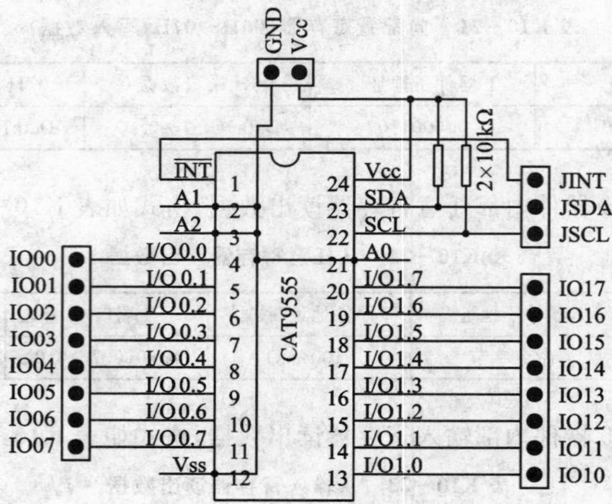

图 K10－5　CAT9555 模块电路

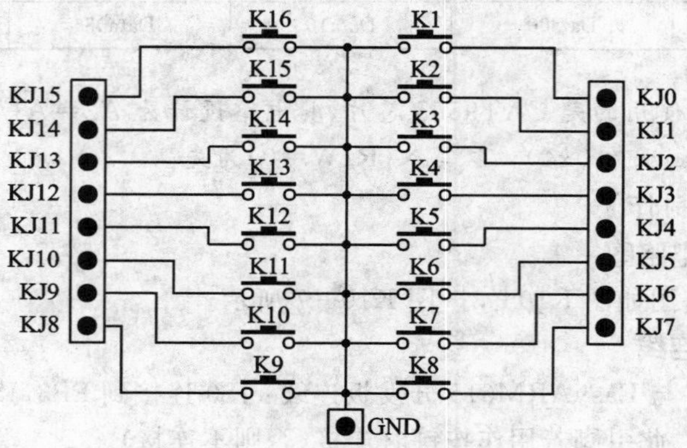

图 K10－6　16 位按键模块电路

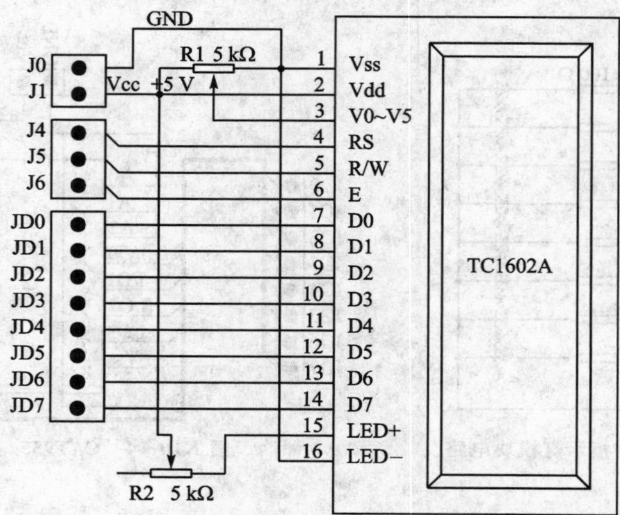

图 K10－7　TC1602 液晶显示器模块电路

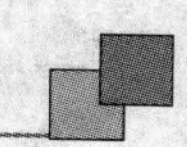

③ 图 K10 - 6 与图 K10 - 4 连线：KJ0～KJ7 顺序连接到 IO00 ～IO07。

④ 图 K10 - 5 与 EasyARM615 开发板连线：JSDA 连接到 PB1,JSCL 连接到 PB0,JINT 连接到 PB6(注意：此引脚若用作按键时连接,否则不连接)。

⑤ 图 K10 - 6 与图 K10 - 5 连线：KJ0～KJ7 顺序连接到 IO00～IO07,KJ8～KJ15 顺序连接到 IO10～IO17。

⑥ 图 K10 - 7 与图 K10 - 4 连线：JD0～JD7 顺序连接到 IO00 ～IO07。

⑦ 图 K10 - 7 与 EasyARM615 开发板连线：J4～J6 顺序连接到 PA0 ～PA2。

3. 模块制作

扩展模块制作成实验板时按图 K10 - 3～图 10 - 7 进行。制作时请留出接线柱。注意,图 K10 - 3～图 10 - 7 的芯片供电全部采用 5 V。

【程序设计】

1. 扩展器件驱动程序的编写

(1) 创建 CAT9554. h 文件

代码编写如下：

```
//**********************************************************************
//文件名：CAT9554.h
//功能：实现 MCU 通过 I²C 总线对 CAT9554 实施读/写操作
//--------------------------------------------------------------------------
#include "iiC_i2c_lm3s_PB23.h"
unsigned char CAT9554D = 0x40;                    //器件地址即器件名称
//--------------------------------------------------------------------------
⋮ //文件内容见参考程序
//--------------------------------------------------------------------------
```

主要外用函数原型：

- ➢ void CAT9554_Initi()函数用于初始化 CAT9554 芯片。
- ➢ void CAT9554_SEND_DAT(uchar chP_DAT)函数用于向 CAT9554 芯片发送数据。
- ➢ uchar CAT9554_READ_DAT()函数用于从 CAT9554 芯片中读出数据。

(2) 创建 CAT9555. h 文件

代码编写如下：

```
//**********************************************************************
//文件名：CAT9555.h
//功能：实现 MCU 通过 I²C 总线对 CAT9555 实施读/写操作
//--------------------------------------------------------------------------
#include "iiC_i2c_lm3s_PB01.h"
unsigned char CAT9555D = 0x40;                //器件地址即器件名称
//--------------------------------------------------------------------------
⋮ //文件内容见参考程序
//--------------------------------------------------------------------------
```

主要外用函数原型：

- void GPio_PB_Initi_IIC01bus()函数用于初始化 CAT9555 芯片。
- void CAT9555_SEND_DAT(uchar chP_DAT1,uchar chP_DAT2)函数用于向 CAT9555 发送数据。
- void CAT9555_READ_DAT(uchar * InData)函数用于从 CAT9555 芯片中读取数据。

(3) 创建 CAT9554_Key.h 文件实现按键功能

代码编写如下：

```
//*************************************************************
//文件名：CAT9554_Key.h
//功能：用于读取 CAT9554 产生的按键中断信号
//说明：本程序使用的中断引脚为 PB6
//-------------------------------------------------------------
#include "CAT9554.h"
#define PB5_KEYINT    GPIO_PIN_6              //定义 PB6 引脚接按键产生中断信号
void GPIO_Port_PB_ISR(void);                  //中断执行函数
void CAT9554_Int_ISR();                       //用户使用的中断函数
void Read_Key(unsigned char ucPx);            //读取按键命令函数
//操作说明：使用时直接在各按键的函数中加入功能代码即可
//-------------------------------------------------------------
void Key1();                                  //按键执行函数第 1 键
⋮
void Key8();                                  //按键执行函数第 8 键
//-------------------------------------------------------------
//函数名称：GPio_Int_Initi(void)
//函数功能：启动外设 GPIO 各口引脚中断工作
//-------------------------------------------------------------
void GPio_Int_Initi(void)
{
  //①启动引脚功能
  //使能 GPIO 外设 PB 口用于外中断输入
  SysCtlPeripheralEnable(SYSCTL_PERIPH_GPIOB);
  //②设置引脚输入/输出方向
  //设置 PB5 引脚为输入模式,用于输入脉冲信号产生中断
  GPIODirModeSet(GPIO_PORTB_BASE, PB5_KEYINT, GPIO_DIR_MODE_IN);
  //③设置 PB5 引脚中断的触发方式为 falling(下降沿)触发
  GPIOIntTypeSet(GPIO_PORTB_BASE, PB5_KEYINT, GPIO_FALLING_EDGE);
  //④ 注册中断回调函数(中断执行函数)
  //注册一个中断执行函数名称
  GPIOPortIntRegister(GPIO_PORTB_BASE,GPIO_Port_PB_ISR);
  //⑤ 启用中断
  //使能 PB5 引脚外中断
  GPIOPinIntEnable(GPIO_PORTB_BASE, PB5_KEYINT);
  //使能 PB 口中断
  IntEnable(INT_GPIOB);
  //使能总中断
```

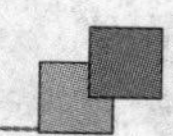

```
  IntMasterEnable();
  GPio_PB_Initi_IIC23();                         //初始化 I²C 总线
}
//---------------------------------------------------------------------
//函数原型：void GPIO_Port_PB_ISR(void)
//功能描述：PB 口中断子程序，执行过程是首先清除中断标志，再启用指示灯标志中断
//            已经产生
//说明：请使用 GPIOPortIntRegister()函数注册中断回调函数名称
//---------------------------------------------------------------------
void GPIO_Port_PB_ISR(void)
{
  //清零 PB5 引脚上的中断标志
  GPIOPinIntClear(GPIO_PORTB_BASE,PB5_KEYINT);
  //请在下面添加中断执行代码
  CAT9554_Int_ISR();
}
//---------------------------------------------------------------------
//函数：void CAT9554_Int_ISR()
//功能：用于用户外用的中断函数
//说明：使用时请将此函数体复制到工程的主文件中，再加上用户执行代码
//---------------------------------------------------------------------
void CAT9554_Int_ISR()
{
  //请在下面加入用户代码
  unsigned char chKey;
  chKey = CAT9554_READ_DAT();                    //读取按键值
  Read_Key(chKey);                               //按键命令执行
}
//---------------------------------------------------------------------
//函数名称：Read_Key()
//函数功能：用于读取按键的值
//入口参数：ucPx 为读取的按键值
//出口参数：无
//---------------------------------------------------------------------
void Read_Key(unsigned char ucPx)
{
    switch(ucPx)
    {case 0xFE: Key1();break;
          ⋮
     case 0x7F: Key8();break;
    }
}
//---------------------------------------------------------------------
//以下是 8 个按键函数
//第 1 键
void Key1()
{ //请在此处加入执行代码
  UART0Send("ABC",3);
  IndicatorLight_PC5();
```

```
}
//第 2 键
void Key2()
{//请在此处加入执行代码
    UART0Send("BCD",3);
    IndicatorLight_PC5();
}
//第 3 键
void Key3()
{//请在此处加入执行代码
    UART0Send("CDE",3);
    IndicatorLight_PC5();
}
//第 4 键
void Key4()
{//请在此处加入执行代码
    UART0Send("DEF",3);
    IndicatorLight_PC5();
}
//第 5 键
void Key5()
{//请在此处加入执行代码
    UART0Send("EFG",3);
    IndicatorLight_PC5();
}
//第 6 键
void Key6()
{//请在此处加入执行代码
    UART0Send("FGH",3);
    IndicatorLight_PC5();
}
//第 7 键
void Key7()
{//请在此处加入执行代码
    UART0Send("GHI",3);
    IndicatorLight_PC5();
}
//第 8 键
void Key8()
{//请在此处加入执行代码
    UART0Send("HIJ",3);
    IndicatorLight_PC5();
}
//-------------------------------------------------------------------
//*************************************************************************
```

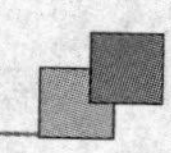

主要外用函数原型：

void GPio_Int_Initi(void)函数用于启用中断进入正常的工作状态。

(4) 创建 CAT9555_Key. h 文件实现按键功能

代码编写如下：

```
//*****************************************************************
//文件名：CAT9555_Key.h
//功能：用于读取 CAT9554 产生的按键中断信号
//说明：本程序使用的中断引脚为 PB6
//----------------------------------------------------------------
#include "CAT9555.h"

#define PB6_KEYINT      GPIO_PIN_6             //定义 PB6 引脚接按键产生中断信号
void GPIO_Port_PB_ISR(void);                   //中断执行函数
void CAT9555_Int_ISR();                        //用户使用的中断函数
void Read_16Key(unsigned char * ucPx);         //读取按键命令函数
//操作说明：使用时直接在各按键的函数中加入功能代码即可
//----------------------------------------------------------------
void Key1();                                   //按键执行函数第 1 键
 :
void Key16();                                  //按键执行函数第 16 键
//----------------------------------------------------------------
// 函数名称：GPio_PB_Int_Initi(void)
// 函数功能：启动外设 GPIO 各口引脚中断工作
//----------------------------------------------------------------
void GPio_PB_Int_Initi(void)
{
  //① 启动引脚功能
  //使能 GPIO 外设 PB 口用于外中断输入
  SysCtlPeripheralEnable(SYSCTL_PERIPH_GPIOB);
  //② 设置引脚输入/输出方向
  //设置 PB6 引脚为输入模式,用于输入脉冲信号产生中断
  GPIODirModeSet(GPIO_PORTB_BASE, PB6_KEYINT, GPIO_DIR_MODE_IN);
  //③ 设置 PB6 引脚中断的触发方式为 falling(下降沿)触发
  GPIOIntTypeSet(GPIO_PORTB_BASE, PB6_KEYINT, GPIO_FALLING_EDGE);
  //④ 注册中断回调函数(中断执行函数)
  //注册一个中断执行函数名称
  GPIOPortIntRegister(GPIO_PORTB_BASE,GPIO_Port_PB_ISR);
  //⑤ 启用中断
  //使能 PB6 引脚外中断
  GPIOPinIntEnable(GPIO_PORTB_BASE, PB6_KEYINT);
  //使能 PB 口中断
  IntEnable(INT_GPIOB);
  //使能总中断
  IntMasterEnable();
  GPio_PB_Initi_IIC01bus();                    //初始化 I²C 总线
}
```

```
//------------------------------------------------------------------------
//函数原型：void GPIO_Port_PB_ISR(void)
//功能描述：PB 口中断子程序，执行过程是首先清除中断标志，再启用指示灯标志中断
//          已经产生
//说明：请使用 GPIOPortIntRegister()函数注册中断回调函数名称
//------------------------------------------------------------------------
void GPIO_Port_PB_ISR(void)
{//清零 PB6 引脚上的中断标志
  GPIOPinIntClear(GPIO_PORTB_BASE,PB6_KEYINT);
  //请在下面添加中断执行代码
  CAT9555_Int_ISR();
}
//------------------------------------------------------------------------
//函数：void CAT9555_Int_ISR()
//功能：用于用户外用的中断函数
//说明：使用时请将此函数体复制到工程的主文件中，再加上用户执行代码
//------------------------------------------------------------------------
void CAT9555_Int_ISR()
{
  //请在下面加入用户代码
  unsigned char chKey[3];
  CAT9555_READ_DAT(chKey);                    //读取按键值
  Read_16Key(chKey);                          //按键命令执行
}
//------------------------------------------------------------------------
//函数名称：Read_Key()
//函数功能：用于读取按键的值
//入口参数：ucPx 为读取的两字节按键值
//出口参数：无
//------------------------------------------------------------------------
void Read_16Key(unsigned char * ucPx)
{
    switch(ucPx[0])
    {case 0xFE: Key1();break;
       ⋮
     case 0x7F: Key8();break;
    }

    switch(ucPx[1])
    {case 0xFE: Key9();break;
       ⋮
     case 0x7F: Key16();break;
    }
}
//------------------------------------------------------------------------
//以下是 16 个按键函数
//第 1 键
void Key1()
{ //请在此处加入执行代码
```

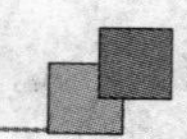

```
    Send_String_1602(0x85,"00",2);          //00 号键按下
    IndicatorLight_PC5();                   //程序运行指示灯
}
//第 2 键
void Key2()
{//请在此处加入执行代码
    Send_String_1602(0x85,"01",2);          //01 号键按下
    IndicatorLight_PC5();                   //程序运行指示灯
}
//第 3 键
void Key3()
{//请在此处加入执行代码
    Send_String_1602(0x85,"02",2);          //02 号键按下
    IndicatorLight_PC5();                   //程序运行指示灯
}
//第 4 键
void Key4()
{//请在此处加入执行代码
    Send_String_1602(0x85,"03",2);          //03 号键按下
    IndicatorLight_PC5();                   //程序运行指示灯
}
⋮
//第 15 键
void Key15()
{//请在此处加入执行代码
    Send_String_1602(0x85,"14",2);          //14 号键按下
    IndicatorLight_PC5();                   //程序运行指示灯
}
//第 16 键
void Key16()
{//请在此处加入执行代码
    Send_String_1602(0x85,"15",2);          //15 号键按下
    IndicatorLight_PC5();                   //程序运行指示灯
}
//-----------------------------------------------------------------
//*****************************************************************
```

主要外用函数原型：

void GPio_Int_Initi(void)函数用于启用中断进入正常的工作状态。

2. 应用范例程序的编写

(1) 任务①用 CAT9554 扩展并口后驱动 8 位指示灯，实现花样灯功能。

应用程序编写如下：

```
//*****************************************************************
//文件名：Cat9554_Main.c
//功能：用于读出 SD2303 高精实时时钟
//-----------------------------------------------------------------
⋮
```

```
void  GPio_Initi(void);
void  IndicatorLight_PC4(void);                    //芯片运行指示灯
void  IndicatorLight_PC5(void);                    //芯片运行指示灯
void  Delay(int nDelaytime);                       //用于延时
void  jtagWait();                                  //防止 JTAG 失效
#define PC4_LED  GPIO_PIN_4
#define PC5_LED  GPIO_PIN_5
#include "Lm3sxxxUart0SR.h"
#include "CAT9554a.h"
//-------------------------------------------------------------------------
//主函数
//-------------------------------------------------------------------------
void main(void)
{
        unsigned char chC = 0xFE;
        //防止 JTAG 失效
        Delay(10);
        jtagWait();
        Delay(10);
        //设定系统晶振为时钟源
        SysCtlClockSet( SYSCTL_SYSDIV_1 | SYSCTL_USE_OSC |
                        SYSCTL_OSC_MAIN | SYSCTL_XTAL_6MHZ );
        GPio_Initi();                                  //初始化 GPIO
        GPio_PB_Initi();
     while(1)
     {
          CAT9554_SEND_DAT(chC);                       //发送数据转换为并行
          chC = chC<<1;
          chC |= 0x01;
          nJsql++;
          if(nJsql>7)
          {nJsql = 0;
           chC = 0xFE;}
          IndicatorLight_PC4();                        //程序运行指示灯
          Delay(40);
     }
}
//-------------------------------------------------------------------------
://省略部分见程序实例
//*************************************************************************
```

(2) 任务②用 CAT9554 扩展并口后获取 8 个按键的输入值，并通过 UART 将按键信号串行发向 PC。

应用程序编写如下：

```
//*************************************************************************
//文件名：Cat9554_Main.c
//功能：用于实现 CAT9554 按键功能
//-------------------------------------------------------------------------
```

```
⋮
void  GPio_Initi(void);
void  IndicatorLight_PC4(void);                //芯片运行指示灯
void  IndicatorLight_PC5(void);                //芯片运行指示灯
void  Delay(int nDelaytime);                   //用于延时
void  jtagWait();                              //防止 JTAG 失效
#define PC4_LED   GPIO_PIN_4
#define PC5_LED   GPIO_PIN_5
#include "Lm3sxxxUart0SR.h"
#include "CAT9554_Key.h"
//-----------------------------------------------------------------------
//主函数
//-----------------------------------------------------------------------
void main(void)
{
        //防止 JTAG 失效
        Delay(10);
        jtagWait();
        Delay(10);
        //设定系统晶振为时钟源
        SysCtlClockSet( SYSCTL_SYSDIV_1 | SYSCTL_USE_OSC |
                        SYSCTL_OSC_MAIN | SYSCTL_XTAL_6MHZ );
        GPio_Initi();                          //初始化 GPIO
        LM3Sxxx_UART0_Initi(9600);
        GPio_Int_Initi();                      //初始化按键中断
    while(1)
    {
        IndicatorLight_PC4();                  //程序运行指示灯
        Delay(40);
    }
}
//-----------------------------------------------------------------------
⋮//省略部分见程序实例
//***********************************************************************
```

(3) 任务③用 CAT9554 扩展并口后驱动 TC1602 液晶显示器实现数据显示。应用程序编写如下：

```
//***********************************************************************
//文件名：Cat9554_Main.c
//功能：用于读出 SD2303 高精实时时钟
//-----------------------------------------------------------------------
⋮
void  GPio_Initi(void);
void  Delay(int nDelaytime);                       //用于延时
void  jtagWait();                                  //防止 JTAG 失效
void  IndicatorLight_PC4(void);                    //芯片运行指示灯
void  IndicatorLight_PC5(void);                    //芯片运行指示灯
#define PC4_LED   GPIO_PIN_4
```

```
#define PC5_LED   GPIO_PIN_5
#include "TC1602_CAT9554_lcd.h"
//-----------------------------------------------------------------
//主函数
//-----------------------------------------------------------------
void main(void)
{
        unsigned int nJSQ = 0;
        nJsq1 = 0;
        //防止 JTAG 失效
        Delay(10);
        jtagWait();
        Delay(10);
        //设定系统晶振为时钟源
        SysCtlClockSet( SYSCTL_SYSDIV_1 | SYSCTL_USE_OSC |
                        SYSCTL_OSC_MAIN | SYSCTL_XTAL_6MHZ );
        GPio_Initi();                                  //初始化 GPIO
        Init_TC1602();                                 //初始化 1602
        //向 TC1602 的第一行发送显示字符串
        Send_String_1602(0x83,"LiuTongFa",9);
    while(1)
    {   //向 TC1602 发送计数值
        Send_Data_1602(0xC3,nJSQ,4);
        nJSQ++;
        if(nJSQ>9999)nJSQ = 0;
        IndicatorLight_PC4();                          //程序运行指示灯
        Delay(40);
    }
}
//-----------------------------------------------------------------
⋮//省略部分见程序实例
//*****************************************************************
```

(4) 任务④用CAT9555扩展16位并口后实现16位按键功能，并使用任务③功能显示16个按键值。

应用程序编写如下：

```
//*****************************************************************
//文件名：Cat9555_Main.c
//功能：用于读出 CAT9555 按键值
//-----------------------------------------------------------------
⋮
void  GPio_Initi(void);
void  IndicatorLight_PC4(void);                        //芯片运行指示灯
void  IndicatorLight_PC5(void);                        //芯片运行指示灯
void  Delay(int nDelaytime);                           //用于延时
void  jtagWait();                                      //防止 JTAG 失效
#define PC4_LED   GPIO_PIN_4
#define PC5_LED   GPIO_PIN_5
```

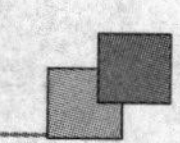

```
#include "TC1602_CAT9554_lcd.h"
#include "CAT9555_Key.h"
//---------------------------------------------------------------------
//主函数
//---------------------------------------------------------------------
void main(void)
{
        //防止 JTAG 失效
        Delay(10);
        jtagWait();
        Delay(10);
        //设定系统晶振为时钟源
        SysCtlClockSet( SYSCTL_SYSDIV_1 | SYSCTL_USE_OSC |
                        SYSCTL_OSC_MAIN | SYSCTL_XTAL_6MHZ );
        GPio_Initi();                           //初始化 GPIO
        Init_TC1602();                          //初始化 1602 液晶显示器
        GPio_PB_Int_Initi();                    //启用 GPIO 引脚中断
    while(1)
    {
        IndicatorLight_PC4();                   //程序运行指示灯
        Delay(40);
    }
}
//---------------------------------------------------------------------
⋮//省略部分见程序实例
//*********************************************************************
```

以上应用程序详细代码见随书“网上资料\课题 10_CAT9554A\ *. * ”。

作业：

利用 CAT9555 编写一个花样灯程序。

编后语： CAT9554/ CAT9555 用作按键非常好，设计时请考虑使用。

实时时钟类芯片

课题 11　SD2303 高精度实时时钟在 LM3S615 微控制器系统中的应用

【实验目的】

了解和掌握 SD2303 高精度实时时钟在 LM3S615 微控制器系统中的应用原理与方法。

【实验设备】

① 所用工具：30 W 烙铁 1 把，数字万用表 1 个；

② PC 机 1 台；

③ 开发软件 IAR Embedded Workbench5.20v 集成开发平台 1 套；

④ LM LINK JTAG 调试器 1 套，EasyARM615 开发套件 1 套。

【外扩器件】

课题所需外扩元器件请查寻图 K11－2～图 K11－4。

【工程任务】

① 从 SD2303 读出时钟，并使用 TC1602 液晶屏显示出日期和时钟。

② 使用 4 个按键调整日期和时钟。

③ 做一个小小的定时器闹钟(此为家庭作业)。

【所需外围器件资料】

K11.1 高精度实时时钟 SD2303 概述

SD2303AS 是一种具有内置晶振、两线式串行(SDA、SCL)接口的高精度实时时钟芯片。该系列芯片可保证时钟精度为 $\pm 5\times10^{-6}$(在 25±1 ℃下)，即年误差小于 2.5 min；该芯片内置时钟精度数字调整功能，可以在很宽的范围内校正时钟的偏差(分辨率 3×10^{-6})，通过外置的温度传感器可以设定适应温度变化的调整值，实现在宽温度范围内高精度的计时功能。该系列芯片可满足对实时时钟芯片的各种需要，为工业级产品，是高精度实时时钟的理想选择。

K11.2 主要性能特点

- 低功耗：典型值 0.5 μA(V_{DD}=3.0 V)。
- 工作电压为 1.5～5.5 V，工作温度为－40～85 ℃。
- 年、月、日、星期、时、分、秒的 BCD 码输入/输出，并可通过独立的地址访问各时间寄存器。
- 自动日历到 2099 年(包括闰年自动换算功能)。
- 可设定并自动重置的两路定时闹钟功能(时间范围在 1 周内)。
- 周期性中断脉冲输出：2 Hz、1 Hz、每分钟、每小时、每个月输出可选择不同波形的中断脉冲。
- 可控的 32 768 Hz 方波信号输出。
- 内置时钟精度数字调整功能，30 s 时间调整功能。
- 内部晶振停振检测功能：保证时钟的有效性。
- 内置总线 1 s 自动释放功能，保证了时钟数据的有效性及可靠性。
- 内置电源稳压，内部计时电压可低至 1.2 V。

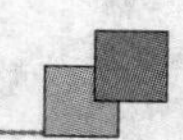

➢ 内置晶振，出厂前已对时钟进行校准，保证精度 $\pm5\times10^{-6}$，即时钟年误差小于 2.5 min(在 25±1℃下)。

K11.3 引脚配置

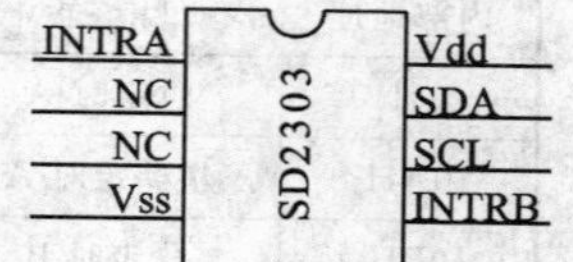

图 K11-1 SD2303 引脚分布图

图 K11-1 所示的是 SD2303 芯片引脚的分布图，表 K11-1 所列的是 SD2303 芯片的各引脚功能描述。

表 K11-1 SD2303 引脚功能描述

引 脚	功 能	特 征
SCL	串行时钟输入端，用于在 SCL 上升/下降沿处理信号，要特别注意，SCL 信号的上升/下降升降时间，应严格遵守说明书	CMOS 输入
SDA	串行数据输入/输出端，此引脚通常用一电阻上拉至 V_{DD}，并与其他漏极开路或集电极开路输出的器件通过线与方式连接	N 沟道开路输出，CMOS 输入
INTRA	报警中断 A 输出端，根据中断寄存器与状态寄存器来设置其工作的模式，当定时时间到达时输出低电平或时钟信号。它可通过重写状态寄存器来禁止	N 沟道开路输出
INTRB	报警中断 B 输出端，根据中断寄存器与状态寄存器来设置其工作的模式，当定时时间到达时输出低电平或时钟信号。它可通过重写状态寄存器来禁止	N 沟道开路输出
Vdd	正电源	
Vss	负电源(GND)	

K11.4 实时时钟电路

K11.4.1 SD2303 内部寄存器

SD2303 将时间数据和控制命令存储在不同地址的寄存器内，具体地址分配如表K11-2 所列。

表 K11-2 SD2303 内部寄存器地址分配表

内部地址	目 录	功 能
00H	秒寄存器	以 BCD 码形式计数与存储秒
01H	分寄存器	以 BCD 码形式计数与存储分
02H	时寄存器	以 BCD 码形式计数与存储时
03H	周寄存器	以 BCD 码形式计数与存储周
04H	日寄存器	以 BCD 码形式计数与存储日
05H	月寄存器	以 BCD 码形式计数与存储月
06H	年寄存器	以 BCD 码形式计数与存储年
07H	时间调整	存储晶振的修正参数及外部晶振选择控制
08H	分定时 A	存储定时器 A 分的数据

续表 K11－2

内部地址	目　录	功　能
09H	时定时 A	存储定时器 A 时的数据
0AH	星期定时 A	存储定时器 A 星期的数据
0BH	分定时 B	存储定时器 B 分的数据
0CH	时定时 B	存储定时器 B 时的数据
0DH	星期定时 B	存储定时器 B 星期的数据
0EH	控制 1	存储响铃使能、中断输出口使能、周期性中断的周期选择信息
0FH	控制 2	存储时间显示选择、中断与报时标志、停振检测信息

SD2303 内部寄存器的详细情况解释如下：

(1) 秒寄存器(如表 K11－3 所列)

表 K11－3　秒寄存器(内部地址 00H)

D7	D6	D5	D4	D3	D2	D1	D0	操　作
—	S40	S20	S10	S8	S4	S2	S1	写
0	S40	S20	S10	S8	S4	S2	S1	读
0	—	—	—	—	—	—	—	缺省

秒计数：00～59，当从 59 变成 00 时，会进位至分。

缺省操作指当控制寄存器 2 XSTP 位为 1(上电、掉电或停振后再起振)时，执行读操作，后同。

(2) 分寄存器(如表 K11－4 所列)

表 K11－4　分寄存器(内部地址 01H)

D7	D6	D5	D4	D3	D2	D1	D0	操　作
—	M40	M20	M10	M8	M4	M2	M1	写
0	M40	M20	M10	M8	M4	M2	M1	读
0	—	—	—	—	—	—	—	缺省

分计数：00～59，当从 59 变成 00 时，会进位至小时。

(3) 时寄存器(如表 K11－5 所列)

表 K11－5　时寄存器(内部地址 02H)

D7	D6	D5	D4	D3	D2	D1	D0	操　作
—	—	H20 P/A	H10	H8	H4	H2	H1	写
0	0	H20 P/A	H10	H8	H4	H2	H1	读
0	0	—	—	—	—	—	—	缺省

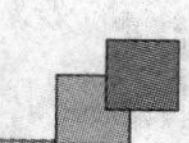

小时计数：当从 11PM 变成 12AM(12 小时制)或者 23 变成 00(24 小时制)时，会进位至日和星期。

(4) 周寄存器(如表 K11－6 所列)

表 K11－6　周寄存器(内部地址 03H)

D7	D6	D5	D4	D3	D2	D1	D0	操　作
—	—	—	—	—	W4	W2	W1	写
0	0	0	0	0	W4	W2	W1	读
0	0	0	0	0	—	—	—	缺省

(W4，W2，W1)＝000，星期日；(W4，W2，W1)＝001，星期一；(W4，W2，W1)＝010，星期二；……(W4，W2，W1)＝110，星期六。

日计数加 1 时，星期计数也加 1。

(5) 日寄存器(如表 K11－7 所列)

表 K11－7　日寄存器(内部地址 04H)

D7	D6	D5	D4	D3	D2	D1	D0	操　作
—	—	D20	D10	D8	D4	D2	D1	写
0	0	D20	D10	D8	D4	D2	D1	读
0	0	—	—	—	—	—	—	缺省

日计数：1～31(一月、三月、五月、七月、八月、十月、十二月)；1～30(四月、六月、九月、十一月)；1～29(闰年的二月)；1～28(平年的二月)。

(6) 月寄存器(如表 K11－8 所列)

表 K11－8　月寄存器(内部地址 05H)

D7	D6	D5	D4	D3	D2	D1	D0	操　作
—	—	—	M10	M8	M4	M2	M1	写
0	0	0	M10	M8	M4	M2	M1	读
0	0	0	—	—	—	—	—	缺省

月计数：1～12，当从 12 变成 1 时，会进位至年寄存器。

(7) 年寄存器(如表 K11－9 所列)

表 K11－9　年寄存器(内部地址 06H)

D7	D6	D5	D4	D3	D2	D1	D0	操　作
Y80	Y40	Y20	Y10	Y8	Y4	Y2	Y1	写
Y80	Y40	Y20	Y10	Y8	Y4	Y2	Y1	读
—	—	—	—	—	—	—	—	缺省

年计数：00～99，其中 00、04、08…92、96 为闰年。

(8) 时间调整寄存器(如表 K11－10 所列)

表 K11－10　时间调整寄存器(内部地址 07H)

D7	D6	D5	D4	D3	D2	D1	D0	操　作
XSL_	F6	F5	F4	F3	F2	F1	F0	写
XSL_	F6	F5	F4	F3	F2	F1	F0	读
0	0	0	0	0	0	0	0	缺省

时间调整寄存器各位说明如下：

➢ XSL_：晶振选择位。本芯片内必须固定为“0”。

➢ F6～F0：时间调整位。时间调整电路是在当秒计数为 00、20、40 时刻，根据预先设置的数据(F6～F0)改变 1 s 时钟内计数的个数。通常每 32 768 个脉冲为 1 s (对寄存器预设初值，才能激活整个调整电路)。当 F6 为 0 时，产生 1 s 的寄存器计数脉冲将增加为 32 768＋((F5,F4,F3,F2,F1,F0)－1)×2；当 F6 为 1 时，产生 1 s 的寄存器计数脉冲将减少为 32 768－((/F5,/F4,/F3,/F2,/F1,/F0)＋1)×2 (/F5 是 F5 的反码，其他类同)；当(F6,F5,F4,F3,F2,F1,F0)预设为(＊,0,0,0,0,0,＊)时，产生 1 s 的寄存器计数脉冲不变。例：当(F6,F5,F4,F3,F2,F1,F0)＝(0,1,0,1,0,0,1)且当 00 s、20 s、40 s 时刻时，寄存器计数脉冲变为 32 768＋(41－1)×2＝32 848；当(F6,F5,F4,F3,F2,F1,F0)＝(1,1,1,1,1,1,0)且当 00 s、20 s、40 s 时刻时，寄存器计数脉冲变为 32 768－(1＋1)×2＝32 764；当(F6,F5,F4,F3,F2,F1,F0)＝(0,0,0,0,0,0,1)且当 00 s、20 s、40 s 时刻时，寄存器计数脉冲保持为 32 768 不变。因为每 20 s 增加或减少计数脉冲的最小个数为 2，所以时钟调整寄存器的最小调整精度是 $2/(32\ 768\times20)=3.051\times10^{-6}$。

注意：时钟调整电路仅是调整的时钟走时，并不对晶振本身频率调整，所以 32.768 kHz脉冲输出没有变化。

(9) 定时寄存器组 A

定时寄存器组 A(内部地址 08H～0AH)分定时器、时定时器和周定时器。

ALARM－A 分定时寄存器(内部地址 08H)如表 K11－11 所列。

表 K11－11　分定时寄存器 A 内部地址(08H)

D7	D6	D5	D4	D3	D2	D1	D0	操　作
—	AM40	AM20	AM10	AM8	AM4	AM2	AM1	写
0	AM40	AM20	AM10	AM8	AM4	AM2	AM1	读
0	0	0	0	0	0	0	0	缺省

ALARM－A 时定时寄存器(内部地址 09H)如表 K11－12 所列。

表 K11－12　时定时寄存器 A 内部地址(09H)

D7	D6	D5	D4	D3	D2	D1	D0	操　作
—	—	AH20 AP/A	AH10	AH8	AH4	AH2	AH1	写
0	—	AH20 AP/A	AH10	AH8	AH4	AH2	AH1	读
0	0	—	—	—	—	—	—	缺省

ALARM－A 周定时寄存器(内部地址 0AH)如表 K11－13 所列。

表 K11－13　周定时寄存器 A 内部地址(0AH)

D7	D6	D5	D4	D3	D2	D1	D0	操作
—	AW6	AW5	AW4	AW3	AW2	AW1	AW0	写
0	AW6	AW5	AW4	AW3	AW2	AW1	AW0	读
0	—	—	—	—	—	—	—	缺省

(10) 定时寄存器组 B

定时寄存器组 B(内部地址 BH～DH)有分定时器、时定时器和周定时器。

ALARM－B 分定时寄存器(内部地址 0BH)如表 K11－14 所列。

表 K11－14　周定时寄存器 B 内部地址(0BH)

D7	D6	D5	D4	D3	D2	D1	D0	操　作
—	BM40	BM20	BM10	BM8	BM4	BM2	BM1	写
0	BM40	BM10	BM10	BM8	BM4	BM2	BM1	读
0	—	—	—	—	—	—	—	缺省

ALARM－B 时定时寄存器(内部地址 0CH)如表 K11－15 所列。

表 K11－15　时定时寄存器 B 内部地址(0CH)

D7	D6	D5	D4	D3	D2	D1	D0	操　作
—	—	BH20 BP/A_	BH8	BH4	BH2	BH1	BH0	写
0	0	BH20 BP/A_	BH8	BH4	BH2	BH1	BH0	读
0	0	—	—	—	—	—	—	缺省

ALARM－B 周定时寄存器(内部地址 0DH)如表 K11－16 所列。

表 K11－16 周定时寄存器 B 内部地址(0DH)

D7	D6	D5	D4	D3	D2	D1	D0	操作
—	BW6	BW5	BW4	BW3	BW2	BW1	BW0	写
0	BW6	BW5	BW4	BW3	BW2	BW1	BW0	读
0	—	—	—	—	—	—	—	缺省

说明：

- ALARM－A 和 ALARM－B 的时寄存器 D5 位在 12 小时制中置 0 表示 AM，置 1 表示 PM；在 24 小时制中表示小时的十位；
- 使用定时功能时，必须设置实际出现的时间，以避免定时功能出错现象；
- 在 12 小时制中，午夜 0 点应设置为 12，中午 0 点应设为 32；
- AW0～AW6(BW0～BW6)对应着周寄存器值(0,0,0)～(1,1,0)；
- 当 AW0～AW6(BW0～BW6)全部为 0 时，定时功能不起作用。

定时时间设置举例如表 K11－17 所列。

表 K11－17 定时时间设置描述

预设时间	星期							12 小时制				24 小时制			
	日	一	二	三	四	五	六	10H	1H	10M	1M	10H	1H	10M	1M
00：00AM 每天	1	1	1	1	1	1	1	1	2	0	0	0	0	0	0
05：27AM 每天	1	1	1	1	1	1	1	0	5	2	7	0	5	2	7
11：59AM 每天	1	1	1	1	1	1	1	1	1	5	9	1	1	5	9
00：00PM 每天	0	1	1	1	1	1	0	3	2	0	0	1	2	0	0
05：56PM 每天	0	0	0	1	0	0	0	2	5	5	6	1	7	5	6
11：59PM 每天	0	0	1	0	1	0	1	3	1	5	9	2	3	5	9

(11) 控制寄存器 1(如表 K11－18 所列)

表 K11－18 控制寄存器 1(内部地址 0EH)

D7	D6	D5	D4	D3	D2	D1	D0	操作
AALE	BALE	SL2	SL1	TEST	CT2	CT1	CT0	写
AALE	BALE	SL2	SL1	TEST	CT2	CT1	CT0	读
0	0	0	0	0	0	0	0	缺省

位说明如下：

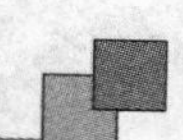

- AALE、BALE 两位为定时控制组 ALARM-A、ALARM-B 使能位(允许位)。AALE=0、BALE=0 为 ALARM-A、ALARM-B 两中断禁止,AALE=1、BALE=1 为 ALARM-A、ALARM-B 两中断使能(开启)。
- SL2、SL1 两位为中断输出选择位。具体设置见表 K11-19 所列。
- TEST 位为测试位。TEST=0 为正常工作模式,TEST=1 为测试模式。
- CT2、CT1、CT0 三位为周期性中断选择位。具体设置见表 K11-20 所列。

表 K11-19　SL2、SL1 中断输出选择位

SL2	SL1	描　述	操　作
0	0	ALARM-A、ALARM-B 产生的周期性中断信号从 INTRA 引脚输出;内部的 32 kHz 时钟脉冲产生的信号从 INTRB 引脚输出	缺省
0	1	ALARM-A 产生的周期性中断信号从 INTRA 引脚输出;内部的 32 kHz 时钟脉冲和 ALARM-B 产生的信号从 INTRB 引脚输出	
1	0	ALARM-A、ALARM-B 产生的信号从 INTRA 引脚输出;内部的周期性中断信号和 32 kHz 时钟脉冲信号从 INTRB 引脚输出	
1	1	ALARM-A 产生的信号从 INTRA 引脚输出;ALARM-B 产生的信号、内部周期性中断信号、32 kHz 时钟脉冲信号从 INTRB 引脚输出	

表 K11-20　CT2、CT1、CT0 周期性中断选择位

CT2	CT1	CT0	描　述	
			波形模式	周期与 INTRA(INTRB)下降沿时刻
0	0	0	—	INTRA(INTRB)为高电平
0	0	1	—	INTRA(INTRB)为低电平
0	1	0	脉冲模式	2 Hz(占空比 50%)
0	1	1	脉冲模式	1 Hz(占空比 50%)
1	0	0	电平模式	每秒(与秒计数同步)
1	0	1	电平模式	每分(每分 00 秒)
1	1	0	电平模式	每时(每时 00 分:00 秒)
1	1	1	电平模式	每月(每月第一天 00 时:00 分:00 秒)

有关脉冲模式解释见“网上资料\器件资料\ZK11_1 SD2303A 高精度实时时钟.pdf”。

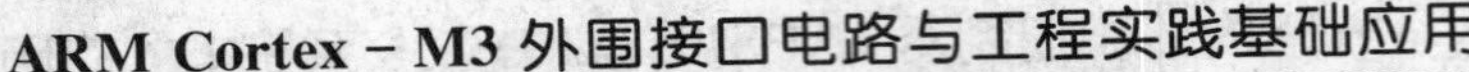

(12) 控制寄存器 2(如表 K11－21 所列)

表 K11－21　控制寄存器 2(内部地址 0FH)

D7	D6	D5	D4	D3	D2	D1	D0	操　作
—	—	12_24	ADJ	CLEN_	CTFG	AAFG	BAFG	写
0	0	12_24	XSTP	CLEN_	CTFG	AAFG	BAFG	读
0	0	—	1	0	0	0	0	缺省

12_24＝0 为 12 小时制，12_24＝1 为 24 小时制，小时显示如表 K11－22 所列。其他各位功能如表 K11－23 所列。

表 K11－22　小时显示表

24 小时制显示系统	12 小时制显示系统	24 小时制显示系统	12 小时制显示系统
00	12(AM12)	12	32(PM12)
01	01(AM1)	13	21(PM1)
02	02(AM2)	14	22(PM2)
03	03(AM3)	15	23(PM3)
04	04(AM4)	16	24(PM4)
05	05(AM5)	17	25(PM5)
06	06(AM6)	18	26(PM6)
07	07(AM7)	19	27(PM7)
08	08(AM8)	20	28(PM8)
09	09(AM9)	21	29(PM9)
10	10(AM10)	22	30(PM10)
11	11(AM11)	23	31(PM11)

注：不管是使用 12 小时制还是 24 小时制显示，都必须在写时钟之前进行选择。

表 K11－23　控制寄存器 2 各位功能描述表

名　称	状　态	功　能	描　述
ADJ	ADJ＝1	为秒调整工作	±30 秒调整位。当 ADJ 置 1：秒计数在“00”与“29”之间时，秒计数复位为“00”，分计数不变；秒计数在“31”与“59”之间时，秒计数复位为“00”，分计数加 1。秒调整会写入 ADJ 位，当写入 1 后，在122 μs 内进行处理；ADJ 位是只读位
	ADJ＝0	为正常工作	

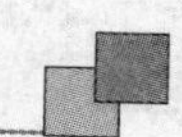

续表 K11－23

名　称	状　态	功　能	描　述
XSTP	XSTP＝1	为停振检测	晶振停振检测位。XSTP 位可以检测晶振停振与否。上电、掉电或者晶振停振后，该位自动置 1，检测该位可以判断时钟数据有效性。当该位置 1 后，XSL_、F6～F0、CT2、CT1、CT0、AALE、BALE、SL2、SL1、CLEN_和 TEST 位全部复位，INTRA 停止输出，INTRB 输出 32 768 Hz 的时钟脉冲。在正常工作时，通过写控制寄存器 2(FH)的 XSTP 为 0 将其复位
	XSTP＝0	为正常工作	
CLEN_	CLEN_＝0	允许 32 kHz 脉冲输出	设置该位为 1 时，INTRB 输出的频率与晶振的实际频率一致
	CLEN_＝1	禁止 32 kHz 脉冲输出	
CTFG	CTFG＝0	无周期性中断	当有周期性中断脉冲(INTRA 或 INTRB 为低电平)输出时，该位将置 1。在电平中断模式中，可以写入 CTFG 位 0 以终止中断过程。当写入 0 后，INTRA 或 INTRB 全部变成高电平。如果写入 CTFG 位 1，则没有任何变化
	CTFG＝1	周期性中断状态	
AALE	AALE＝0	无报时中断	仅当 AALE、BALE 置 1 时，才能产生定时中断。当时钟时间与预置时间吻合时，该位会置 1。在定时状态中，可以写入 AAFG、BAFG 位 0 以终止中断过程。当写入 0 后，INTRA 或 INTRB 全部变成高电平。如果写入 1，则没有任何变化。当 AALE、BALE 位为 0 时，禁止定时中断，AAFG、BAFG 位为 0
	AALE＝1	报时中断状态	
BALE	BALE＝0	无报时中断	
	BALE＝1	报时中断状态	

K11.4.2　串行接口

SD2303 通过两线式串行（SDA、SCL）接口方式接收各种命令并读写数据。SD2303 的通信遵循 I^2C 通信协议。有关 I^2C 通信的具体操作请参考“网上资料\器件资料\ZK11_1 SD2303A 高精度实时时钟.pdf”。

本课题用到 74HC595 与 TC1602 作显示，其资料已在《ARM Cortex－M3 内核微控制器快速入门与应用》一书的课题 12 中给出了，在此不再赘述。

【扩展模块制作】

1. 扩展模块电路图

扩展模块电路图如图 K11－2、图 K11－3 和图 K11－4 所示。

2. 各模块间的连线

① 图 K11－2 与 EasyARM615 开发板连线：SDA(S0)连接到 PA5，SCL(S1)连接到 PA2，STcp 连接到(S2)PA3。

② 图 K11－3 与 EasyARM615 开发板连线：J4(RS)连接到 PA0，J5(R/W)连接到 PA1，J6(E)连接到 PB6。

③ 图 K11－2 与图 K11－3 的连线：QJ0～QJ7 与 JD0～JD7 顺序连接。

④ 图 K11－4 与 EasyARM615 开发板连线：SJ0(SDA)连接到 PB5，SJ1(SCL)连接到 PB4。

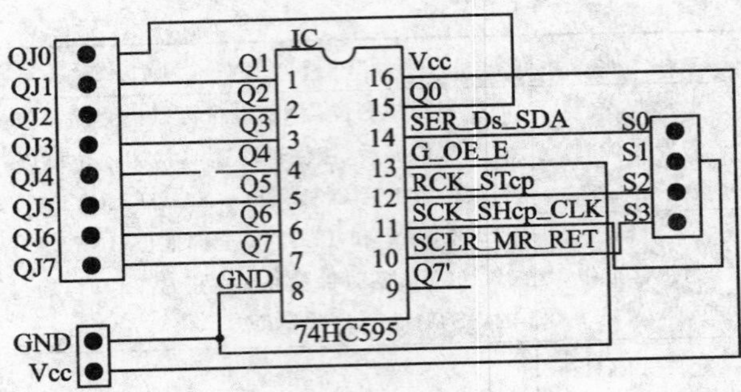

图 K11－2　扩展模块 74HC595 电路图

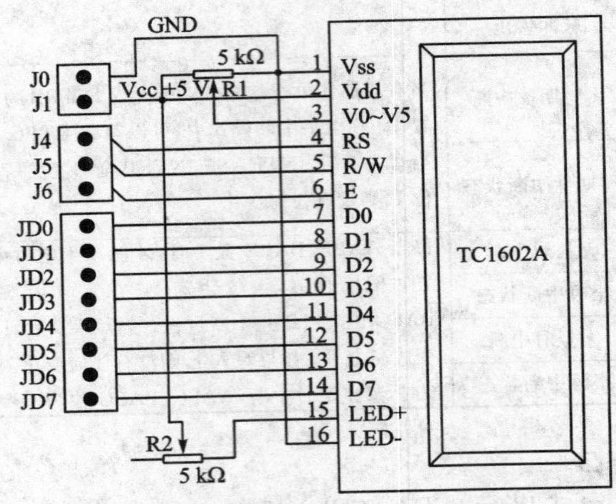

图 K11－3　扩展模块 TC1602A 电路图

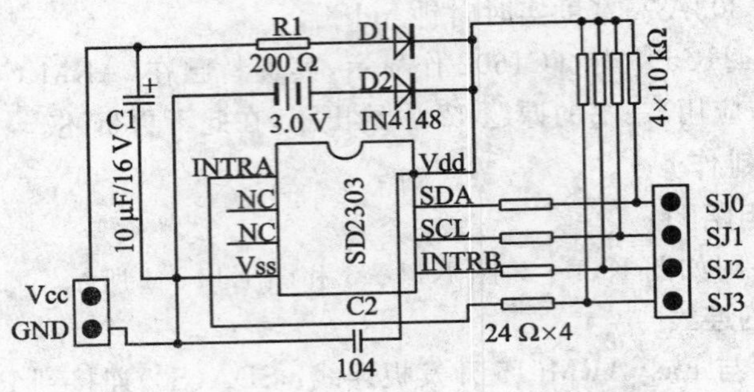

图 K11－4　扩展模块 SD2303 电路图

图 K11－2 和图 K11－3 所示电路使用 5 V 电源，图 K11－4 所示电路使用 3 V 电源。

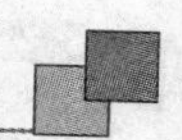

3. 模块制作

扩展模块制作成实验板时按图 K11－2、图 K11－3 和图 K11－4 进行。制作时请留出接线柱。

【程序设计】

1. 扩展器件驱动程序的编写

(1) 创建 sd2303_time.h 文件

代码编写如下：

```
//****************************************************************************
//------------------------------------------------------------------------------
//文件名：sd2303_time.h
//功能：读出和处理日期与时间
//------------------------------------------------------------------------------
#include "iiC_i2c_lm3s_PB45.h"
unsigned char chDateTime[8];                              //用于存入读出的数据日期和时间
unsigned char chDispDT[16];                               //用于显示
void GetSD2303_DATE_TIME();                               //读取时间
void Disp_DATE_TIME();                                    //处理读出的时钟数据
//------------------------------------------------------------------------------
⋮//文件内容见参考程序
//------------------------------------------------------------------------------
```

主要外用函数原型：

- void SetSD2303_DATE_TIME()函数用于设置 SD2303 实时时间。
- void GetSD2303_DATE_TIME()函数用于读出 SD2303 实时时间并负责显示处理。

(2) 创建 Pwt_4Key.h 四位按键文件

代码编写如下：

```
//------------------------------------------------------------------------------
//文件名：Pwt_4Key.h
//功能：实现按键应用
//说明：本文件使用 PD 端口的 4 个引脚做按键信号
//------------------------------------------------------------------------------
//KEY(按键) 使用 PE 端口
#define PE0_KEY1   GPIO_PIN_0   //PE0
⋮
#define PE3_KEY4   GPIO_PIN_3   //PE3
//4 功能键执行函数
void GPIOKey1();                                 //主控键
⋮
void GPIOKey4();                                 //减 1 键
unsigned char JwBcd(unsigned char chDaa) ;       //数据处理
int   KeyCtrl;                                   //用于控制按键,KeyCtrl = 1 时为禁止所有
                                                 //按键,KeyCtrl = 0 时启用所有按键
unsigned char chKeycon = 0x00;                   //按键计数器
```

```
unsigned char chKeycon2 = 0x10;                   //按键加减控制
//------------------------------------------------------------------
// 函数名称：GPio_PE_KEY_Initi
// 函数功能：启动外设 GPIO PE 口为输入状态
// 输入参数：无
// 输出参数：无
//------------------------------------------------------------------
void GPio_PE_KEY_Initi(void)
{
   //使能 GPIO PE 口外设,用于 LED 灯和 KEY 按键
   SysCtlPeripheralEnable( SYSCTL_PERIPH_GPIOE );
   //设定 PE0～PE3 为输入用于按键输入
   GPIODirModeSet(GPIO_PORTE_BASE, PE0_KEY1|PE1_KEY2|
                  PE2_KEY3|PE3_KEY4,GPIO_DIR_MODE_IN);
   chKeycon2 = 0x10;
   chKeycon = 0x00;
}
//------------------------------------------------------------------
// 函数名称：GetKeyCommand()
// 函数功能：获取按键命令
// 输入参数：无
// 输出参数：无
//------------------------------------------------------------------
void GetKeyCommand()
{
      //如果 KEY1 键按下
      if(GPIOPinRead( GPIO_PORTE_BASE,PE0_KEY1) == 0x00)
        GPIOKey1();                               //主控键
         ⋮
      //如果 KEY4 键按下
      if(GPIOPinRead( GPIO_PORTE_BASE,PE3_KEY4) == 0x00)
        GPIOKey4();                               //减 1 键
}
//------------------------------------------------------------------
//4 功能键执行函数
//------------------------------------------------------------------
//函数名称：Key1()
//函数功能：启动与确认键,用于控制其他键
//------------------------------------------------------------------
void GPIOKey1()
{ if(KeyCtrl)
    { KeyCtrl = 0;                                //指向下一个开关
      CloseTime1();                               //关闭定时器 1,停止读取时间
      chKeycon = 0x00;
      chKeycon2 = 0x10;                           //加减控制
        //开启光标
      Write_Command(0x0F);                        //开光标
    }
   else
```

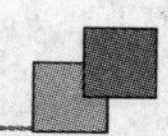

```
    { KeyCtrl = 1;                          //指向下一个开关
      OpenTime1();                          //启动定时器 1 读取时间
      //关闭光标
      Write_Command(0x0C);
      //保存调好的日期与时钟数据并走时
      SetSD2303_DATE_TIME(); }
}
//-------------------------------------------------------------------
//函数名称：Key2()
//函数功能：方向控制键,用于将光标向左移动
//-------------------------------------------------------------------
void GPIOKey2()
{   if(KeyCtrl)return ;                     //如果确认键没有按下,直接返回
    if(chKeycon == 0x00)
     {//秒
       Write_Command(0x10);                 //左移光标
       Write_Command(0xCD);                 //将光标移到秒钟处
       chKeycon = 0x01;                     //指向下一次按键
       chKeycon2 = 0x01;                    //指向下一次按键
       Delay(100);
     }
     else if(chKeycon == 0x01)
     { //分
        Write_Command(0x10);                //左移光标
        Write_Command(0xCA);                //将光标移到分钟处
        chKeycon = 0x02;                    //指向下一次按键
        chKeycon2 = 0x02;
        Delay(100);
      }
      else if(chKeycon == 0x02)
      { //时
        Write_Command(0x10);                //左移光标
        Write_Command(0xC7);                //将光标移到时钟处
        chKeycon = 0x03;                    //指向下一次按键
        chKeycon2 = 0x03;
        Delay(100);
       }
       else if(chKeycon == 0x03)
       { //星期
         Write_Command(0x10);               //左移光标
         Write_Command(0xC4);               //将光标移到星期处
         chKeycon = 0x04;                   //指向下一次按键
         chKeycon2 = 0x04;
         Delay(100);
        }
        else if(chKeycon2 == 0x04)
        { //日
          Write_Command(0x10);              //左移光标
          Write_Command(0x8C);              //将光标移到日处
```

```
        chKeycon = 0x05;                    //指向下一次按键
        chKeycon2 = 0x05;
        Delay(100);
       }
      else if(chKeycon == 0x05)
      {  //月
         Write_Command(0x10);               //左移光标
         Write_Command(0x89);               //将光标移到月处
         chKeycon = 0x06;                   //指向下一次按键
         chKeycon2 = 0x06;
         Delay(100);
       }
       else if(chKeycon == 0x06)
       {  //年
          Write_Command(0x10);              //左移光标
          Write_Command(0x86);              //将光标移到年处
          chKeycon = 0x00;                  //指向下一次按键
          chKeycon2 = 0x07;
          Delay(100);
        }
        else ;
}
//------------------------------------------------------------------------
/*(使用时请将注释符删除)
//------------------------------------------------------------------------
//函数名称：Key3()
//函数功能：方向控制键,用于移动光标向右
//说明：可以使用别的按键号
//------------------------------------------------------------------------
void GPIOKey3()
{  if(KeyCtrl)return ;                      //如果确认键没有按下,直接返回
   if(chKeycon == 0x01)
   {//年
      Write_Command(0x14);                  //右移光标
      Write_Command(0x86);                  //将光标移到年处
      chKeycon = 0x00;                      //指向下一次按键
      chKeycon2 = 0x07;                     //指向下一次按键
      Delay(100);
    }
    else if(chKeycon == 0x02)
    { //秒
       Write_Command(0x14);                 //右移光标
       Write_Command(0xCD);                 //将光标移到秒钟处
       chKeycon = 0x01;                     //指向下一次按键
       chKeycon2 = 0x01;
       Delay(100);
     }
     else if(chKeycon == 0x03)
     { //分
```

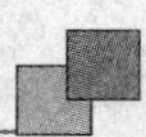

```
    Write_Command(0x14);                          //右移光标
    Write_Command(0xCA);                          //将光标移到分钟处
    chKeycon = 0x02;                              //指向下一次按键
    chKeycon2 = 0x02;
    Delay(100);
   }
  else if(chKeycon = = 0x04)
  { //时
     Write_Command(0x14);                         //右移光标
     Write_Command(0xC7);                         //将光标移到时钟处
     chKeycon = 0x03;                             //指向下一次按键
     chKeycon2 = 0x03;
     Delay(100);
   }
   else if(chKeycon2 = = 0x05)
   { //星期
      Write_Command(0x14);                        //右移光标
      Write_Command(0xC4);                        //将光标移到星期处
      chKeycon = 0x04;                            //指向下一次按键
      chKeycon2 = 0x04;
      Delay(100);
     }
    else if(chKeycon = = 0x06)
    { //日
        Write_Command(0x14);                      //右移光标
        Write_Command(0x8C);                      //将光标移到日处
        chKeycon = 0x05;                          //指向下一次按键
        chKeycon2 = 0x05;
        Delay(100);
      }
     else if(chKeycon = = 0x00)
     { //月
         Write_Command(0x14);                     //右移光标
         Write_Command(0x89);                     //将光标移到月处
         chKeycon = 0x06;                         //指向下一次按键
         chKeycon2 = 0x06;
         Delay(100);
       }else ;
} */
//-------------------------------------------------------------------------
//函数名称：Key3()
//函数功能：加 1 键,用于调整数据加 1
//-------------------------------------------------------------------------
void GPIOKey3()
{     if(KeyCtrl)return ;                         //如果确认键没有按下,直接返回
    if(chKeycon2 = = 0x01)
     { //秒钟加 1
       chDateTime[0] + + ;
       //秒钟(加法时在这里做加 0x06 处理,跳开 A~F)
```

```
 chDateTime[0] = JwBcd(chDateTime[0]);
 if(chDateTime[0]>0x59)chDateTime[0] = 0x00;
 Disp_DATE_TIME();                      //显示
 Write_Command(0x10);                   //再移一次光标
 Write_Command(0xCD);
}
else if(chKeycon2 = = 0x02)
{  //分钟加 1
   chDateTime[1] ++ ;
   //分钟(加法时在这里做加 0x06 处理,跳开 A~F)
   chDateTime[1] = JwBcd(chDateTime[1]);
   if(chDateTime[1]>0x59)chDateTime[1] = 0x00;
    Disp_DATE_TIME();                   //显示
   Write_Command(0x10);                 //再移一次光标
   Write_Command(0xCA);
 }
 else if(chKeycon2 = = 0x03)
 {
    //时钟加 1
    chDateTime[2] ++ ;
    //时钟(加法时在这里做加 0x06 处理,跳开 A~F)
    chDateTime[2] = JwBcd(chDateTime[2]);
    if(chDateTime[2]>0x23)chDateTime[2] = 0x00;
    Disp_DATE_TIME();                   //显示
    Write_Command(0x10);                //再移一次光标
    Write_Command(0xC7);
   }
   else if(chKeycon2 = = 0x04)
   { //星期加 1
     chDateTime[3] ++ ;
      //星期(加法时在这里做加 0x06 处理,跳开 A~F)
     chDateTime[3] = JwBcd(chDateTime[3]);
     if(chDateTime[3]>0x06)chDateTime[3] = 0x00;
     Disp_DATE_TIME();                  //显示
     Write_Command(0x10);               //再移一次光标
     Write_Command(0xC4);
    }
    else if(chKeycon2 = = 0x05)
    { //日加 1
      chDateTime[4] ++ ;
      //日钟(加法时在这里做加 0x06 处理,跳开 A~F)
      chDateTime[4] = JwBcd(chDateTime[4]);
      if(chDateTime[4]>0x31)chDateTime[4] = 0x00;
      Disp_DATE_TIME();                 //显示
      Write_Command(0x10);              //再移一次光标
      Write_Command(0x8C);
     }
     else if(chKeycon2 = = 0x06)
     { //月加 1
```

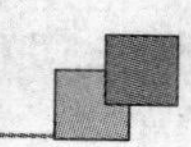

```
            chDateTime[5]++;
            //月（加法时在这里做加 0x06 处理,跳开 A～F)
            chDateTime[5] = JwBcd(chDateTime[5]);
            Disp_DATE_TIME();                //显示
            if(chDateTime[5]>0x12)chDateTime[5] = 0x00;
            Disp_DATE_TIME();                //显示
            Write_Command(0x10);             //再移一次光标
            Write_Command(0x89);
          }
        else if(chKeycon2 == 0x07)
        {//年加 1
            chDateTime[6]++;
            //年(加法时在这里做加 0x06 处理,跳开 A～F)
            chDateTime[6] = JwBcd(chDateTime[6]);
            Disp_DATE_TIME();                //显示
            Write_Command(0x10);             //再移一次光标
            Write_Command(0x86);
        } else ;
}
//--------------------------------------------------------------------
//函数名称：Key4()
//函数功能：减 1 键,用于调整数据减 1
//--------------------------------------------------------------------
void GPIOKey4()
{   if(KeyCtrl)return ;                     //如果确认键没有按下,直接返回
    if(chKeycon2 == 0x01)
     { //秒钟减 1
       chDateTime[0]--;
       //秒钟(减法时在这里做减 0x06 处理,跳开 F～A)
       chDateTime[0] = JwBcd(chDateTime[0]);
       if(chDateTime[0] == 0xF9)chDateTime[0] = 0x59;
       Disp_DATE_TIME();                    //显示
       Write_Command(0x10);                 //再移一次光标
       Write_Command(0xCD);
     }
    else if(chKeycon2 == 0x02)
     { //分钟减 1
        chDateTime[1]--;
        //分钟(减法时在这里做减 0x06 处理,跳开 F～A)
        chDateTime[1] = JwBcd(chDateTime[1]);
        if(chDateTime[1] == 0xF9)chDateTime[1] = 0x59;
        Disp_DATE_TIME();                   //显示
        Write_Command(0x10);                //再移一次光标
        Write_Command(0xCA);
      }
     else if(chKeycon2 == 0x03)
      {  //时钟减 1
         chDateTime[2]--;
         //时钟(减法时在这里做减 0x06 处理,跳开 F～A)
```

```
      chDateTime[2] = JwBcd(chDateTime[2]);
      if(chDateTime[2] == 0xF9)chDateTime[2] = 0x23;
      Disp_DATE_TIME();             //显示
      Write_Command(0x10);          //再移一次光标
      Write_Command(0xC7);
    }
    else if(chKeycon2 == 0x04)
    {//星期减 1
      chDateTime[3]--;
      //星期(减法时在这里做减 0x06 处理,跳开 F～A)
      chDateTime[3] = JwBcd(chDateTime[3]);
      if(chDateTime[3] == 0xF9)chDateTime[3] = 0x06;
      Disp_DATE_TIME();             //显示
      Write_Command(0x10);          //再移一次光标
      Write_Command(0xC4);
    }
    else if(chKeycon2 == 0x05)
    { //日减 1
      chDateTime[4]--;
      //日钟(减法时在这里做减 0x06 处理,跳开 F～A)
      chDateTime[4] = JwBcd(chDateTime[4]);
      if(chDateTime[4] == 0xF9)chDateTime[4] = 0x31;
      Disp_DATE_TIME();             //显示
      Write_Command(0x10);          //再移一次光标
      Write_Command(0x8C);
    }
    else if(chKeycon2 == 0x06)
    {//月减 1
      chDateTime[5]--;
      //月 (减法时在这里做减 0x06 处理,跳开 F～A)
      chDateTime[5] = JwBcd(chDateTime[5]);
      if(chDateTime[5] == 0xF9)chDateTime[5] = 0x12;
      Disp_DATE_TIME();             //显示
      Write_Command(0x10);          //再移一次光标
      Write_Command(0x89);
    }
    else if(chKeycon2 == 0x07)
    {//年减 1
      chDateTime[6]--;
      //年(减法时在这里做减 0x06 处理,跳开 F～A)
      chDateTime[6] = JwBcd(chDateTime[6]);
      if(chDateTime[6] == 0xF9)chDateTime[6] = 0x99;
      Disp_DATE_TIME();             //显示
      Write_Command(0x10);          //再移一次光标
      Write_Command(0x86);
    }else ;
}
//------------------------------------------------------------------
//函数名称：JwBcd()
```

```
//函数功能：十六进制转换为 BCD 码函数
//入口参数：chDaa[传送要转换的十六进制码]
//出口参数：chDaa2[返回调好的 BCD 码]
//------------------------------------------------------------------------
unsigned char JwBcd(unsigned char chDaa)
{    unsigned char chC,chDaa2;
     chC = chDaa;
     chC = chC&0x0F;
     if(chC = = 0x0A)
      chDaa2 = chDaa + 0x06;                          //加 6 离开 A~F 字符(用于加法)
      else if(chC = = 0x0F)
        chDaa2 = chDaa - 0x06;                        //减 6 离开 A~F 字符(用于减法)
        else chDaa2 = chDaa;                          //否则返回原数
     return chDaa2;
}
//------------------------------------------------------------------------
```

主要函数的原型：

➢ void GPio_PE_KEY_Initi(void)函数主要用于初始化按键引脚。

➢ void GetKeyCommand()函数主要通过主程序或定时器中断程序调用来获取按键命令所执行的功能结果。

有关 TC1602 光标显示和移动的两点说明：

➢ 曾在《单片机基础与最小系统实践》一书的课题 9 中没能讲得很清楚，所以在此多说两句。

➢ TC1602 内部光标是可以控制的，光标移动命令的说明如表 K11 - 24 所列。

表 K11 - 24　光标移动命令解释表

命　令	二进制码格式					命令解释
	0001	S/C	R/L	*	*	
0x10	0001	0	0	*	*	光标左移(操作时请指定要移动到的行列数)
0x18	0001	1	0	*	*	光标和显示一起左移(移动请加上行列数)
0x14	0001	0	1	*	*	光标右移(操作时请指定要移动到的行列数)
0x1C	0001	1	1	*	*	光标和显示一起右移(移动请加上行列数)

注：命令的操作格式为先发送光标移位命令，后发行列数。例如，要将光标移到第二行的第五列，发送光标左移命令 0x10，再发送行列数 0xC4 即可。* 号可以用 0 或 1 填充。

(3) 调用模板程序 Time_time. h 文件

代码如下：

```
//***********************************************************************
//文件名：Time_time.h
//功能：定时模板文件
//说明：应用此文件时请在主函数的开始处加入时钟源设置函数
//------------------------------------------------------------------------
```

```
#include "timer.h"
//各函数说明：
//外部调用函数
//定时器 0 函数说明
//nlTimeLength 参数为 ms 级，当设置为 0 时为 1 ms
void  SetTime0timeMS(int nlTimeLength);
//nlTimeLength 参数为 μs 级，当设置为 0 时为 1 μs
void  SetTime0timeUS(int nlTimeLength);
//定时器 0 的中断执行函数，请在使用时加入执行代码即可
void  Time0Execute();
void  CloseTime0();                                    //关闭定时器 0
void  OpenTime0();                                     //启动定时器 0
//定时器 1 函数说明
//nlTimeLength 参数为 ms 级，当设置为 0 时为 1 ms
void  SetTime1timeMS(int nlTimeLength);
//nlTimeLength 参数为 μs 级，当设置为 0 时为 1 μs
void  SetTime1timeUS(int nlTimeLength);
//定时器 1 的中断执行函数，请在使用时加入执行代码即可
void  Time1Execute();
void  CloseTime1();                                    //关闭定时器 1
void  OpenTime1();                                     //启动定时器 1
//------------------------------------------------------------------
//内部中断函数
void Time0_TimeA_Inter_ISR();
void Time1_TimeA_Inter_ISR();
//------------------------------------------------------------------
⋮//文件内容见参考程序
//*****************************************************************
```

主要函数的原型与应用范例：

① 定时器 0 函数原型说明：

- void SetTime0timeMS(int nlTimeLength)函数用于设定时器 0 工作于 ms 级。
- void SetTime0timeUS(int nlTimeLength)函数用于设定时器 0 工作于 μs 级。
- void Time0Execute()函数为代码执行函数，用于设置定时器的定时时间，后此中断执行函数就按用户设定的时间工作。

② 定时器 0 函数应用举例：调用定时器 0 按 300 ms 扫描按键。

第一步，在工程的主文件初始程序代码区设定定时器的定时时间级别。

```
⋮
SetTime0timeMS(300);   //启动定时器 0 使用 300 ms 的定时时间长度进行工作
⋮
```

第二步，复制中断执行函数 Time0Execute()

```
⋮
//------------------------------------------------------------------
//函数名称：Time0Execute()
//函数功能：用户用定时器 0 的中断执行函数
//输入参数：无
```

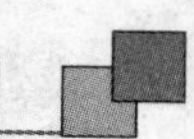

```
//输出参数：无
//说明：此函数为用户用定时器 0 的中断执行函数，使用时请将此函数复制到工程主文件中，
//        并在函数体中加入用户执行代码
//--------------------------------------------------------------------------
void  Time0Execute()
{
  //请在下面加入用户执行代码
  //读取按键命令
  GetKeyCommand();
  IndicatorLight_PC5();                              //运行指示灯
}
//--------------------------------------------------------------------------
⋮
```

③ 定时器 1 函数原型说明：

➢ void SetTime1timeMS(int nlTimeLength)函数用于设定时器 1 工作于 ms 级。

➢ void SetTime1timeUS(int nlTimeLength)函数用于设定时器 1 工作于 μs 级。

➢ void Time1Execute()函数为代码执行函数，用于设置定时器的定时时间后此中断执行函数就按用户设定的时间工作。

④ 定时器 1 函数应用举例：调用定时器 1 按 1 000 ms 读取实时时钟。

```
第一步，在工程的主文件初始程序代码区设定定时器的定时时间级别。
⋮
SetTime1timeMS(1000);  //启动定时器 1 使用 1 000 ms 的定时时间长度工作
⋮
第二步，复制中断执行函数 Time1Execute()
⋮
//--------------------------------------------------------------------------
//函数名称：Time1Execute()
//函数功能：用户用定时器 1 的中断执行函数
//说明：此函数为用户用定时器 1 的中断执行函数，使用时请将此函数复制到工程主文件中，
//        并在函数体中加入用户执行代码
//--------------------------------------------------------------------------
void  Time1Execute()
{
  //请在下面加入用户执行代码
  //读取实时时钟并发送到 TC1602 显示
  GetSD2303_DATE_TIME();
}
//--------------------------------------------------------------------------
⋮
```

(4) 调用模板程序 TC1602_lcd.h 文件

TC1602_lcd.h 文件代码已在《ARM Cortex－M3 内核微控制器快速入门与应用》一书的课题 12 中已列出，在此不再赘述。

主要函数的原型：

➢ void Init_TC1602()函数用于初始化 TC1602 为工作状态，使用时请在主程序的

初始化区加入。

➢ void Send_String_1602(uchar chCom,uchar ＊LpDat,uint NCount)函数用于向TC1602 发送显示字符。函数中的参数：

chCom 为字符所要显示位置，即行列数，如，第一行的第五列，即值为 0x84。

LpDat 为要发送的字符串。如“ABCD”。

NCount 为要发送的字符串字节个数。如“ABCD”串为 4 字节，即此参数设为 4。

2. 应用范例程序的编写

任务① 从 SD2303 中读出日期时钟，并使用 TC1602 液晶屏显示出日期和时钟。

任务② 使用 4 按键调整日期和时钟。

代码编写如下：

```
//*************************************************************
//文件名：sd2303_Main.c
//功能：用于读出 SD2303 高精度实时时钟并显示和调时
//-------------------------------------------------------------
:
void  GPio_Initi(void);
void  IndicatorLight_PC4(void);                    //芯片运行指示灯
void  IndicatorLight_PC5(void);                    //芯片运行指示灯
void Delay(int nDelaytime);                        //用于延时
void jtagWait();                                   //防止 JTAG 失效
#define PC4_LED  GPIO_PIN_4
#define PC5_LED  GPIO_PIN_5
#include "Lm3sxxxUart0SR.h"
#include "TC1602_lcd.h"
#include "sd2303_time.h"
#include "Time_time.h"
#include "Pwt_4Key.h"
//-------------------------------------------------------------
// 函数名称：Time0Execute()
// 函数功能：用户用定时器 0 的中断执行函数
// 说明：此函数为用户用定时器 0 的中断执行函数，使用时请将此函数复制到工程主
//       文件中，并在函数体中加入用户执行代码
//-------------------------------------------------------------
void  Time0Execute()
{
  //读取按键命令
  GetKeyCommand();
  IndicatorLight_PC5();
}
//-------------------------------------------------------------
// 函数名称：Time1Execute()
// 函数功能：用户用定时器 1 的中断执行函数
// 说明：此函数为用户用定时器 1 的中断执行函数，使用时请将此函数复制到工程主
//       文件中，并在函数体中加入用户执行代码
//-------------------------------------------------------------
```

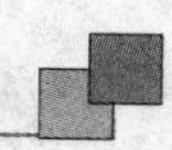

```
void  Time1Execute()
{
  //读取实时时钟并发送到 TC1602 显示
  GetSD2303_DATE_TIME();
}
//--------------------------------------------------------------------
//主函数
//--------------------------------------------------------------------
void main(void)
{
    //防止 JTAG 失效
    Delay(10);
    jtagWait();
    Delay(10);
    //设定系统晶振为时钟源
    SysCtlClockSet( SYSCTL_SYSDIV_1 | SYSCTL_USE_OSC |
                    SYSCTL_OSC_MAIN | SYSCTL_XTAL_6MHZ );
    GPio_Initi();                  //初始化 GPIO
    LM3Sxxx_UART0_Initi(9600);
    GPio_PB45_Initi();
    Init_TC1602();                 //初始化 1602
    GPio_PE_KEY_Initi();           //初始化按键引脚
    SetTime0timeMS(300);           //初始化定时器 0 用于读取按键,设为 300 ms 读一次
    SetTime1timeMS(1000);          //初始化定时器 1 用于读取时钟,设为 1 000 ms 读一次
    while(1)
    {
      UART0Send(chDateTime,7);
      IndicatorLight_PC4();  //程序运行指示灯
      Delay(40);
    }
}
//--------------------------------------------------------------------
⋮//省略部分见程序实例
//********************************************************************
```

完整的工程程序见随书“网上资料\参考程序\课题 11_SD2303\SD2303_1_1[成]*.*”。

作业：

做一个小小的定时器闹钟。

编后语：在本课题的练习中，调时时一定要使 TC1602 的光标左右移动。

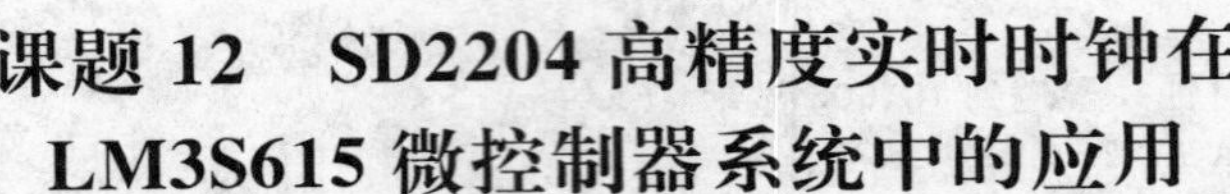

课题 12　SD2204 高精度实时时钟在 LM3S615 微控制器系统中的应用

【实验目的】

了解和掌握 SD2204 高精度实时时钟在 LM3S615 微控制器系统中的应用原理与方法。

【实验设备】

① 所用工具：30 W 烙铁 1 把，数字万用表 1 个；

② PC 机 1 台；

③ 开发软件 IAR Embedded Workbench5.20v 集成开发平台 1 套；

④ LM LINK JTAG 调试器 1 套，EasyARM615 开发套件 1 套。

【外扩器件】

课题所需外扩元器件请查寻图 K12－19～图 K12－21。

【工程任务】

① 读出 SD2204FLP 内部的温度值。

② 向 SD2204FLP 内部的 E^2PROM 读/写数据。

③ 向 SD2204FLP 内部的实时时钟读/写时钟数据。

④ 通过 JCM12864 液晶显示器显示时钟和温度值。

⑤ 利用 SD2204FLP 器件制作一个定时器（家庭作业）。

【所需外围器件资料】

K12.1　SD2204 高精度实时时钟

K12.1.1　概　述

SD2204FLP(I^2C)是一种具有内置晶振、支持 I^2C 总线的高精度实时时钟芯片。该芯片可保证时钟精度为 $\pm5\times10^{-6}$（$-10\sim50$℃），即年误差小于 2.5 分钟；该芯片内置时钟精度调整功能，可以在很宽的范围内校正时钟的偏差（分辨力 3×10^{-6}），通过内置的数字温度传感器可设定适应温度变化的调整值，实现在宽温范围内高精度的计时功能；内置 2 KB 串行 E^2PROM，用于存储各温度点的时钟精度补偿数据；内置一次性电池可保证在外部掉电情况下时钟使用寿命超过 5 年。该芯片可满足对实时时钟芯片的各种需要，是在选用高精度实时时钟时的理想芯片。

K12.1.2　主要性能特点

SD2204 主要性能如下：

➢ 低功耗：典型值 0.25 μA（$V_{DD}=3.0$ V，$T_a=25$ ℃，时钟电路部分）。

➢ 芯片工作电压范围：2.7～5.5 V。

➢ 工作温度：－40～85 ℃。

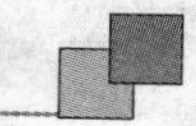

- 时钟电路计时电压：1.1～5.5 V。
- 年、月、日、星期、时、分、秒用 BCD 码输入/输出。
- 可设定两路闹钟(定时)，并用 1～32 768 Hz 的方波信号输出。
- 内置高精度时钟调整功能。
- 内置数字温度传感器。
- 内置 2 KB 容量的串行 E^2PROM，用于存储－40～85 ℃各温度点的时钟精度补偿数据。
- 内置电源掉电检测电路。
- 内置晶振，出厂前已对时钟进行校准，通过温补可保证在－10～50 ℃下精度变化小于等于±5×10^{-6}；在－40～85 ℃下精度变化小于等于±10×10^{-6}。
- 内置一次性电池可保证在外部掉电情况下时钟使用寿命超过 5 年。
- 封装形式：24 引脚的 DIP 封装，SD2204FLPI 为工业级型号。

K12.1.3　引脚排列及功能

SD2204FLPI 引脚排列如图 K12－1 所示，其功能描述如表 K12－1 所列。

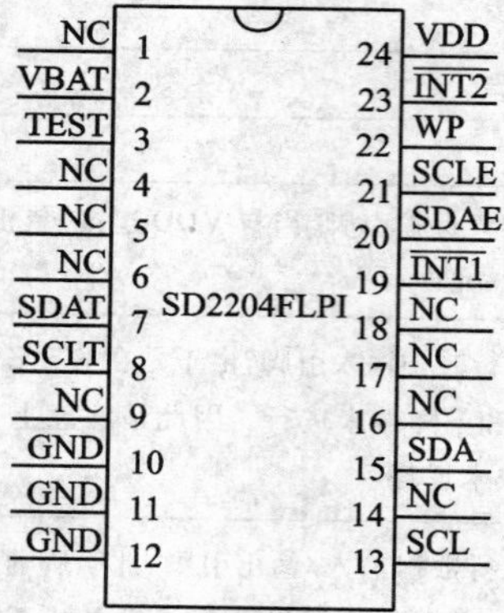

图 K12－1　SD2204FLPI 引脚排列

表 K12－1　SD2204FLPI 引脚功能描述表

引脚号	名　称	功　能	特　征
1、4、5、6	NC	空脚，悬空	
19	$\overline{\text{INT1}}$	报警中断 1 输出引脚，根据$\overline{\text{INT1}}$寄存器_1 与状态寄存器来设置其工作的模式，当其时间一致时输出低电平"L"或时钟信号，它需通过重写状态寄存器来禁止	N 沟道开路输出(与 VDD 端之间无保护二极管)
8	SCLT	TMP 串行时钟输入引脚，由于在 SCLT 上升/下降沿处理信号，因此，要特别注意 SCLT 信号的上升/下降时间，应严格遵守说明书	CMOS 输入

续表 K12-1

引脚号	名 称	功 能	特 征
7	SDAT	TMP 串行数据输入/输出脚，此引脚通常用一电阻上拉至VDD，并与其他漏极开路或集电极开路输出的器件通过“或”方式连接	N沟道开路输出
10、11、12	GND	地	
23	$\overline{\text{INT2}}$	报警中断2输出引脚，根据$\overline{\text{INT1}}$寄存器_2与状态寄存器来设置其工作的模式，当其时间一致时输出低电平“L”或时钟信号。它需通过重写状态寄存器来禁止	N沟道开路输出（与VDD端之间无保护二极管）
13	SCL	串行时钟输入引脚，由于在SCL上升/下降沿处理信号，因此，要特别注意SCL信号的上升/下降时间，应严格遵守说明书	CMOS输入（与VDD间无保护二极管）
15	SDA	串行数据输入/输出引脚，此引脚通常用一电阻上拉至VDD，并与其他漏极开路或集电极开路输出的器件通过“或”方式连接	N沟道开路输出（与VDD端之间无保护二极管），CMOS输入
2	VBAT	处加电池引脚	仅供时钟电路
24	VDD	正电源	主电源
22	WP	串行E^2PROM保护引脚，当与VDD连接，禁止写入，当与GND连接时，允许写入	CMOS
21	SCLE	E^2PROM串行时钟输入引脚，由于是在SCLE时钟输入信号的上升沿和下降沿来进行。因此请注意上升和下降时间，并遵守技术规范	CMOS输入
20	SDAE	E^2PROM串行数据输入/输出引脚，此引脚通常用一电阻上拉至VDD，并与其他漏极开路或集电极开路输出的器件通过“或”方式连接	N沟道开路输出
9、14、16、17 18	NC	没有与芯片内部连接	悬空或接地

K12.1.4 指令系统

1. 器件地址

SD2204器件地址为0110，其指令格式如表K12-2所列。

表 K12-2 SD2204 指令格式表

器件地址				指令位			读/写	应 答
B7	B6	B5	B4	B3	B2	B1	B0	
0	1	1	0	C2	C1	C0	R/W	ACK

注：R/W=0为写，R/W=1为读。

2. 指令构成

SD2204 指令是由 3 位操作码构成，一共 8 条指令。其高精度实时时钟指令见表 K12-3所列。操作指令的组成格式如表 K12-4 所列。

表 K12-3 SD2204 高精度实时时钟指令表

指令				数据							
C2	C1	C0	内容	B7	B6	B5	B4	B3	B2	B1	B0
0	0	0	读写状态寄存器_1	POC④	BLD④	INT2③	INT1③	SC1②	SC0②	$\overline{12}$/24	RESET①
0	0	1	读写状态寄存器_2	TEST⑤	INT2AE	INT2ME	INT2FE	32KE	INT1AE	INTIME	INTIFE
0	1	0	读写方式 1（年数据）	Y80	Y40	Y20	Y10	Y8	Y4	Y2	Y1
				—⑥	—⑥	—⑥	M10	M8	M4	M2	M1
				—⑥	—⑥	D20	D10	D8	D4	D2	D1
				—⑥	—⑥	—⑥	—⑥	—⑥	W4	W2	W1
				—⑥	$\overline{AM}$/PM	H20	H10	H8	H4	H2	H1
				—⑥	m40	m20	m10	m8	m4	m2	m1
				—⑥	s40	s20	s10	s8	s4	s2	s1
0	1	1	读写方式 2（年数据）	—⑥	$\overline{AM}$/PM	H20	H10	H8	H4	H2	H1
				—⑥	m40	m20	m10	m8	m4	m2	m1
				—⑥	s40	s20	s10	s8	s4	s2	s1
1	0	0	设置 INT1 寄存器_1（报警时间 1）INT1AE=1，INT1ME=0，INT1FE=0	A1WE	—⑥	—⑥	—⑥	—⑥	W4	W2	W1
				A1HE	$\overline{AM}$/PM	H20	H10	H8	H4	H2	H1
				A1mE	m40	m20	m10	m8	m4	m2	m1
			读写 INT1 寄存器_1（选择频率占空比系数）INT1ME=0，INT1FE=1	SC⑦	SC⑦	SC⑦	16Hz	8Hz	4Hz	2Hz	1Hz
1	0	1	设置 INT1 寄存器_2（报警时间 2）INT2AE=1，INT2ME=0，INT2FE=0	A2WE	—⑥	—⑥	—⑥	—⑥	W4	W2	W1
				A2HE	$\overline{AM}$/PM	H20	H10	H8	H4	H2	H1
				A2mE	m40	m20	m10	m8	m4	m2	m1

续表 K12－3

指令				数据							
C2	C1	C0	内容	B7	B6	B5	B4	B3	B2	B1	B0
1	0	1	读/写 INT1 寄存器_2(选择频率占空比系数) INT2ME＝0，INT2FE＝1	SC⑦	SC⑦	SC⑦	16Hz	8Hz	4Hz	2Hz	1Hz
1	1	0	读/写时钟调整用寄存器	V7	V6	V5	V4	V3	V2	V1	V0
1	1	1	通用寄存器读/写	F7	F6	F5	F4	F3	F2	F1	F0

① Write only 标记，通过把 1 写入这个寄存器，而进行 IC 复位。

② Scratch 位，用户可自由地读出或写入的寄存器。

③ Read Only 标记，一读出就会被清除，仅在 ALARM 设定时有效。

④ Read Only 标记，POC 在电源上电时变为 1，一读出就会被清除。

⑤ 为测试用，通常情况下请设置为 0。

⑥ 即使写入也无效，在读出时为 0。

⑦ 可读/写寄存器，对中断不产生任何影响。

表 K12－4　SD2204 高精度实时时钟操作指令的组成格式

操　作	器件代码	操作指令	R/$\overline{W}$
读	0110	如指令表	1
写	0110	如指令表	0

K12.1.5　寄存器

1. 实时数据寄存器

实时数据寄存器是一个 56 位的存储器，它以 BCD 码方式存储，包括年、月、日、星期、时、分、秒的数据。实时数据的读/写操作都通过发送或接收年(实时数据读写方式 1)数据的第一位“LSB(低位)”开始的。具体如图 K12－2 所示。

特别提示：在 24 小时制式下，读取实时数据时一定要屏蔽小时的第 6 位(MSB)至 0。

2. 状态寄存器_1

状态寄存器_1 是一个 8 位寄存器，可进行各种模式的表示与设置，各位配置见表K12－5 所列。

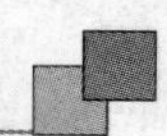

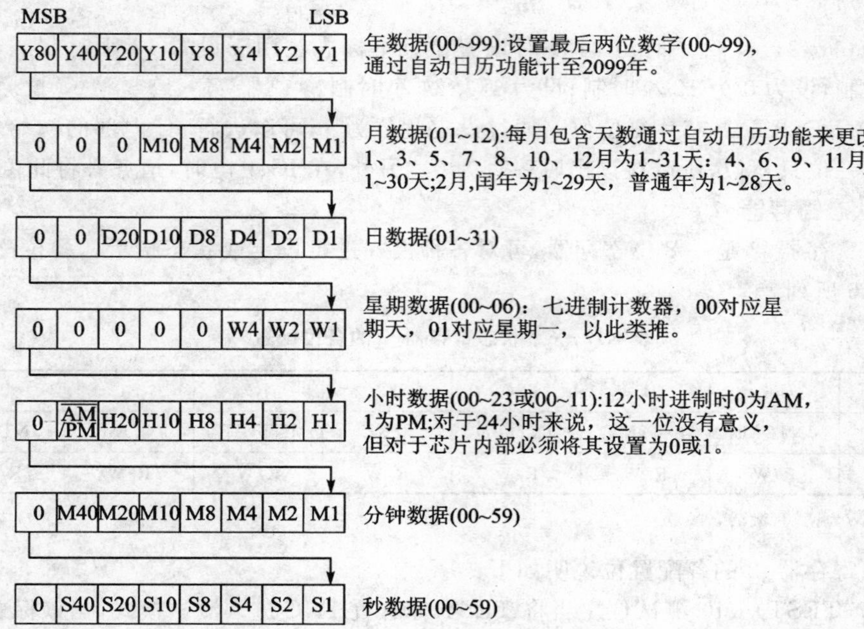

图 K12-2　实时时钟实时数据寄存器

表 K12-5　状态寄存器_1 的各位配置

B7	B6	B5	B4	B3	B2	B1	B0
POC	BLD	INT2	INT1	SC1	SC0	$\overline{12}$/24	RESET
R	R	R	R	R/$\overline{W}$	R/$\overline{W}$	R/$\overline{W}$	W

注：R 为读激活，W 为写激活，R/$\overline{W}$为读/写激活。

状态寄存器_1 的各配置位说明如下：

- B7(POC)　上电检测位。此位置 1 时，电源电压检测电路工作。该位一旦置 1，即使电源电压达到或超过检测电压，此位也不会变为 0，而必须通过操作指令中的复位命令才能使之复位为 0。本标志位为只读位，可读出状态寄存器_1 存取指令。在此标志位为 1 的情况下，请先进行初始化。
- B6(BLD)　电源电压检测位。电路在检测电压 V_{DET} 为3.0 V以下时变为 1，因此可以检测到电源电压的降低，一旦变为 1，即使电源电压在检测电压 V_{DET} 为 3.0 V以上时也不会变为 0，这个标记为只读标记，可对状态寄存器_1 存取指令，读出后自动变为 0，在这个标志为 1 的情况下，请务必进行初始化。
- B5、B4(INT2、INT1)　中断设置位。使用报警中断功能从$\overline{\text{INT1}}$引脚（或$\overline{\text{INT2}}$引脚）输出中断信号，当通过$\overline{\text{INT1}}$引脚设定中断时，$\overline{\text{INT1}}$标志变为 1；当通过$\overline{\text{INT2}}$引脚设定中断时，$\overline{\text{INT2}}$标志变为 1。
- B3、B2(SC1、SC0)　通用寄存器。可在内部工作电压范围(1.3～5.5 V)内进行读/写。

➢ B1($\overline{12}$/24)　12小时与24小时设置位。本标志位用于设置12小时制或24小时制，设为0为12小时制；设为1为24小时制。

➢ B0(RESET)　芯片复位位。通过设定此位为1，可以进行IC内部的初始化，它是一位只写位，所以在读出时一直为0。另外，在IC上电时，请务必将此位置1。

3. 状态寄存器_2

状态寄存器_2是一8位寄存器，可对各种模式进行设定或状态指示。各位配置见如K12－6所列。

表K12－6　状态寄存器_2的各位配置

B7	B6	B5	B4	B3	B2	B1	B0
TEST	INT2AE	INT2ME	INT2FE	32KE	INT1AE	INT1ME	INT1FE
R/$\overline{W}$	R/$\overline{W}$	R/$\overline{W}$	R/$\overline{W}$	R/$\overline{W}$	R/$\overline{W}$	R/$\overline{W}$	R/$\overline{W}$

注：R/$\overline{W}$为读/写激活。

状态寄存器_2的各配置位说明如下：

➢ B7(TEST)　IC测试位。当将TEST标志置1，IC进入测试模式，当该标志为1时，应使状态寄存器_1的复位标志置1，进行初始化后该位变为0。

➢ B6、B5、B4(INT2AE、INT2ME、INT2FE)　从$\overline{INT2}$引脚选择输出模式，模式选择如表K12－7所列。另外在使用报警功能2时，请在报警中断模式设置后，读/写到INT1寄存器_2中。

表K12－7　中断模式一览表($\overline{INT2}$引脚)

INT2AE	INT2ME	INT2FE	$\overline{INT2}$引脚输出模式
0	0	0	无中断
*	0	1	选择固定频率中断
*	1	0	每分钟边沿中断
0	1	1	每分钟固定中断1(占空比50%)
1	0	0	报警中断

注：*表示不用关心赋值(0、1均可)。后同。

➢ B3、B2、B1、B0(32KE、INT1AE、INT1ME、INT1FE)　用以从INT1引脚选择输出模式。具体模式选择如表K12－8所列。另外，在使用报警1功能时，应在报警中断模式设定后，将中断模式存取到INT1寄存器_1中。

表K12－8　中断模式一览表($\overline{INT1}$引脚)

32KE	INT1AE	INT1ME	INT1FE	$\overline{INT1}$引脚输出模式
0	0	0	0	无中断
1	*	*	*	32 kHz输出

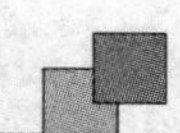

续表 K12－8

32KE	INT1AE	INT1ME	INT1FE	$\overline{INT1}$引脚输出模式
0	*	0	1	选择固定频率中断
0	*	1	0	每分钟边沿中断
0	0	1	1	每分钟固定中断 1(占空比 50%)
0	1	0	0	报警中断
0	1	1	1	每分钟固定中断 2

4. INT1 寄存器_1 和 INT1 寄存器_2

INT1 寄存器_1 和 INT1 寄存器_2 是可单独设定的中断设置寄存器，中断信号分别从$\overline{INT1}$引脚和$\overline{INT2}$引脚输出，功能转换由状态寄存器_2 来进行。

(1) 报警中断

INT1 寄存器_1 和 INT1 寄存器_2 用来存放报警时间数据，其格式用 BCD 码代表星期、小时与分钟，与实时数据寄存器中的星期、小时和分钟寄存器设置相同。同样，数据设置必须与在状态寄存器中的 12 小时制或 24 小时制一致，不要设置任何不存在的时间。

报警时刻数据如图 K12－3 所示。

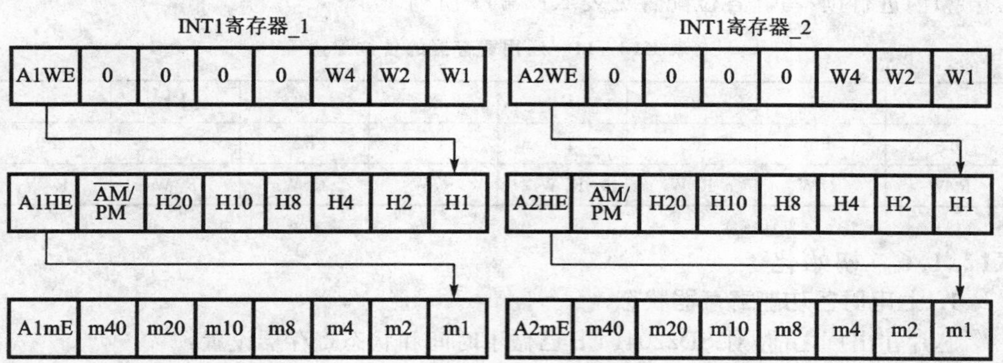

图 K12－3　INT1 寄存器_1 和 INT1 寄存器_2(报警时刻数据)

在 INT1 寄存器_1，各个字节的位中备有 A1WE、A1HE 和 A1mE，通过设置这些位为 1，使各字节所相应的星期数据、小时数据、分数据变为有效。INT1 寄存器_2 的 A2WE、A2HE 和 A2mE 也相同。

(2) 选择固定频率中断

INT1 寄存器_1 和 INT1 寄存器_2 用来存放频率占空比系数，通过将 B4～B0 位置 1，使其对应频率以“与”的方式输出，另外，SC 为 2 位通用寄存器，可在内部工作电压范围(1.3～5.5 V)内进行读/写，而不影响频率输出。

INT1 寄存器_1 各位配置如表 K12－9 所列。

表 K12－9　INT1 寄存器_1 的各位配置

B7	B6	B5	B4	B3	B2	B1	B0
SC	SC	SC	16 Hz	8 Hz	4 Hz	2 Hz	1 Hz
R/$\overline{W}$	R/$\overline{W}$	R/$\overline{W}$	R/$\overline{W}$	R/$\overline{W}$	R/$\overline{W}$	R/$\overline{W}$	R/$\overline{W}$

5. 时钟调整寄存器

时钟调整寄存器为单字节寄存器，是用来对实时数据进行逻辑校正而准备的。在不使用时钟调整寄存器时，请将时钟调整寄存器设定为 00H。各位配置见表 K12－10所列。

表 K12－10　时钟调整寄存器的各位配置

B7	B6	B5	B4	B3	B2	B1	B0
V7	V6	V5	V4	V3	V2	V1	V0
R/$\overline{W}$	R/$\overline{W}$	R/$\overline{W}$	R/$\overline{W}$	R/$\overline{W}$	R/$\overline{W}$	R/$\overline{W}$	R/$\overline{W}$

6. 通用寄存器

通用寄存器为用户可自由设定的单字节 SRAM 寄存器，可在工作电压范围(1.3～5.5 V)内进行读/写。各位配置见表 K12－11 所列。

表 K12－11　通用寄存器的各位配置

B7	B6	B5	B4	B3	B2	B1	B0
F7	F6	F5	F4	F3	F2	F1	F0
R/$\overline{W}$	R/$\overline{W}$	R/$\overline{W}$	R/$\overline{W}$	R/$\overline{W}$	R/$\overline{W}$	R/$\overline{W}$	R/$\overline{W}$

K12.1.6　初始化

1. 上电时各功能寄存器状态

芯片在出厂之前，对 SD2204FLP 已做了时间和状态寄存器设置：

- 实时寄存器：当前的北京时间，××(年)、××(月)、××(日)、×(星期)、××(时)、××(分)、×(秒)。
- 状态寄存器_1：02H(24 小时制)。
- 状态寄存器_2：00H。
- INT1 寄存器_1：00H(禁止 INT1 引脚输出信号)。
- INT2 寄存器_2：00H(禁止 INT2 引脚输出信号)。
- 时钟调整寄存器：00H。
- 通用寄存器：00H。

2. 电源电压检测电路运行状态

芯片在其内部电池电压欠压时，实时时钟中的电源电压检测电路开始工作并将内部状态寄存器的第 7 位(电源标志位)置为 1。此种情况一般在 SD2200 出厂 5～10 年

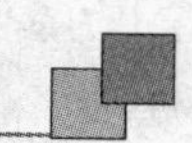

时间才会出现。当状态寄存器的第 7 位置为 1 后，即使电源电压达到或超过检测电压时，该值也一直保持不变。这说明内部电池已不能保存时间数据，需要更换芯片 SD2204 或从 SD2204 的 VBAT 脚加 3 V 电池继续使用。

3. 接收与复位命令

当使用接收复位命令时，各寄存器将变为如下值：

➢ 实时数据寄存器：00(年)、01(月)、01(日)、0(星期)、00(时)、00(分)、00(秒)。
➢ 状态寄存器_1：0H＊＊＊0b(B3、B2、B1 为通用位)。
➢ 状态寄存器_2：00H。
➢ INT1 寄存器_1：00H。
➢ INT2 寄存器_2：00H。
➢ 时钟调整寄存器：00H。
➢ 通用寄存器：00H。

K12.1.7　读/写数据

1. 读数据

当检测到读数据的开始条件后，实时时钟接收器件代码和命令。当读/写位为 1 时，此时进入实时时钟读取模式或状态寄存器读取模式，数据则从 LSB(低位)依次输出。

2. 写数据

当检测到写数据开始条件后，实时时钟开始接收器件代码和命令。当读/写位为 0 时，此时进入实时时钟数据写模式或状态寄存器写模式，数据必须按顺序从 LSB(低位)开始依次输入。在实时时钟数据写入时，如有 ACK(应答)信号紧跟着实时时钟数据写命令，则日历和时间计数器将被复位，并将停止内部时间累加操作。继续接收完分钟数据及秒数据，此时月末数据将被修正。SD2204FLP 接收完秒数据同时发出 ACK(应答)信号给 CPU，从此新的计时开始。

① 实时数据读写 1 如图 K12－4 所示。

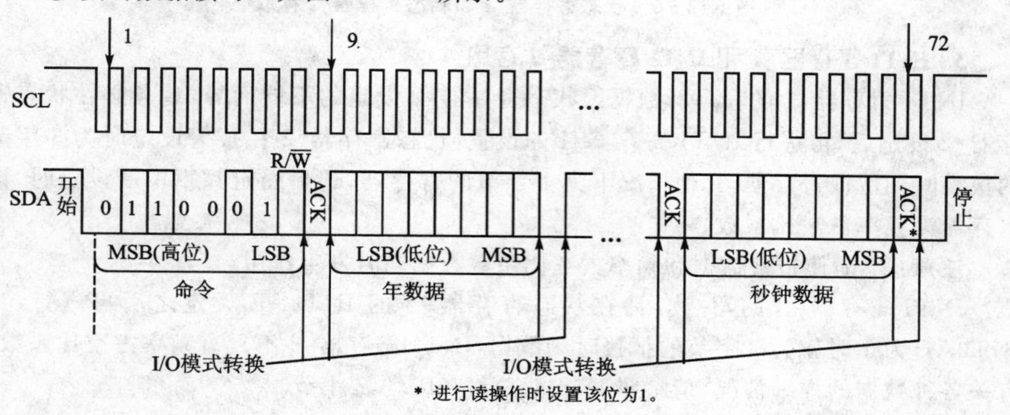

图 K12－4　实时时钟实时数据读写 1

② 实时数据读写 2 如图 K12-5 所示。

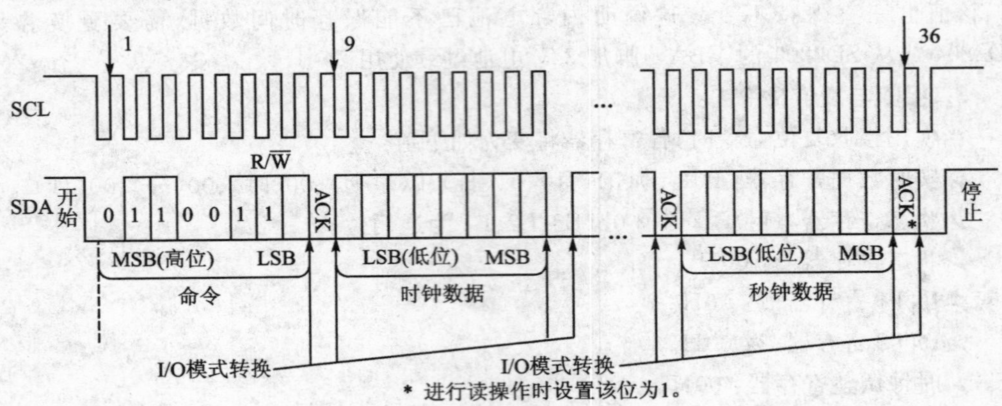

图 K12-5　实时时钟实时数据读写 2

③ 状态寄存器_1 和状态寄存器_2 存取如图 K12-6 所示。

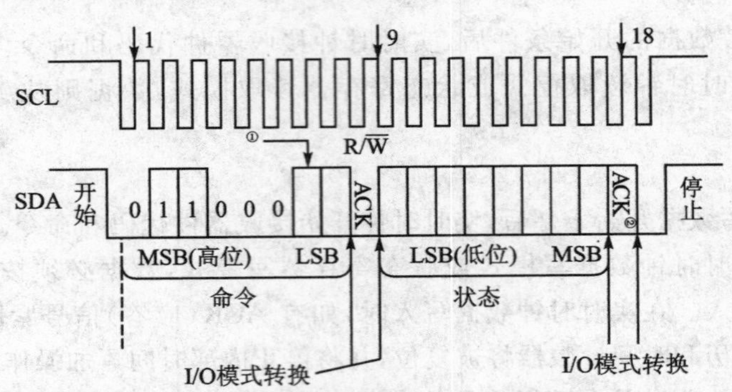

图 K12-6　状态寄存器_1 和状态寄存器_2 存取

3. INT1 寄存器_1 和 INT1 寄存器_2 存取

INT1 寄存器_1 的写/读，数据因状态寄存器_2 设定的不同而异，请务必在状态寄存器_2 设定后，再进行 INT1 寄存器_1 的设置，状态寄存器_2 在报警设定时为 3 字节的报警时刻数据寄存器，其他情况下为 1 字节的寄存器；选择固定频率中断设定时，该寄存器为频率占空比系数。

注意：不能使报警数据和频率占空比系数数据同时发生作用。

INT1 寄存器_2 的写/读，请在状态寄存器_2 的 INT2AE 设定之后再进行，当 INT2AE 为 1 时就为 3 字节的报警时刻数据，INT1 寄存器_2 不具有频率占空比系数，有关各种数据的详细情况，请参照 K12.1.5 和 K12.1.7 小节。

① INT1 寄存器_1 和 INT1 寄存器_2 存取如图 K12-7 所示。

② 状态寄存器_1 和状态寄存器_2 存取如图 K12-8 所示。

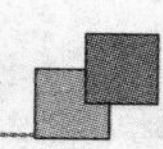

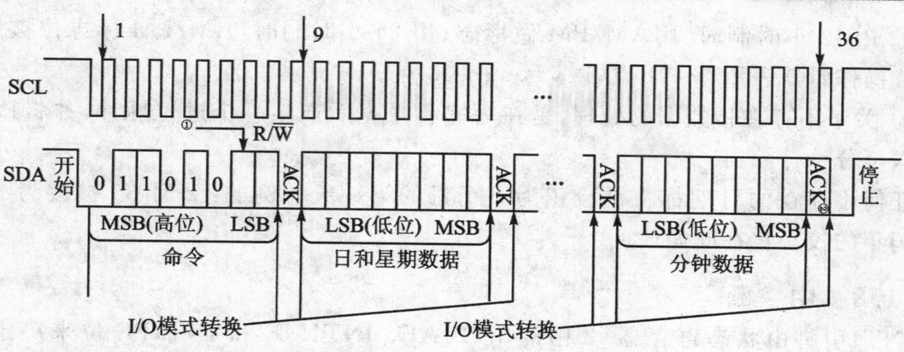

图 K12－7　INT1 寄存器_1 和 INT1 寄存器_2 存取时序图

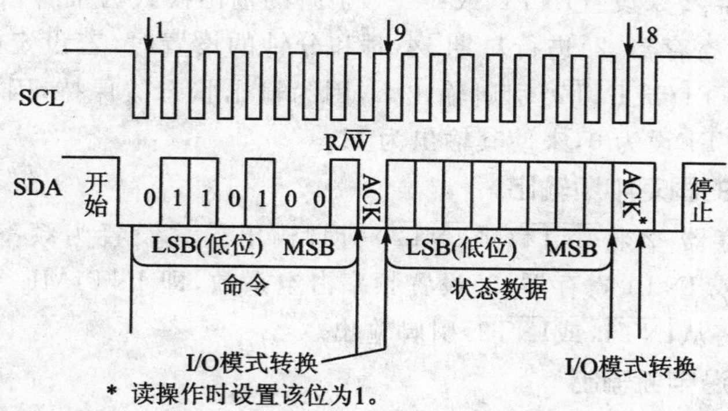

图 K12－8　状态寄存器_1 和状态寄存器_2 存取

4. 不存在的数据与月份末数据的处理

当写入实时时钟数据时，SD2204FLP 会检测这个数据的有效性，并进行数据和月修正的处理。具体数据如表 K12－12 所列。

表 K12－12　不存在数据的处理

寄存器	正确数据	错误数据	改正结果
年数据	00～99	XA～XF、AX～FX	00
月数据	01～12	00、13～19、XA～XF	01
日数据	01～31	00、32～39、XA～AF	01
星期数据	0～6	7	0
小时数据(24 小时制)(12 小时)	0～23 0～11	24～29、3X、XA～XF 12～19、XA～XF	00
分钟数据	00～59	60～79、XA、XF	00
秒数据	00～59	60～79、XA～XF	00

表 K12－12 说明如下：

① 用 12 小时制时，用$\overline{\text{AM}}$/PM 做标志；用 24 小时制时，$\overline{\text{AM}}$/PM 标志位被忽略，但在读操作时 0 表示 0～11 点，1 表示 12～23 点。

② 关于不存在秒数据的处理，是在写完秒数据后产生一个进位脉冲，并将该进位脉冲送至分钟计数器。

任何不存在的日期都将被校正为下个月的第一天。例如：2 月 30 被改为 3 月 1 日。闰年的校正也在此完成。

K12.1.8 中 断

$\overline{\text{INT1}}$引脚由状态寄存器_2 中的 INT1AE、INT1ME 和 INT1FE 位来决定。同样，$\overline{\text{INT2}}$引脚由状态寄存器_2 中的 INT2AE、INT2ME 和 INT2 FE 位来决定。

1. 报警中断输出

用状态寄存器_2 来设置$\overline{\text{INT1}}$(或$\overline{\text{INT2}}$)引脚的输出模式为报警设定，当用$\overline{\text{INT1}}$寄存器 _1(或 INT1 寄存器_2)进行星期、小时和分钟的设置时，若设定的时间与实时时间相一致，则从$\overline{\text{INT1}}$(或$\overline{\text{INT2}}$)引脚输出 L，因为输出状态被保持，因此只有通过将状态寄存器_2 的 INT1 设为 0，来使其输出为 H。

2. 可选频率的固定中断输出

当用状态寄存器_2 将$\overline{\text{INT1}}$(或$\overline{\text{INT2}}$)引脚输出模式设置为频率固定中断时，用 INT1 寄存器_1(或 INT1 寄存器_2)设置频率占空系数，即 INT1ME＝0、INT1FE＝1，则所设定的时钟将从$\overline{\text{INT1}}$(或$\overline{\text{INT2}}$)引脚输出。

3. 每分钟边沿中断输出

置状态寄存器_2 的 INT1ME 为 1、INT1FE 为 0(或 INT2ME 为 1 或 INT2FE 为 0)以后，当出现置位之后的第一个分钟进位，则将从 INT1(或 INT2)引脚输出低电平。因为该输出被保持，所以通过置状态寄存器_2 的 INT1AE、INT1ME 和 INT1FE 位(或 INT2AE、INT2ME 和 INT2FE 位)为 0，可将输出转为高电平(关状态)。在该分钟进位信号产生后的 10 ms 以内，如果重置状态寄存器_2 的 INT1ME 为 1、INT1FE 为 0(或 INT2ME 为 1 、INT2FE 为 0)，则从$\overline{\text{INT1}}$(或$\overline{\text{INT2}}$)引脚再一次输出低电平信号。

4. 每分钟固定中断输出 1

置状态寄存器_2 的 INT1ME 和 INT1FE 位为 1(或 INT2ME 和 INT2FE 为 1)以后，当出现置位之后的第一个分钟进位，则将从$\overline{\text{INT1}}$(或$\overline{\text{INT2}}$)引脚输出周期为一分钟、占空比为 50％的连续方波信号。当$\overline{\text{INT1}}$/$\overline{\text{INT2}}$引脚为高电平并且在分钟进位信号产生后的 10 ms 以内，执行“允许”每分钟固定中断输出的命令，$\overline{\text{INT1}}$/$\overline{\text{INT2}}$引脚将再次输出低电平信号。

注意：在从$\overline{\text{INT1}}$($\overline{\text{INT2}}$)引脚输出低电平期间内，进行无效、有效通信时，会再一次从$\overline{\text{INT1}}$($\overline{\text{INT2}}$)引脚输出低电平。

5. 每分钟固定中断输出 2(仅$\overline{\text{INT1}}$引脚输出模式)

在状态寄存器_2 中设置$\overline{\text{INT1}}$引脚输出模式为每分钟固定中断之后，当出现置位

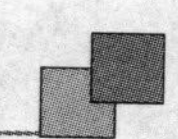

后的第一个分钟进位时，则会在 7.9 ms 内，从$\overline{\text{INT1}}$引脚输出低电平，但读出实时数据时，实时分钟处理最多延时 0.5 s。与其同步，从$\overline{\text{INT1}}$引脚的输出也最多会延时 0.5 s。另外，通过实时数据改写秒数据时，因为从所改写的秒数据开始计数，所以，此时的输出间隔会变长或变短。

注意： 在输出模式转换时，请注意 INT1 寄存器_1(INT1 寄存器_2)及其输出状态；在选择每分钟边沿中断或每分钟固定中断时，INT1 寄存器_1 无用。

K12.1.9 时钟调整功能

时钟调整功能是从逻辑上调整 32 kHz 的时钟功能，是为了调整时间的快进与慢进以取得更高精度的时间而准备的，并通过时钟调整寄存器来进行设置。在不使用本功能的情况下，请务必将其设定为 00H。

(1) 当前振荡频率大于目标频率(时间快时)

$$寄存器=128-整数\left(\frac{当前振荡率实测值-目标的振荡频率}{当前振荡频率\times最小分辨率}\times10^{6}\right)$$

① 寄存器值为设定在时钟调整寄存器的值，请按此值的二进制变换值来设定时钟调整寄存器。

② 1 Hz 的时钟输出如下设定时：32KE＝0、INT1ME＝0、INT1FE＝1，INT1 寄存器_1 为 01H，从$\overline{\text{INT1}}$引脚输出信号的测定值。

③ “目标的振荡频率”使用的是时钟调整功能所调整的频率。

④ 利用最小分辨率可设定 3.052×10^{-6}(或者 1.017×10^{-6})，通过时钟调整寄存器的 B7 来进行设定。B7 为 0 时设为 3.052×10^{-6}，按每 20 s 进行逻辑快/慢补偿；B7 为 1 时设定为 1.017×10^{-6}，按每 60 s 进行逻辑快/慢补偿。具体如表 K12－13 所列。

表 K12－13 时钟补偿

高 7 位值	B7＝0	B7＝1
快慢	每 20 s	每 60 s
最小分辨率	3.052×10^{-6}	1.017×10^{-6}
补偿范围	$-195.3\times10^{-6}\sim+192.2\times10^{-6}$	$-65.1\times10^{-6}\sim+64.5\times10^{-6}$

(2) 当前振荡频率小于目标频率(时间慢时)

$$寄存器=整数\left(\frac{目标的振荡频率-当前振荡频率实测值}{当前振荡频率\times最小分辨率}\times10^{6}\right)+1$$

K12.2 SD2204 数字温度传感器

SD2204FLP 内置一个数字温度传感器，用于测量 SD2204FLP 内部的温度值，并将温度值通过 I^2C 接口传送给 CPU。

K12.2.1 寄存器

1. 指针寄存器

温度传感器的 8 位指针寄存器用于内部数据寄存器寻址，其低 2 位地址用来识别哪个寄存器应该响应读写命令，表 K12－14 定义了寄存器指针字节的各个位，表 K12－15 描述了温度传感器中寄存器指针可寻址到的功能寄存器。上电或复位时，P0、P1 值为 00。

表 K12－14 指针寄存器

P7	P6	P5	P4	P3	P2	P1	P0
0	0	0	0	0	0	寄存器位	

表 K12－15 寄存器指针地址

P1	P0	寄存器
0	0	温度寄存器(只读)
0	1	配置寄存器(读/写)

2. 温度寄存器

温度寄存器是一个 12 位的只读寄存器，它用于存放最新的温度值，由双字节组成(见表 K12－16、表 K12－17 所列)，前 12 位为温度值，其余位均为 0，温度数据格式如表 K12－18 所列，在上电或复位后及在第一个温度转换完成之前，该温度寄存器的值一直为 0。

表 K12－16 温度寄存器第一字节

D7	D6	D5	D4	D3	D2	D1	D0
T11	T10	T9	T8	T7	T6	T5	T4

表 K12－17 温度寄存器第二字节

D7	D6	D5	D4	D3	D2	D1	D0
T3	T2	T1	T0	0	0	0	0

表 K12－18 温度数据格式

温度/℃	输出的数据位(二进制)	十六进制表示
128	0111 1111 1111	7FF
127.937 5	0111 1111 1111	7FF
100	0110 0100 0000	640
80	0101 0000 0000	500
75	0100 1011 0000	4B0
50	0011 0010 0000	320
25	0001 1001 0000	190
0.25	0000 0000 0100	004
0.0	0000 0000 0000	000
－0.25	1111 1111 1100	FFC
－25	1110 0111 0000	E70
－55	1100 1001 0000	C90
－128	1000 0000 0000	800

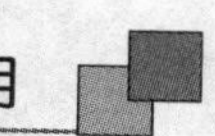

用户可以通过寻址配置寄存器设置温度的位数来得到9位或10、11、12位的值，当为9、10、11位温度值时存于温度寄存器的高位，不用的位置0。

3. 配置寄存器

配置寄存器用于控制温度传感器工作模式，读写操作先从MSB(高位)开始。配置寄存器格式如表K12－19所列，上电或复位时该寄存器的其他位均为0，OS位为1。

表 K12－19　配置寄存器

D7	D6	D5	D4	D3	D2	D1	D0
OS	R1	R0	*	*	*	*	SD

* 表示无用位。

(1) 停止模式(SD)

停止模式是让用户通过停止除串行接口以外的所有测温电路来最大限度降低功耗，此时电流消耗可低至1 μA，停止模式通过置SD位为1来允许。当SD＝1时，一旦当前转换完成，器件进入停止模式；当SD＝0时，器件将保持为连续转换状态。

(2) 转换分辨率(R1/R0)

该位是用于控制内部A/D转换的，它允许用户通过编程以最高效率得到高精度或高转换速度，表K12－20显示了分辨率的位数与所用时间的关系。

表 K12－20　温度分辨率转换值的位数

R1	R0	分辨率/位	转换时间(典型)/ms
0	0	9(0.5 ℃)	40
0	1	10(0.25 ℃)	80
1	0	11(0.125 ℃)	160
1	1	12(0.062 5 ℃)	320

(3) OS位

TMP最有特点的是它的单次温度测量模式。当器件处于停止模式，OS置1，此时，器件开始进行单次温度转换，当转换完成后，器件将重新进入停止状态，此功能可很好地降低功耗。

K12.2.2　I²C接口

TMP的I²C接口支持高速模式(≤3.4 MHz)和快速模式(≤400 kHz)。

(1) I²C接口

其工作协议与SD2204FLP时钟电路I²C协议一致。

(2) 读/写

访问温度传感器的内部寄存器是通过设置寄存器指针来实现的。每一次的读/写操作都需要给寄存器指针一个具体的值，TMP 实时数据写入模式如图 K12－9 所示，TMP 数据读出格式如图 K12－10 所示。

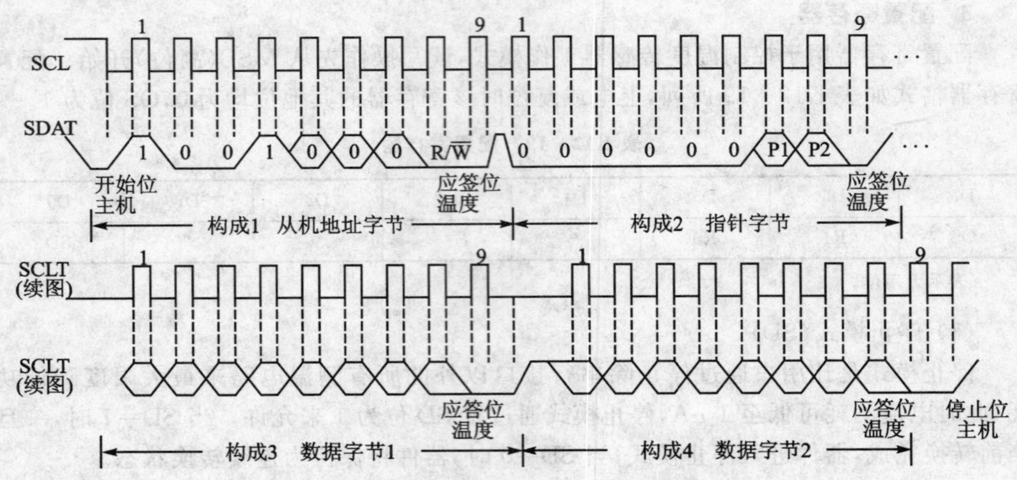

图 K12－9　TMP 实时数据写入模式

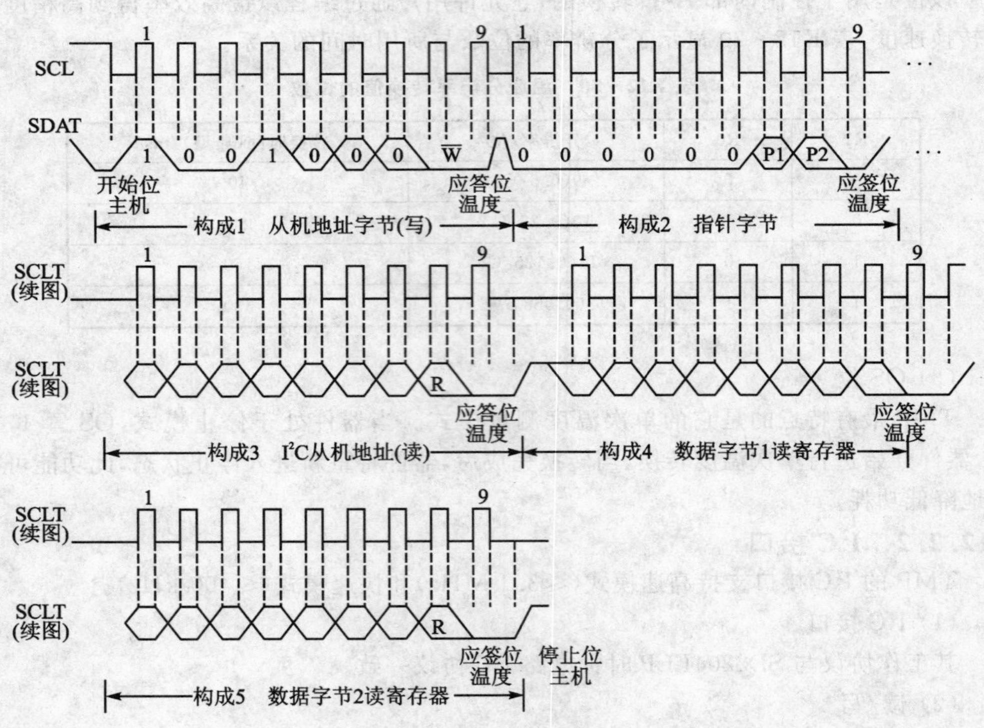

图 K12－10　TMP 数据读出格式

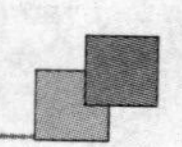

(3) 寄存器复位

当写入温度传感器的第一个字节的第8位为0时，器件地址为00000000，且TMP会确认此地址并发出ACK信号，当第二个字节为00000110时，TMP将复位内部寄存器。

(4) 工作模式

为了I^2C总线能在400 kHz以上的频率也能正常工作，当接收到开始条件后，发出一个高速(HS)工作模式代码00001＊＊＊(＊用来进行数据读/写操作，直到总线上出现停止条件之前该总线一直保持HS工作模式)作为第一个字节(将TMP转换为HS工作模式，最高频率可达3.4 MHz)，HS工作模式代码发送后，CPU发送一个I^2C器件地址。

K12.3　SD2204 E^2PROM

SD2204内置E^2PROM也是基于I^2C总线串行接口方式进行数据传输和接收的。其I^2C的通信协议与实时时钟的I^2C通信协议一致。

K12.3.1　E^2PROM数据传输协议

E^2PROM数据传输协议如图K12－11所示。

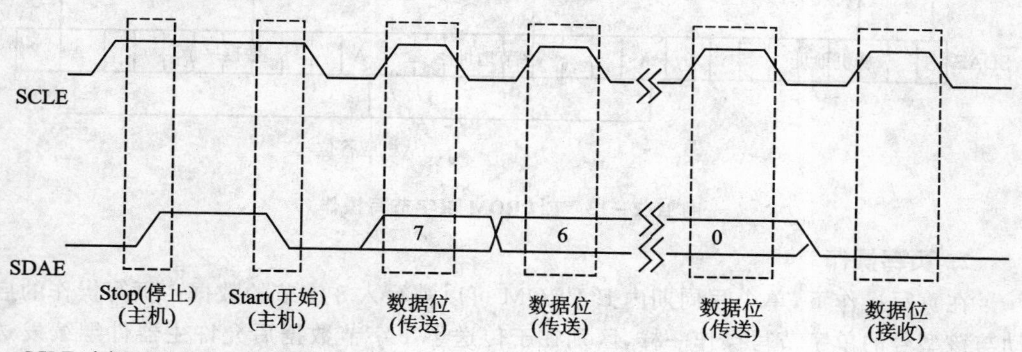

图K12－11　E^2PROM数据传输

K12.3.2　操作指令

当CPU要对SD2204FLP中的E^2PROM进行操作时，首先发出开始信号给SD2204FLP，然后CPU发出包括4位器件代码、3位页选码、1位读/写指令的8位数据，即“从器件地址”(SLAVE ADDRESS)。前4位固定为1010，其次3位固定为000，接下来1位读/写指令表明进行何种操作(读操作为1，写操作为0)。具体操作如图K12－12所示。

K12.3.3　写操作

当WP脚接高电平时，禁止写入。

写操作可分为单字节写操作和页写操作两种。单字节写操作指每次只写入1字节的数据。页写操作指一次可以写入多至8字节的数据。

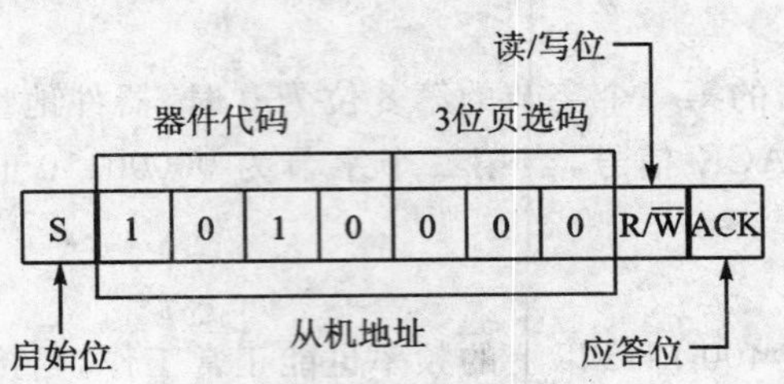

图 K12－12　从器件地址

1. 单字节写操作

在单字节写操作下，主器件发送起始信号和从器件地址信息（R/W 位置 0）给从器件。在从器件送回应答信号后，主器件发送一个 8 位地址字节写入 E^2PROM 的地址计数器。主器件在收到 E^2PROM 的应答信号后再发送数据到被寻址的存储器单元，E^2PROM再次应答并在主器件产生停止信号后开始内部数据的擦写过程。在内部数据的擦写过程中（最大持续 10 ms），E^2PROM 不再应答主器件的任何请求。具体操作如图 K12－13 所示。

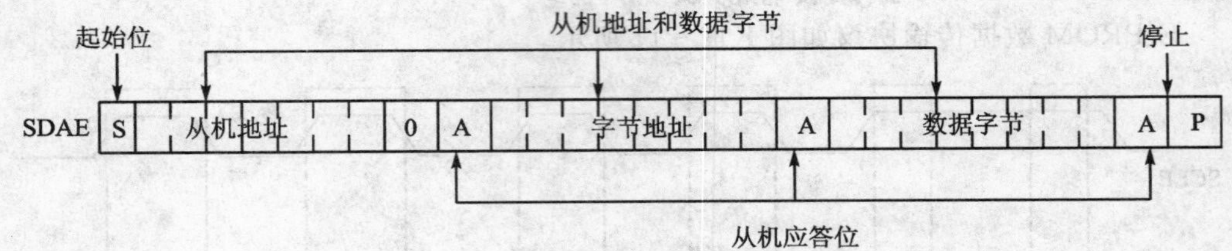

图 K12－13　E^2PROM 单字节写操作

2. 页写操作

在页写操作下，单个写周期内 E^2PROM 可以被写入 8 字节的数据。页写操作的启动与该型号的单字节写操作一样，区别在于传送了 1 字节数据后允许主器件继续发送 7 字节的数据。每传送完 1 字节数据后，E^2PROM 响应一个应答信号，同时内部页缓冲器地址自动加 1。若页缓冲器地址计数器的值到达边界时，该地址计数器的值又将从 07H 变为 0H。在主器件产生停止信号后开始内部数据的擦写。在内部擦写过程中（最大持续时间 10 ms），E^2PROM 不再应答主器件的任何请求。具体操作如图 K12－14 所示。

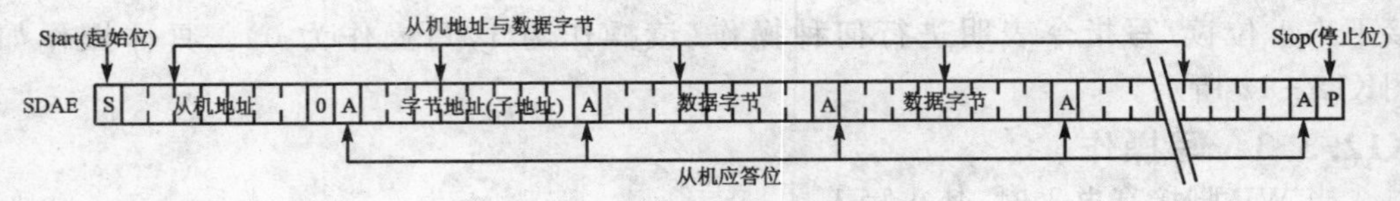

图 K12－14　页写操作

K12.3.4　读操作

除读/写位被设定为 1 外，CPU 以与写操作同样的方式初始化读操作。读操作有

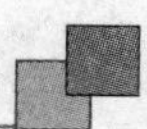

三种方式：立即地址读操作、随机地址读操作、连续读操作。

1. 立即地址读操作

E^2PROM 的地址计数器内容为最后操作字节的地址加 1，也就是说如果上次读/写的操作地址为 N，则立即读的地址从地址 $N+1$ 开始。如果 N 为边界地址，则寄存器将会翻转到地址 0 继续输出数据。在 E^2PROM 接收到从器件地址以后(R/W=1)，它首先发送一个应答信号，然后发送一个 8 位数据字节。主器件不需要发送一个应答信号，但是要产生一个停止信号。具体操作如图 K12－15 所示。

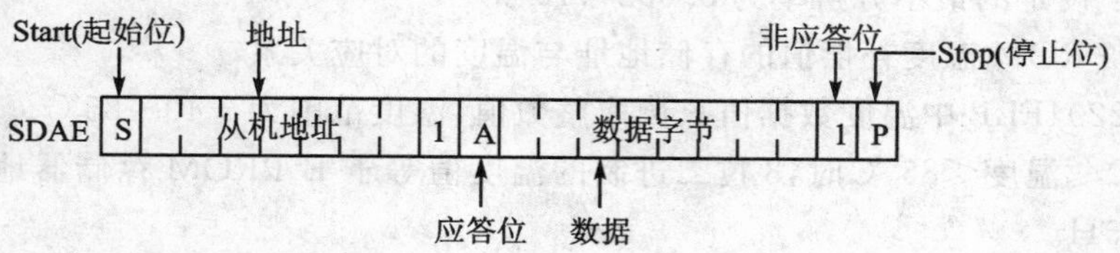

图 K12－15　E^2PROM 读当前地址操作

2. 随机地址读操作

随机读操作允许主器件对寄存器的任意字节进行读操作。主器件首先通过发送起始信号、从器件地址和它想读取的字节数据的地址执行一个伪写操作。在 E^2PROM 应答之后，主器件重新发送起始信号和从器件地址(此时 R/W 位置 1)，E^2PROM 响应并发送应答信号，然后输出所要求的一个 8 位数据字节，主器件不发送应答信号但产生一个停止信号。具体操作如图 K12－16 所示。

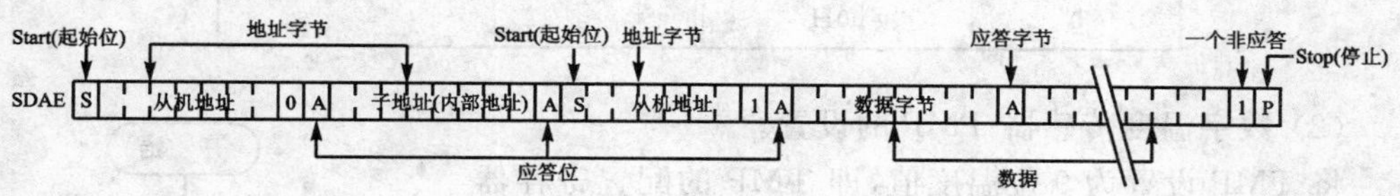

图 K12－16　E^2PROM 随机地址读操作

3. 连续读操作

连续读操作可通过立即读或选择性读操作方式启动。在 E^2PROM 发送完第一个 8 位字节数据后，主器件产生一个应答信号来响应，告知 E^2PROM 主器件要求更多的数据。对应每个主器件产生的应答信号 E^2PROM 将发送一个 8 位数据字节。当主器件不发送应答信号而发送停止信号时结束此操作。

从 E^2PROM 输出的数据按顺序由 N 到 $N+1$ 输出。读操作时的地址计数器在 E^2PROM整个寄存器区域增加，这样整个寄存器区域可在一个读操作内全部读出。若地址计数器的值到达边界 FFH 时变为 00H。具体操作如图 K12－17 所示。

K12.4　SD2204FLP 温度补偿的使用方法

在出厂之前，已将时钟精度随温度变化的补偿数据存储在片内 2 KB 容量的 E^2PROM里，通过读取片内数字温度传感器 TMP 的数值，确定当前温度值，根据温度

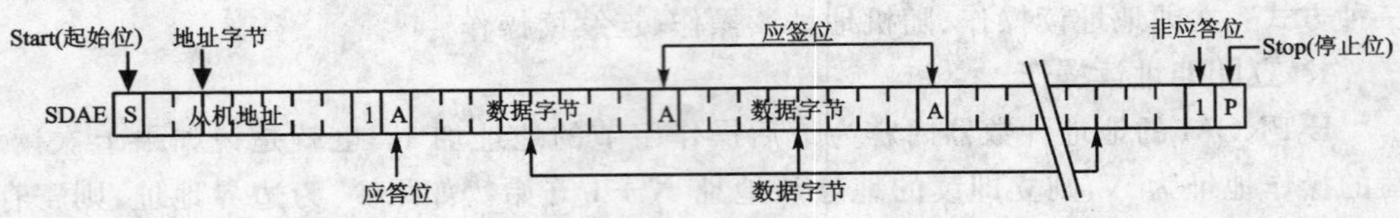

图 K12－17　E^2 PROM 连续读操作

值的高 8 位确定存储在 E^2PROM 补偿数据的地址，读出该补偿数据并写入时钟调整寄存器。（注：设定的最小分辨率为 3.052×10^{-6}）

（1）E^2PROM 温度补偿值的存储地址与温度的对应关系

在 SD2204FLP 中温度数据值只读取整数值，温度范围为－40～85℃。

当 0 ℃≤温度≤85 ℃时，8 位二进制的温度值等于 E^2PROM 存储器地址，即地址值 00H～55H。

当－45 ℃≤温度≤－1 ℃时，温度数值可表示为 8 位带符号的二进制数，即地址值 FFH～D3H。详细见表 K12－21 所列。

表 K12－21　温度与 E^2PROM 地址的关系

温度/℃	E^2PROM 地址	温度/℃	E^2PROM 地址
85	55H	－10	F6H
50	32H	－20	ECH
25	14H	－45	D3H
0	00H		

（2）数字温度传感器 TMP 的设置。

将 TMP 设置为 9 位温度值，即 TMP 的配置寄存器的 R1/R0＝00。转换时间需要约 40 ms。

（3）E^2PROM 的读取方式

E^2PROM 有多种读取方式，我们在 SD2204FLP 中读取 E^2PROM 数据采取单字节随机地址读操作方式。

（4）温度补偿流程图

温度补偿流程图如图 K12－18 所示。

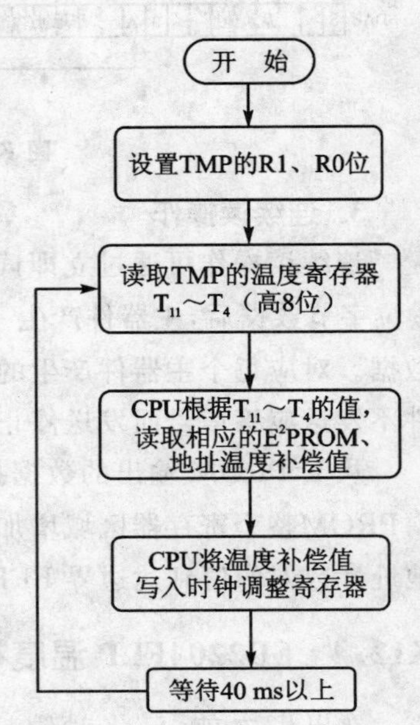

图 K12－18　温度补偿流程图

【扩展模块制作】

1. 扩展模块电路图

SD2204 模块扩展电路图如图 K12－19 所示。

按键 CAT9554 模块扩展电路图如图 K12－20 所示。

JCM12864M 液晶显示模块及其扩展电路图如图 K12－21 所示。

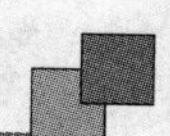

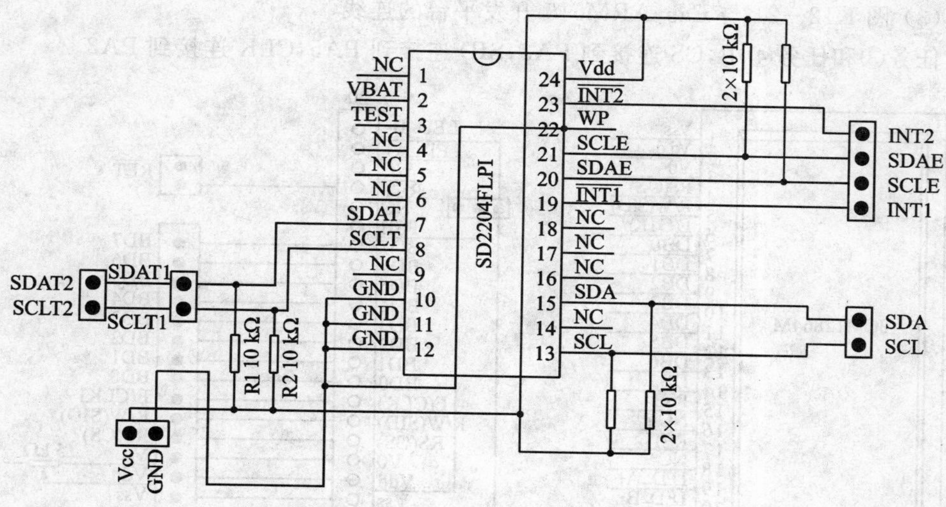

图 K12－19　SD2204 实时时钟模块

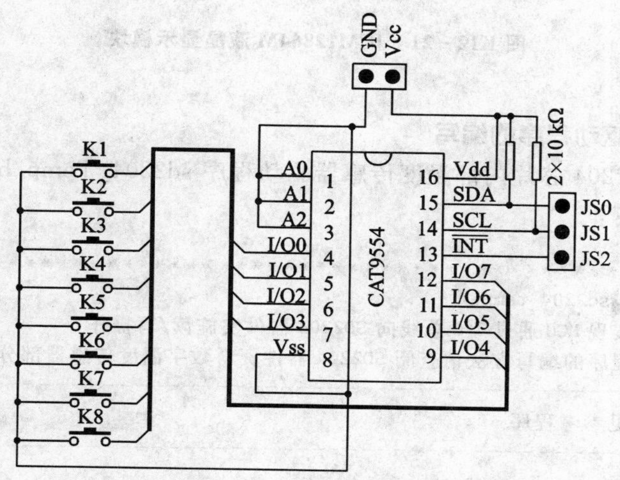

图 K12－20　按键 CAT9554 模块电路图

2. 扩展模块间的连线

(1) 图 K12－19 与 EasyARM615 开发平台的连线

任务①中，SDAT1 连接到 PB3，SCLT1 连接到 PB2。

任务②中，SDAE 连接到 PB1，SCLE 连接到 PB0。

任务③中，SDA 连接到 PD3，SCL 连接到 PD2。

任务④中，SDAT1 连接到 PB1，SCLT1 连接到 PB0；SDAE 连接到 SDAT2，SCLE 连接到 SCLT2。SDA 连接到 PD3，SCL 连接到 PD2。

(2) 图 K12－20 与 EasyARM615 开发平台的连线

任务④中，JS2 连接到 PB6，JS0 连接到 PB3，JS1 连接到 PB2。

(3) 图 K12－21 与 EasyARM615 开发平台的连线

任务③和任务④中，CS 连接到 PA3，SID 连接到 PA5，CLK 连接到 PA2。

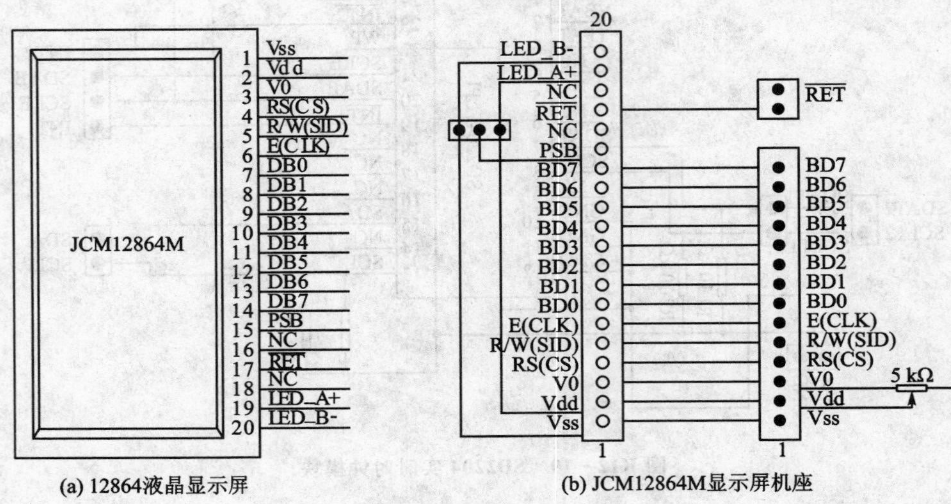

(a) 12864液晶显示屏　　(b) JCM12864M显示屏机座

图 K12－21　JCM12864M 液晶显示模块

【程序设计】

1. 扩展器件驱动程序的编写

(1) 创建 SD2204 芯片内部温度传感器驱动程序 sd2204_Temp.h 文件

代码编写如下：

```
//*************************************************************
//程序文件名：sd2204_temp.h
//程序功能：实现 MCU 通过 I²C 总线向 SD2204 器件实施读/写操作
//说明：有关程序的编写方法请查阅 SD2204 器件资料数字温度传感器部分
//-------------------------------------------------------------
⋮//文件内容见参考程序
//-------------------------------------------------------------
```

主要外用函数原型：

- void SD2204EEPROM_Inti_GPIO_I2C()函数用于初始化 I^2C 使用的引脚。
- void SD2204EEPROM_WRITE_NB_DAT_I2C(uchar chWADD2, uchar * lpString, uint nCount)函数用于向 SD2204 E^2PROM 写入数据。
- void SD2204EEPROM_READ_NB_DAT_I2C(uchar chWADD2, uchar * lpString, uint nCount)函数用于从 SD2204 E^2PROM 读出数据。

(2) 创建 SD2204 芯片内部实时时钟驱动程序 sd2204Time_i2c_lm3s_PD23.h 文件

代码编写如下：

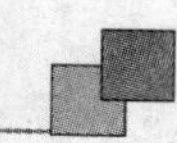

```
//****************************************************************************
//程序文件名：sd2204Time_i2c_lm3s_PD23.h
//程序功能：标准 I²C 通信驱动程序
//引脚配送：PD3→SDA  PD2→SCL
//----------------------------------------------------------------------------
⋮//文件内容见参考程序
//****************************************************************************
```

主要外用函数原型：

➢ void INTIIC_SD2204Time()函数用于初始化 SD2204 实时时钟。
➢ void WRITE_SD2204_NB_DAT_I2C(uchar chWADD, uchar * lpMTD, uint NUMBYTE)函数用于向 SD2204 写入数据。
➢ void READ_SD2204_NB_DAT_I2C(uchar chWADD, uchar * lpMRD, uint NUMBYTE)函数用于从 SD2204 实时时钟读出数据。

2. 应用范例程序的编写

任务①　读出 SD2204FLP 内部的温度值。

结果处理：通过串行方式将读到的温度数据发回 PC 串行助手中显示。

代码编写如下：

```
//****************************************************************************
//文件名：sd2304_Main.c
//功能：用于读出 SD2304 高精实时时钟内部温度值
//----------------------------------------------------------------------------
⋮
void  GPio_Initi(void);
void  IndicatorLight_PC4(void);                    //芯片运行指示灯
void  IndicatorLight_PC5(void);                    //芯片运行指示灯
void  Delay(int nDelaytime);                       //用于延时
void  jtagWait();                                  //防止 JTAG 失效
#define PC4_LED  GPIO_PIN_4
#define PC5_LED  GPIO_PIN_5
unsigned int nJsq1 = 0;
#include "Lm3sxxxUart0SR.h"
#include "sd2204_temp.h"
unsigned char chDateTime[8];                       //用于存入读出的数据日期和时钟
unsigned char chDispDT[10];                        //用于显示
//----------------------------------------------------------------------------
//主函数
//----------------------------------------------------------------------------
void main(void)
{
    //防止 JTAG 失效
    Delay(10);
    jtagWait();
    Delay(10);
    //设定系统晶振为时钟源
```

```
    SysCtlClockSet( SYSCTL_SYSDIV_1 | SYSCTL_USE_OSC |
                    SYSCTL_OSC_MAIN | SYSCTL_XTAL_6MHZ );
    GPio_Initi();                                   //初始化 GPIO
    LM3Sxxx_UART0_Initi(9600);                      //初始化串口
    SD2204Temp_INTI();
    UART0Send("ADC",3);                             //向串口发送引导数据
    while(1)
    {
        SD2204Temp_READ_TEMP(chDispDT);             //读出 SD2204 内部温度值
        UART0Send(chDispDT,10);                     //将读到的温度值发送到 PC
        IndicatorLight_PC4();                       //程序运行指示灯
        Delay(60);
    }
}
//----------------------------------------------------------------------
:	//省略部分见程序实例
//----------------------------------------------------------------------
```

完整的工程程序见随书“网上资料\参考程序\课题 12_SD2204\SD2204_1_Temp*.*”。

任务② 向 SD2204FLP 内部的 E^2PROM 读/写数据。

结果处理：通过串行方式将写入的数据读出并通过串行口发送到 PC 串行助手中显示。

代码编写如下：

```
//**********************************************************************
//文件名：sd2304_Main.c
//功能：用于向 SD2304 高精实时时钟内部的 E²PROM 读/写数据
//----------------------------------------------------------------------
:
void  GPio_Initi(void);
void  IndicatorLight_PC4(void);                     //芯片运行指示灯
void  IndicatorLight_PC5(void);                     //芯片运行指示灯
void  Delay(int nDelaytime);                        //用于延时
void  jtagWait();                                   //防止 JTAG 失效
#define PC4_LED   GPIO_PIN_4
#define PC5_LED   GPIO_PIN_5
#include "Lm3sxxxUart0SR.h"
#include "SD2204EEProm.h"
unsigned char chDateTime[8];                        //用于存入读出的数据日期和时钟
unsigned char chDispDT[37];                         //用于显示
//----------------------------------------------------------------------
//主函数
//----------------------------------------------------------------------
void main(void)
{     unsigned char chCom;
      //防止 JTAG 失效
      Delay(10);
```

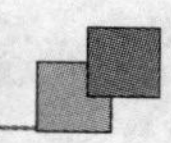

```
    jtagWait();
    Delay(10);
    //设定系统晶振为时钟源
    SysCtlClockSet( SYSCTL_SYSDIV_1 | SYSCTL_USE_OSC |
                    SYSCTL_OSC_MAIN | SYSCTL_XTAL_6MHZ );
    GPio_Initi();                                    //初始化 GPIO
    LM3Sxxx_UART0_Initi(9600);
    SD2204EEPROM_Inti_GPIO_I2C();                    //初始化 I²C 使用的引脚
    UART0Send("ADC",3);
    while(1)
    {
      chCom = UART0Rcv();
      if(chCom == 0x66)
      {SD2204EEPROM_WRITE_NB_DAT_I2C(0x10,"1234567876543ABCDE",18);
      UART0Send("OK!",3);}
      else if(chCom == 0x99)
      {SD2204EEPROM_WRITE_NB_DAT_I2C(0x30,
                          "0123456789ABCDEFGHIJKLMNOPRQSTVUWXYZab",38);
      UART0Send("OK!",3);
      }
      else if(chCom == 0x88)
      {
        SD2204EEPROM_READ_NB_DAT_I2C(0x10,chDispDT,18);
        UART0Send(chDispDT,18);
      }
      else if(chCom == 0x77)
      {
        SD2204EEPROM_READ_NB_DAT_I2C(0x30,chDispDT,38);
        UART0Send(chDispDT,38);
      }else ;
    IndicatorLight_PC4();                            //程序运行指示灯
    Delay(60);
  }
}
//--------------------------------------------------------------------
:  //省略部分见程序实例
//--------------------------------------------------------------------
```

完整的工程程序见随书“网上资料\参考程序\课题 12_SD2204\ SD2204_2_Eeprom2\ *. *”。

任务③　向 SD2204FLP 内部的实时时钟读/写时钟数据。

结果处理：通过串行方式将读出的实时时钟发回到 PC 串行助手中显示。

代码编写如下：

```
//*******************************************************************
//文件名：sd2204_Main.c
//功能：用于读出 SD2204 高精实时时钟
//-------------------------------------------------------------------
```

```
 :
void  GPio_Initi(void);
void  IndicatorLight_PC4(void);                    //芯片运行指示灯
void  IndicatorLight_PC5(void);                    //芯片运行指示灯
void  Delay(int nDelaytime);                       //用于延时
void  jtagWait();                                  //防止 JTAG 失效
#define PC4_LED   GPIO_PIN_4
#define PC5_LED   GPIO_PIN_5
unsigned int nJsq1 = 0;
#include "Lm3sxxxUart0SR.h"
#include "sd2204Time_i2c_lm3s_PD23.h"
unsigned char chDateTime[8];                       //用于存入读出的数据日期和时钟
unsigned char chDispDT[10];                        //用于显示
//------------------------------------------------------------------------
//主函数
//------------------------------------------------------------------------
void main(void)
{
    //防止 JTAG 失效
    Delay(10);
    jtagWait();
    Delay(10);
    //设定系统晶振为时钟源
    SysCtlClockSet( SYSCTL_SYSDIV_1 | SYSCTL_USE_OSC |
                    SYSCTL_OSC_MAIN | SYSCTL_XTAL_6MHZ );
    GPio_Initi();                               //初始化 GPIO
    LM3Sxxx_UART0_Initi(9600);                  //初始化串行口 0
    INTIIC_SD2204();                            //初始化 SD2204
    UART0Send("ADC",3);
    chDateTime[0] = 0x10;                       //年
    chDateTime[1] = 0x06;                       //月
    chDateTime[2] = 0x03;                       //日
    chDateTime[3] = 0x03;                       //星期
    chDateTime[4] = 0x22;                       //小时
    chDateTime[5] = 0x50;                       //分
    chDateTime[6] = 0x10;                       //秒
    //写入时间和日期(写入地址为 0x64)
    WRITE_SD2204_NB_DAT_I2C(0x64,chDateTime,7);
    while(1)
    {
     //65H 为器件地址与读出命令)
     READ_SD2204_NB_DAT_I2C(0x65,
                   chDateTime,                  //返回读出的日期和时间
                           7);                  //一共 7 字节
     UART0Send(chDateTime,7);                   //将读出的时钟数据发回到 PC
     IndicatorLight_PC4();                      //程序运行指示灯
     Delay(60);
    }
}
```

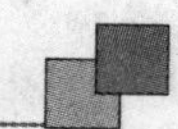

```
//------------------------------------------------------------------------
⋮//省略部分见程序实例
//------------------------------------------------------------------------
```

完整的工程程序见随书“网上资料\参考程序\课题 12_SD2204\SD2204_3_Time2*.*”。

任务④ 通过 JCM12864 液晶显示器显示时钟和温度值。

结果处理：使用 JCM12864 液晶显示器显示时钟和温度值。

a. 按键文件 CAT9554_Key.h 代码编写如下：

```
//------------------------------------------------------------------------
//文件名：CAT9554_Key.h
//功能：用于读取 CAT9554 产生的按键中断信号
//------------------------------------------------------------------------
#include "CAT9554.h"
#define PB6_KEYINT     GPIO_PIN_6                      //定义 PB6 引脚接按键产生中断信号
void GPIO_Port_PB_ISR(void);                            //中断执行函数
void CAT9554_Int_ISR();                                 //用户使用的中断函数
void Read_Key(unsigned char ucPx);                      //读取按键命令函数
unsigned char JwBcd(unsigned char chDaa) ;              //数据处理
int   KeyCtrl = 1;//用于控制按键,KeyCtrl = 1 时禁止所有按键;KeyCtrl = 0 时启用所有按键
uchar chKeycon = 0x00;                                  //按键计数器
//操作说明：使用时直接在各按键的函数中加入功能代码即可
//------------------------------------------------------------------------
void Key1();                                            //按键执行函数第 1 键
⋮
void Key8();                                            //按键执行函数第 8 键
//------------------------------------------------------------------------
// 函数名称：GPio_Int_Initi_Key_PB6(void)
// 函数功能：初始化 PB6 进入中断工作状态
// 输入参数：无
// 输出参数：无
//------------------------------------------------------------------------
void GPio_Int_Initi_Key_PB6(void)
{
  //① 启动引脚功能
  //使能 GPIO 外设 PB 口,用于外中断输入
  SysCtlPeripheralEnable(SYSCTL_PERIPH_GPIOB);
  //② 设置引脚输入输出方向
  //设置 PB6 引脚为输入模式,用于输入脉冲信号产生中断
  GPIODirModeSet(GPIO_PORTB_BASE, PB6_KEYINT, GPIO_DIR_MODE_IN);
  //③ 设置 PB6 引脚中断的触发方式为 falling(下降沿)触发
  GPIOIntTypeSet(GPIO_PORTB_BASE, PB6_KEYINT, GPIO_FALLING_EDGE);
  //④ 注册中断回调函数(中断执行函数)
  //注册一个中断执行函数名称
  GPIOPortIntRegister(GPIO_PORTB_BASE,GPIO_Port_PB_ISR);
  //⑤ 启用中断
  //使能 PB6 引脚外中断
```

```
    GPIOPinIntEnable(GPIO_PORTB_BASE, PB6_KEYINT);
    //使能 GPIO PB 口中断
    IntEnable(INT_GPIOB);
    //使能总中断
    IntMasterEnable();
    GPio_PB_Initi_IIC23();                                //初始化 I²C 总线
    KeyCtrl = 1;
    chKeycon = 0x00;                                      //按键计数器
}
//------------------------------------------------------------------------------
// 函数原型：void GPIO_Port_PB_ISR(void)
// 功能描述：PB 口中断子程序，执行过程是首先清除中断标志，再启用指示标志中断已经产生
// 说明：请使用 GPIOPortIntRegister()函数注册中断回调函数名称
//------------------------------------------------------------------------------
void GPIO_Port_PB_ISR(void)
{
    GPIOPinIntClear(GPIO_PORTB_BASE,PB6_KEYINT); //清零 PB6 引脚上的中断标志
    //请在下面添加中断执行代码
    CAT9554_Int_ISR();
}
//------------------------------------------------------------------------------
// 函数：void CAT9554_Int_ISR()
// 功能：用于用户外用的中断函数
// 说明：使用时请将此函数体复制到工程的主文件中，再加上用户执行代码
//------------------------------------------------------------------------------
void CAT9554_Int_ISR()
{
    //请在下面加入用户代码
    unsigned char chKey;
    chKey = PCA9554_READ_DAT();                           //读取按键值
    Read_Key(chKey);                                      //按键命令执行
}
//------------------------------------------------------------------------------
//函数名称：Read_Key()
//函数功能：用于读取按键的值
//入口参数：ucPx 为读取的按键值
//出口参数：无
//------------------------------------------------------------------------------
void Read_Key(unsigned char ucPx)
{
     switch(ucPx)
     {case 0xFE: Key1();break;
      ⋮
      case 0x7F: Key8();break;
     }
}
//------------------------------------------------------------------------------
//以下是 8 个按键函数
//第 1 键，此为确认键
```

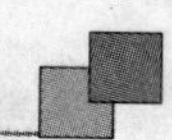

```
void Key1()
{ //请在此处加入执行代码
    if(KeyCtrl)
    { KeyCtrl = 0;                                  //指向下一个开关
      CloseTime0();                                 //关闭定时器 0,停止读取时间
      chKeycon = 0x01;
       //开启光标
      SEND_COM_12864M(0x30);
      SEND_COM_12864M(0x0F);                        //开启光标显示
      SEND_COM_12864M(0x9E);                        //将光标移到秒钟处
    }
    else
    { KeyCtrl = 1;                                  //指向下一个开关
      OpenTime0();                                  //启动定时器 0 读取时间
      //关闭光标
      SEND_COM_12864M(0x30);
      SEND_COM_12864M(0x0C);
      //保存调好的数据并走时
      WRITE_SD2204_NB_DAT_I2C(0x64,chDateTime,7);
    }
}
//第 2 键,此为方向键
void Key2()
{//请在此处加入执行代码
    if(KeyCtrl)return ;                             //如果确认键没有按下,直接返回
    if(chKeycon == 0x00)
    {//秒
      SEND_COM_12864M(0x9E);
      chKeycon = 0x01;                              //指向下一次按键
    }
    else if(chKeycon == 0x01)
    { //分
      SEND_COM_12864M(0x9C);
      chKeycon = 0x02;                              //指向下一次按键
    }
    else if(chKeycon == 0x02)
    { //时
      SEND_COM_12864M(0x9A);
      chKeycon = 0x03;                              //指向下一次按键
    }
    else if(chKeycon == 0x03)
    { //日
      SEND_COM_12864M(0x8E);
      chKeycon = 0x04;                              //指向下一次按键
    }
    else if(chKeycon == 0x04)
    { //月
      SEND_COM_12864M(0x8C);
      chKeycon = 0x05;                              //指向下一次按键
```

```
    }
    else if(chKeycon == 0x05)
    { //年
      SEND_COM_12864M(0x8A);
      chKeycon = 0x06;                  //指向下一次按键
    }
     else if(chKeycon == 0x06)
     { //星期
       SEND_COM_12864M(0x97);
       chKeycon = 0x00;                  //指向下一次按键
       } else ;
}
//第 3 键,此为加 1 键
void Key3()
{ //请在此处加入执行代码
    if(KeyCtrl)return ;                          //如果确认键没有按下,直接返回
    if(chKeycon == 0x01)
    { //秒钟加 1
      chDateTime[6]++;
      chDateTime[6] = JwBcd(chDateTime[6]);        //秒钟(加法时在这里做加 0x06 处理,
                                                   //跳开 A~F)
      if(chDateTime[6]>0x59)chDateTime[6] = 0x00;
      Disp_DATE_TIME();                          //显示
      SEND_COM_12864M(0x0F);                     //开启光标显示
      SEND_COM_12864M(0x9E);                     //发送命令,显示光标
    }
    else if(chKeycon == 0x02)
    {   //分钟加 1
       chDateTime[5]++;
       chDateTime[5] = JwBcd(chDateTime[5]);       //分钟(加法时在这里做加 0x06 处理,
                                                   //跳开 A~F)
       if(chDateTime[5]>0x59)chDateTime[5] = 0x00;
       Disp_DATE_TIME();                         //显示
       SEND_COM_12864M(0x0F);                    //开启光标显示
       SEND_COM_12864M(0x9C);                    //发送命令,显示光标
      }
      else if(chKeycon == 0x03)
      {  //时钟加 1
         chDateTime[4]++;
         //时钟(加法时在这里做加 0x06 处理,跳开 A~F)
         chDateTime[4] = JwBcd(chDateTime[4]);
         if(chDateTime[4]>0x23)chDateTime[4] = 0x00;
         Disp_DATE_TIME();                       //显示
         SEND_COM_12864M(0x0F);                  //开启光标显示
         SEND_COM_12864M(0x9A);                  //发送命令,显示光标
        }
        else if(chKeycon == 0x04)
        {//日加 1
          chDateTime[2]++;
```

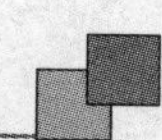

```
        //日(加法时在这里做加 0x06 处理,跳开 A～F)
          chDateTime[2] = JwBcd(chDateTime[2]);
          if(chDateTime[2]>0x31)chDateTime[2] = 0x00;
          Disp_DATE_TIME();                    //显示
          SEND_COM_12864M(0x0F);               //开启光标显示
          SEND_COM_12864M(0x8E);               //发送命令,显示光标
        }
        else if(chKeycon == 0x05)
        { //月加 1
           chDateTime[1]++;
           //月(加法时在这里做加 0x06 处理,跳开 A～F)
           chDateTime[1] = JwBcd(chDateTime[1]);
           if(chDateTime[1]>0x12)chDateTime[1] = 0x00;
           Disp_DATE_TIME();                   //显示
           SEND_COM_12864M(0x0F);              //开启光标显示
           SEND_COM_12864M(0x8C);              //发送命令,显示光标
        }
        else if(chKeycon == 0x06)
        {//年加 1
           chDateTime[0]++;
           //年(加法时在这里做加 0x06 处理,跳开 A～F)
           chDateTime[0] = JwBcd(chDateTime[0]);
           Disp_DATE_TIME();                   //显示
           SEND_COM_12864M(0x0F);              //开启光标显示
           SEND_COM_12864M(0x8A);              //发送命令,显示光标
        }
        else if(chKeycon == 0x00)
        {//星期加 1
           chDateTime[3]++;
           //星期(加法时在这里做加 0x06 处理,跳开 A～F)
           chDateTime[3] = JwBcd(chDateTime[3]);
           if(chDateTime[3]>0x06)chDateTime[3] = 0x00;
           Disp_DATE_TIME();                   //显示
           SEND_COM_12864M(0x0F);              //开启光标显示
           SEND_COM_12864M(0x97);              //发送命令,显示光标
        }else ;
}
//第 4 键,此为减 1 键
void Key4()
{ //请在此处加入执行代码
     if(KeyCtrl)return ;                       //如果确认键没有按下,直接返回
     if(chKeycon == 0x01)
     { //秒钟减 1
       chDateTime[6]--;
       //秒钟(减法时在这里做减 0x06 处理,跳开 A～F)
       chDateTime[6] = JwBcd(chDateTime[6]);
       if(chDateTime[6] == 0xF9)chDateTime[6] = 0x59;
       Disp_DATE_TIME();                       //显示
       SEND_COM_12864M(0x0F);                  //开启光标显示
```

```
    SEND_COM_12864M(0x9E);              //发送命令,显示光标
  }
  else if(chKeycon == 0x02)
  { //分钟减 1
    chDateTime[5]--;
    //分钟(减法时在这里做减 0x06 处理,跳开 A~F)
    chDateTime[5] = JwBcd(chDateTime[5]);
    if(chDateTime[5] == 0xF9)chDateTime[5] = 0x59;
    Disp_DATE_TIME();                   //显示
    SEND_COM_12864M(0x0F);              //开启光标显示
    SEND_COM_12864M(0x9C);              //发送命令,显示光标
  }
  else if(chKeycon == 0x03)
  { //时钟减 1
    chDateTime[4]--;
    //时钟(减法时在这里做减 0x06 处理,跳开 A~F)
    chDateTime[4] = JwBcd(chDateTime[4]);
    if(chDateTime[4] == 0xF9)chDateTime[4] = 0x23;
    Disp_DATE_TIME();                   //显示
    SEND_COM_12864M(0x0F);              //开启光标显示
    SEND_COM_12864M(0x9A);              //发送命令,显示光标
  }
  else if(chKeycon == 0x04)
  {//日减 1
    chDateTime[2]--;
    //日钟(减法时在这里做减 0x06 处理,跳开 A~F)
    chDateTime[2] = JwBcd(chDateTime[2]);
    if(chDateTime[2] == 0xF9)chDateTime[2] = 0x31;
    Disp_DATE_TIME();                   //显示
    SEND_COM_12864M(0x0F);              //开启光标显示
    SEND_COM_12864M(0x8E);              //发送命令,显示光标
  }
  else if(chKeycon == 0x05)
  { //月减 1
    chDateTime[1]--;
    //月(减法时在这里做减 0x06 处理,跳开 A~F)
    chDateTime[1] = JwBcd(chDateTime[1]);
    if(chDateTime[1] == 0xF9)chDateTime[1] = 0x12;
    Disp_DATE_TIME();                   //显示
    SEND_COM_12864M(0x0F);              //开启光标显示
    SEND_COM_12864M(0x8C);              //发送命令,显示光标
  }
  else if(chKeycon == 0x06)
  {//年减 1
    chDateTime[0]--;
    //年(减法时在这里做减 0x06 处理,跳开 A~F)
    chDateTime[0] = JwBcd(chDateTime[0]);
    if(chDateTime[0] == 0xF9)chDateTime[0] = 0x99;
    Disp_DATE_TIME();                   //显示
```

```
        SEND_COM_12864M(0x0F);       //开启光标显示
        SEND_COM_12864M(0x8A);       //发送命令,显示光标
      }
      else if(chKeycon == 0x00)
      {//星期减 1
        chDateTime[3] -- ;
        //星期(减法时在这里做减 0x06 处理,跳开 A~F)
        chDateTime[3] = JwBcd(chDateTime[3]);
        if(chDateTime[3] == 0xF9)chDateTime[3] = 0x06;
        Disp_DATE_TIME();            //显示
        SEND_COM_12864M(0x0F);       //开启光标显示
        SEND_COM_12864M(0x97);       //发送命令,显示光标
      }else ;
}
//----------------------------------------------------------------------
//函数名称:JwBcd()
//函数功能:十六进制转换为 BCD 码函数
//入口参数:chDaa[传送要转换的十六进制码]
//出口参数:chDaa2[返回调好的 BCD 码]
//----------------------------------------------------------------------
unsigned char JwBcd(unsigned char chDaa)
{
    unsigned char chC,chDaa2;
    chC = chDaa;
    chC = chC&0x0F;
    if(chC == 0x0A)
    chDaa2 = chDaa + 0x06;                     //加 6 离开 A~F 字符(用于加法)
    else if(chC == 0x0F)
    chDaa2 = chDaa - 0x06;                     //减 6 离开 A~F 字符(用于减法)
    else chDaa2 = chDaa;                       //否则返回原数
    return chDaa2;
}
//----------------------------------------------------------------------
```

b. 主程序文件代码编写如下:

```
//**********************************************************************
//文件名:lm615_spi_jc12864m.c
//功能:用于在 JCM12864M 屏上显示实时时钟
//----------------------------------------------------------------------
:
void  GPio_Initi(void);
void  IndicatorLight_PC4(void);                    //芯片运行指示灯
void  IndicatorLight_PC5(void);                    //芯片运行指示灯
void  Delay(int nDelaytime);                       //用于延时
void  jtagWait();                                  //防止 JTAG 失效
#define PC4_LED  GPIO_PIN_4
#define PC5_LED  GPIO_PIN_5
#include "Lm3sxxxUart0SR.h"
```

```
#include "lm3s_jcm12864m.h"
#include "sd2204Time_i2c_lm3s_PD23.h"
#include "Time_time_time1.h"
#include "SD2204EEProm_Temp.h"
unsigned char chDateTime[8];                          //用于存入读出的数据日期和时钟
unsigned char chDispDT[16];                           //用于显示(时钟值)
unsigned char chDispDT2[10];                          //用于显示(温度值)
void GetSD2204_DATE_TIME();                           //读取时间
void Disp_DATE_TIME();                                //用于日期和时间显示
#include "CAT9554_Key.h"
//-------------------------------------------------------------------------------
//函数名称：Time0Execute()
//函数功能：用户用定时器 0 的中断执行函数
//说明：此函数为用户用定时器 0 的中断执行函数,使用时请将此函数复制到工程
//      主文件中,并在函数体中加入用户执行代码,用于读取实时时钟
//-------------------------------------------------------------------------------
void  Time10Execute()
{
  //请在下面加入用户执行代码
  GetSD2204_DATE_TIME();                              //读出时间并显示
  IndicatorLight_PC5();                               //程序运行指示灯
  //读取温度值
  SD2204Temp_READ_TEMP(chDispDT2);
  SEND_NB_DATA_12864M(0x90,chDispDT2,6);              //显示温度值
}
//-------------------------------------------------------------------------------
//主函数
int main()
{
    //防止 JTAG 失效
    Delay(10);
    jtagWait();
    Delay(10);
    //设定系统晶振为时钟源
    SysCtlClockSet( SYSCTL_SYSDIV_1 | SYSCTL_USE_OSC |
                    SYSCTL_OSC_MAIN | SYSCTL_XTAL_6MHZ );
    GPio_Initi();                                     //初始化 GPIO
    Timer0_TimeA_Initi();                             //初始化定时器 0,用于读取实时时钟
    Timer1_TimeA_Initi();                             //初始化定时器 0,用于读取按键值和
                                                      //温度值
    INTIIC_SD2204();                                  //初始化 SD2204
    JCM12864M_INITI();                                //初始化 JCM12864M
    GPio_Int_Initi_Key_PB6();                         //按键中断初始化
    LM3Sxxx_UART0_Initi(9600);
    SD2204EEPROM_Temp_Inti_GPIO_I2C();                //初始化温度传感器
    CLS_12864M();                                     //清屏
    SEND_NB_DATA_12864M(0x82,"博圆技术",8);
    while(1)
    {
```

```
        IndicatorLight_PC4();                             //程序运行指示灯
        Delay(60);
    }
}
//--------------------------------------------------------------------------------
//程序名称：GetSD2204_DATE_TIME()
//程序功能：读出 SD2204 实时时钟并显示到 JCM12864M 液晶显示屏上
//--------------------------------------------------------------------------------
void GetSD2204_DATE_TIME()
{
    READ_SD2204_NB_DAT_I2C(0x65,                          //65H 器件地址与命令（读出地址为
                                                          //0x65)
                           chDateTime,                    //返回读出的日期和时间
                           7);                            //一共 7 字节
    Disp_DATE_TIME();                                     //显示日期和时钟
}
//--------------------------------------------------------------------------------
//程序名称：Disp_DATE_TIME()
//程序功能：读出 SD2204 实时时钟并显示到 JCM12864M 液晶显示屏上
//--------------------------------------------------------------------------------
void Disp_DATE_TIME()
{ uchar WG,WS,WB;
    //下面是显示处理
    //显示秒、分、时
    chDispDT[11] = 0xEB;                                  //汉字“秒”
    chDispDT[10] = 0xC3;
    WB = chDateTime[6];                                   //秒钟
    WG = WB&0x0F;
    WG = WG|0x30;                                         //加入 30H 变为 ASCII 码用于显示
    chDispDT[9] = WG;                                     //秒钟个位
    WS = WB&0xF0;
    WS = WS>>4;
    WS = WS|0x30;                                         //加入 30H 变为 ASCII 码用于显示
    chDispDT[8] = WS;                                     //秒钟十位
    chDispDT[7] = 0xD6;                                   //汉字“分”
    chDispDT[6] = 0xB7;
    WB = chDateTime[5];                                   //分钟
    WG = WB&0x0F;
    WG = WG|0x30;                                         //加入 30H 变为 ASCII 码用于显示
    chDispDT[5] = WG;                                     //分钟个位
    WS = WB&0xF0;
    WS = WS>>4;
    WS = WS|0x30;                                         //加入 30H 变为 ASCII 码用于显示
    chDispDT[4] = WS;                                     //分钟十位
    chDispDT[3] = 0xB1;                                   //汉字“时”
    chDispDT[2] = 0xCA;
    WB = chDateTime[4];                                   //时钟
    WG = WB&0x0F;
```

```
    WG = WG|0x30;                                   //加入 30H 变为 ASCII 码用于显示
    chDispDT[1] = WG;                               //时钟个位
    WS = WB&0xF0;
    WS = WS>>4;
    WS = WS|0x30;                                   //加入 30H 变为 ASCII 码用于显示
    chDispDT[0] = WS;                               //时钟十位
    SEND_NB_DATA_12864M(0x9A,chDispDT,12);          //显示时间
    //显示日、月、年
    chDispDT[13] = 0xBB;                            //汉字"日"
    chDispDT[12] = 0xD4;
    WB = chDateTime[2];                             //日
    WG = WB&0x0F;
    WG = WG|0x30;                                   //加入 30H 变为 ASCII 码用于显示
    chDispDT[11] = WG;                              //日个位
    WS = WB&0xF0;
    WS = WS>>4;
    WS = WS|0x30;                                   //加入 30H 变为 ASCII 码用于显示
    chDispDT[10] = WS;                              //日十位
    chDispDT[9] = 0xC2;                             //汉字"月"
    chDispDT[8] = 0xD4;
    WB = chDateTime[1];                             //月
    WG = WB&0x0F;
    WG = WG|0x30;                                   //加入 30H 变为 ASCII 码用于显示
    chDispDT[7] = WG;                               //月个位
    WS = WB&0xF0;
    WS = WS>>4;
    WS = WS|0x30;                                   //加入 30H 变为 ASCII 码用于显示
    chDispDT[6] = WS;                               //月十位
    chDispDT[5] = 0xEA;                             //汉字"年"
    chDispDT[4] = 0xC4;
    WB = chDateTime[0];                             //年
    WG = WB&0x0F;
    WG = WG|0x30;                                   //加入 30H 变为 ASCII 码用于显示
    chDispDT[3] = WG;                               //年个位
    WS = WB&0xF0;
    WS = WS>>4;
    WS = WS|0x30;                                   //加入 30H 变为 ASCII 码用于显示
    chDispDT[2] = WS;                               //年十位
    chDispDT[1] = 0;
    chDispDT[0] = 2;
    SEND_NB_DATA_12864M(0x89,chDispDT,14);          //显示时间
    //显示星期
    WB = chDateTime[3];                             //星期
    WG = WB&0x0F;
    WG = WG|0x30;                                   //加入 30H 变为 ASCII 码用于显示
    chDispDT[7] = WG;                               //星期个位
    WS = WB&0xF0;
```

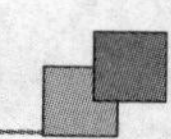

```
    WS = WS>>4;
    WS = WS|0x30;                                    //加入 30H 变为 ASCII 码用于显示
    chDispDT[6] = WS;                                //星期十位
    chDispDT[5] ='-';
    chDispDT[4] =': ';
    chDispDT[3] = 0xDA;
    chDispDT[2] = 0xC6;
    chDispDT[1] = 0xC7;
    chDispDT[0] = 0xD0;

    SEND_NB_DATA_12864M(0x94,chDispDT,8);            //显示时间
    CLOS_Focus_12864M();                             //关闭光标
}
//-------------------------------------------------------------------------
```

完整的工程程序见随书"网上资料\参考程序\课题 12_SD2204\ SD2204_4_Time3*.*"。

作业：

利用 SD2204FLP 器件制作一个定时器。

编后语：有关 SD2204 高精度实时时钟就谈到这，有兴趣的读者可以找到器件资料详细阅读。器件资料所在的路径是"网上资料\器件资料\ZK12_1 SD2204FLPdatasheet.pdf"。

课题 13　DS1302 实时时钟在 LM3S615 微控制器系统中的应用

【实验目的】

了解和掌握 DS1302 实时时钟在 LM3S615 微控制器系统中的应用原理与方法。

【实验设备】

① 所用工具：30 W 烙铁 1 把，数字万用表 1 个；

② PC 机 1 台；

③ 开发软件 IAR Embedded Workbench5.20v 集成开发平台 1 套；

④ LM LINK JTAG 调试器 1 套，EasyARM615 开发套件 1 套。

【外扩器件】

课题所需外扩元器件请查寻图 K1 - 1～图 K1 - 12。

【工程任务】

① 从 DS1302 读出时钟和日期并通过 PC 串行助手显示读出的时钟和日期。

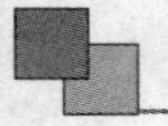

② 从 DS1302 读出时钟，并使用 JCM12864 液晶屏显示出日期和时钟及使用 4 按键调整日期和时钟。

③ 做一个小小的定时器闹钟(此为家庭作业)。

【所需外围器件资料】

K13.1 DS1302 概述

DS1302 是 DALLAS 公司推出的涓流充电时钟芯片，内含有一个实时时钟/日历和 31 字节静态 RAM，通过简单的串行接口与微控制器进行通信。

实时时钟/日历电路提供秒、分、时、日、日期、周、月、年等信息。每月的天数和闰年的天数可自动调整，时钟操作可通过 AM/PM 指示决定采用 24 或 12 小时格式。DS1302 与单片机之间能简单地采用同步串行的通信方式进行通信。

通信时仅需用到 3 个口线：RES 复位、I/O 数据线、SCLK 串行时钟脉冲线。

时钟 RAM 的读/写以 1 字节或多达 31 字节的形式进行传送。

DS1302 工作时功耗很低，保持数据和时钟信息时所需功率小于 1 mW。DS1302 是由 DS1202 改进而来，并增加了双电源引脚特性，用于主电源和备份电源给予供电。

编程涓流充电电源附加 7 字节存储器，它广泛应用于电话传真、便携式仪器以及电池供电的仪器仪表等。

K13.2 DS1302 的主要性能

- 实时时钟具有能计算 2099 年之前的秒、分、时、日、日期、星期、月、年和闰年调整的功能。
- 31×8 位暂存数据存储 RAM。
- 串行 I/O 口方式，使用最少引脚数量。
- 宽工作电压：2.0～5.5 V。
- 2.0 V 时工作电流小于 300 nA。
- 读/写时钟或 RAM 数据时有两种传送方式：单字节传送和多字节传送字符组方式。
- 8 脚 DIP 封装或可选的 8 脚 SOIC 封装(根据表面装配)。
- 简单 3 线接口。
- 与 TTL 兼容 V_{cc}=5 V。
- 可选工业级温度范围－40～＋85 ℃。

K13.3 DS1302 引脚排列与功能描述

引脚排列图如图 K13-1 所示，其引脚功能描述如表 K13-1 所列。

表 K13-1 DS1302 各引脚功能说明

引脚号	引脚名称	引脚功能
1	Vcc2	主电源
2、3	X1、X2	振荡源，外接 32.768 kHz 晶振
4	GND	接地
5	$\overline{RST}$	复位/片选端
6	I/O	串行数据输入/输出端(双向)
7	SCLK	串行时钟脉冲输入端
8	Vcc1	备用电源

Vcc2	1	DS1302	8	Vcc1
X1	2		7	SCLK
X2	3		6	I/O
GND	4		5	$\overline{RST}$

图 K13-1 DS1302 引脚图

K13.4 DS1302 工作原理

串行时钟芯片主要包括移位寄存器、控制逻辑、振荡器、实时时钟及 RAM。为了初始化任何的数据传送，把 RST 置为高电平且把提供地址和命令信息的 8 位装入到移位寄存器。数据在 SCLK 原上升沿串行输入。无论是读周期还是写周期发生，也无论传送方式是单字节还是多字节，开始 8 位指定 40 字节中的那个将被访问。在开始 8 个时钟周期把命令字节装入移位寄存器之后，另外原时钟在读操作时输出数据，在写操作时输入数据，时钟脉冲原个数在单字节方式下为 8 加 8，在多字节方式下为 8 加最大可达 248 字节的数。

K13.5 DS1302 的命令字节

每一数据传送由命令字节初始化，最高有效位 MSB(位 7)必须为逻辑 1，如果它是 0，禁止写 DS1302。位 6 为逻辑 0 指定时钟/日历数据；逻辑 1 指定 RAM 数据。位 1 至位 5 指定进行输入或输出的特定寄存器。最低有效位 LSB(位 0)为逻辑 0 指定进行写操作(输入)；逻辑 1 指定进行读操作(输出)。命令字节总是从最低有效 LSB(位 0)开始输入(即传送数据时为低位在前)。

最高有效位 MSB(位 7)为 0，禁止向 DS1302 写入；(位 6)为 0，指定时钟/日历数据；最低有效位 LSB(位 0)为 1，指定进行读操作(输出)；A4～A0 为功能寄存器地址。

(1) 读 DS1302 时钟/日历数据命令

命令见表 K13-2 所列。

(2) 写 DS1302 时钟/日历数据命令

命令见表 K13-3 所列。最低有效位 LSB(位 0)为 0，指定进行写操作(输入)。

最高有效位 MSB(位 7)为 0，禁止向 DS1302 写入；(位 6)为 1，指定 RAM 数据；

最低有效位 LSB(位 0)为 1，指定进行读操作(输出)；A4～A0 为功能寄存器地址。

表 K13－2　DS1302 时钟/日历读命令一览表

7 W	6 RAM/CK	5 A4	4 A3	3 A2	2 A1	1 A0	0 RD/W	十六进制命令	功　能
1	0	0	0	0	0	0	1	81H	读取秒钟寄存器内容
1	0	0	0	0	0	1	1	83H	读取分钟寄存器内容
1	0	0	0	0	1	0	1	85H	读取时钟寄存器内容
1	0	0	0	0	1	1	1	87H	读取日寄存器内容
1	0	0	0	1	0	0	1	89H	读取月寄存器内容
1	0	0	0	1	0	1	1	8BH	读取星期寄存器内容
1	0	0	0	1	1	0	1	8DH	读取年寄存器内容
1	0	0	0	1	1	1	1	8FH	读取写保护寄存器内容
1	0	0	1	0	0	0	1	91H	读取慢充电寄存器内容
1	0	1	1	1	1	1	1	BFH	读取时钟突发寄存器内容

注：BFH 可以用作读取多字节命令。

表 K13－3　DS1302 时钟/日历写命令一览表

7 W	6 RAM/CK	5 A4	4 A3	3 A2	2 A1	1 A0	0 RD/W	十六进制命令	功　能
1	0	0	0	0	0	0	0	80H	向秒钟寄存器写入内容
1	0	0	0	0	0	1	0	82H	向分钟寄存器写入内容
1	0	0	0	0	1	0	0	84H	向时钟寄存器写入内容
1	0	0	0	0	1	1	0	86H	向日寄存器写入内容
1	0	0	0	1	0	0	0	88H	向月寄存器写入内容
1	0	0	0	1	0	1	0	8AH	向星期寄存器写入内容
1	0	0	0	1	1	0	0	8CH	向年寄存器写入内容
1	0	0	0	1	1	1	0	8EH	向写保护寄存器写入内容
1	0	0	1	0	0	0	0	90H	向慢充电寄存器写入内容
1	0	1	1	1	1	1	0	BEH	向时钟突发寄存器写入内容

注：BEH 可以用作写入多字节命令。

（3）读 DS1302 RAM 数据命令

命令见表 K13－4 所列。

表 K13－4　DS1302 RAM 数据读命令一览表

7 W	6 RAM/CK	5 A4	4 A3	3 A2	2 A1	1 A0	0 RD/W	十六进制命令	功　能
1	1	0	0	0	0	0	1	C1H	读取 RAM0 寄存器内容

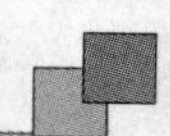

续表 K13－4

7 W	6 RAM/CK	5 A4	4 A3	3 A2	2 A1	1 A0	0 RD/W	十六进 制命令	功 能
1	1	0	0	0	0	1	1	C3H	读取 RAM1 寄存器内容
1	1	0	0	0	1	0	1	C5H	读取 RAM2 寄存器内容
1	1	0	0	0	1	1	1	C7H	读取 RAM3 寄存器内容
1	1	0	0	1	0	0	1	C9H	读取 RAM4 寄存器内容
1	1	0	0	1	0	1	1	CBH	读取 RAM5 寄存器内容
1	1	⋮	⋮	⋮	⋮	⋮	1	⋮	⋮
1	1	1	1	1	0	1	1	FBH	读取 RAM29 寄存器内容
1	1	1	1	1	1	0	1	FDH	读取 RAM30 寄存器内容
1	1	1	1	1	1	1	1	FFH	读取 RAM 突发寄存器内容

注：FFH 可以用作读取多字节命令。

(4) 写 DS1302 RAM 数据命令

命令见表 K13－5 所列。最低有效位 LSB(位 0)为 0,指定进行写操作(输入)。

表 K13－5 DS1302 RAM 数据写命令一览表

7 W	6 RAM/CK	5 A4	4 A3	3 A2	2 A1	1 A0	0 RD/W	十六进 制命令	功 能
1	1	0	0	0	0	0	0	C0H	向 RAM0 寄存器写入内容
1	1	0	0	0	0	1	0	C2H	向 RAM1 寄存器写入内容
1	1	0	0	0	1	0	0	C4H	向 RAM2 寄存器写入内容
1	1	0	0	0	1	1	0	C6H	向 RAM3 寄存器写入内容
1	1	0	0	1	0	0	0	C8H	向 RAM4 寄存器写入内容
1	1	0	0	1	0	1	0	CAH	向 RAM5 寄存器写入内容
1	1	⋮	⋮	⋮	⋮	⋮	⋮	⋮	⋮
1	1	1	1	1	0	1	0	FAH	向 RAM29 寄存器写入内容
1	1	1	1	1	1	0	0	FCH	向 RAM30 寄存器写入内容
1	1	1	1	1	1	1	0	FEH	向 RAM 突发寄存器写入内容

注：FEH 可以用作写入多字节命令。

K13.6 DS1302 复位和时钟控制

DS1302 通过把$\overline{\text{RST}}$输入驱动至高电平来启动所有的数据传送。$\overline{\text{RST}}$输入有两种功能。首先,$\overline{\text{RST}}$接通控制逻辑,允许地址/命令序列送入移位寄存器。其次,$\overline{\text{RST}}$提供了中止单字节或多字节数据传送的手段,时钟是下降沿后继以上升沿的序列。数据输入时,数据在时钟的上升沿必须有效,而数据位在时钟的下降沿输出。如果$\overline{\text{RST}}$输入为低电平,那么所有的数据传送中止,I/O 引脚变为高阻抗状态。数据传送时序图如图 K13-2所示。上电时,在 $V_{cc}\geqslant2.5$ V 之前,RST必须为逻辑 0,此外,当把$\overline{RST}$驱动至逻辑 1 时,SCLK 必须为逻辑 0。

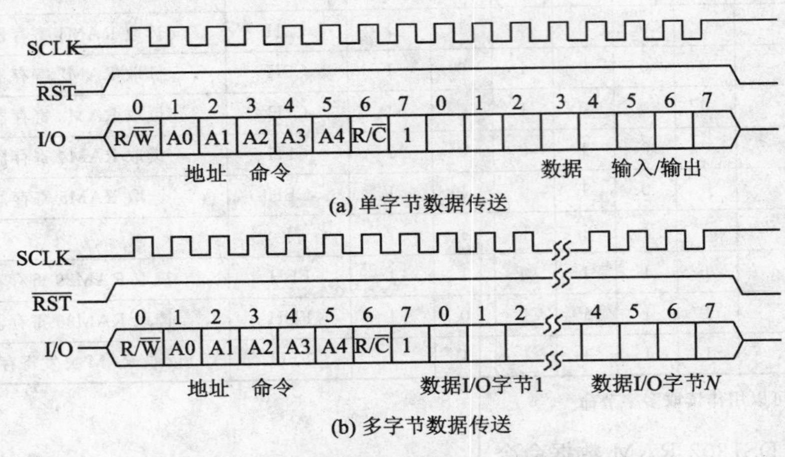

(a) 单字节数据传送

(b) 多字节数据传送

图 K13-2 DS1302 数据传送时序图

K13.7 DS1302 数据输入/输出

跟随在输入写命令字节的 8 个 SCLK 周期之后,在下 8 个 SCLK 周期的上升沿输入数据字节,如果有额外的 SCLK 周期,它们将被忽略,数据从位 0 开始输入(即字节的低位开始输入)。

跟随在输入读命令字节的 8 个 SCLK 周期之后,在下 8 个 SCLK 周期的下降沿输出数据字节。注意,被传送的第一个数据位发生在写命令字节的最后一位之后和第一个下降沿。只要RST保持为高电平,如果有额外的 SCLK 周期,它们将重新发送数据字节,这一操作使之具有连续的多字节方式的读能力。另外,在 SCLK 的每一上升沿,I/O 引脚为三态。数据从位 0 开始输出(字节的低位开始输出)。

在输入/输出数据时,总是向 DS1302 先发送命令,而后跟随的是数据。所以在对 DS1302 操作时,先发送读或写命令,而后如果此时是读就可以获取所要得到的数据,如果是写接下来继续写入数据。

汇编程序样式如下:

```
    ⋮
MOV    DATD,cCOMMAND              ;向 DS1302 发送读数据命令
LCALL  WRITEADDRCOM
LCALL  READDATACOM                ;读取数据
    ⋮
MOV    DATD, cCOMMAND             ;向 DS1302 发送写数据命令
LCALL  WRITEADDRCOM
MOV    DATD,cDAT                  ;向 DS1302 写数据
LCALL  WRITEADDRCOM
    ⋮
```

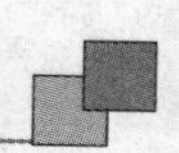

K13.8　DS1302 多字节方式

通过对地址 31(十进制)寻址(地址/命令位 1～5 为逻辑 1),可以把时钟/日历或 RAM 寄存器规定为多字节(burst)方式。如前所述,位 6 规定时钟或 RAM,而位 0 规定读或写。在时钟/日历寄存器中的地址 9～31 或 RAM 寄存器中的地址 31 不能存储数据。在多字节方式中读或写从地址 0 的位 0 开始。当以多字节方式写时钟寄存器时,必须按数据传送的次序写最先的 8 个寄存器。但是当以多字节方式写 RAM 时,为了传送数据不必写所有的 31 个字节。不管是否写了全部 31 个字节,所写的每一个字节都将传送至 RAM。

在对 DS1302 实施多字节操作时,只要向 DS1302 先发送多字节操作命令即可。如向时钟/日历寄存器读/写多字节数据,读命令是 BFH,写命令是 BEH;当向 RAM 寄存器读/写多字节数据时,读命令是 FFH,写命令是 FEH。

表 K13-6 是 DS1302 的日历/时钟寄存器的具体内容。

表 K13-6　DS1302 的日历/时钟寄存器标识内容表

寄存器名称	7	6	5	4	3	2	1	0	取值范围
秒钟	CH	10SEC			SEC(地址位)				00～59
分钟	0	10MIN			MIN(地址位)				00～59
时钟	12/24	0	10 A/P	HR	HOUR(地址位)				00～12 00～24
日寄存器	0	0	10DATE		DATE(地址位)				01～28.29.30.31
月寄存器	0	0	0	10M	MONTH				01～12
周寄存器	0	0	0	0	WEEK				01～07
年寄存器	10YEAR				YEAR				01～99
写保护	WP	0	0	0	0				
慢充电	TCS	TCS	TCS	TCS	DS	DS	RS	RS	
时钟突发									

表 K13-6 中位说明如下:

- CH　时钟暂停位。当此位设置为 1 时,振荡器停止,DS1302 处于低功率的备份方式;当此位变为 0 时,时钟开始启动。
- 12/24　12 或 24 小时方式选择位。为 1 时选择 12 小时方式。在 12 小时方式下,位 5 是 AM/PM 选择位,此位为 1 时表示 PM。在 24 小时方式下,位 5 是第 2 个小时位(20～23 时)。HR 为 HOUR,即时钟。
- WP　写保护位。写保护寄存器的开始 7 位(0～6)置为 0,在读操作时总是读出 0。在对时钟或 RAM 进行写操作之前,位 7(WP)必须为 0,当它为高电平时,写保护位防止对任何其他寄存器进行写操作。

- TCS　控制慢充电的选择位。为了防止偶然因素使 DS1302 工作，只有 1010 模式才能使慢速充电工作。
- DS　二极管选择位。如果 DS 为 01，那么选择 1 个二极管；如果 DS 为 10，则选择 2 个二极管。如果 DS 为 11 或 00，那么充电器被禁止，与 TS 无关。
- RS　选择连接在 Vcc2 与 Vcc1 之间的电阻。如果 RS 为 00，那么充电器被禁止，与 TS 无关。选择的电阻如表 K13－7 所列。

表 K13－7　RS 与所选电阻对照表

RS 位	电阻器	典型值	RS 位	电阻器	典型值
00	无	无	10	R2	4 kΩ
01	R1	2 kΩ	11	R3	8 kΩ

有关 DS1302 的详细资料见“网上资料\器件资料\ZK13_1 ds1302_cn. pdf 文件”。

【扩展模块制作】

(1) 扩展模块电路图

DS1302 模块电路图如图 K13－3 所示。

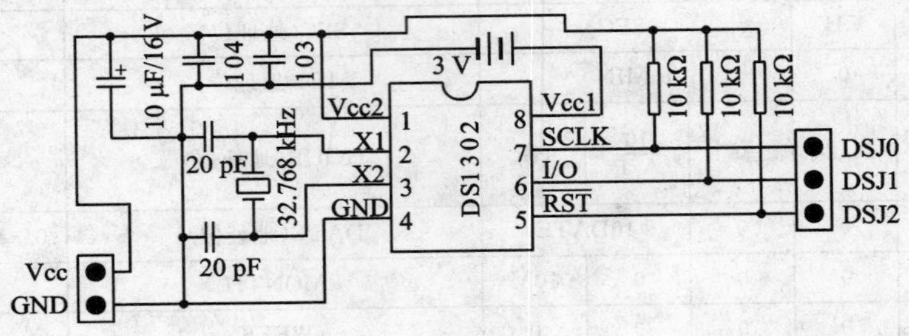

图 K13－3　DS1302 模块

显示部分使用图 K12－21 所示的 JCM12864M 液晶显示屏。

(2) 扩展模块间的连线

图 K13－3 与 EasyARM101 开发板连线：DSJ0 连接到 PA2，DSJ1 连接到 PA5，DSJ2 连接到 PA3。

扩展的显示模块请参阅图 K12－21 进行。

(3) 模块制作

扩展模块制作成实验板时按图 K13－3 进行。制作时请留出接线柱。

【程序设计】

1. 扩展器件驱动程序的编写

(1) 创建 DS1302C. h 文件

代码编写如下：

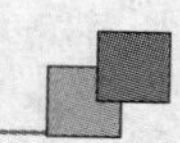

```
//************************************************************************
//文件名：DS1302C.h
//功能：用于向 DS1302 模块收/发数据
//-----------------------------------------------------------------------
 ⋮
//DS1302 的控制接口 PA3、PA5、PA2 在实际使用时可以选择其他引脚
#define RST_GCS       GPIO_PIN_3         //SPI      片选(显示数据)    PA3
#define IO_GDIO       GPIO_PIN_5         //SPIDAT[MOSI] 数据          PA5
#define CLK_GSCLK     GPIO_PIN_2         //SPICLK  时钟               PA2
uchar uchBuff;
uchar bIACC,C;
//-----------------------------------------------------------------------
 ⋮//文件内容见参考程序
//-----------------------------------------------------------------------
```

主要外用函数原型：

- void GPioA_Initi_ds1302()用于初始化实验平台与 DS1302 连接的引脚。
- void Set_DateTime_Ds1302(unsigned char ＊lpDateTime)用于向 DS1302 芯片发送日期和时钟数据。
- void Get_DateTime_Ds1302(unsigned char ＊lpDateTime)用于从 DS1302 芯片中读出日期和时钟数据。

(2) 创建 lm3s_jcm12864m.h 文件

lm3s_jcm12864m.h 文件内容已在《ARM Cortex－M3 内核微控制器快速入门与应用》一书的课题 9 中给出了，在此不再赘述。

(3) 创建 CAT9554.h 文件

CAT9554.h 文件内容已在课题 10 的“程序设计”展出，在此不再赘述。

2. 应用范例程序的编写

任务①　从 DS1302 读出时钟和日期并通过 PC 串行助手显示读出的时钟和日期。代码编写如下：

```
//************************************************************************
//文件名：DS1302_Main.c
//功能：用于读出 DS1302 实时时钟
//-----------------------------------------------------------------------
 ⋮
void  GPio_Initi(void);
void  IndicatorLight_PC4(void);                 //芯片运行指示灯
void  IndicatorLight_PC5(void);                 //芯片运行指示灯
void  Delay(int nDelaytime);                    //用于延时
void  jtagWait();                               //防止 JTAG 失效
#define PC4_LED  GPIO_PIN_4
#define PC5_LED  GPIO_PIN_5
#include "Lm3sxxxUart0SR.h"
#include "DS1302C.h"
unsigned char chDateTime[8];                    //用于存入读出的数据日期和时间钟
```

```
unsigned char chDispDT[10];                        //用于显示
unsigned char DaTime[8];                           //用于存放秒、分、时、日、月、星期、年
unsigned int nJsq1 = 0;
//------------------------------------------------------------------------------
//主函数
//------------------------------------------------------------------------------
void main(void)
{ //防止 JTAG 失效
        Delay(10);
        jtagWait();
        Delay(10);
        //设定系统晶振为时钟源
        SysCtlClockSet( SYSCTL_SYSDIV_1 | SYSCTL_USE_OSC |
                        SYSCTL_OSC_MAIN | SYSCTL_XTAL_6MHZ );
        GPio_Initi();                              //初始化 GPIO
        LM3Sxxx_UART0_Initi(9600);                 //初始化 UART 串行口 0
        GPioA_Initi_ds1302();                      //初始化
        DaTime[0] = 0x00;                          //设为 0 秒
        DaTime[1] = 0x10;                          //设为 10 分
        DaTime[2] = 0x23;                          //设为 23 时
        DaTime[3] = 0x03;                          //设为 03 日
        DaTime[4] = 0x08;                          //设为 8 月
        DaTime[5] = 0x02;                          //设为星期二
        DaTime[6] = 0x10;                          //设为 10 年
        //初始化 DS1302,即给 DS1302 设置一个初值
        Set_DateTime_Ds1302(DaTime);
        //向 PC 机发送信号字母用于判断串行通信是否正常
        UART0Send("ADC",3);
    while(1)
    {
          Get_DateTime_Ds1302(DaTime);             //读出 DS1302 时钟和日期
        UART0Send(DaTime,7);                       //向 PC 发送读出的时钟和日期
          IndicatorLight_PC4();                    //程序运行指示灯
          Delay(60);                               //延时
    }
}
//------------------------------------------------------------------------------
 ⋮//省略部分见程序实例
//------------------------------------------------------------------------------
//****************************************************************************
```

完整的工程程序见随书“网上资料\参考程序\课题 13_DS1302\DS1302_1*.*”。

任务② 从 DS1302 读出时钟，使用 JCM12864 液晶屏显示出日期和时钟，并使用 4 按键调整日期和时钟。

a. 按键文件 CAT9554_Key.h 代码编写如下：

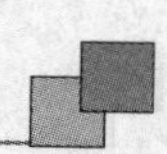

```
//----------------------------------------------------------------------------
//文件名：CAT9554_Key.h
//功能：用于读取 CAT9554 产生的按键中断信号
//说明：本文使用的中断引脚为 PB6
//----------------------------------------------------------------------------
#include "CAT9554.h"
#define PB6_KEYINT      GPIO_PIN_6                     //定义 PB6 引脚接按键产生中断信号
void GPIO_Port_PB_ISR(void);                           //中断执行函数
void CAT9554_Int_ISR();                                //用户使用的中断函数
void Read_Key(unsigned char ucPx);                     //读取按键命令函数
unsigned char JwBcd(unsigned char chDaa) ;             //数据处理
int   KeyCtrl = 1;                                     //用于控制按键,KeyCtrl = 1 时禁止所有键;
                                                       //KeyCtrl = 0 时启用所有按键
uchar chKeycon = 0x00;                                 //按键计数器
//操作说明：使用时直接在各按键的函数中加入功能代码即可
//----------------------------------------------------------------------------
void Key1();                                           //按键执行函数第 1 键
⋮
void Key8();                                           //按键执行函数第 8 键
//----------------------------------------------------------------------------
// 函数名称：GPio_Int_Initi_Key_PB6(void)
// 函数功能：初始化 PB6 进入中断工作状态
//----------------------------------------------------------------------------
void GPio_Int_Initi_Key_PB6(void)
{
  //① 启动引脚功能
  //使能 GPIO 外设 PB 口,用于外中断输入
  SysCtlPeripheralEnable(SYSCTL_PERIPH_GPIOB);
  //② 设置引脚输入/输出方向
  //设置 PB6 引脚为输入模式,用于输入脉冲信号产生中断
  GPIODirModeSet(GPIO_PORTB_BASE, PB6_KEYINT, GPIO_DIR_MODE_IN);
  //③ 设置 PB6 引脚中断的触发方式为 falling(下降沿)触发
  GPIOIntTypeSet(GPIO_PORTB_BASE, PB6_KEYINT, GPIO_FALLING_EDGE);
  //④ 注册中断回调函数(中断执行函数)
  //注册一个中断执行函数名称
  GPIOPortIntRegister(GPIO_PORTB_BASE,GPIO_Port_PB_ISR);
  //⑤ 启用中断
  //使能 PB6 引脚外中断
  GPIOPinIntEnable(GPIO_PORTB_BASE, PB6_KEYINT);
  //使能 GPIO PB 口中断
  IntEnable(INT_GPIOB);
  //使能总中断
  IntMasterEnable();

  GPio_PB_Initi_IIC23();                              //初始化 I²C 总线
  KeyCtrl = 1;
  chKeycon = 0x00;                                    //按键计数器
}
//----------------------------------------------------------------------------
```

```
// 函数原型：void GPIO_Port_PB_ISR(void)
// 功能描述：PB 口中断子程序，执行过程是首先清除中断标志，再启用指示灯标识中
//           断已经产生
// 说明：请使用 GPIOPortIntRegister()函数注册中断回调函数名称
//----------------------------------------------------------------------
void GPIO_Port_PB_ISR(void)
{
//清零 PB6 引脚上的中断标志
  GPIOPinIntClear(GPIO_PORTB_BASE,PB6_KEYINT);
  //请在下面添加中断执行代码
  CAT9554_Int_ISR();
}
//----------------------------------------------------------------------
// 函数：void CAT9554_Int_ISR()
// 功能：用于用户外用的中断函数
// 说明：使用时请将此函数体复制到工程的主文件中，再加上用户执行代码
//----------------------------------------------------------------------
void CAT9554_Int_ISR()
{
  //请在下面加入用户代码
  unsigned char chKey;
  chKey = PCA9554_READ_DAT();                        //读取按键值
  Read_Key(chKey);                                   //按键命令执行
}
//----------------------------------------------------------------------
//函数名称：Read_Key()
//函数功能：用于读取按键的值
//入口参数：ucPx 为读取的按键值
//出口参数：无
//----------------------------------------------------------------------
void Read_Key(unsigned char ucPx)
{
  switch(ucPx)
    {case 0xFE: Key1();break;
       ⋮
     case 0x7F: Key8();break;
    }
}
//----------------------------------------------------------------------
//以下是 8 个按键函数
//第 1 键，此为确认键
void Key1()
{ //请在此处加入执行代码
   if(KeyCtrl)
   {
     KeyCtrl = 0;                                    //指向下一个开关
     CloseTime0();                                   //关闭定时器 0，停止读取时间
     chKeycon = 0x01;
```

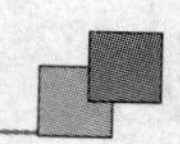

```
    //开启光标
    SEND_COM_12864M(0x30);
    SEND_COM_12864M(0x0F);                    //开启光标显示
    SEND_COM_12864M(0x9E);                    //将光标移到秒钟处
   }
   else
   {
    KeyCtrl = 1;                              //指向下一个开关
    OpenTime0();                              //启动定时器 0 读取时间
    //关闭光标
    SEND_COM_12864M(0x30);
    SEND_COM_12864M(0x0C);
    //保存调好的数据并走时
    //WRITE_SD2204_NB_DAT_I2C(0x64,chDateTime,7);
    Set_DateTime_Ds1302(chDateTime);          //初始化 DS1302,给 DS1302 设置一个初值
   }
}
//第 2 键,此为方向键
void Key2()
{//请在此处加入执行代码
   if(KeyCtrl)return ;                        //如果确认键没有按下,直接返回
   if(chKeycon == 0x00)
   {//秒
    SEND_COM_12864M(0x9E);
    chKeycon = 0x01;                          //指向下一次按键
   }
   else if(chKeycon == 0x01)
   { //分
    SEND_COM_12864M(0x9C);
    chKeycon = 0x02;                          //指向下一次按键
   }
   else if(chKeycon == 0x02)
   { //时
    SEND_COM_12864M(0x9A);
    chKeycon = 0x03;                          //指向下一次按键
   }
   else if(chKeycon == 0x03)
   {//日
    SEND_COM_12864M(0x8E);
    chKeycon = 0x04;                          //指向下一次按键
   }
   else if(chKeycon == 0x04)
   { //月
    SEND_COM_12864M(0x8C);
    chKeycon = 0x05;                          //指向下一次按键
   }
   else if(chKeycon == 0x05)
   { //年
    SEND_COM_12864M(0x8A);
```

```
        chKeycon = 0x06;                        //指向下一次按键
        }
        else if(chKeycon == 0x06)
        { //星期
        SEND_COM_12864M(0x97);
        chKeycon = 0x00;                        //指向下一次按键
        }else ;
}
//第 3 键,此为加 1 键
void Key3()
{//请在此处加入执行代码
    if(KeyCtrl)return ;                         //如果确认键没有按下则直接返回
    if(chKeycon == 0x01)
    { //秒钟加 1
      chDateTime[0] ++ ;
      //秒钟(加法时在这里做加 0x06 处理,跳开 A~F)
      chDateTime[0] = JwBcd(chDateTime[0]);
      if(chDateTime[0]>0x59)chDateTime[0] = 0x00;
      Disp_DATE_TIME();                         //显示
      SEND_COM_12864M(0x0F);                    //开启光标显示
      SEND_COM_12864M(0x9E);                    //发送命令,显示光标
    }
    else if(chKeycon == 0x02)
    { //分钟加 1
      chDateTime[1] ++ ;
      //分钟(加法时在这里做加 0x06 处理,跳开 A~F)
      chDateTime[1] = JwBcd(chDateTime[1]);
      if(chDateTime[1]>0x59)chDateTime[1] = 0x00;
      Disp_DATE_TIME();                         //显示
      SEND_COM_12864M(0x0F);                    //开启光标显示
      SEND_COM_12864M(0x9C);                    //发送命令,显示光标
    }
    else if(chKeycon == 0x03)
    { //时钟加 1
      chDateTime[2] ++ ;
      //时钟(加法时在这里做加 0x06 处理,跳开 A~F)
      chDateTime[2] = JwBcd(chDateTime[2]);
      if(chDateTime[2]>0x23)chDateTime[2] = 0x00;
      Disp_DATE_TIME();                         //显示
      SEND_COM_12864M(0x0F);                    //开启光标显示
      SEND_COM_12864M(0x9A);                    //发送命令,显示光标
    }
    else if(chKeycon == 0x04)
    {//日加 1
      chDateTime[3] ++ ;
      //日(加法时在这里做加 0x06 处理,跳开 A~F)
      chDateTime[3] = JwBcd(chDateTime[3]);
      if(chDateTime[3]>0x31)chDateTime[3] = 0x00;
      Disp_DATE_TIME();                         //显示
```

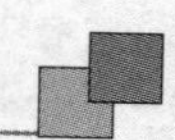

```
        SEND_COM_12864M(0x0F);                    //开启光标显示
        SEND_COM_12864M(0x8E);                    //发送命令,显示光标
      }
      else if(chKeycon == 0x05)
      { //月加 1
        chDateTime[4]++;
        //月(加法时在这里做加 0x06 处理,跳开 A~F)
        chDateTime[4] = JwBcd(chDateTime[4]);
        if(chDateTime[4]>0x12)chDateTime[4] = 0x00;
        Disp_DATE_TIME();                         //显示
        SEND_COM_12864M(0x0F);                    //开启光标显示
        SEND_COM_12864M(0x8C);                    //发送命令,显示光标
      }
      else if(chKeycon == 0x06)
      {//年加 1
        chDateTime[6]++;
        //年(加法时在这里做加 0x06 处理,跳开 A~F)
        chDateTime[6] = JwBcd(chDateTime[6]);
        Disp_DATE_TIME();                         //显示
        SEND_COM_12864M(0x0F);                    //开启光标显示
        SEND_COM_12864M(0x8A);                    //发送命令,显示光标
      }
      else if(chKeycon == 0x00)
      {//星期加 1
        chDateTime[5]++;
        //星期(加法时在这里做加 0x06 处理,跳开 A~F)
        chDateTime[5] = JwBcd(chDateTime[5]);
        if(chDateTime[5]>0x06)chDateTime[5] = 0x00;
        Disp_DATE_TIME();                         //显示
        SEND_COM_12864M(0x0F);                    //开启光标显示
        SEND_COM_12864M(0x97);                    //发送命令,显示光标
      } else ;
}
//第 4 键,此为减 1 键
void Key4()
{//请在此处加入执行代码
    if(KeyCtrl)return ;                           //如果确认键没有按下,直接返回
    if(chKeycon == 0x01)
    { //秒钟减 1
      chDateTime[0]--;
      //秒钟(减法时在这里做减 0x06 处理,跳开 A~F)
      chDateTime[0] = JwBcd(chDateTime[0]);
      if(chDateTime[0] == 0xF9)chDateTime[0] = 0x59;
      Disp_DATE_TIME();                           //显示
      SEND_COM_12864M(0x0F);                      //开启光标显示
      SEND_COM_12864M(0x9E);                      //发送命令,显示光标
    }
    else if(chKeycon == 0x02)
    { //分钟减 1
```

```
    chDateTime[1]--;
    //分钟(减法时在这里做减 0x06 处理,跳开 A~F)
    chDateTime[1] = JwBcd(chDateTime[1]);
    if(chDateTime[1] == 0xF9)chDateTime[1] = 0x59;
    Disp_DATE_TIME();                        //显示
    SEND_COM_12864M(0x0F);                   //开启光标显示
    SEND_COM_12864M(0x9C);                   //发送命令,显示光标
  }
  else if(chKeycon == 0x03)
  { //时钟减 1
    chDateTime[2]--;
    //时钟(减法时在这里做减 0x06 处理,跳开 A~F)
    chDateTime[2] = JwBcd(chDateTime[2]);
    if(chDateTime[2] == 0xF9)chDateTime[2] = 0x23;
    Disp_DATE_TIME();                        //显示
    SEND_COM_12864M(0x0F);                   //开启光标显示
    SEND_COM_12864M(0x9A);                   //发送命令,显示光标
  }
  else if(chKeycon == 0x04)
  {//日减 1
    chDateTime[3]--;
    //日钟(减法时在这里做减 0x06 处理,跳开 A~F)
    chDateTime[3] = JwBcd(chDateTime[3]);
    if(chDateTime[3] == 0xF9)chDateTime[3] = 0x31;
    Disp_DATE_TIME();                        //显示
    SEND_COM_12864M(0x0F);                   //开启光标显示
    SEND_COM_12864M(0x8E);                   //发送命令,显示光标
  }
  else if(chKeycon == 0x05)
  { //月减 1
    chDateTime[4]--;
    //月(减法时在这里做减 0x06 处理,跳开 A~F)
    chDateTime[4] = JwBcd(chDateTime[4]);
    if(chDateTime[4] == 0xF9)chDateTime[4] = 0x12;
    Disp_DATE_TIME();                        //显示
    SEND_COM_12864M(0x0F);                   //开启光标显示
    SEND_COM_12864M(0x8C);                   //发送命令,显示光标
  }
  else if(chKeycon == 0x06)
  {//年减 1
    chDateTime[6]--;
    //年(减法时在这里做减 0x06 处理,跳开 A~F)
    chDateTime[6] = JwBcd(chDateTime[6]);
    if(chDateTime[6] == 0xF9)chDateTime[6] = 0x99;
    Disp_DATE_TIME();                        //显示
    SEND_COM_12864M(0x0F);                   //开启光标显示
    SEND_COM_12864M(0x8A);                   //发送命令,显示光标
  }
  else if(chKeycon == 0x00)
```

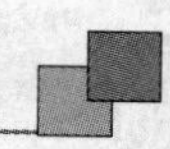

```
    {//星期减 1
        chDateTime[5]--;
        //星期(减法时在这里做减 0x06 处理,跳开 A～F)
        chDateTime[5] = JwBcd(chDateTime[5]);
        if(chDateTime[5] == 0xF9)chDateTime[5] = 0x06;
        Disp_DATE_TIME();                           //显示
        SEND_COM_12864M(0x0F);                      //开启光标显示
        SEND_COM_12864M(0x97);                      //发送命令,显示光标
    }else ;
}
//第 5 键
    ⋮
//第 8 键(说明：键 5 到键 8 没有使用)
//--------------------------------------------------------------------------
```

b. 主程序文件代码编写如下：

```
//**********************************************************************
//功能：用于在 JCM12864M 屏上显示实时时钟
//文件名：lm615_spi_jc12864m.c
//----------------------------------------------------------------------
 ⋮
void  GPio_Initi(void);
void  IndicatorLight_PC4(void);                    //芯片运行指示灯
void  IndicatorLight_PC5(void);                    //芯片运行指示灯
void  Delay(int nDelaytime);                       //用于延时
void  jtagWait();                                  //防止 JTAG 失效

#define PC4_LED   GPIO_PIN_4
#define PC5_LED   GPIO_PIN_5
#include "lm3s_jcm12864m.h"
#include "Time_time_time1.h"
#include "DS1302C.h"

unsigned char chDateTime[8];                       //用于存入读出的数据日期和时钟
unsigned char chDispDT[16];                        //用于显示(时钟值)
void GetDS1302_DATE_TIME();                        //读取时间
void Disp_DATE_TIME();                             //用于日期和时间显示
#include "CAT9554_Key.h"
//----------------------------------------------------------------------
//函数名称：Time0Execute()
//函数功能：用户用定时器 0 的中断执行函数
//说明：此函数为用户用定时器 0 的中断执行函数,使用时请将此函数复制到工程
//      主文件中,并在函数体中加入用户执行代码,用于读取实时时钟
//----------------------------------------------------------------------
void  Time10Execute()
{ //请在下面加入用户执行代码
  GetDS1302_DATE_TIME();                           //读出时间并显示
  IndicatorLight_PC5();                            //程序运行指示灯
```

```
}
//--------------------------------------------------------------------
//主函数
int main()
{ //防止 JTAG 失效
   Delay(10);
   jtagWait();
   Delay(10);
   //设定系统晶振为时钟源
   SysCtlClockSet( SYSCTL_SYSDIV_1 | SYSCTL_USE_OSC |
                   SYSCTL_OSC_MAIN | SYSCTL_XTAL_6MHZ );
   GPio_Initi();                               //初始化 GPIO
   Timer0_TimeA_Initi();                       //初始化定时器 0 用于读取实时时钟
   GPioA_Initi_ds1302();                       //启动 DS1302 通信引脚
   JCM12864M_INITI();                          //初始化 JCM12864M
   GPio_Int_Initi_Key_PB6();                   //按键中断初始化
   CLS_12864M();                               //清屏
   SEND_NB_DATA_12864M(0x82,"博圆技术",8);
while(1)
   {  IndicatorLight_PC4();                    //程序运行指示灯
      Delay(60);
   }
}
//--------------------------------------------------------------------
//程序名称：GetSD2204_DATE_TIME()
//程序功能：读出 DS1302 实时时钟并显示到 JCM12864M 液晶显示屏上
//--------------------------------------------------------------------
void GetDS1302_DATE_TIME()
{
   Get_DateTime_Ds1302(chDateTime);            //读出 DS1302 时钟和日期
   Disp_DATE_TIME();                           //显示日期和时钟
}
//--------------------------------------------------------------------
//程序名称：Disp_DATE_TIME()
//程序功能：读出 DS1302 实时时钟并显示到 JCM12864M 液晶显示屏上
//--------------------------------------------------------------------
void Disp_DATE_TIME()
{
   uchar WG,WS,WB;
   //下面是显示处理
   //显示秒、分、时
   chDispDT[11] = 0xEB;                        //汉字“秒”
   chDispDT[10] = 0xC3;
   WB = chDateTime[0];                         //秒钟
   WG = WB&0x0F;
   WG = WG|0x30;                               //加入 30H 变为 ASCII 码用于显示
   chDispDT[9] = WG;                           //秒钟个位
   WS = WB&0xF0;
   WS = WS>>4;
```

```
WS = WS|0x30;                               //加入 30H 变为 ASCII 码用于显示
chDispDT[8] = WS;                           //秒钟十位
chDispDT[7] = 0xD6;                         //汉字"分"
chDispDT[6] = 0xB7;
WB = chDateTime[1];                         //分钟
WG = WB&0x0F;
WG = WG|0x30;                               //加入 30H 变为 ASCII 码用于显示
chDispDT[5] = WG;                           //分钟个位
WS = WB&0xF0;
WS = WS>>4;
WS = WS|0x30;                               //加入 30H 变为 ASCII 码用于显示
chDispDT[4] = WS;                           //分钟十位

chDispDT[3] = 0xB1;                         //汉字"时"
chDispDT[2] = 0xCA;
// chDateTime[4] = chDateTime[4]&0x3F;      //屏蔽高 7、6 位无效位
WB = chDateTime[2];                         //时钟
WG = WB&0x0F;
WG = WG|0x30;                               //加入 30H 变为 ASCII 码用于显示
chDispDT[1] = WG;                           //时钟个位
WS = WB&0xF0;
WS = WS>>4;
WS = WS|0x30;                               //加入 30H 变为 ASCII 码用于显示
chDispDT[0] = WS;                           //时钟十位
SEND_NB_DATA_12864M(0x9A,chDispDT,12);      //显示时间

//显示日、月、年
chDispDT[13] = 0xBB;                        //汉字"日"
chDispDT[12] = 0xD4;
WB = chDateTime[3];                         //日
WG = WB&0x0F;
WG = WG|0x30;                               //加入 30H 变为 ASCII 码用于显示
chDispDT[11] = WG;                          //日个位
WS = WB&0xF0;
WS = WS>>4;
WS = WS|0x30;                               //加入 30H 变为 ASCII 码用于显示
chDispDT[10] = WS;                          //日十位

chDispDT[9] = 0xC2;                         //汉字"月"
chDispDT[8] = 0xD4;
WB = chDateTime[4];                         //月
WG = WB&0x0F;
WG = WG|0x30;                               //加入 30H 变为 ASCII 码用于显示
chDispDT[7] = WG;                           //月个位
WS = WB&0xF0;
WS = WS>>4;
WS = WS|0x30;                               //加入 30H 变为 ASCII 码用于显示
chDispDT[6] = WS;                           //月十位
```

```
    chDispDT[5] = 0xEA;                           //汉字“年”
    chDispDT[4] = 0xC4;
    WB = chDateTime[6];                           //年
    WG = WB&0x0F;
    WG = WG|0x30;                                 //加入 30H 变为 ASCII 码用于显示
    chDispDT[3] = WG;                             //年个位
    WS = WB&0xF0;
    WS = WS>>4;
    WS = WS|0x30;                                 //加入 30H 变为 ASCII 码用于显示
    chDispDT[2] = WS;                             //年十位
    chDispDT[1] = '0';
    chDispDT[0] = '2';
    SEND_NB_DATA_12864M(0x89,chDispDT,14);        //显示时间

    //显示星期
    WB = chDateTime[5];                           //星期
    WG = WB&0x0F;
    WG = WG|0x30;                                 //加入 30H 变为 ASCII 码用于显示
    chDispDT[7] = WG;                             //星期个位
    WS = WB&0xF0;
    WS = WS>>4;
    WS = WS|0x30;                                 //加入 30H 变为 ASCII 码用于显示
    chDispDT[6] = WS;                             //星期十位
    chDispDT[5] = ' ';
    chDispDT[4] = ':';
    chDispDT[3] = 0xDA;
    chDispDT[2] = 0xC6;
    chDispDT[1] = 0xC7;
    chDispDT[0] = 0xD0;
    SEND_NB_DATA_12864M(0x94,chDispDT,8);         //显示时间
    CLOS_Focus_12864M();                          //关闭光标
}
//---------------------------------------------------------------------------
```

完整的工程程序见随书“网上资料\参考程序\课题 13_DS1302\DS1302_2*.*”。

作业：

做一个小小的定时器闹钟。

编后语：DS1302 实时时钟是比较老的芯片，目前仍在使用，所以此处加以介绍。

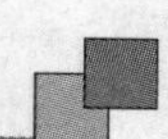

温度测控类芯片

课题14　DS18B20温度传感器在LM3S615微控制器系统中的应用(TC1602显示)

【实验目的】

了解和掌握DS18B20温度传感器在LM3S615微控制器系统中的应用原理与方法。

【实验设备】

① 所用工具：30 W烙铁1把，数字万用表1个；
② PC机1台；
③ 开发软件IAR Embedded Workbench5.20v集成开发平台1套；
④ LM LINK JTAG调试器1套，EasyARM615开发套件1套。

【外扩器件】

课题所需外扩元器件请查寻图K14－4。

【工程任务】

① 从DS18B20读出实时温度值，并通过PC串行助手显示。
② 从DS18B20读出实时温度值，并使用TC1602液晶屏显示。
③ 做一个小小的温度警报器(作为课后作业)。

【所需外围器件资料】

K14.1　DS18B20概述

DS18B20是DALLAS公司生产的一线式数字温度传感器。它将地址线、数据线和控制线合为一根双向串行传输数据的信号线，允许在这根信号线上挂接多个DS18B20；因此，单片机只需通过一根I/O线就可以与多个DS18B20通信。每个芯片内还有一个64位的ROM，用于存放各个器件自身的序列号，并作为器件独有的ID号码。DS18B20简化了测温器件与计算机的接口电路，使得电路简单。

K14.2　DS18B20的特性

DS18B20的特性如下：

➢ 测温范围：－55～＋125 ℃，在－10～＋85 ℃时精度为±0.5 ℃。
➢ 转换精度：9～12位二进制数(包括符号1位)，可编程确定转换精度的位数。
➢ 测温分辨率：9位精度为0.5 ℃，10位精度为0.25 ℃，11位精度为0.125 ℃，12位精度为0.062 5 ℃；

➢ 转换时间：9 位精度为 93.75 ms，10 位精度为 187.5 ms，12 位精度为 750 ms；
➢ 具有非易失性上、下限报警设定的功能；
➢ 适应电压范围：3.0～5.5 V，在寄生电源方式下可由数据线供电。

K14.3 DS18B20 引脚排列与功能描述

DS18B20 引脚如图 K14－1 所示，其引脚功能说明如表 K14－1 所列。

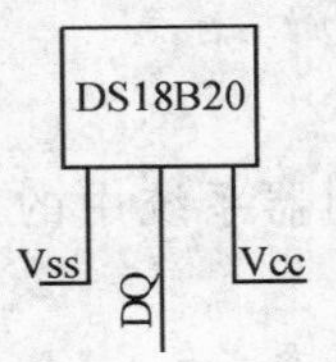

图 K14－1 DS18B20 引脚图

表 K14－1 DS18B20 引脚功能说明

引 脚	符 号	功 能
1	Vss	电源地
2	DQ	单线输入/输出(单总线)
3	Vcc	电源正，寄生时直接接地

K14.4 DS18B20 的工作原理

DS18B20 是由低温度系数晶振产生固定频率的脉冲信号送给计数器 1 和由高温度系数晶振产生固定频率的脉冲信号送给计数器 2(作为计数器 2 的信号输入)。计数器 1 和温度寄存器预置－55 ℃所对应的计数值。计数器 1 对低温度系数晶振产生的脉冲信号进行减法计数，当计数器 1 的预置值减到 0 时，温度寄存器的值将加 1，计数器 1 的预置将重新被装入，计数器 1 重新开始对低温度系数晶振产生的脉冲信号进行计数，如此循环直到计数器 2 计数到 0 时，停止温度寄存器值的累加，此时温度寄存器中的数值即为所测温度。如图 K14－2 所示。图 K14－2 中的斜率累加器用于补偿和修正测温过程中的非线性，其输出用于修正计数器 1 的预置值。

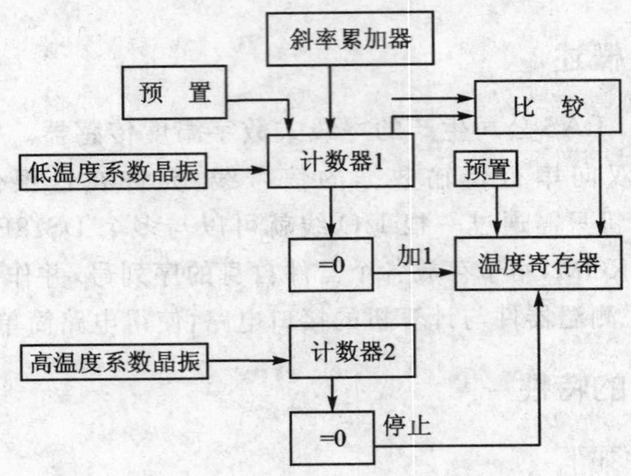

图 K14－2 DS18B20 测温原理框图

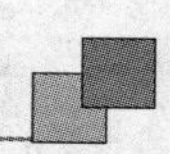

K14.5 DS18B20 的 6 个主要的数据部件

1. 光刻 ROM 中的 64 位序号

光刻 ROM 中的 64 位序号是出厂前被光刻好的，它可以看作是该器件的地址序列码。64 位光刻 ROM 的排列是：开始 8 位(28H)是产品类型标号，接着的 48 位是 DS18B20 自身的序列号，最后 8 位是前面 56 位的循环冗余校验码（$CRC = X^8 + X^5 + X^4 + 1$）。光刻 ROM 的作用是使每一个 DS18B20 都各不相同，这样就可以实现一根总线上挂接多个 DS18B20。具体分配如表 K14－2 所列。

表 K14－2　64 位光刻 ROM 的分布表

序　号	位	说　明
0	8	开始 8 位(28H)是产品类型标号
1	8	8×6＝48 位是 DS18B20 自身的序列号
2	8	
3	8	
4	8	
5	8	
6	8	
7	8	最后 8 位是前面 56 位的循环冗余校验码（$CRC = X^8 + X^5 + X^4 + 1$）

原数据格式的顺序如下（按左高右低排序）：

最后 8 位	48 位自身序列号	开始 8 位(28H)

2. DS18B20 的温度传感器

DS18B20 的温度传感器可以完成对温度的测量，以 12 位转化为例：用 16 位符号扩展的二进制补码读数形式提供，以 0.062 5 ℃/LSB 形式表达，其中 S 为符号位。如表 K14－3 所列。

表 K14－3　DS18B20 温度值格式表

高 8 位	15	14	13	12	11	10	9	8
	S	S	S	S	S	2^6	2^5	2^4
低 8 位	7	6	5	4	3	2	1	0
	2^3	2^2	2^1	2^0	2^{-1}	2^{-2}	2^{-3}	2^{-4}

表 K14－3 是 12 位转化后得到的 12 位数据，存储在 DS18B20 的两个 8 位 RAM 寄存器中，二进制中的前面 5 位是符号，如果测得的温度大于 0，这 5 位为 0，只要将测到的数值乘以 0.062 5 即可得到实际温度；如果温度小于 0，这 5 位为 1，测到的数值需要减 1 后取反再乘以 0.062 5 即可得到实际温度。这是因为在 DS18B20 中，零下温度

的表示形式使用的是二进制补码，补码的二进制表现形式为原码取反后加 1，如－1 ℃在 DS18B20 的实际表现形式为 1 的二进制码 00000001 取反为 11111110 后再加 1，结果为 11111111。所以实际操作时负温度值一定先将读到的值减 1 后取反方能还原。表 K14－4 是 DS18B20 温度值与输出的二进制值对照表。

表 K14－4　DS18B20 温度值与输出的二进制值对照表

温度值/℃	数字输出(二进制)	数字输出(十六进制)
＋125	0000 0111 1101 0000	07D0H
＋85	0000 0101 0101 0000	0550H
＋25.0625	0000 0001 1001 0001	0191H
＋10.125	0000 0000 1010 0010	00A2H
＋0.5	0000 0000 0000 1000	0008H
0	0000 0000 0000 0000	0000H
－0.5	1111 1111 1111 1000	FFF8H
－10.125	1111 1111 0101 1110	FF5EH
－25.062 5	1111 1110 0110 1111	FE6FH
－55	1111 1100 1001 0000	FC90H

3. DS18B20 温度传感器的存储器

DS18B20 温度传感器的内部存储器包括 1 个高速暂存 RAM 和 1 个非易失性的可电擦除的 E^2PR0M，后者用来存放最高温度、最低温度触发器(TH、TL)和结构寄存器。

4. 配置寄存器

配置寄存器结构如下：

TM	R1	R0	1	1	1	1	1

低 5 位一直都是 1，TM 是测试模式位，用于设置 DS18B20 现在是工作在工作模式还是测试模式。在 DS18B20 出厂时该位被设置为 0，用户不必去改动它。R1 和 R0 用来设置分辨率，温度分辨率设置如表 K14－5 所列。

表 K14－5　温度分辨率设置表

R1	R0	分辨率	温度最大转换时间/ms
0	0	9 位	93.75
0	1	10 位	187.5
1	0	11 位	375
1	1	12 位	750

5. DS18B20 高速缓存存储器

DS18B20 高速缓存存储器由 9 字节组成，其分配如表 K14－6 所列。当温度转换命令发布后，经转换所得到的温度值以 2 字节（大于 0 的温度为二进制的原码，小于 0 的温度值为二进制的补码）形式存放在高速缓存存储器的第 0 和第 1 字节中。单片机可以通过单总线接口读到该数据，读取时低位在前，高位在后，数据格式如表 K14－2 所列。对应的温度计算：当符号位 S＝0 时，直接将二进制数转换为十进制数；当 S＝1 时，先将补码变为原码，再计算十进制数值。表 K14－4 是对应的一部分温度值。第 8 字节是冗余检验字节。

表 K14－6　DS18B20 缓存存储器分布表

寄存器内容	字节地址	寄存器内容	字节地址
温度值低位（LS Byte）	0	保留	5
温度值高位（MS Byte）	1	保留	6
高温限值（TH）	2	保留	7
低温限值（TL）	3	CRC 校验值	8
配置寄存器	4		

6. DS18B20 的命令字节（见表 K14－7 和表 K14－8）

表 K14－7　ROM 指令表

指令功能	指令值	功能描述
读 ROM	33H	读出 DS18B20 温度传感器 ROM 中的编码（即 64 位地址内容）
匹配 ROM	55H	指令后面带 64 位编码，发上单总线寻找与此编码对应的 DS18B20 器件，为读/写此 DS18B20 器件做准备
搜索 ROM	0F0H	查找挂接在同一总线的 DS18B20 器件个数（用识别 64 位地址的方法），为操作各器件做准备
跳过 ROM	0CCH	忽略 64 位 ROM 地址，直接向 DS18B20 发出温度变换命令。适用于单片工作
告警搜索命令	0ECH	执行后只有温度超过设定值上限或下限的器件才作出响应

表 K14－8　RAM 指令表

指令功能	指令值	功能描述
温度转换	44H	启动 DS18B20 进行温度转换，12 位转换时最长为 750 ms（9 位为 93.75 ms）。结果存入内部 9 字节 RAM 中
读暂存器	0BEH	读内部 RAM 中 9 字节的内容
写暂存器	4EH	将 RAM 中的第 3、4 字节的内容写入上、下限温度数据暂存器中
复制暂存器	48H	将 RAM 中的第 3、4 字节的内容复制放 E^2PROM 中

续表 K14－8

指令功能	指令值	功能描述
重调 E^2PROM	0B8H	将 E^2PROM 中的内容恢复到 RAM 的第 3、4 字节中
读供电方式	0B4H	读 DS18B20 的供电模式。寄生供电时 DS18B20 发送 0，外接电源供电 DS18B20 发送 1

根据 DS18B20 的通信协议，主机控制 DS18B20 完成温度转换必须经过三个步骤：每一次读/写之前都要对 DS18B20 进行复位，复位成功后发送一条 ROM 指令，最后发送 RAM 指令，这样才能对 DS18B20 进行预定的操作。复位要求主 CPU 将数据线下拉 480 μs，然后释放，DS18B20 收到信号后等待 16～60 μs 左右后发出 60～240 μs 的存在低脉冲，主 CPU 收到此信号表示复位成功。DS18B20 复位脉冲时序图见图 K14－3 所示。

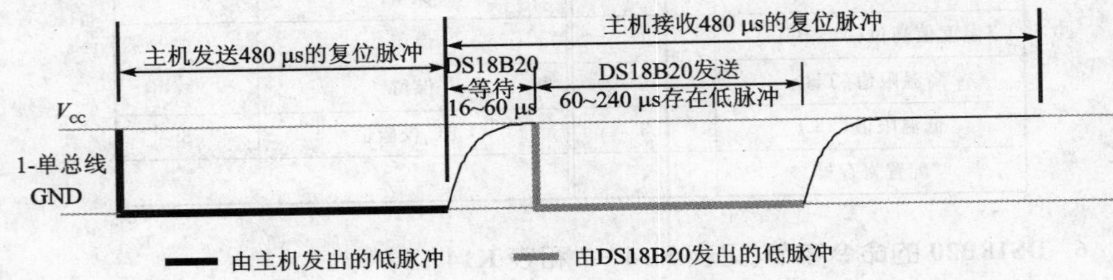

图 K14－3　DS18B20 复位脉冲时序图

读取 DS18B20 内部温度值的操作步骤如表 K14－9 所列。

表 K14－9　读取温度操作举例

主机方式	指令值	说　明
发送	CCH	跳过 ROM(Skip ROM)命令
发送	44H	转换温度(Convert T)命令
读取		读"忙"标志 3 次，主机一个接一个连续读一个字节(或位)直至数据为 FFH(全部位为 1)为止
发送		复位脉冲
读回		存在脉冲
发送	CCH	跳过 ROM(Skip ROM)命令
发送	BEH	读取暂存存储器命令
读取	(共 9 字节)	读整个暂存存储器以及 CRC：主机现在重新计算从暂存存储器接收到的 8 个数据位的 CRC，并把 2 个 CRC 相比较，如果 CRC 相符，数据有效。主机保存温度的数值，并把计数寄存器和单位温度计数寄存器的内容分别作为 COUNT_REMAIN 和 COUNT_PER_C 加以保存
发送		复位脉冲
读出		存在脉冲，操作完成

注：假定采用外部供电仅有一个 DS18B20。

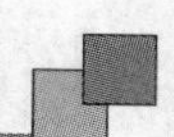

K14.6　在单线上挂接多个 DS18B20

DS18B20 在单线上允许挂接多个，但实际操作时挂接的个数最好不能超过 8 个。对单线上挂接多个 DS18B20 的操作方法是，先将挂接的 DS18B20 用单线独立地一个一个将其内部的 ROM 光刻 ID 号读出来，编程时并用数组装好。注意，这里的操作一次只能在一线上读 1 个 DS18B20 的 ID 号，如果总线上有 2 个 DS18B20 是读不到 ID 号的。

读出单总线上多个 DS18B20 温度值的方法是，操作时首先向待读取的 DS18B20 发送 ID 号，待 DS18B20 对准其 ID 号后就会将温度值发出，这时接收到的温度值就是该 DS18B20 温度传感器所测到的温度。

K14.7　DS18B20 使用中注意事项

DS18B20 虽然具有测温系统简单、测温精度高、连接方便、占用口线少等优点，但在实际应用中也应注意以下几方面的问题：

① 较小的硬件开销需要相对复杂的软件进行补偿，由于 DS18B20 与微处理器间采用串行数据传送，因此，在对 DS18B20 进行读/写编程时，必须严格保证读/写时序，否则将无法读取测温结果。在使用 PL/M、C 等高级语言进行系统程序设计时，对 DS18B20 操作部分最好采用汇编语言实现。

② 在 DS18B20 的有关资料中均未提及单总线上所挂 DS18B20 数量问题，容易使人误认为可以挂任意多个 DS18B20，在实际应用中并非如此。当单总线上所挂 DS18B20 超过 8 个时，就需要解决微处理器的总线驱动问题，这一点在进行多点测温系统设计时要加以注意。

③ 连接 DS18B20 的总线电缆是有长度限制的。试验中，当采用普通信号电缆传输长度超过 50 m 时，读取的测温数据将发生错误。当将总线电缆改为双绞线带屏蔽电缆时，正常通信距离可达 150 m，当采用每米绞合次数更多的双绞线带屏蔽电缆时，正常通信距离进一步加长。这种情况主要是由总线分布电容使信号波形产生畸变造成的。因此，在用 DS18B20 进行长距离测温系统设计时要充分考虑总线分布电容和阻抗匹配问题。

④ 在 DS18B20 测温程序设计中，向 DS18B20 发出温度转换命令后，程序总要等待 DS18B20 的返回信号，一旦某个 DS18B20 接触不好或断线，当程序读该 DS18B20 时，将没有返回信号，程序进入死循环。这一点在进行 DS18B20 硬件连接和软件设计时也要给予一定的重视。

测温电缆线建议采用屏蔽 4 芯双绞线，其中一对双绞线接地线与信号线，另一对双绞线接 Vcc 和地线，屏蔽层在源端单点接地。

有关 DS18B20 的详细资料见“网上资料\器件资料\ZK14_1 DS18B20_cn.pdf”。

【扩展模块制作】

1. 扩展模块电路图

① DS18B20 模块

DS18B20 模块如图 K14－4 所示。

② 显示模块 TC1602

TC1602 显示模块参见图 K11－2 和图 K11－3。

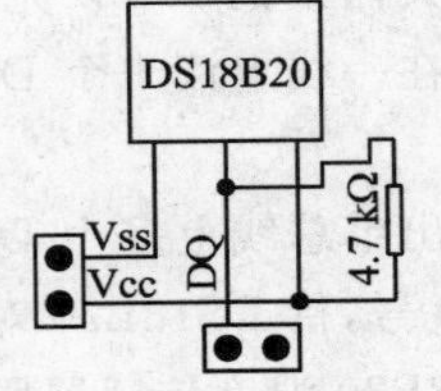

图 K14－4 DS18B20 模块

2. 扩展模块间的连线

① 图 K14－4 与 EasyARM615 开发板连线：将 DQ 引线连接到 PA5 引脚。

② 显示模块的连线参阅图 K11－2 和图 K11－3 的连线。

3. 模块制作

扩展模块制作成实验板时按图 K14－4 进行。制作时请留出接线柱。

【程序设计】

1. 扩展器件驱动程序的编写

① 创建 lm3s_ds18b20.h 文件

代码编写如下：

```
//**************************************************************
//文件名：lm3s_ds18b20.h
//功能：用 DS18B20 探测温度
//说明：调试了几天没能得出结果，我自己很清楚 DS18B20 对时序要求比较苛刻，实验中没有
//       别的办法，所以打算使用单独的“while(i--);”语句一试，结果看到了希望
//--------------------------------------------------------------
⋮
//DS18B20 控制接口为 PA5，在实际使用时可以选择其他引脚
#define DQ          GPIO_PIN_5          //SPIDAT[MOSI] 数据       PA5
uchar bIACC,C;                          //申请接收数据缓存区
//--------------------------------------------------------------
⋮//文件内容见参考程序
//--------------------------------------------------------------
```

主要外用函数原型：

- void GPioA_Initi_ds18B20(void)初始化函数，用于 LM3S615 引脚的工作状态和初始化 DS18B20 进入工作状态。
- unsigned int Get_Temp_Ds18B20(unsigned char ＊lpTemp)用于读取 DS18B20 转换的温度值。
- void Read_18B20_ROMID(unsigned char ＊lpRoeid)用于读取 DS18B20 中的光刻 ID 号。使用时只能在单总线上只有一个 DS18B20 芯片的情况下读取。

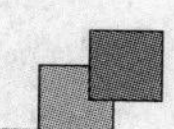

② 显示模块

请参阅课题 11 中的“程序设计”扩展器件驱动程序的编写部分。

2. 应用范例程序的编写

任务①　从 DS18B20 读出实时温度值，并通过 PC 串行助手显示。

代码编写如下：

```
//*****************************************************************************
//文件名：DsDS18b20_Mainf.c
//功能：用于读出 DS18B20 温度值
//-----------------------------------------------------------------------------
⋮
void  GPio_Initi(void);
void  IndicatorLight_PC4(void);        //芯片运行指示灯
void  IndicatorLight_PC5(void);        //芯片运行指示灯
void  Delay(int nDelaytime);           //用于延时
void  jtagWait();                      //防止 JTAG 失效
#define PC4_LED   GPIO_PIN_4
#define PC5_LED   GPIO_PIN_5
#include "Lm3sxxxUart0SR.h"
#include "lm3s_ds18b20.h"
//-----------------------------------------------------------------------------
//主函数
//-----------------------------------------------------------------------------
void main(void)
{
    uchar chTemp[9];
    //防止 JTAG 失效
    Delay(10);
    jtagWait();
    Delay(10);
    //设定系统晶振为时钟源
    SysCtlClockSet( SYSCTL_SYSDIV_1 | SYSCTL_USE_OSC |
                    SYSCTL_OSC_MAIN | SYSCTL_XTAL_6MHZ );
    GPio_Initi();                      //初始化 GPIO
    LM3Sxxx_UART0_Initi(9600);         //初始化 UART 串行口 0
    GPioA_Initi_ds18B20();             //初始化
    //向 PC 机发送信号字母用于判断串行通信是否正常
    UART0Send("ADC",3);
    while(1)
    { Get_Temp_Ds18B20(chTemp);        //读出温度值
      UART0Send(chTemp,9);             //向 PC 发送读出的实时温度
      IndicatorLight_PC4();            //程序运行指示灯
      Delay(60);}                      //延时
}
//-----------------------------------------------------------------------------
⋮//省略部分见程序实例
//-----------------------------------------------------------------------------
```

完整的工程程序见随书“网上资料\参考程序\课题 14_DS18b20\DS18b20_1*.*”。

任务② 从 DS18B20 读出实时温度值,并使用 TC1602 液晶屏显示。

a. TC1602 显示函数(tc1602_74hc959_lcd.h)

代码编写如下:

```
//**********************************************************************
//文件名:TC1602_74hc959_lcd.h
//功能:TC1602 液晶驱动程序
//说明:该 TC1602 模块工作是通过 74HC595 芯片进行并串转换而实现显示功能
//----------------------------------------------------------------------
⋮
//1602 驱动
//PA0  用于命令与数据选择。RS = 0 选择发送命令,RS = 1 选择发送数据
#define RS GPIO_PIN_0
//PA1  读/写数据选择脚。RW = 0 选择命令或数据写,RW = 1 选择命令或数据读
#define RW GPIO_PIN_1
//PB6  使能线
#define E   GPIO_PIN_6
//74HC595 驱动
#define GCS     GPIO_PIN_3          //SPI      片选            PA3
#define GDIO    GPIO_PIN_5          //SPIDAT[MOSI] 数据       PA5
#define GSCLK   GPIO_PIN_2          //SPICLK  时钟             PA2
uchar uchBuff;
//74HC595 主要工作函数
void GSEND_DATA8(uchar chSDAT);
void GSEND_COM8(uchar chSDAT);
//TC1602 工作函数
void Write_WRCGRAM();                       //装入汉字字模
void Init_TC1602();
//----------------------------------------------------------------------
//TC1602 常用对外函数
//初始化引脚和 1602 函数
void GPio_Initi_PA(void);
//向 TC1602 发送字符串函数
void Send_String_1602(uchar chCom,uchar * lpDat,uint nCount);
//向 TC1602 发送显示数据函数
void Send_Data_1602(uchar chCom,uint nData,uint nCount);
//向 TC1602 装载用户字模函数
void Write_WRCGRAM();
//清除 TC1602 屏幕函数
void Cls();
//----------------------------------------------------------------------
⋮//文件内容见参考程序
//**********************************************************************
```

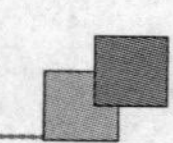

b. 主程序部分

代码如下：

```
//*************************************************************************
//文件名：DS18b20_Main1602.c
//功能：用于读出 DS18B20 温度值并显示到 TC1602 上
//-------------------------------------------------------------------------
 ⋮
void  GPio_Initi(void);
void  IndicatorLight_PC4(void);              //芯片运行指示灯
void  IndicatorLight_PC5(void);              //芯片运行指示灯
void  Delay(int nDelaytime);                 //用于延时
void  jtagWait();                            //防止 JTAG 失效
#define PC4_LED  GPIO_PIN_4
#define PC5_LED  GPIO_PIN_5
unsigned int nJsq1 = 0;
#include "lm3s_ds18b20.h"
#include "TC1602_74hc959_lcd.h"
//-------------------------------------------------------------------------
//主函数
//-------------------------------------------------------------------------
void main(void)
{    uchar chTemp[9];
     //防止 JTAG 失效
     Delay(10);
     jtagWait();
     Delay(10);
     //设定系统晶振为时钟源
     SysCtlClockSet( SYSCTL_SYSDIV_1 | SYSCTL_USE_OSC |
                     SYSCTL_OSC_MAIN |SYSCTL_XTAL_6MHZ );
     GPio_Initi();                           //初始化 GPIO
     GPioA_Initi_ds18B20();                  //初始化
     GPio_Initi_PA();                        //初始化 74HC595 通信引脚和 TC1602
     while(1)
     { Get_Temp_Ds18B20(chTemp);             //读出温度值
        //向 TC1602 发送读出的实时温度用于显示
        Send_String_1602(0x83,chTemp,7);
        Send_String_1602(0x8A,chTB0,1);      //向 TC1602 发送℃符号
        IndicatorLight_PC4();                //程序运行指示灯
        Delay(60);                           //延时
     }
}
//-------------------------------------------------------------------------
 ⋮//省略部分见程序实例
//-------------------------------------------------------------------------
//*************************************************************************
```

完整的工程程序见随书“网上资料\参考程序\课题 14_DS18b20\DS18b20_3\ *. *”。

作业：

做一个小小的温度报警器。

编后语：DS18B20 在工业生产中用得非常广泛，它最大的优点就是单总线，最大的难点就是时序要求太苛刻，按时序编程时还得注意这一点。

课题 15　带 I²C 数字温度传感器 LM75A 在 LM3S615 微控制器系统中的应用

【实验目的】

了解和掌握 LM75A 数字温度传感器在 LM3S615 微控制器系统中的应用原理与方法。

【实验设备】

① 所用工具：30 W 烙铁 1 把，数字万用表 1 个；

② PC 机 1 台；

③ 开发软件 IAR Embedded Workbench5.20v 集成开发平台 1 套；

④ LM LINK JTAG 调试器 1 套，EasyARM615 开发套件 1 套。

【外扩器件】

课题所需外扩元器件请查寻图 K15－9 和图 K15－10。

【工程任务】

① 从 LM75A 读出实时温度值，并通过 PC 串行助手显示。

② 从 LM75A 读出实时温度值，并使用 JCM12864M 液晶屏显示。

【所需外围器件资料】

K15.1　LM75A 概述

LM75A 是一种高速 I²C 接口的数字温度传感器，可以在－55～＋125 ℃的温度范围内将温度直接转换为数字信号，并可实现 0.125 ℃的精度。微控制器可以通过 I²C 总线直接读取其内部寄存器中的数据，并可通过 I²C 对 4 个数据寄存器进行操作，以设置成不同的工作模式。LM75A 有 3 个可选的逻辑地址引脚，使得同一总线上可同时连接 8 个器件而不发生地址冲突。

LM75A 可配置成不同的工作模式。它可设置成在正常工作模式下周期性地对环境温度进行监控，或进入关断模式来将器件功耗降至最低。OS 输出有两种可选的工作模式：OS 比较器模式和 OS 中断模式，OS 输出可选择高电平或低电平有效。

正常工作模式下，当器件上电时，OS 工作在比较器模式，温度阈值为 80 ℃，滞后

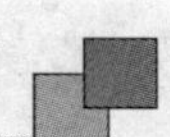

阈值为 75 ℃。

K15.2 LM75A 引脚描述

LM75A 引脚如图 K15-1 所示，其功能描述如表 K15-1 所列。

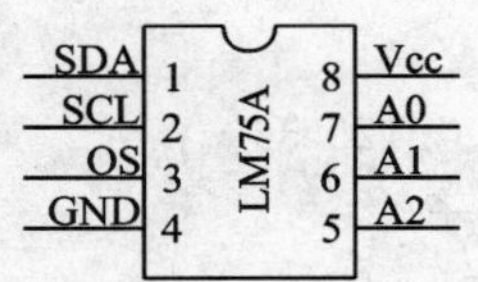

图 K15-1 LM75A 引脚

表 K15-1 LM75A 引脚功能

引 脚	功 能	备 注
SDA	I^2C 串行双向数据线	开漏口
SCL	I^2C 串行时钟输入	开漏口
OS	过热关断输出	开漏输出
GND	地，连接到系统地	
A2	用户定义的地址位 2	
A1	用户定义的地址位 1	
A0	用户定义的地址位 0	

K15.3 LM75A 的功能特点

LM75A 的功能特点如下：

- 提供环境温度对应的数字信息，直接表示温度；
- 可以对某个特定温度作出反应，可以配置成中断或者比较器模式(OS 输出)；
- 高速 I^2C 总线接口，有 A2～A0 地址线，一条总线上最多可同时使用 8 个 LM75A；
- 低功耗设计，工作电流典型值为 250 μA，掉电模式为 3.5 μA；
- 测量的温度最大范围为－55～＋125 ℃；
- 宽工作电压范围：2.8～5.5 V；
- 提供了良好的温度精度(0.125 ℃)；
- 可编程温度阈值和滞后设定点。

K15.4 LM75A 内部寄存器

K15.4.1 温度寄存器 Temp(地址 0x00)

温度寄存器是一个只读寄存器，包含 2 个 8 位的数据字节，由 1 个高数据字节(MS)和 1 个低数据字节(LS)组成。这两个字节中只有 11 位用来存放分辨率为 0.125 ℃的温度数据(数据以二进制码形式表示，温度在 0 ℃或 0 ℃以上使用二进制原码；温度在 0 ℃以下使用二进制补码)。对于 8 位的 I^2C 总线来说，只要从 LM75A 的“00H”地址处连续读 2 字节即可(温度的高 8 位在前)。表 K15-2 列出了温度寄存器各位分布情况。

表 K15 - 2　温度寄存器(地址：00H)

Temp(温度)MS(高 8 位字节)								Temp(温度)LS(低 8 位字节)							
MSB							LSB	MSB							LSB
B7	B6	B5	B4	B3	B2	B1	B0	B7	B6	B5	B4	B3	B2	B1	B0
Temp(温度)数据(11 位)											未使用				
MSB										LSB					
D10	D9	D8	D7	D6	D5	D4	D3	D2	D1	D0	X	X	X	X	X

根据 11 位的 Temp 数据来计算 Temp 值的方法：

➢ 若 D10＝0,温度值＝＋Temp(数据)×0.125 ℃；

➢ 若 D10＝1,温度值＝－Temp(数据的二进制补码)×0.125 ℃。

表 K15 - 3 给出了一些温度(Temp)数据和温度值的例子。

表 K15 - 3　温度(Temp)数据和温度值典型值

温度(Temp)数据			温度值/℃
11 位二进制数(补码)	3 位十六进制数	十进制数	
0111 1111 000	3F8H	1 016	＋127.000
0111 1110 111	3F7H	1 015	＋126.875
0111 1110 001	3F1H	1 009	＋126.125
0111 1101 000	3E8H	1 000	＋125.000
0001 1001 000	0C8H	200	＋25.000
0000 0000 001	001H	1	＋0.125
0000 0000 000	00H	0	0.000
1111 1111 111	7FFH	－1	－0.125
1110 0111 000	738H	－200	－25.000
1100 1001 110	648H	－439	－54.875
1100 1001 000	649H	－440	－55.000

K15.4.2　配置寄存器(地址 0x01)

配置寄存器为 8 位可读/写寄存器,其各位功能分配如表 K15 - 4 所列。

表 K15 - 4　配置寄存器位功能

D7	D6	D5	D4	D3	D2	D1	D0
保留			OS 故障队列		OS 极性	OS 比较/中断	关断

配置寄存器各位说明如下：

➢ D7～D5　保留,默认为 0。

➢ D4 ～D3　用来编程 OS 故障队列。

00　代表的值为 1；

01　代表的值为 2；

10　代表的值为 4；

11　1 代表的值为 6。

默认值为 00。

➤ D2　用来选择 OS 极性。

D2＝0，OS 低电平有效（默认）；

D2＝1，OS 高电平有效。

➤ D1　选择 OS 工作模式。

D1＝0，配置成比较器模式，直接控制外围电路；

D1＝1，OS 控制输出功能配置成中断模式，以通知 MCU 进行相应处理。

➤ D0　选择器件工作模式。

D0＝0，LM75A 处于正常工作模式（默认）；

D0＝1，LM75A 进入关断模式。

K15.4.3　滞后寄存器 Thyst(0x02)

滞后寄存器是读/写寄存器，也称为设定点寄存器，用于提供温度控制范围的下限温度。每次转换结束后，温度（Temp）数据（取其高 9 位）将会与存放在该寄存器中的数据相比较，当环境温度低于此温度的时候，LM75A 将根据当前模式（比较、中断）控制 OS 引脚作出相应反应。该寄存器包含 2 个 8 位数据字节，但 2 字节中，只有 9 位用来存储设定点数据（分辨率为 0.5 ℃的二进制补码），其数据格式如表 K15－5 所示，默认为 75 ℃。

表 K15－5　滞后报警温度寄存器数据格式

Thyst MSB(高 8 位)								Thyst LSB(低 8 位)							
MSB							LSB	MSB							LSB
B7	B6	B5	B4	B3	B2	B1	B0	B7	B6	B5	B4	B3	B2	B1	B0
Thyst 数据(9 位)									未使用						
MSB										LSB					
D8	D7	D6	D5	D4	D3	D2	D1	D0	x	x	x	x	x	x	x

K15.4.4　过温关断阈值寄存器 Tos(0x03)

过温关断寄存器提供了温度控制范围的上限温度。每次转换结束后，温度（Temp）数据（取其高 9 位）将会与存放在该寄存器中的数据相比较，当环境温度高于此温度的时候，LM75A 将根据当前模式（比较、中断）控制 OS 引脚作出相应反应。其数据格式如表 K15－6 所列，默认为 80 ℃。

表 K15－6　过温关断阈值报警温度寄存器数据格式

Tos MSB(高 8 位)								Tos LSB(低 8 位)							
MSB							LSB	MSB							LSB
B7	B6	B5	B4	B3	B2	B1	B0	B7	B6	B5	B4	B3	B2	B1	B0
Tos 数据(9 位)									未使用						
MSB								LSB							
D8	D7	D6	D5	D4	D3	D2	D1	D0	x	x	x	x	x	x	x

过温关断阈值(Tos)和滞后(Thyst)两寄存器都是读/写寄存器，也称为设定点寄存器。它们用来保存用户定义的温度限制——过热关断阈值(Tos)和滞后(Thyst)，以便实现器件的监控功能。每次转换结束后，温度(Temp)数据将会与存放在这两个寄存器中的数据相比较，然后根据"概述"中描述的方法来设置器件 OS 输出的状态。每个设定点寄存器都包含 2 个 8 位的数据字节，由一个 MSB 数据字节和一个 LSB 数据字节组成，与温度(Temp)寄存器完全相同。但是，2 字节中只有 9 位用来存储设定点数据(分辨率为 0.5℃的二进制补码)。

当读设定点寄存器时，所有的 16 位数据都提供给总线，而控制器会收集全部的数据来结束总线的操作，但是，只有高 9 位被使用，LSB 字节的低 7 位为 0 应当被忽略。

表 K15－7 给出了过温关断阈值(Tos)和滞后(Thyst)寄存器一些限制数据和限制温度值的例子。

表 K15－7　Tos 和 Thyst 限制数据和限制温度值典型值

限制数据			限制温度值/℃
9 位二进制数(补码)	16 位十六进制数	十进制数	
0111 1101 0 000 0000	7D00H	250	＋125.0
0001 1001 0 000 0000	1900H	50	＋25.0
0000 0000 1 000 0000	0080H	1	＋0.5
0000 0000 0 000 0000	0000H	0	0.0
1111 1111 1 000 0000	FF80H	−1	−0.5
1110 0111 0 000 0000	E700H	−50	−25.0
1100 1001 0 000 0000	C900H	−110	−55.0

K15.5　OS 输出

OS 输出为开漏输出口。为了观察到这个输出的状态，需要接一个外部上拉电阻，其阻值应当足够大(高达 200 K)，以减少温度读取误差。OS 输出可通过编程配置寄存器的 B2 位设置为高或低有效。

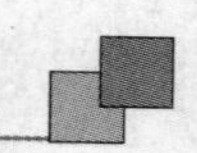

图 K15 - 2 为 LM75A 在不同模式下 OS 引脚对温度作出的响应（OS 设为低有效）。

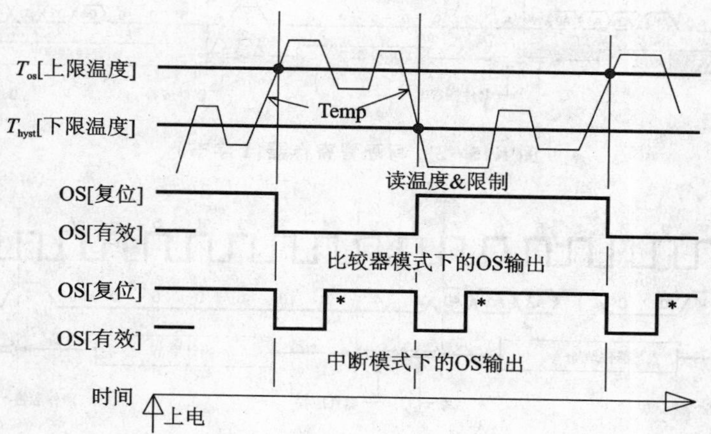

*—OS 可通过读寄存器或使器件进入关断状态来复位。

假设故障队列在每个 T_{os} 和 T_{hyst} 交叉点处都被满足。

图 K15 - 2　LM75A 温度响应

可以看出，当 LM75A 工作在比较器模式时，温度高于 T_{os} 时 OS 输出低电平。此时采取降温措施，启动降温设备（如风扇），直到温度再降到 T_{hyst} 范围内才停止降温，因此在这种模式下，LM75A 可以直接控制外部电路来保持环境温度；而在中断模式下，温度在高于 T_{os} 或低于 T_{hyst} 时产生中断。

注意：在中断模式下，只有当 MCU 对 LM75A 进行读操作后，其中断信号才会消失（图 K15 - 2 中 OS 变为高电平）。

K15.6　I²C 串行接口

在控制器或主控器的控制下，利用两个端口 SCL 和 SDA，LM75A 可以作为从器件连接到兼容 2 线串行接口的 I²C 总线上。控制器必须提供 SCL 时钟信号，并通过 SDA 端读出器件的数据或将数据写入到器件中。注意：如果没有按 I²C 总线的要求连接 I²C 共用的上拉电阻，则必须在 SCL 和 SDA 端分别连接一个外部上拉电阻，阻值大约为 10 kΩ。

1. 读/写配置寄存器时序

配置寄存器写时序如图 K15 - 3 所示。

2. 读包含指针字节的配置寄存器

包含指针字节的配置寄存器读时序如图 K15 - 4 所示。

3. 读预置指针的配置寄存器

预置指针的配置寄存器读时序如图 K15 - 5 所示。

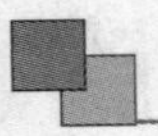

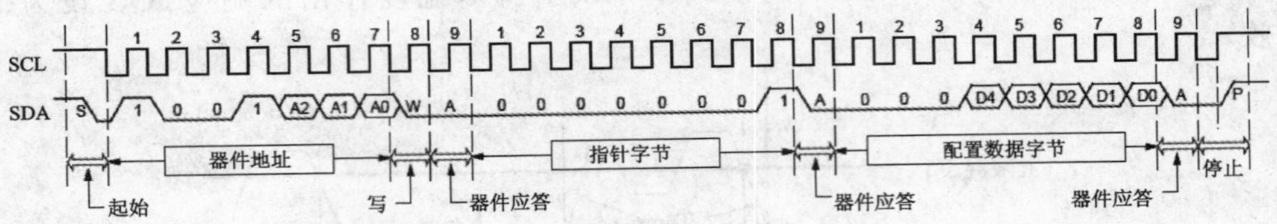

图 K15－3　写配置寄存器(1 字节)

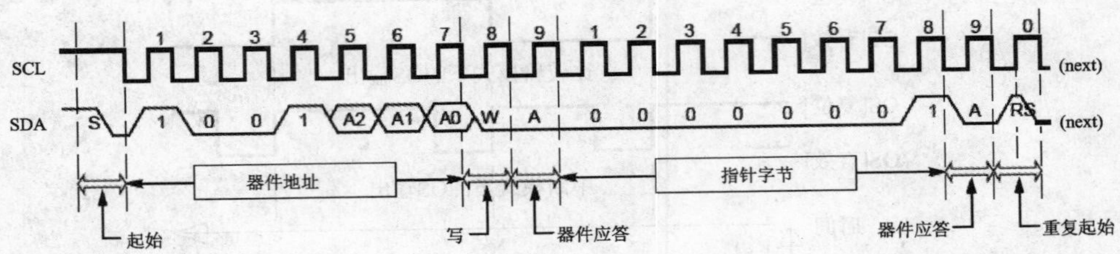

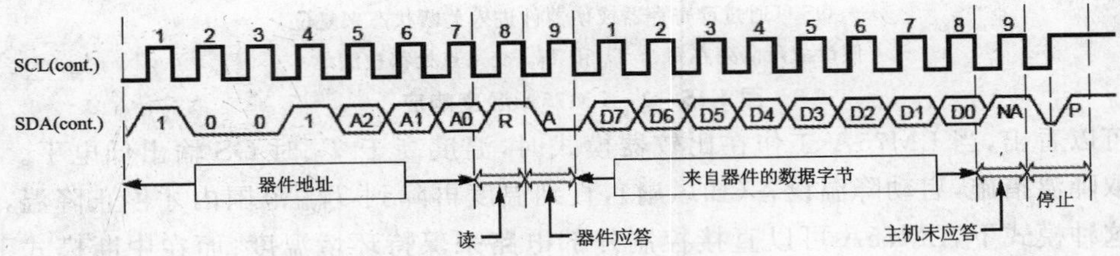

图 K15－4　读包含指针字节的配置寄存器时序

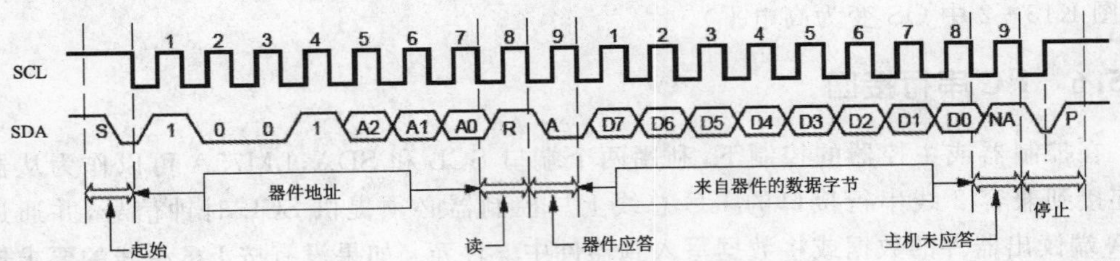

图 K15－5　预置指针的配置寄存器读时序

4. 写 Tos 或 Thyst 寄存器(2 字节数据)

Tos 或 Thyst 寄存器写时序如图 K15－6 所示。

5. 读包含指针字节的 Temp、Tos 或 Thyst 寄存器(2 字节数据)

包含指针字节的 Temp、Tos 或 Thyst 寄存器读时序如图 K15－7 所示。

6. 读预置指针的 Temp、Tos 或 Thyst 寄存器(2 字节数据)

预置指针的 Temp、Tos 或 Thyst 寄存器读时序如图 K15－8 所示。

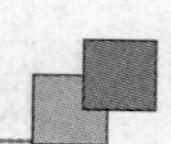

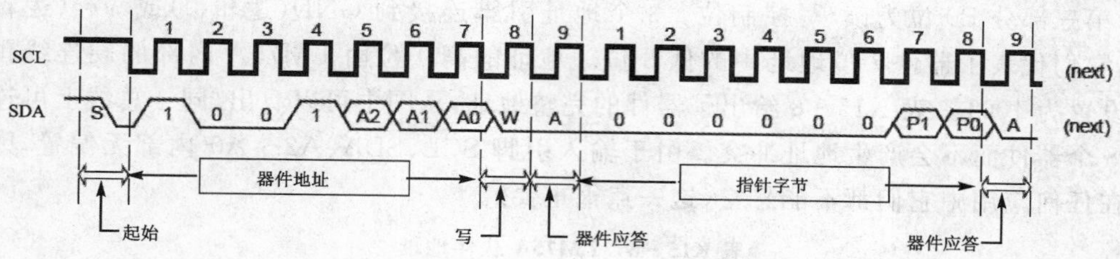

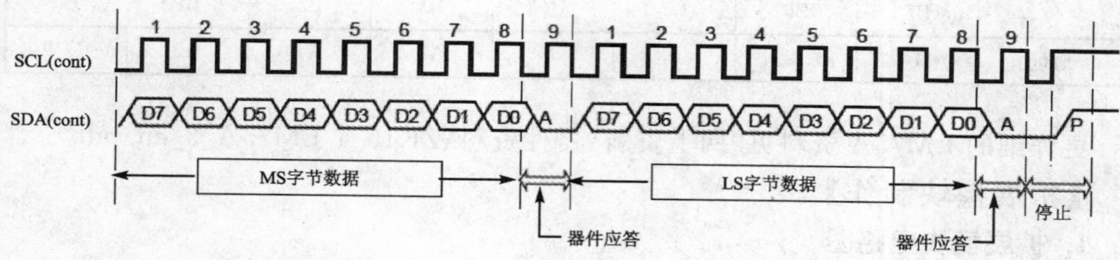

图 K15-6 Tos 或 Thyst 寄存器写时序

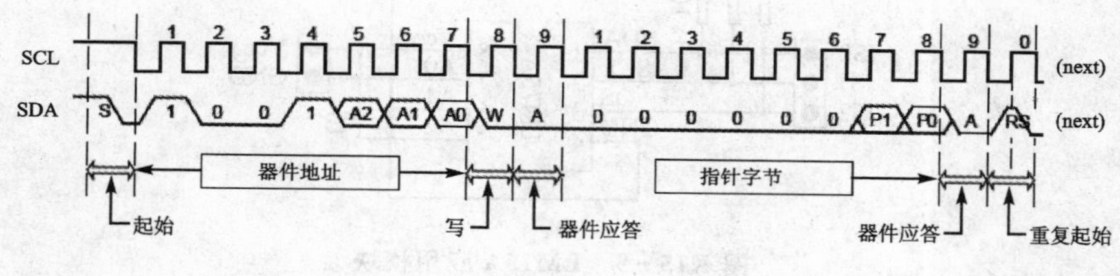

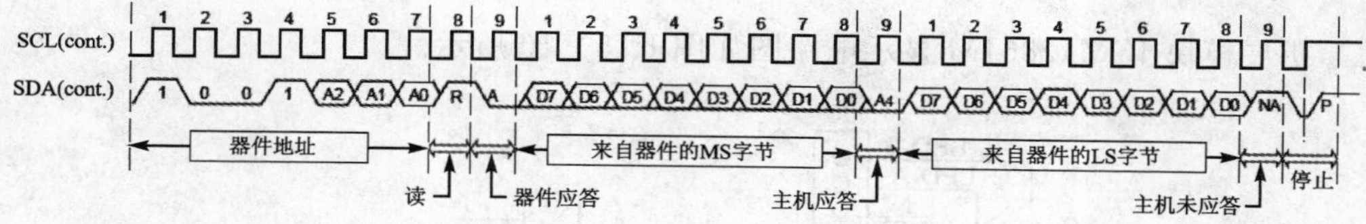

图 K15-7 包含指针字节的 Temp、Tos 或 Thyst 寄存器读时序

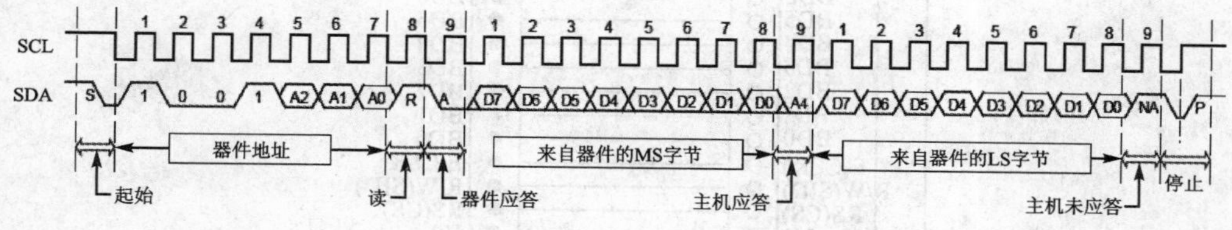

图 K15-8 预置指针的 Temp、Tos 或 Thyst 寄存器读时序

K15.7 LM75A 地址

LM75A 在 I^2C 总线的从机地址由 3 部分组成，如图 K15-12 所示，第一部分 B7～B4 为固定地址位；第二部分 B3～B1 由器件地址引脚 A2、A1 和 A0 的逻辑关系来定

义;第三部分 B0 位为读/写控制位。3 个地址引脚连接到 GND(逻辑 0)或 Vcc(逻辑 1),它们代表了器件 7 位地址中的低 3 位。地址的高 4 位由 LM75A 内部的硬连线预先设置为 1001。表 K15－8 给出了器件的完整地址,从图中可以看出,同一总线上可连接 8 个器件而不会产生地址冲突。由于输入引脚 SCL、SDA、A2～A0 内部无偏置,因此在任何应用中它们都不能悬空(这一点很重要)。

表 K15－8　LM75A 从件地址

位	B7	B6	B5	B4	B3	B2	B1	B0
地址	1	0	0	1	A2	A1	A0	R/W

更详细的 LM75A 资料见"网上资料\器件资料\ZK15_1 LM75A_2_cn. pdf"。

【扩展模块制作】

1. 扩展模块电路图

扩展模块 LM75A 电路图如图 K15－9 所示。

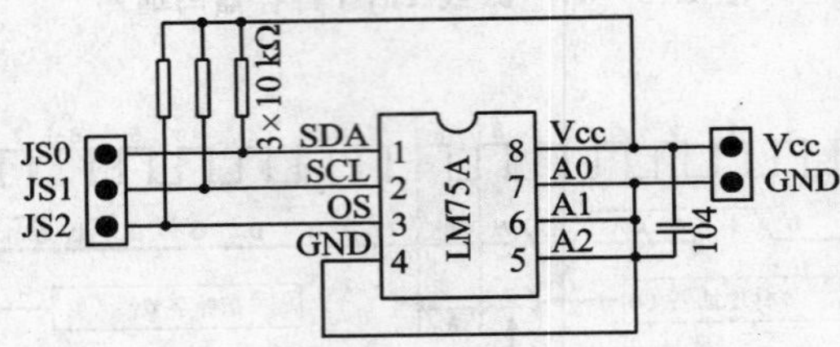

图 K15－9　LM75A 应用模块

扩展模块 JCM12864M 显示电路图如图 K15－10 所示。

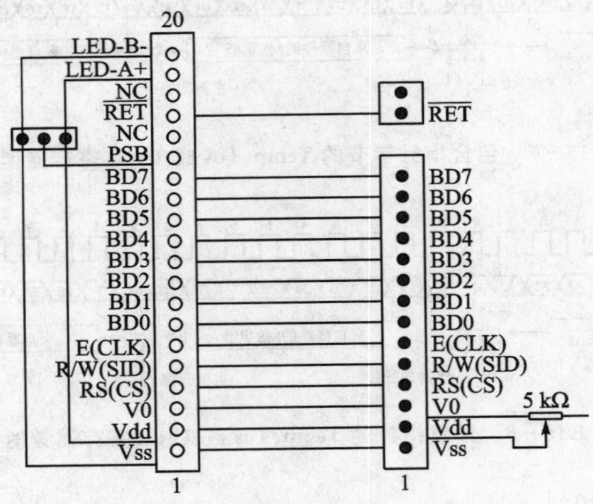

图 K15－10　JCM12864M 液晶显示模块

2. 扩展模块间的连线

① 图 K15－9 与 EasyARM615 开发板连线:JS0 连接到 PB1,JS1 连接到 PB0,JS2

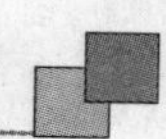

连接到外接控制器件。

② 图 K15-10 与 EasyARM615 开发板连线：CS 连接到 PA3，SID 连接到 PA5，CLK 连接到 PA2。

3. 模块制作

扩展模块制作成实验板时按图 K15-9 进行。制作时请留出接线柱。

【程序设计】

1. 扩展器件驱动程序的编写

① 创建 Lm3s_lm75a.h 文件

代码编写如下：

```
//************************************************************************
//程序文件名：Lm3s_lm75a.h
//程序功能：实现 MCU 通过 I²C 总线对 I²C 器件 LM75A 实施读/写操作
//------------------------------------------------------------------------
#include "iiC_i2c_lm3s_PB01.h"
//本实验地址配置为 1001,A2 = 0,A1 = 0,A0 = 1,R/W = 0,实际硬件连接：A0 引脚接高电平，
// A2 和 A1 接低电平，如果硬件连接有所改动请修改这个值
unsigned char LM75a_Addr = 0x92;                                  //从机地址
//------------------------------------------------------------------------
//程序名称：LM75A_INTI
//程序功能：初始化 LM75A 器件程序
//说明：命令 0x01 为设为 0x00 比较模式输出，使用内部温度比较器(cfg)
//        命令 0x02 为下限温度设置，默认值为 75℃ (Thyst)滞后
//        命令 0x03 为上限温度设置，默认值为 80℃ (Tos)过温关断
//------------------------------------------------------------------------
⋮//文件内容见参考程序
//------------------------------------------------------------------------
```

主要外用函数原型：

- void LM75A_INTI()为器件初始化函数，用于初始化 LM75A 和 I²C 使用的引脚。
- void LM75A_READ_TEMP(uchar * lpTempOut)用于从 LM75A 温度传感器中读出温度值。

② JCM12864M 模块驱动

本模块的驱动程序已经在《ARM Cortex-M3 内核微控器快速入门与应用》一书的课题 9 中给出了，此处不多述。

2. 应用范例程序的编写

任务① 从 LM75A 读出实时温度值，并通过 PC 串行助手显示。

要将读到的数据发给 PC，这是最好的选择。

代码编写如下：

```
//************************************************************************
//文件名：LM75A_Main.c
```

```
//功能：用于读出 LM75A 温度值
//-----------------------------------------------------------------------------
:
void  GPio_Initi(void);
void  IndicatorLight_PC4(void);                                  //芯片运行指示灯
void  IndicatorLight_PC5(void);                                  //芯片运行指示灯
void Delay(int nDelaytime);                                      //用于延时
void jtagWait();                                                 //防止 JTAG 失效

#define PC4_LED   GPIO_PIN_4
#define PC5_LED   GPIO_PIN_5
#include "Lm3sxxxUart0SR.h"
#include "Lm3s_lm75a.h"
unsigned char chDateTime[8];
unsigned char chDispDT[10];                                      //用于显示
//-----------------------------------------------------------------------------
//主函数
//-----------------------------------------------------------------------------
void main(void)
{
    //防止 JTAG 失效
    Delay(10);
    jtagWait();
    Delay(10);
    //设定系统晶振为时钟源
    SysCtlClockSet( SYSCTL_SYSDIV_1 | SYSCTL_USE_OSC |
                    SYSCTL_OSC_MAIN | SYSCTL_XTAL_6MHZ );
    GPio_Initi();                                                //初始化 GPIO
    LM3Sxxx_UART0_Initi(9600);                                   //初始化串口
    LM75A_INTI();                                                //初始化 LM75A
    UART0Send("ADC",3);                                          //向串口发送引导数据
    while(1)
    {
        LM75A_READ_TEMP(chDispDT);                               //读出 LM75A 内部温度值
        UART0Send(chDispDT,10);                                  //将读到的温度值发送到 PC
        IndicatorLight_PC4();                                    //程序运行指示灯
        Delay(60);
    }
}
//-----------------------------------------------------------------------------
://省略部分见程序实例
//-----------------------------------------------------------------------------
//****************************************************************************
```

完整的工程程序见随书“网上资料\参考程序\课题 15_LM75A\LM75a*.*”。

任务② 从 LM75A 读出实时温度值，并使用 JCM12864M 液晶屏显示。

a. JCM12864M 液晶屏显示驱动

本例用到的函数有：

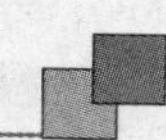

➢ void JCM12864M_INITI()用于初始化 JCM12864M 芯片和 MCU 引脚。
➢ void SEND_NB_DATA_12864M(uchar chSADD, uchar * lpSData, uint nConut)函数用来向 JCM12864M 发送显示字符。
➢ void CLS_12864M()为清屏函数，用于清除屏幕上的字符。

b. 主工作程序代码

```
//*******************************************************************
//文件名：LM75A_Main.c
//功能：用于读出 LM75A 温度值
//-------------------------------------------------------------------
 ⋮
void  GPio_Initi(void);
void  IndicatorLight_PC4(void);                     //芯片运行指示灯
void  IndicatorLight_PC5(void);                     //芯片运行指示灯
void  Delay(int nDelaytime);                        //用于延时
void  jtagWait();                                   //防止 JTAG 失效
#define PC4_LED   GPIO_PIN_4
#define PC5_LED   GPIO_PIN_5
#include "lm3s_jcm12864m.h"
#include "Lm3s_lm75a.h"
unsigned char chDateTime[8];                        //用于存入读出的数据日期和时钟
unsigned char chDispDT[10];                         //用于显示
//-------------------------------------------------------------------
//主函数
//-------------------------------------------------------------------
void main(void)
{    //防止 JTAG 失效
     Delay(10);
     jtagWait();
     Delay(10);
     //设定系统晶振为时钟源
     SysCtlClockSet( SYSCTL_SYSDIV_1 | SYSCTL_USE_OSC |
                     SYSCTL_OSC_MAIN | SYSCTL_XTAL_6MHZ );
     GPio_Initi();                                  //初始化 GPIO
     LM75A_INTI();                                  //初始化 LM75A
     JCM12864M_INITI();                             //初始化 JCM12864M
     CLS_12864M();                                  //清屏
     SEND_NB_DATA_12864M(0x82,"博圆技术",8);
     while(1)
     { LM75A_READ_TEMP(chDispDT);                   //读出 LM75A 内部温度值
        SEND_NB_DATA_12864M(0x90,chDispDT,10);      //显示读出的温度值
        IndicatorLight_PC4();                       //程序运行指示灯
        Delay(60);
     }
}
//-------------------------------------------------------------------
 ⋮//省略部分见程序实例
```

```
//--------------------------------------------------------------------------
```

完整的工程程序见随书"网上资料\参考程序\课题 15_LM75A\LM75a_2*.*"。

编后语：LM75A 是很方便使用的数字温度传感器。任务②没进行连接硬件测试，有兴趣的读者在进行硬件调试时要认真观察出现的问题。

语音录制类芯片

课题 16　ISD1700(ZY1730/ISD17240)在 LM3S101 微控制器系统中的应用

【实验目的】

了解和掌握 ISD1700(ZY1730/ISD17240)在 LM3S101 微控制器系统中的应用原理与方法。

【实验设备】

① 所用工具：30 W 烙铁 1 把，数字万用表 1 个；

② PC 机 1 台；

③ 开发软件 IAR Embedded Workbench5.20v 集成开发平台 1 套；

④ LM LINK JTAG 调试器 1 套，EasyARM101 开发套件 1 套。

【外扩器件】

课题所需外扩元器件请查寻图 K16-6。

【工程任务】

使用命令操控 ISD1700 芯片进行录放音工作。

【所需外围器件资料】

K16.1　ISD1700 系列概述

ISD1700 系列芯片是华邦 ISD 公司新推出的单片优质语音录放电路，该芯片提供多项新功能，包括内置专利的多信息管理系统、新信息提示(vAlert)、双运作模式(独立&嵌入式)，以及可定制的信息操作指示音效。芯片内部包含有自动增益控制、麦克风前置扩大器、扬声器驱动线路、振荡器与内存等的全方位整合系统功能。

ISD1700 系列主要应用芯片有：ISD1730(内空可录 30 s 的声音，ZY1730 也属于这一类芯片，它是周立功公司整合功能后的芯片，应用方便，将在 K16.6 介绍)、ISD1760(内空可录 60 s 的声音)、ISD17240(内空可录 240 s 的声音)。应用时可以根据需要进行选择。

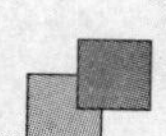

1. ISD1700 系列芯片主要特点

ISD1700 系列芯片主要特点如下：

➢ 可录音、放音十万次，存储内容可以断电保留一百年；
➢ 两种控制方式，两种录音输入方式；
➢ 两种放音输出方式；
➢ 可处理多达 255 段以上信息；
➢ 有丰富多样的工作状态提示；
➢ 多种采样频率对应多种录放时间；
➢ 音质好，电压范围宽，应用灵活。

2. ISD1700 系列芯片电特性

ISD1700 系列芯片电特性如下：

➢ 工作电压为 2.4～5.5 V，最高不能超过 6 V；
➢ 静态电流为 0.5～1 μA；
➢ 工作电流为 20 mA。

K16.2 ISD1700 引脚排列与功能描述

ISD1700 引脚排列如图 K16－1 所示，引脚功能描述如表 K16－1 所列。

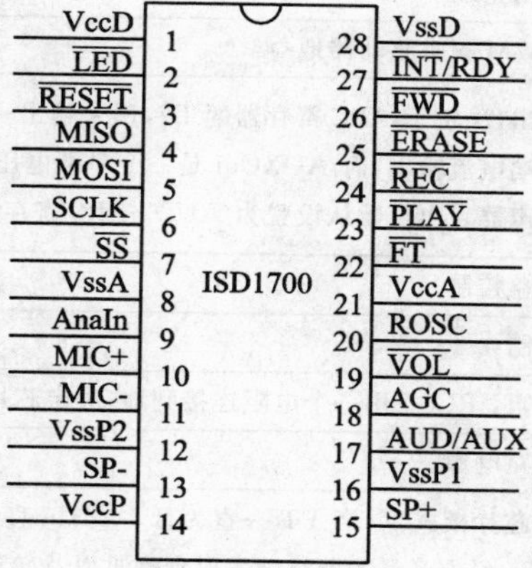

图 K16－1 ISD1700 引脚

表 K16－1 ISD1700 引脚功能描述

引脚号	名 称	功能说明
1	VccD	数字电路电源
2	$\overline{\text{LED}}$	LED 指示信号输出
3	$\overline{\text{RESET}}$	芯片复位
4	MISO	SPI 接口的串行输出。ISD1700 在 SCLK 下降沿之前的半个周期将数据放置在 MISO 端。数据在 SCLK 的下降沿时移出

续表 K16－1

引脚号	名　称	功能说明
5	MOSI	SPI接口的数据输入端口。主控制芯片在SCLK上升沿之前的半个周期将数据放置在MOSI端。数据在SCLK上升沿被锁存在芯片内。此引脚在空闲时，应该被拉高
6	SCLK	SPI接口的时钟。由主控制芯片产生，并且被用来同步芯片MOSI和MISO端各自的数据输入和输出。此引脚空闲时，必须拉高
7	$\overline{\text{SS}}$	为低时，选择该芯片成为当前被控制设备并且开启SPI接口。空闲时，需要拉高
8	AnaIn	芯片录音或直通时，辅助的模拟输入。需要一个交流耦合电容(典型值为0.1 μF)，并且输入信号的幅值不能超出1.0Vpp。APC寄存器的D3可以决定AnaIn信号被立刻录制到存储器中，与MIC信号混合被录制到存储器中，或者被缓存到喇叭端并经由直通线路从AUD/AUX输出
10	MIC＋	麦克风输入正端
11	MIC－	麦克风输入负端
12	VssP2	负极PWM喇叭驱动器地
13	SP－	喇叭输出负端
14	VccP	PWM喇叭驱动器电源
15	SP＋	喇叭输出正端
16	VssP1	正极PWM喇叭驱动器地
17	AUD/AUX	辅助输出，决定于APC寄存器的D7，用来输出一个AUD或AUX输出。AUD是一个单端电流输出，而AUXOut是一个单端电压输出。它们能够被用来驱动一个外部扬声器。出厂默认设置为AUD。APC寄存器的D9可以使其掉电
18	AGC	自动增益控制
19	$\overline{\text{VOL}}$	音量控制
20	ROSC	振荡电阻，ROSC用一个电阻连接到地，决定芯片的采样频率
21	VccA	模拟电路电源
22	$\overline{\text{FT}}$	在独立芯片模式下，当FT一直为低，AnaIn直通线路被激活。AnaIn信号被立刻从AnaIn经由音量控制线路发射到喇叭以及AUD/AUX输出。不过，当在SPI模式下，SPI无视这个输入，而且直通线路被APC寄存器的D0所控制。该引脚有一个内部上拉设备和一个内部防抖动电路，允许使用按键开关来控制开始和结束
23	$\overline{\text{PLAY}}$	播放控制端
24	$\overline{\text{REC}}$	录音控制端
25	$\overline{\text{ERASE}}$	擦除控制端
26	$\overline{\text{FWD}}$	快进。当器件处于掉电状态，该引脚被触发时，它将从当前位置前进到下一个语音消息段

续表 K16-1

引脚号	名　称	功能说明
27	RDY/$\overline{\text{INT}}$	一个开路输出。Ready(独立模式)。该引脚在录音、放音、擦除和指向操作时保持为低,保持为高时进入掉电状态。 Interrupt(SPI 模式)。在完成 SPI 命令后,会产生一个低信号的中断。一旦中断消除,该引脚变回为高
28	VssD	数字地

K16.3　模拟通道配置(APC)

ISD1700 的模拟通道可配置为多种信号通道,包括录音信号源、输入信号的混音、输入到输出信号的播放混音、直通信号到输出信号。

当前模拟通道配置由器件的内部状态、$\overline{\text{FT}}$的状态和 APC 寄存器的内容综合决定。一旦上电复位或执行其他方式的复位后,APC 寄存器由内部非易失性配置 NVCFG 位初始化。使用 SPI 命令可以读取或装载 APC 寄存器。NVCFG 位[D10:D0]出厂的默认设置为 100 0100 0000(即 0x440)。这使得器件配置为:录音通过 MIC 输入,$\overline{\text{FT}}$通过 AnaIn 输入,从 MLS(多电平存储器)中播放,SE 编辑特性使能,最大音量电平,有效的 PWM 驱动器和 AUD 电流输出。我们可以使用 SPI 命令来修改 APC 寄存器,并将它永久性地存储到 NVCFG 中。

1. APC 寄存器

APC 寄存器共 12 位,各位的详细说明如表 K16-2 所列。

表 K16-2　APC 寄存器

位　号	名　称	描　述	默认值
D2:D0	VOL0 VOL1 VOL2	音量控制位[D2:D0]:这些位提供 8 档音量调节,每档-4 dB,每个位改变一挡音量,其中 000 为最大音量,111 为最小音量	000(最大值)
D3	监听输入	录音期间在输出端监听输入信号。 D3=0,录音期间关闭输入信号到输出信号; D3=1,录音期间启用输入信号到输出信号	0 为关闭监听输入
D4	混合输入	在独立模式下,该位与$\overline{\text{FT}}$结合;在 SPI 模式下,该位与 SPI-FT 位(D6)结合,D4 控制录音的输入选择。 D4=0,如果 FT/D6 位为 0,则设 AnaIn 为 REC(录入);如果 FT/D6 位为 1,则设 MIC 为 REC(录入); D4=1,如果 FT/D6 位为 0,则设(MIC+AnaIn)为 REC(录入);如果 FT/D6 位为 1,则设 MIC 为 REC(录入)	0 为关闭混合输入
D5	SE-编辑	在独立模式下,启用或关闭音效编辑。D5=0 为启用;D5=1 为关闭	0 为开启 1 为关闭

续表 K16－2

位 号	名 称	描 述	默认值
D6	SPI－FT	只用于 SPI 模式。一旦 SPI－PU 命令被发送，FT 被关闭且被具有相同功能的控制位 D6 代替。通过 PD 指令退出 SPI 模式后，FT 继续控制直通(FT)功能。 D6＝0，FT 功能在 SPI 模式下开启； D6＝1，FT 功能在 SPI 模式下关闭	1 为 SPI－FT 关闭
D7	模拟输出：AUD/AUX	选择 AUD 还是 AUX。 0 为 AUD，1 为 AUX	0 为 AUD
D8	PWM SPK	PWM 扬声器＋/－输出。0 为开启，1 为关闭	0 为 PWM 开启
D9	PU 模拟输出	上电模拟输出。0 为开启，1 为关闭	0 为开启
D10	vAlert	0 为开，1 为关	1 为关
D11	EOM Enable	用于 SET_PLAY 操作的 EOM Enable。0 为关闭，1 为开启。当该位被设置为 1 时，SET_PLAY 操作停止在 EOM 位置而不是结束地址	0 为关闭

2. 器件模拟通道配置

表 K16－3 列出了 ISD1700 可以实现的模拟通道配置。器件处于掉电、上电、录音、播放还是直通模式，取决于按钮或有关的 SPI 命令请求的操作。这些状态中每个有效通道由 APC 寄存器的 D3 和 D4 位决定，同样也由 SPI 模式下的 APC 寄存器的 D6 位决定或独立模式下的$\overline{\text{FT}}$状态决定。另外，APC 寄存器的 D7～D9 决定哪些输出驱动器被激活。

表 K16－3 操作通道

APC 寄存器			操作通道		
D6/FT	D4 混合	D3 监听	空 闲	录 音	播 放
0	0	0	AnaIn FT	AnaIn Rec	(AnaIn＋MLS)→O/P
0	0	1	AnaIn FT	AnaIn Rec ＋ AnaIn FT	(AnaIn＋MLS)→O/P
0	1	0	(MIC＋AnaIn) FT	(MIC＋AnaIn) Rec	(AnaIn＋MLS)→O/P
0	1	1	(MIC＋AnaIn) FT	(MIC＋AnaIn) Rec ＋ (MIC＋AnaIn) FT	(AnaIn＋MLS)→O/P
1	0	0	FT 关闭	MIC Rec	MLS→O/P
1	0	1	FT 关闭	MIC Rec ＋ MIC FT	MLS→O/P
1	1	0	FT 关闭	MIC Rec	MLS→O/P
1	1	1	FT 关闭	MIC Rec ＋ MIC FT	MLS→O/P

K16.4　SPI 操作模式

通过一个四线(SCLK、MOSI、MISO、$\overline{SS}$)SPI 接口来实现对 ISD1700(ZY1700)进行串行通信。ISD1700(ZY1700)作为一个外设从机,几乎所有的操作都可以通过这个 SPI 接口来完成。为了兼容独立按键模式,一些 SPI 命令:PLAY、REC、ERASE、FWD、RESET 和 GLOBAL_ERASE 的运行对应于独立按键模式的操作。另外,SET_REC 和 SET_PLAY、SET_ERASE 命令允许用户指定录音、放音和擦除的开始和结束地址。

此外,还有一些命令可以访问 APC 寄存器来设置芯片的模拟输入方式等。

1. SPI 接口综述

ISD1700 通过 SPI 串行接口所遵循的操作协议如下:

- 一个 SPI 处理开始于$\overline{SS}$引脚的下降沿。
- 在一个完整的 SPI 指令传输周期中,$\overline{SS}$引脚必须保持低电平。
- 数据在 SCLK 上升沿被锁存到芯片的 MOSI 引脚,在 SCLK 的下降沿从 MISO 引脚输出,并首先移出低位(也就是低位在前)。
- SPI 指令操作码包括命令字节、数据字节和地址字节,这些决定了 ISD1700 的指令格式。
- 当命令字节及地址数据输入到 MOSI 引脚时,同时状态寄存器和当前行地址信息从 MISO 引脚移出(这一数据传输过程是典型 SPI 同步串行通信过程,LM3S615 芯片内部带的 SPI 通信就是这种形式)。
- 一个 SPI 处理在$\overline{SS}$变高后结束。
- 在完成一个 SPI 命令的操作后,会启动一个中断信息,并且持续保持为低电平,直到芯片收到 CLR_INT 命令或者芯片复位。

(1) SPI 数据格式

表 K16－4 描述了 SPI 数据的格式。指令数据以数据队列的形式从 MOSI 线移入芯片,第一个移入的字节是命令字节,这个字节决定了紧跟其后的数据类型。与此同时,芯片状态以及当前行地址信息以数据队列的方式通过 MISO 被返回到主机。

表 K16－4　SPI 数据的格式

通信线	第一字节	第二字节	第三字节	第四字节	第五字节	第六字节	第七字节
MOSI	命令	数据 1	数据 2 或开始地址 1	数据 3 或开始地址 2	结束地址 1	结束地址 2	结束地址 3
MISO	SR0 低位字节	SR0 高位字节	数据 1 或 SR0 低位字节	数据 2 或 SR0 高位字节	SR0 低位字节	SR0 高位字节	SR0 低位字节

(2) MOSI 数据格式

MOSI 是 SPI 接口的"主机发送从机接收"线。数据在 SCLK 线的上升沿锁存到芯

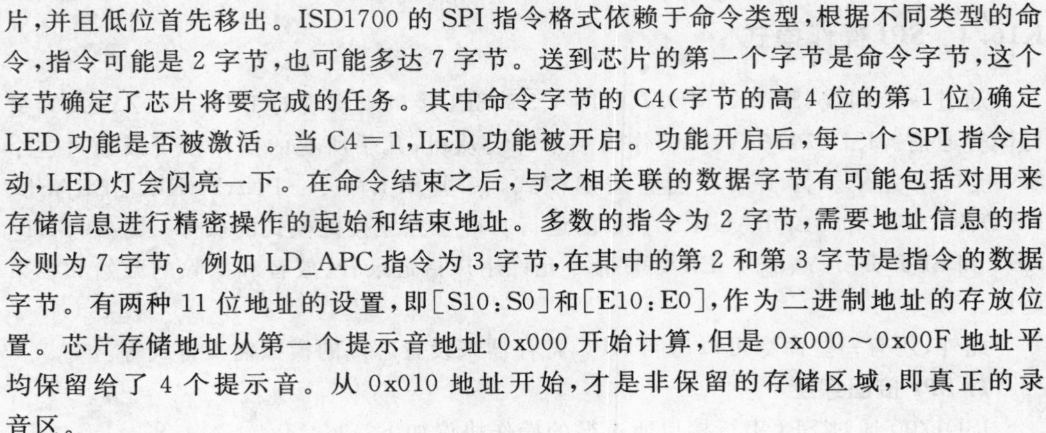

片，并且低位首先移出。ISD1700 的 SPI 指令格式依赖于命令类型，根据不同类型的命令，指令可能是 2 字节，也可能多达 7 字节。送到芯片的第一个字节是命令字节，这个字节确定了芯片将要完成的任务。其中命令字节的 C4（字节的高 4 位的第 1 位）确定 LED 功能是否被激活。当 C4＝1，LED 功能被开启。功能开启后，每一个 SPI 指令启动，LED 灯会闪亮一下。在命令结束之后，与之相关联的数据字节有可能包括对用来存储信息进行精密操作的起始和结束地址。多数的指令为 2 字节，需要地址信息的指令则为 7 字节。例如 LD_APC 指令为 3 字节，在其中的第 2 和第 3 字节是指令的数据字节。有两种 11 位地址的设置，即[S10:S0]和[E10:E0]，作为二进制地址的存放位置。芯片存储地址从第一个提示音地址 0x000 开始计算，但是 0x000～0x00F 地址平均保留给了 4 个提示音。从 0x010 地址开始，才是非保留的存储区域，即真正的录音区。

(3) MISO 数据格式

MISO 线为"主机接收从机发送"线，数据在 SCLK 的下降沿从 MISO 引脚输出，并且低位首先移出。对应每一个指令，MISO 会伴随着指令码的输入，在前两个字节返回芯片当前状态和行地址信息[A10:A0]，而 RD_STATUS、RD_PLAY_PNTR、RD_APC 这些命令会在前两个字节之后产生额外的信息。

在输出信息中，第一个字节的状态位提供了重要信息，该信息标明了上一个 SPI 命令发送后的结果。例如，第一个字节中的 0 位（CMD_ERR）用来指示芯片是否接收了上一个 SPI 命令。而[A10:A0]地址位则给出了当前地址。第一和第二个数据字节的内容取决于上一个 SPI 命令。第五、第六和第七字节则是重复 SR0 状态寄存器的内容。

图 K16－2 是 ISD1700 的 SPI 通信时序图。

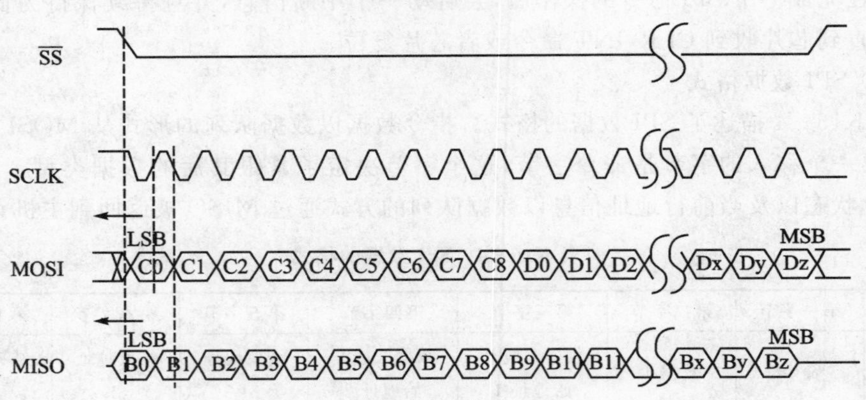

图 K16－2　ISD1700 的 SPI 通信时序

2. ISD1700 系列芯片的 SPI 命令总览

SPI 命令提供了比按键模式更多的控制功能。

➢ 优先级命令。在任意时候都可以接收而且不受器件状态干扰的命令有 PU、

STOP、PD、RD_STATUS、RD_INT、DEVID 和 RESET。

- 循环记忆命令。使能/禁止各种配置路径，装载/写入 APC 和 NVCFG 寄存器等命令有 RD_APC、WR_APC、WR_NVCFG、LD_NVCFG 和 CHK_MEM。
- 直接内存存取命令。以开始地址和结束地址为执行操作目标的命令有 SET_ERASE、SET_REC 和 SET_PLAY。

一个 SPI 命令中总是包含 1 个命令字节。命令字节中的 BIT4(LED)是具有特殊用途的，可以控制 LED 的输出。如果想要开启操作 LED 的功能，那么所有的 SPI 命令字节都要将 BIT4 置 1。

在 SPI 模式下，存储位置都可以通过行地址很容易地进行访问。主控单片机可以访问任何行地址，包括存储 SE 音效的行地址(0x000～0x00F)。像 SET_PLAY、SET_REC 和 SET_ERASE 这些命令需要一个精确的起始地址和结束地址。如果开始地址和结束地址相同，那么 ISD1700 将只在这一行进行操作。SET_ERASE 操作可以精确地擦除在起始地址和结束地址间的所有信息。SET_REC 操作从起始地址开始录音，并结束于结束地址，并且在结束地址自动加上 EOM 标志。同理，SET_PLAY 操作从起始地址播放语音信息，在结束地址停止播放。

另外，SET_PLAY、SET_REC 和 SET_ERASE 命令有一个先入先出(FIFO)的缓存器，只有在相同类型的 SET 命令下才有效。也就是说 SET_PLAY 在 SET_ERASE 之后将不能利用这个缓冲器，并且 SET_PLAY 在 SET_ERASE 之后是一个错误的命令，SR0 中的 COM_ERR 位将置 1。当芯片准备好接收第 2 个 SPI 命令时，在 SR1 中的 RDY 位将置 1。同样，在操作完成时会输出一个中断。例如，如果两个连续但带有两种不同地址的 SET_PLAY 命令被正确发送后，此时 FIFO 缓存器装满。完成第一个语音信息的播放后，第一个 SET_PLAY 操作会遇到一个 EOM，这时不会像一般遇到 EOM 时自动 STOP，而是继续执行第二个 SET_PLAY 命令，芯片将播放第二个语音信息。这个动作将最小化任意两个录音信息之间潜在的停留时间，而且使芯片平滑地连接两个独立的信息。如果想要得到单一存储器组织，可以用 PLAY、REC 和 ERASE 命令。

3. 从 SPI 模式到按键模式转换

从 SPI 模式到按键模式转换时，器件的循环存储结构要考虑到以下几点：

- 在 SPI 模式创建的消息排列必须与循环存储结构匹配。
- 器件必须在退出 SPI 模式之前或之后且在按键模式操作之前执行 RESET，否则在按键操作时会出问题，并且 LED 将会闪烁 7 次。当发生这种情况时，需要恢复存储结构。

4. ISD1700 设备寄存器

(1) 状态寄存器 0

状态寄存器 0(SR0)是由 2 字节数据组成，并由 MISO 线返回。它包括 5 个状态位(即 D4:D0)以及 11 个地址位(即 A10:A0)。表 K16－5 描述了状态寄存器 0 的状态位，表 K16－6 描述了状态寄存器 0 的各位功能。

表 K16－5　状态寄存器 0 的位描述

第一字节 L	位序	D7	D6	D5	D4	D3	D2	D1	D0
	名称	A2	A1	A0	INT	EOM	PU	FULL	CMD_ERR
第二字节 H	位序	D15	D14	D13	D12	D11	D10	D9	D8
	名称	A10	A9	A8	A7	A6	A5	A4	A3

读写类型：读。访问：在 MISO 端每个 SPI 命令的开始两个字节返回 SR0。

表 K16－6　状态寄存器 0 的各位功能

字　节	位编号	位名称	描　述
第一字节	7	A2	当前行地址位 2
	6	A1	当前行地址位 1
	5	A0	当前行地址位 0
	4	INT	当前操作完成时该位置 1，可被 CLR_INT 清除
	3	EOM	当检测到 EOM 时该位置 1，可被 CLR_INT 清除
	2	PU	当器件工作在 SPI 模式且上电时，该位置 1
	1	FULL	当该位为 1 时，说明存储器已满，这意味着不能再录音，除非擦除旧的信息。该位只有在用按键录音和擦除时才有效
	0	CMD_ERR	该位置 1 时说明前一条 SPI 指令无效，如果微控制器发送了少于 5 字节的行地址，SPI 指令将会被解码，而不是被忽略
第二字节	15：8	A15：A8	当前行地址 15～8 位

(2) 状态寄存器 1

表 K16－7 描述状态寄存器 1(SR1)的状态位，表 K16－8 描述各位的功能。

表 K16－7　状态寄存器 1 的位描述

位　序	D7	D6	D5	D4	D3	D2	D1	D0
名　称	SE4	SE3	SE2	SE1	REC	PLAY	ERASE	RDY

读写类型：读。访问：RD_STATUS 命令，[D7：D0]是 MISO 的第三字节。

表 K16－8　状态寄存器 1 的各位功能

位编号	位名称	描　述
7	SE1	音效 1。录音时该位为 1，当擦除时为 0
6	SE2	音效 2。录音时该位为 1，当擦除时为 0
5	SE3	音效 3。录音时该位为 1，当擦除时为 0
4	SE4	音效 4。录音时该位为 1，当擦除时为 0
3	REC	该位为 1 时表示当前操作正在录音
2	PLAY	该位为 1 时表示当前操作正在放音

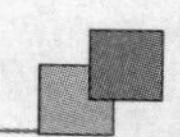

续表 K16－8

位编号	位名称	描 述
1	ERASE	该位为1时表示当前操作正在擦除
0	RDY	在按键模式下，RDY＝1说明器件准备接收命令。在SPI模式，RDY＝1说明SPI准备接收新命令，例如，REC、PLAY、ERASE；RDY＝0说明器件正忙，不接收新命令，除了RESET、CLR_INT、RD_STATUS、PD之外。但是，录音、播放执行时将会接收STOP命令。如果其他的命令被发送，将会被忽略，且置CMD_ERR为1。 对分段控制命令，RDY＝1表示缓冲器为空，SPI可以接收同类型的分段控制命令，如果主机发送其他命令，将被忽略且COM_ERR为1，除非新命令是RESET、CLR_INT、RD_STATUS和PD。同样，在SET_PLAY和SET_REC时，将会接收STOP命令

(3) APC 寄存器

表 K16－9 描述了 APC 寄存器的状态位。

表 K16－9 APC 寄存器的位描述

项 目	说 明
位序	[D11:D0]
访问	读：RD_APC。写：LD_APC

读写类型：读/写。

(4) 播放指针寄存器

表 K16－10 描述了播放指针寄存器(PLAY_PTR)的状态位。

表 K16－10 播放指针寄存器的位描述

项 目	说 明
位序	播放指针[A11:A0]
描述	播放指针指向当前信息的开始处
访问	读：RD_PLAY_PTR；可被 FWD、RESET、REC 修改

读写类型：读/写。

(5) 录音指针寄存器

表 K16－11 描述了录音指针寄存器(REC_PTR)的状态位。

表 K16－11 录音指针寄存器的位描述

项 目	说 明
位序	录音指针[A11:A0]
描述	录音指针指向存储器中第一个可用的行
访问	读：RD_REC_PTR；可被 REC 修改

读写类型：读/写。

K16.5　SPI命令详述

1. SPI优先权命令

这一类SPI命令总是被ISD1700接收。它们用来控制器件的启动和关闭，查询器件状态和清除中断请求。

(1) PU(0x01)上电命令

该命令唤醒ISD1700器件，使它进入SPI空闲状态。在执行这条命令之后，SR0的PU位和SR1的RDY位将被置1。该命令不产生中断。一旦进入SPI模式，$\overline{\text{FT}}$引脚输入被忽略，它的功能被APC寄存器的第6位取代。通过PD命令可退出SPI模式。命令格式如图K16－3所示。

PU	操作码：0x01、0x00			Interrupt：No	
位序列	MOSI	0x01	0x00	(发送线)	
寄存器名	MISO	SR0		(接收线)	
功能描述	给芯片上电				
执行前状态	掉电状态				
执行后状态	空闲/直通状态				
影响寄存器	SR0：PU位。SR1：RDY位				

图K16－3　PU上电命令格式

(2) STOP(0x02)停止命令

该命令用于停止当前操作。命令仅对以下操作有效：PLAY、REC、SET_PLAY和SET_REC。命令执行后会产生中断。如果在ERASE、GBL_ERASE和SET_ERASE操作期间发送停止命令，SR0状态寄存器的CMD_ERR位被置1。如果在器件空闲的时候发送STOP命令，不会执行任何操作，中断也不会产生。命令格式如图K16－4所示。

STOP	操作码：0x02、0x00			Interrupt：Yes	
位序列	MOSI	0x02	0x00	(发送线)	
寄存器名	MISO	SR0		(接收线)	
功能描述	停止当前操作				
执行前状态	REC、PLAY、SET_PLAY、SET_REC				
执行后状态	空闲/直通状态				
影响寄存器	SR0：INT位。SR1：RDY/PLAY/REC位				

图K16－4　STOP停止命令格式

(3) RESET(0x03)复位命令

RESET复位命令格式如图K16－5所示。

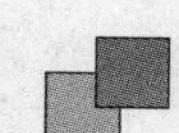

RESET	操作码：0x03、0x00			Interrupt：No	
位序列	MOSI	0x03	0x00	（发送线）	
寄存器名	MISO	SR0		（接收线）	
功能描述	使器件复位				
执行前状态	除 PD 以外的任意状态				
执行后状态	PD				
影响寄存器	SR0、SR1、APC				

图 K16－5　RESET 复位命令格式

（4）CLR_INT(0x04)清除中断命令

CLR_INT 命令用于读取器件状态以及清除中断状态和 EOM 位。操作结果是将所有中断和 EOM 位清空，同时释放 INT。命令格式如图 K16－6 所示。

CLR_INT	操作码：0x04、0x00			Interrupt：No	
位序列	MOSI	0x04	0x00	0x00	0x00
寄存器名	MISO	SR0		SR1	
功能描述	读当前状态并清 INT 和 EOM 位				
执行前状态	任意				
执行后状态	不影响寄存器，清除 INT 位和 INT 引脚				
影响寄存器	SR0：INT 位、EOM 位				

图 K16－6　CLR_INT 清除中断命令格式

（5）RD_STATUS(0x05)读状态寄存器命令

RD_STATUS 命令用于读取器件当前状态。命令有 3 字节。命令格式如图 K16－7 所示。

RD_STATUS	操作码：0x05、0x00			Interrupt：No	
位序列	MOSI	0x05	0x00	0x00	
寄存器名	MISO	SR0		SR1	
功能描述	读状态				
执行前状态	任意				
执行后状态	不影响状态				
影响寄存器	无				

图 K16－7　RD_STATUS 读状态寄存命令格式

（6）PD(0x07)掉电命令

PD 命令使 ISD1700 进入断电模式，同时它将使能按键模式。如果在现行的 PLAY/REC/ERASE 操作期间发送命令，将结束当前操作然后关闭电源。在这种情况下，该器件将发生一次中断。当退出 SPI 模式，INT/RDY 引脚状态从 INT 到 RDY 状态切换。命令格式如图 K16－8 所示。

PD	操作码：0x07、0x00			Interrupt：No	
位序列	MOSI	0x07	0x00		
寄存器名	MISO	SR0			
功能描述	使器件掉电并进入待机模式				
执行前状态	任意，如果在 REC、PLAY 或 ERASE 操作时发送该命令，器件在操作完成后进入掉电				
执行后状态	PD				
影响寄存器	SR0：PU 位				

图 K16－8　PD 掉电命令格式

2. 环形存储命令

一个环形存储命令可以完成一个典型的简单操作，它类似在按键模式中相关的功能，但是它不能自动播放音效(SE)。这些命令消息地址排列遵循环形存储结构，在执行命令之前，ISD1700 首先检测存储器结构，如果同循环存储器结构不匹配，在状态寄存器 0(SR0)中的 CMD_ERR 位将置位，并且命令不被执行。

另外，同按键命令相似，读取录音和播放指针的命令，也会检测当前的存储结构是否与环形存储结构相匹配，如果匹配，允许 SPI 主机为自己的信息管理系统而跟踪已录音消息的位置。

(1) PLAY(0x40)播放命令

PLAY 命令从当前 PLAY_POINTER 开始播放，直到它到达 EOM 标志或者收到 STOP 命令。在播放期间，器件只响应命令 STOP、RESET、READ_INT、RD_STATUS 和 PD，如果发送其他命令，SR0 的 CMD_ERR 位将置 1。在播放过程中 SR1 的 RDY 和 PLAY 位为低。命令格式如图 K16－9 所示。

PLAY	操作码：0x40、0x00			Interrupt：Yes	
位序列	MOSI	0x40	0x00		
寄存器名	MISO	SR0			
功能描述	器件从当前播放指针所指的位置开始播放				
执行前状态	空闲				
执行后状态	空闲				
影响寄存器	SR0、SR1：PLAY&RDY 位				

图 K16－9　PLAY 播放命令格式

(2) REC(0x41)录音命令

REC 命令从当前录音指针处开始录音操作，当收到 STOP 命令或存储器队列已满时停止。在整个操作过程中必须保持电源供应。在录音模式中，器件只对 STOP、RESET、CLR_INT、RD_STATUS 和 PD 命令做出反应；如果发送其他命令，SR0 的 CMD_ERR 位将置位。在录音过程中 SR1 的 RDY 和 REC 位为低电平。命令格式如图 K16－10 所示。

REC	操作码：0x41、0x00			Interrupt：Yes	
位序列	MOSI	0x41	0x00		
寄存器名	MISO	SR0			
功能描述	器件从当前录音指针所指的位置开始录音				
执行前状态	空闲				
执行后状态	空闲				
影响寄存器	SR0、SR1：REC&RDY 位				

图 K16-10　REC 录音命令格式

(3) ERASE(0x42)擦除命令

当播放指针在第一段或最后一段时，ERASE 命令从当前播放指针开始擦除，当到达 EOM 标识时停止。在整个操作过程中必须保障电源供电。在进行 ERASE 操作时，器件只对 RESET、CLR_INT、RD_STATUS 和 PD 命令有反应，如果其他命令被发送或放音，指针当前指向的不是第一或最后一段语音，SR0 的 CMD_ERR 位将置位。SR1 的 RDY 和 ERASE 位在 ERASE 过程中为低电平。命令格式如图 K16-11 所示。

ERASE	操作码：0x42、0x00			Interrupt：Yes	
位序列	MOSI	0x42	0x00		
寄存器名	MISO	SR0			
功能描述	从当前播放指针开始擦除				
执行前状态	空闲				
执行后状态	空闲				
影响寄存器	SR0、SR1：ERASE&RDY 位				

图 K16-11　ERASE 擦除命令格式

(4) G_ERASE(0x43)全局擦除命令

G_ERASE 命令用于删除音效区(0x00～0x0F)以外的整个存储器区。完成操作后将产生一个中断。在执行 G_ERASE 命令时，器件只对 RESET、CLR_INT、RD_STATUS 和 PD 命令做出反应，如果其他命令被发送或放音指针当前指向的不是第一或最后一段语音，SR0 的 CMD_ERR 位将置位。SR1 的 RDY 和 ERASE 位在 ERASE 过程中处于低位。命令格式如图 K16-12 所示。

(5) FWD(0x48)快进命令

FWD 命令可使播放指针从当前地址跳到下一段信息的开始地址处。不像按键模式中的 FWD，该命令不会中断当前的播放，且仅当 SPI 空闲时该命令才被执行。为了模仿按键模式的 FWD，需要一条停止(STOP)命令，后面跟 FWD 或 PLAY 命令。为了确定播放指针的位置，可以用一条 RD_PLAY_PTR 命令。命令格式如图 K16-13 所示。

G_ERASE	操作码：0x43、0x00			Interrupt：Yes	
位序列	MOSI	0x43	0x00		
寄存器名	MISO	SR0			
功能描述	擦除器件中的所有信息				
执行前状态	空闲				
执行后状态	空闲				
影响寄存器	SR0、SR1：ERASE&RDY 位				

图 K16－12　G_ERASE 全局擦除命令格式

FWD	操作码：0x48、0x00			Interrupt：Yes	
位序列	MOSI	0x48	0x00		
寄存器名	MISO	SR0			
功能描述	使播放指针指向下一段信息				
执行前状态	空闲				
执行后状态	空闲				
影响寄存器	SR0、PLAY_PTR				

图 K16－13　FWD 快进命令格式

(6) CHK_MEM(0x49)检查环形存储器命令

在按键模式下，CHK_MEM 命令使器件检查信息存储的序列是否按环形存储结构存储，在发送该命令之前，器件必须是上电状态且是空闲的。当信息存储序列不符合环形存储结构时，SR0 的 CMD_ERR 位置位。当该指令成功执行后，将初始化播放指针和录音指针，播放指针指向最后一段信息，录音指针指向第一段可用的存储行。用读指针命令可以确定两指针的位置，同样用 FWD 命令，可以确定下一段信息的起始地址。命令格式如图 K16－14 所示。

CHK_MEM	操作码：0x49、0x00			Interrupt：Yes	
位序列	MOSI	0x49	0x00		
寄存器名	MISO	SR0			
功能描述	检测环形存储结构的有效性				
执行前状态	空闲				
执行后状态	空闲				
影响寄存器	SR0、PLAY_PTR、REC_PTR				

图 K16－14　CHK_MEM 检查环形存储器命令格式

(7) RD_PLAY_PTR(0x06)

RD_PLAY_PTR 命令读出播放指针的地址，该地址和按键模式的播放起始地址兼容，在发送该命令之前要确定满足环形存储结构，否则数据无效。命令格式如图 K16－15 所示。

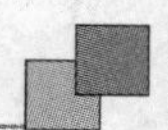

RD_PLAY_PTR	操作码：0x06、0x00			Interrupt：No
位序列	MOSI	0x06	0x00	
寄存器名	MISO	SR0		
功能描述	读当前播放指针[A11：A0]的位置			
执行前状态	在 CHK_MEM 之后或空闲状态			
执行后状态	空闲			
影响寄存器	无			

图 K16－15　RD_PLAY_PTR 命令格式

(8) RD_REC_PTR(0x08)

RD_REC_PTR 命令读出录音指针的地址，该地址和按键模式的录音起始地址兼容，在发送该命令之前要确定满足环形存储结构，否则数据无效。命令格式如图 K16－16 所示。

RD_REC_PTR	操作码：0x08、0x00			Interrupt：No
位序列	MOSI	0x08	0x00	
寄存器名	MISO	SR0		
功能描述	读当前录音指针[A11:A0]的位置			
执行前状态	在 CHK_MEM 之后或空闲状态			
执行后状态	空闲			
影响寄存器	无			

图 K16－16　RD_REC_PTR 命令格式

3. 模拟配置命令

这类命令允许 SPI 主机配置模拟特性。

(1) RD_APC(0x44)读 APC 寄存器命令

RD_APC 命令读出 APC 寄存器的内容，在发送完 SR0 之后，器件将送出 APC 的数据，该命令包含 4 个字节。命令格式如图 K16－17 所示。

RD_APC	操作码：0x44、0x00			Interrupt：No	
位序列	MOSI	0x44	0x00	0x00	0x00
寄存器名	MISO	SR0		APC[7：0]	xxxxxAPC[11：8]
功能描述	读当前 APC 寄存器的内容				
执行前状态	空闲				
执行后状态	空闲				
影响寄存器	无				

注：ISD1700 器件使用的是 SPI 标准的同步通信，需要前方器件将数据发过来，后方机要不停地发送脉冲信号。所以在 MOSI 线上就出现了 4 个字节的发送工作，才能通过同步移位将要接收的数据传回来。

图 K16－17　RD_APC 读 APC 寄存器命令格式

(2) WR_APC1(0x45)装载 APC 寄存器命令

WR_APC1 命令可以将想要的数据装载到 APC 寄存器中，它有 3 个相关字节：第一个字节是命令代码，第二个字节是要装载到 APC 的[D7:D0]数据，第三个字节是要装载到 APC 的[D11:D8]数据，其中第三字节的高 5 位被忽略。用这条命令时，音量的值是由 VOL 引脚确定，而不是由 APC 中的 VOL 值[D2:D0]确定。如果器件正在执行某一条命令，要改变音量的大小时必须注意器件的执行状态，否则在模拟通道会有想不到的暂停现象发生。命令格式如图 K16-18 所示。

WR_APC1	操作码：0x45、[D7:D0]、[D11:D8]			Interrupt：No
位序列	MOSI	0x45	[D7:D0]	[xxxxxD11:D8]
寄存器名	MISO	SR0		SR0 的第一个字节
功能描述	装载[D11:D0]到 APC 寄存器，其中音量值由 VOL 引脚确定			
执行前状态	空闲			
执行后状态	空闲			
影响寄存器	APC			

图 K16-18　WR_APC1 装载 APC 寄存器命令格式

(3) WR_APC2(0x65)装载 APC 寄存器命令

WR_APC2 命令可以将想要的数据装载到 APC 寄存器中，它有 3 个相关字节：第一个字节是命令代码，第二个字节是要装载到 APC 的[D7:D0]数据，第三个字节是要装载到 APC 的[D11:D8]数据，其中第三字节的高 5 位被忽略。用这条命令时，音量的值是由 APC 中的 VOL 值[D2:D0]确定的，而不是由 VOL 引脚确定。如果器件正在执行某一条命令，要改变音量的大小时必须注意器件的执行状态，否则在模拟通道会有意想不到的暂停现象发生。命令格式如图 K16-19 所示。

WR_APC2	操作码：0x65、[D7:D0]、[D11:D8]			Interrupt：No
位序列	MOSI	0x65	[D7:D0]	[xxxxxD11:D8]
寄存器名	MISO	SR0		SR0 的第一个字节
功能描述	装载[D11:D0]到 APC 寄存器，其中音量值由 VOL 值[D2:D0]确定			
执行前状态	空闲			
执行后状态	空闲			
影响寄存器	APC			

图 K16-19　WR_APC2 装载 APC 寄存器命令格式

(4) WR_NVCFG(0x46)写 APC 到非挥发性存储器命令

WR_NVCFG 命令将 APC 的数据写到 NVCFG 寄存器，当器件上电或复位时，这个数据将从 NVCFG 加载到 APC 寄存器中，当器件不是空闲状态而发送了该命令时，SR0 的 CMD_ERR 位将置位。命令格式如图 K16-20 所示。

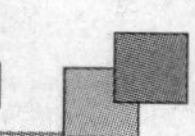

WR_NVCFG	操作码：0x46、0x00			Interrupt：No	
位序列	MOSI	0x46	0x00		
寄存器名	MISO	SR0			
功能描述	将 APC 寄存器的内容写到非挥发性存储器中				
执行前状态	空闲				
执行后状态	空闲				
影响寄存器	APC				

图 K16－20　WR_NVCFG 写 APC 到非挥发性存储器命令格式

(5) LD_NVCFG(0x47)命令

LD_NVCFG 命令用于将 NVCFG 的数据装载到 APC 寄存器。当器件在非空闲状态而发送了该命令时，SR0 的 CMD_ERR 位将置位。命令格式如图 K16－21 所示。

LD_NVCFG	操作码：0x47、0x00			Interrupt：No	
位序列	MOSI	0x47	0x00		
寄存器名	MISO	SR0			
功能描述	将非挥发性存储器 NVCFG 的内容装载到 APC 寄存器中				
执行前状态	空闲				
执行后状态	空闲				
影响寄存器	APC				

图 K16－21　LD_NVCFG 命令格式

4. 直接存储器访问命令

这些类型的命令允许 SPI 主机通过指定起始和结束地址，随机访问存储器中的任意位置。在进行录音或放音操作时，下一对地址可以预装载，这样当当前操作完成时，可以无缝地跳到预装载的开始地址处进行操作。所有这类命令都需要一个开始地址和结束地址。它们操作从开始地址开始到结束地址结束。因为 ISD1700 内部采用环形存储结构，所以允许结束地址的值小于起始地址的值。在这种情况下 ISD1700 将环绕存储器的最后一段地址直接连到结束地址(音效地址除外)。如果结束地址比起始地址小，且小于 0x10，将会导致器件无限循环，因为结束地址无法与当前地址匹配。因此在使用这个命令时一定要谨慎，同样，在访问音效地址(0x00～0x0F)时也要小心，并且音效应该单独处理。

(1) SET_PLAY(0x80)分段放音命令

SET_PLAY 命令从起始地址开始播放操作，到结束地址停止。在 SET_PLAY 模式下，器件只响应命令 SET_PLAY、STOP、RESET、READ_INT、RD_STATUS 和 PD，如果发送其他命令，SR0 的 CMD_ERR 位将置 1。在播放到结束地址之前 SR1 的 RDY 和 PLAY 位保持为低。如果没有进一步的命令发送，播放到结束地址时停止播放操作。一旦 SR1 的 RDY 恢复为 1，其他的 SET_PLAY 命令可以立即被发送。通过这样做，第二对起始和结束地址被装入一个 FIFO 缓存器，当第一段语音播放到结束地址时不会停止，而是自动地跳到第二段语音的开始地址继续播放操作。连续使用两条 SET_PLAY 命令的目的是缩小两段录音信息之间的空白时间，使两段独立的录音信息进行平滑连接。命令格式如图 K16 - 22 所示。

SET_PLAY	操作码：0x80、0x00					Interrupt：No	
位序列	MOSI	0x80	0x00	[S7:S0]	[xxxxxS11:S8]	[E7:E0]	[xxxxxE11:E8]
寄存器名	MISO	SR0		SR0		SR0	
功能描述	将非挥发性存储器 NVCFG 的内容装载到 APC 寄存器中						
执行前状态	空闲						
执行后状态	空闲						
影响寄存器	APC						

图 K16 - 22　SET_PLAY 分段放音命令格式

(2) SET_ REC(0x81)分段录音命令

SET_REC 命令从起始地址开始录音操作，到结束地址停止。在 SET_REC 模式下，器件只响应命令 SET_REC、STOP、RESET、READ_INT、RD_STATUS 和 PD，如果发送其他命令，SR0 的 CMD_ERR 位将置 1。在录音到结束地址之前 SR1 的 RDY 和 REC 位保持为低电平。如果没有进一步的命令发送，录音到结束地址时停止录音操作，并写一个 EOM 标记。一旦 SR1 的 RDY 恢复为 1，其他的 SET_REC 命令可以立即被发送。通过这样做，第二对起始和结束地址被装入一个 FIFO 缓存器，当第一段录音到结束地址时不会停止，也不会标记 EOM，而是自动地跳到第二段开始地址继续录音操作。在录音操作过程中电源供电不能被中断，否则将会导致器件故障。命令格式如图 K16 - 23 所示。

SET_ REC	操作码：0x81、0x00					Interrupt：No	
位序列	MOSI	0x81	0x00	[S7:S0]	[xxxxxS11:S8]	[E7:E0]	[xxxxxE11:E8]
寄存器名	MISO	SR0		SR0		SR0	
功能描述	根据 APC 的设置从开始地址开始到结束地址停止录音操作						
执行前状态	空闲						
执行后状态	空闲						
影响寄存器	SR0、SR1：REC、RDY						

图 K16 - 23　SET_ REC 分段录音命令格式

(3) SET_ERASE(0x82)分段擦除命令

SET_ERASE 命令擦除从开始地址到结束地址的区域。在 SET_ERASE 模式下，器件只响应命令 RESET、READ_INT、RD_STATUS 和 PD，如果发送其他命令，SR0 的 CMD_ERR 位将置 1。在擦除过程中 SR1 的 RDY 和 ERASE 位保持为低电平，直到操作完成并产生中断输出。在擦除过程中电源供电不能被中断，否则将会导致器件

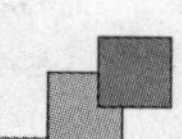

故障。命令格式如图 K16 - 24 所示。

SET_ REC	操作码：0x82、0x00					Interrupt：No	
位序列	MOSI	0x82	0x00	[S7:S0]	[xxxxxS11:S8]	[E7:E0]	[xxxxxE11:E8]
寄存器名	MISO	SR0		SR0		SR0	
功能描述：	从开始地址到结束地址的区域擦除						
执行前状态	空闲						
执行后状态	空闲						
影响寄存器	SR0、SR1：ERASE、RDY						

图 K16 - 24　SET_ERASE 分段擦除命令格式

5. 编程指南

对 ISD1700 除了理解独立按键模式的功能外，软件工程师还需要清楚每个 SPI 指令的功能和其执行方式，才能很好控制芯片进行正常工作。以下是一些推荐步骤，仅供参考。

(1) 发送的指令能否被芯片接收并正确执行

要想确认这一点，我们必须确定：

➢ 芯片准备就绪接收新的命令吗？

发指令前，用户可查询 SR1 的 RDY 位或 RDY/INT 引脚来确定当前芯片的状态。

➢ 命令被芯片接收了吗？

用户可查询 SR0 的 CMD_ERR 位来确定指令是否被正确接收。

通过 RD_STAUS 命令可以完成上面提到的问题。

(2) 芯片现在的执行功能是否是所期望的

LED 可以很好地指示当前芯片的执行功能。在独立按键模式下默认为开启的 LED 指示功能在 SPI 模式下默认是关闭的，所以用户可通过将操作码中第一个字节(命令字节)的 C4 位置 1，打开此功能以便更直观地看到芯片的工作状态。

(3) 当前操作是否完成

用户可查询 SR1 的 INT 位或 RDY/INT 引脚来确定操作是否完成。

(4) 中断的特性

当某些操作完成后会产生中断，其标志位与引脚电平在收到 CLR_INT 命令之前并不改变，所以为了可以正确地监测后面的操作，在获得中断信号后应该尽快将中断标志清除。

(5) 没有中断回馈的指令

以下指令是没有中断回馈的：

➢ PU、PD、RESET、CLR_INT、RD_STATUS

➢ RD_APC、WR_APC1、WR_APC2、WR_NVCFG、LD_NVCFG

➢ RD_PLAY_PTR、RD_REC_PTR

因为有很多命令是查询器件状态或改变器件内部设置，使用者通常会认为芯片能

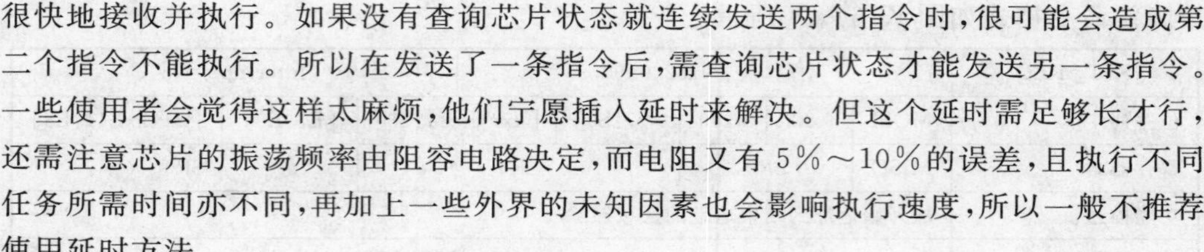

很快地接收并执行。如果没有查询芯片状态就连续发送两个指令时，很可能会造成第二个指令不能执行。所以在发送了一条指令后，需查询芯片状态才能发送另一条指令。一些使用者会觉得这样太麻烦，他们宁愿插入延时来解决。但这个延时需足够长才行，还需注意芯片的振荡频率由阻容电路决定，而电阻又有 5%～10% 的误差，且执行不同任务所需时间亦不同，再加上一些外界的未知因素也会影响执行速度，所以一般不推荐使用延时方法。

K16.6　ZY1730 简介

1. 概　述

ZY1730 是广州致远电子有限公司在 2007 年新推出的一款优质、高集成度、单片多信息的，可以适用于多种电子系统的语音录放模块。

ZY1730 使用模拟处理存储方式，音频数据直接存储在固体存储器中，无须数字压缩，能提供更优质的语音和音乐再现，没有常见的背景噪音，且电路断电后语音内容不会丢失。一个最小的 ZY1730 录放系统仅由 1 个麦克风、1 个喇叭、2 个按钮、1 个电源组成。

2. 特　点

ZY1730 独立模式和 SPI 通信模式。其特点有：

- 可擦除/录音 10 万次，存储内容可以断电保留 100 年；
- 两种控制方式，两种录音输入方式，两种放音输出方式；
- 可直接驱动 8 Ω 0.5 W 的喇叭（5 V 供电）；
- 可处理多达 255 段信息；
- 录音时间达 30 s 以上；
- 有丰富多样的工作状态提示；
- 音质好，性能高；
- 宽电压工作（2.4～5.5 V），极限电压 6 V。

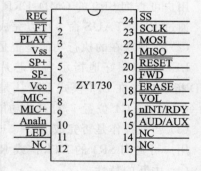

3. 引脚排列与功能

引脚排列如图 K16－25 所示，其功能如表K16－12 所列。

图 K16－25　ZY1730 引脚排列图

表 16－12　ZY1730 引脚功能表

引脚号	名　称	功　能
1	$\overline{\mathrm{REC}}$	录音控制。当$\overline{\mathrm{REC}}$开关从高电平变为低电平且保持为低电平时器件开始录音。当信号还原为高电平时停止录音。该引脚有一个内部上拉器件和一个内部去抖动，从而允许在启动和结束时使用按钮开关

续表 K16 - 12

引脚号	名　称	功　能
2	$\overline{\text{FT}}$	直通控制。在独立模式下，当此引脚置低时，开启 AnaIn 直通通道功能。AnaIn 信号从 AnaIn 引脚被直接传送到音量控制的扬声器和 AUD/AUX 输出。然而，在 SPI 模式下，SPI 忽略输入，直通通道由 APC 寄存器的 D6 控制。该引脚有一个内部上拉器件和一个内部去抖动，从而允许在启动和结束时使用按钮开关
3	$\overline{\text{PLAY}}$	放音控制。$\overline{\text{PLAY}}$的脉冲为低电平时将立即开始播放操作。播放在语音信息结束时自动停止。在播放期间将该键重新变为低脉冲停止播放操作
4	Vss	地
5	SP＋	扬声器输出正极。正极 D 类 PWM 与 SP－引脚共同提供差动输出以直接驱动一个 8 Ω 扬声器。该引脚在掉电或录音时处于三态。输出由 APC 寄存器的 D8 控制。出厂默认设置为开通状态
6	SP－	扬声器输出负极。在掉电或录音期间，该引脚处于三态。输出由 APC 寄存器的 D8 控制
7	Vcc	电源
8	MIC－	麦克风输入负极。差动式麦克风信号的倒相输入。输入信号应被 AC 耦合到 MIC＋引脚。它在麦克风连接该引脚时提供输入噪声消除或共模抑制。MIC 模拟通道由 APC 寄存器的 D4 控制
9	MIC＋	麦克风输入正极。差动式话筒信号的同相输入。输入信号通过一个串联电容被 AC 耦合到该引脚。电容值与该引脚上的一个内部电阻 10 kΩ 共同决定低通滤波器的低频截止。MIC 模拟通道由 APC 寄存器的 D4 控制
10	AnaIn	模拟输入通道。芯片录音或直通时，器件的辅助模拟输入。需要加一个 AC 耦合电容(典型值为 0.1 μF)，并且输入信号的幅度不应超过 1.0V_{PP}。APC 寄存器的 D3 位可以决定 AnaIn 信号被录制到存储器中，还是与 MIC 信号组合然后录制到存储器中，或者缓冲到扬声器，通过直通通道从 AUD/AUX 输出
11	$\overline{\text{LED}}$	指示 LED。它的输出在录音周期一直发亮，而在播放、快进和擦除操作时闪烁
12、13、14	NC	空
15	AUD/AUX	辅助输出。APC 寄存器的 D7 位决定输出是 AUD 还是 AUX。AUD 是单端电流输出，而 AUX 是单端电压输出。它们能够被用来驱动一个外部放大器。出厂的默认设置为 AUD。APC 寄存器的 D9 位能使它掉电。出厂默认设置为开通状态
16	nINT/RDY	开漏输出。按键模式时，为 RDY，表示就绪状态，可以执行其他操作；SPI 模式时，为 nINT，完成 SPI 命令后，会产生一个中断信号
17	$\overline{\text{VOL}}$	音量控制

续表 K16－12

引脚号	名 称	功 能
18	$\overline{\text{ERASE}}$	擦除。当该引脚有效时，开始一段擦除操作。擦除操作仅在播放指针定位在首段信息或最后一段信息时才生效。脉冲调制将该引脚变为低电平启动擦除操作并删除当前语音信息。该引脚保持为低电平的时间超过 3 s，则开始一个全局擦除操作并删除所有语音消息。该引脚有一个内部上拉器件和一个内部去抖动，从而允许在启动和结束时使用按钮开关
19	$\overline{\text{FWD}}$	快进。当器件处于掉电状态，该引脚被触发时，它将从当前位置前进到下一个语音消息段
20	$\overline{\text{RESET}}$	复位。当引脚为低电平时，芯片将指针初始化成默认状态。引脚内部有一个上拉电阻
21	MISO	(Master In Slave Out)，SPI 主机读取线。在 SCLK 下降沿之前的 1.5 个周期将数据放置到 MISO 线上。数据在 SCLK 的下降沿移位输出。当 SPI 无效时($\overline{\text{SS}}$ 为高电平)，该引脚处于三态
22	MOSI	(Master Out Slave In)，SPI 主机输出线。主机控制器在 SCLK 的上升沿之前的 1.5个周期将数据放置在 MOSI 线上。数据在 SCLK 的上升沿被锁存到芯片。引脚在空闲时应被拉高
23	SCLK	SPI 接口的时钟，它通常由主机器件产生(典型为微控制器)并用于将通过 MOSI 和 MISO 线移位输入和移位输出芯片的数据同步化。引脚在空闲时应被拉高
24	$\overline{\text{SS}}$	SPI 片选信号线，当该引脚为低电平时，输入选择芯片作为从机器件并使能 SPI 接口。引脚在空闲时应被拉高

4. 指令系统

ZY1730 的全套 SPI 指令如表 K16－13 所列。

表 K16－13　ZY1730 SPI 指令列表

指令名称	命令	数据	数据或地址	数据或地址	数据或地址	数据或地址	数 据
PU(上电)	01H	00H	没	没	没	没	没
STOP(停)	02H	00H	没	没	没	没	没
RESET(复)	03H	00H	没	没	没	没	没
CLR_INT (清中断)	04H	00H	没	没	没	没	没
RD_STATUS (读状态字)	05H	00H	00H	没	没	没	没
PD(掉电)	07H	00H	没	没	没	没	
PLAY(播放)	40H	00H	没	没	没	没	没
REC(录音)	41H	00H	没	没	没	没	没

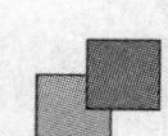

续表 K16－13

指令名称	命　令	数　据	数据或地址	数据或地址	数据或地址	数据或地址	数　据
ERASE(擦除)	42H	00H	没	没	没	没	没
G_ ERASE (擦除全部)	43H	00H	没	没	没	没	没
FWD(快进)	48H	00H	没	没	没	没	没
CHK_MEM (检查环形)	49H	00H	没	没	没	没	没
RD_PLAY_PTR (读播放指针)	06H	00H	没	没	没	没	没
RD_REC_PTR (读录音指针)	08H	00H	没	没	没	没	没
RD_APC (读 APC 寄存器)	44H	00H	00H	00H	没	没	没
WR_APC1 (写 APC 寄存器)	45H	D7：D0	xxxxxD11：D8	没	没	没	没
WR_APC2 (写 APC 寄存器)	65H	D7：D0	xxxxxD11：D8	没	没	没	没
WR_NVCFG (写入配置)	46H	00H	没	没	没	没	没
LD_ NVCFG (重写 APC)	47H	00H	没	没	没	没	没
SET_PLAY (分段放音)	80H	00H	S7：S0	00000[S11:S8]	E7：E0	00000[E11:E8]	00H
SET_REC (分段录音)	81H	00H	S7：S0	00000[S11:S8]	E7：E0	00000[E11:E8]	00H
SET_ERASE (分段擦除)	82H	00H	S7：S0	00000[S11:S8]	E7：E0	00000[E11:E8]	00H

ZY1730 是一块典型的 LM3S615 内部 SPI 通信芯片，它遵循 MOSI 线与 MISO 线互移，即在一个 SCLK 脉冲内互传数据(发送 1 位接收 1 位)。

5. 典型应用电路

ZY1730 的应用电路如图 K16－26、图 K16－27 所示。

图 K16－26 的工作方法：S1 为录音键，S3 为播放键，S5 为擦除键，操作时录音键按下不动，咪头对准音源；放音时按一下 S3 键即可。

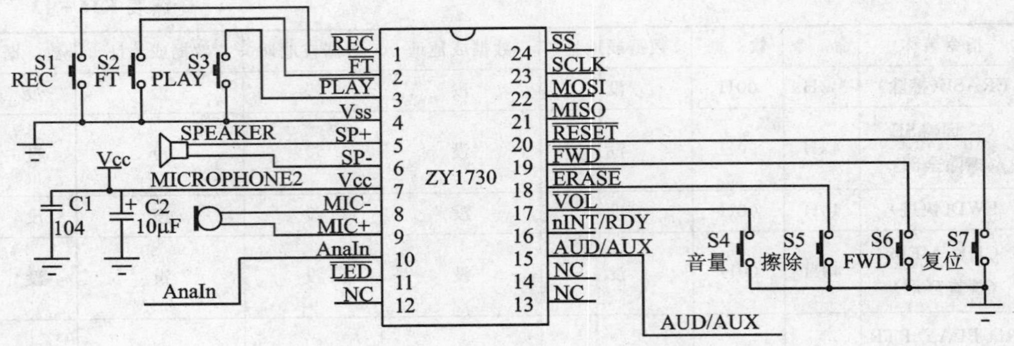

图 K16－26　ZY1730 按键模式

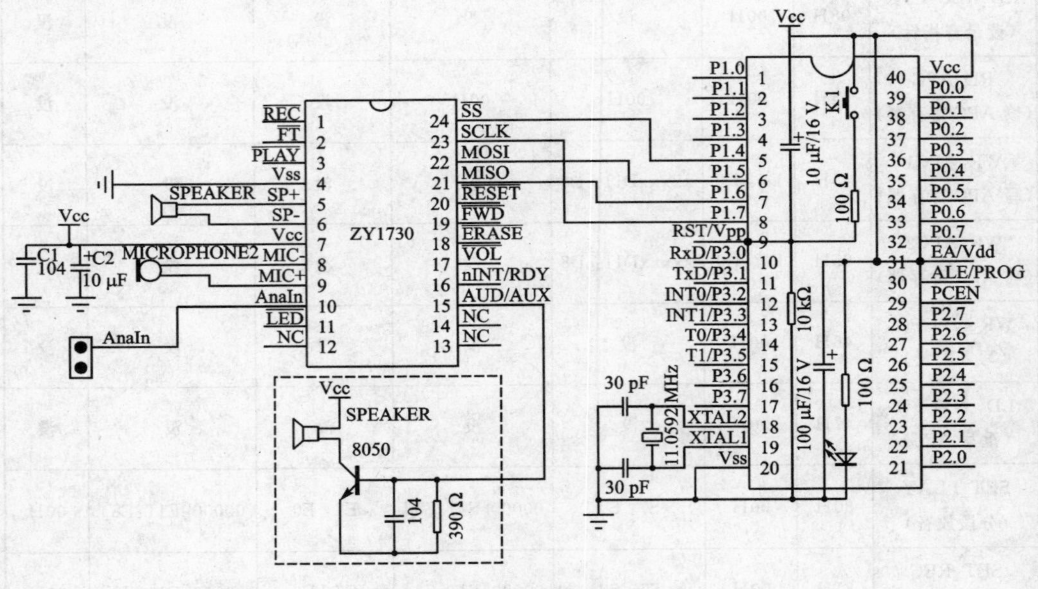

图 K16－27　ZY1730 SPI 模式

K16.7　独键模式的操作

1. 录音操作

按下 REC 键，REC 引脚电平变低后开始录音，直到松开按键使电平拉高或者芯片录满时结束。录音结束后，录音指针自动移向下一个有效地址。而放音指针则指向刚刚录完的那段语音地址。

2. 放音操作

一直按住 PLAY 键，使 PLAY 引脚电平持续为低，即将芯片内所有语音信息播放出来，并且循环播放直到松开按键将 PLAY 引脚电平拉高。在放音期间 LED 闪烁。当放音停止，播放指针会停留在当前停止的语音段起始位置。

3. 全体删除

当按下 ERASE 键将 ERASE 引脚电平拉低超过 25 s,会触发全体擦除操作,删除全部语音信息。

K16.8 编程中的一些体会

ISD1700 系列芯片有 30 s,60 s,240 s 几种录音时长。新的芯片比过去的 ISD4004、ISD25120 在指令的运用方面加强了许多。ISD1700 的系列芯片中使用的 SPI 通信,采用了标准的 LM3S615 带的硬件级 SPI 通信。作者曾用模拟的 SPI 通信做了很多的实验,结果一直没能成功。后来打开英文资料认真地查看时序图,才发现这种芯片是完全按 SPI 通信标准协议设计的硬件结构器件,所说的标准就是指同步移位串行通信。另外,资料上讲的 RDY 位为 0 时标志着操作不成功,为 1 为操作成功。但在实际编程运用时则相反,为 1 时为操作不成功,为 0 时为操作成功。在运用厂家提供的资料进行编程时,一定要考虑实际情况。

【扩展模块制作】

1. 扩展模块电路图

ISD1700 系列芯片模块电路图见图 K16-28 所示。

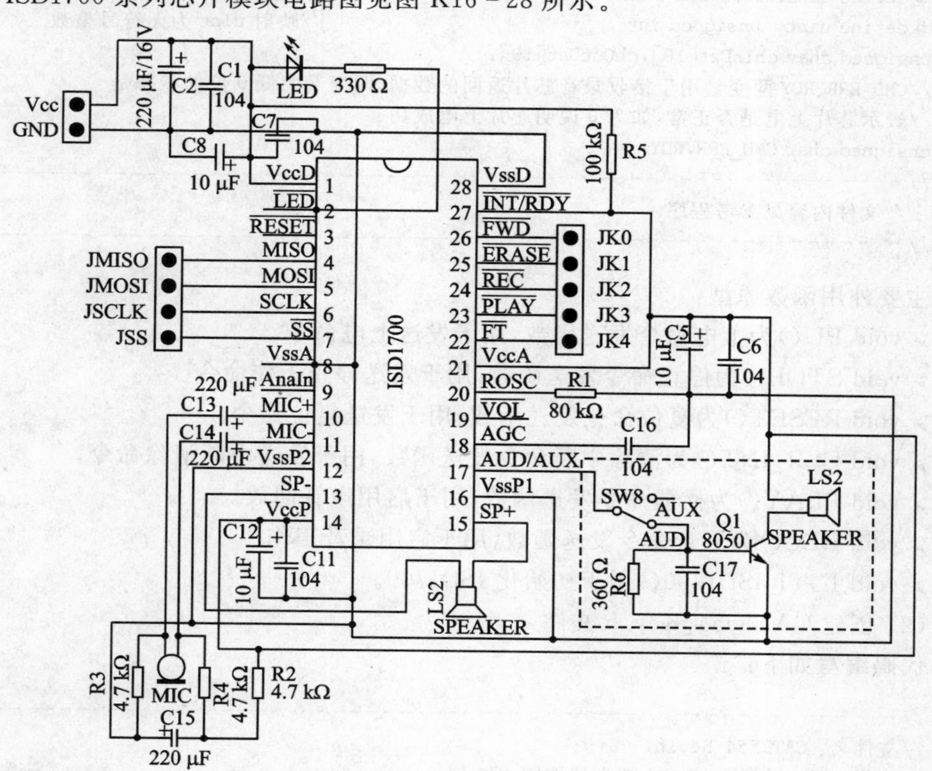

图 K16-28 ISD1700 系列芯片模块图

2. 扩展模块间的连线

图 K16－28 与 EasyARM101 开发板连线：JSCLK 连接到 PA2(SSICLK)，JSS 连接到 PA3(SSIFss)，JMOSI 连接到 PA4(SSIRx)，JMISO 连接到 PA5(SSITx)。

有关 CAT9554 芯片与 EasyARM101 开发板连线请阅本书的课题 10“扩展模块制作”。

3. 模块制作

扩展模块制作成实验板时按图 K16－28 进行。制作时请留出接线柱。

【程序设计】

1. 扩展器件驱动程序的编写

(1) 创建 LM3S_ISD1700.h 文件

代码编写如下：

```
//*****************************************************************************
//文件名称：LM3S_ISD1700.h
//文件功能：用于操控 ISD1700 系列芯片
//*****************************************************************************
#include "Lm3Sxxx_ssi_Spi.h"
#define uchar unsigned char                                   //映射 uchar 为无符号字符
#define uint  unsigned int                                    //映射 uint 为无符号整数
unsigned char chInDat[10],chOutDat[10];
//CMD_ERR、RDY 两变量用于接收录音芯片返回的数据,两变量的低 0 位的状态是
//表示芯片上电是否正常,如为 0 说明芯片上电成功
unsigned char CMD_ERR,RDY;
//-----------------------------------------------------------------------------
⋮//文件内容见参考程序
//-----------------------------------------------------------------------------
```

主要外用函数原型：

- void PU()为上电命令发送函数，用于发送上电命令。
- void STOP()为停止命令发送函数，用于发送停止工作命令。
- void RESET()为复位命令发送函数，用于发送复位命令。
- void CLR_INT()为清除中断命令发送函数，用于发送中断清除命令。
- void PLAY()为播放命令发送函数，用于启用声音回放。
- void REC()为录音命令发送函数，用于启用录音工作。
- void INTI_ISD1700()用于初始化 ISD1700。

(2) 创建 CAT9554_Key.h 文件

代码编写如下：

```
//-----------------------------------------------------------------------------
//文件名：CAT9554_Key.h
//功能：用于读取 CAT9554 产生的按键中断信号
//说明：本文使用的中断引脚为 PB6
//-----------------------------------------------------------------------------
```

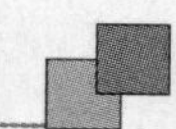

```
#include "CAT9554.h"
#include "LM3S_ISD1700.h"
#define PB5_KEYINT      GPIO_PIN_6                //定义 PB6 引脚接按键产生中断信号
void GPIO_Port_PB_ISR(void);                      //中断执行函数
void CAT9554_Int_ISR();                           //用户使用的中断函数
void Read_Key(unsigned char ucPx);                //读取按键命令函数
//操作说明：使用时直接在各按键的函数中加入功能代码即可
//---------------------------------------------------------------------------
void Key1();                                      //按键执行函数第 1 键
void Key8();                                      //按键执行函数第 8 键
//---------------------------------------------------------------------------
// 函数名称：GPio_Int_Initi(void)
// 函数功能：启动外设 GPIO 各口引脚中断工作
//---------------------------------------------------------------------------
void GPio_IntCAT9554_Initi(void)
{
  //① 启动引脚功能
  //使能 GPIO 外设 PB 口，用于外中断输入
  SysCtlPeripheralEnable(SYSCTL_PERIPH_GPIOB);
  //② 设置引脚输入输出方向
  //设置 PB5 引脚为输入模式，用于输入脉冲信号产生中断
  GPIODirModeSet(GPIO_PORTB_BASE, PB5_KEYINT, GPIO_DIR_MODE_IN);
  //③ 设置 PB5 引脚中断的触发方式为 falling(下降沿)触发
  GPIOIntTypeSet(GPIO_PORTB_BASE, PB5_KEYINT, GPIO_FALLING_EDGE);
  //④ 注册中断回调函数(中断执行函数)
  //注册一个中断执行函数名称
  GPIOPortIntRegister(GPIO_PORTB_BASE,GPIO_Port_PB_ISR);
  //⑤ 启用中断
  //使能 PB5 引脚外中断
  GPIOPinIntEnable(GPIO_PORTB_BASE, PB5_KEYINT);
  //使能 GPIO PB 口中断
  IntEnable(INT_GPIOB);
  //使能总中断
  IntMasterEnable();
  GPio_PB_Initi_IIC23();                          //初始化 I²C 总线
}
//---------------------------------------------------------------------------
// 函数原形：void GPIO_Port_PB_ISR(void)
// 功能描述：PB 口中断子程序，执行过程是首先清除中断标志，再启用指示标识中
//           断已经产生
// 说明：请使用 GPIOPortIntRegister()函数注册中断回调函数名称
//---------------------------------------------------------------------------
void GPIO_Port_PB_ISR(void)
{
//清零 PB5 引脚上的中断标志
  GPIOPinIntClear(GPIO_PORTB_BASE,PB5_KEYINT);
  //请在下面添加中断执行代码
  CAT9554_Int_ISR();
}
```

```
//---------------------------------------------------------------------------
// 函数：void CAT9554_Int_ISR()
// 功能：用于用户外用的中断函数
// 说明：使用时请将此函数体复制到工程的主文件中，再加上用户执行代码
//---------------------------------------------------------------------------
void CAT9554_Int_ISR()
{
  //请在下面加入用户代码
  unsigned char chKey;
  chKey = PCA9554_READ_DAT();                          //读取按键值
  Read_Key(chKey);                                     //按键命令执行
}
//---------------------------------------------------------------------------
//函数名称：Read_Key()
//函数功能：用于读取按键的值
//入口参数：ucPx 为读取的按键值
//出口参数：无
//---------------------------------------------------------------------------
void Read_Key(unsigned char ucPx)
{
   switch(ucPx)
   {case 0xFE：Key1();break;
     ⋮
    case 0x7F：Key8();break;
   }
}
//---------------------------------------------------------------------------
//以下是 8 个按键函数
//第 1 键
void Key1()
{ //请在此处加入执行代码
  INTI_ISD1700();
  REC();                                               //录音
}
//第 2 键
void Key2()
{//请在此处加入执行代码
  INTI_ISD1700();
  PLAY();                                              //放音
}
//第 3 键
void Key3()
{//请在此处加入执行代码
  INTI_ISD1700();
  G_ERASE();                                           //清除
}
//第 4 键
void Key4()
{//请在此处加入执行代码
```

```
    STOP();
    CLR_INT();
    RESET();
    PD();
  }
  //第 5 键
  void Key5()
  {//请在此处加入执行代码
    INTI_ISD1700();
    SET_PLAY(0x10,                                  //起始地址的低 8 位
             0x00,                                  //起始地址的高 8 位
             0x40,                                  //结束地址的低 8 位
             0x00);                                 //结束地址的高 8 位
  }
  //第 6 键
  void Key6()
  {//请在此处加入执行代码
    INTI_ISD1700();
    SET_PLAY(0x41,                                  //起始地址的低 8 位
             0x00,                                  //起始地址的高 8 位
             0x80,                                  //结束地址的低 8 位
             0x00);                                 //结束地址的高 8 位
  }
  //第 7 键
  void Key7()
  {//请在此处加入执行代码
    INTI_ISD1700();
    SET_REC (0x10,                                  //起始地址的低 8 位
             0x00,                                  //起始地址的高 8 位
             0x40,                                  //结束地址的低 8 位
             0x00);                                 //结束地址的高 8 位
  }
  //第 8 键
  void Key8()
  {//请在此处加入执行代码
    INTI_ISD1700();
    SET_REC (0x41,                                  //起始地址的低 8 位
             0x00,                                  //起始地址的高 8 位
             0x80,                                  //结束地址的低 8 位
             0x00);                                 //结束地址的高 8 位
  }
  //----------------------------------------------------------------------
```

主要外用函数原型：

void GPio_IntCAT9554_Initi(void)用于初始化 CAT9554。

2. 应用范例程序的编写

任务① 使用命令操控 ISD1700 芯片进行录放音工作。

主函数文件代码编写如下：

```
//*******************************************************************************
//文件名：ISD1700_Main.c
//功能：用于操控 ISD1700 系列芯片
//-------------------------------------------------------------------------------
 ⋮
void  GPio_Initi(void);
void  IndicatorLight_PC4(void);                              //芯片运行指示灯
void  IndicatorLight_PC5(void);                              //芯片运行指示灯
void  Delay(int nDelaytime);                                 //用于延时

void  jtagWait();                                            //防止 JTAG 失效
#define PC4_LED   GPIO_PIN_4
#define PC5_LED   GPIO_PIN_5
#include "CAT9554_Key.h"

//-------------------------------------------------------------------------------
//主函数
//-------------------------------------------------------------------------------
void main(void)
{  //防止 JTAG 失效
    Delay(10);
    jtagWait();
    Delay(10);

    //设定系统晶振为时钟源
    SysCtlClockSet( SYSCTL_SYSDIV_1 | SYSCTL_USE_OSC |
                    SYSCTL_OSC_MAIN | SYSCTL_XTAL_6MHZ );
    GPio_Initi();                                            //初始化 GPIO
    GPio_IntCAT9554_Initi();                                 //初始化按键中断
    while(1)
    {
        IndicatorLight_PC4();                                //程序运行指示灯
        Delay(40);
    }
}
//-------------------------------------------------------------------------------
⋮//省略部分见程序实例
//*******************************************************************************
```

完整的工程程序见随书“网上资料\参考程序\课题 16_ISD1700\max1415_1\ *. *”。

编后语：ISD1700 系列语音芯片是近年来上市的新芯片，学会使用将会给我们的设计带来“有声有色”的效果。

A/D 和 D/A 转换类芯片

课题17 MAX1415 数据变送器在 LM3S615 微控制器系统中的应用

【实验目的】

了解和掌握 MAX1415 芯片在 LM3S615 微控制器系统中的应用原理与方法。

【实验设备】

① 所用工具：30 W 烙铁 1 把，数字万用表 1 个；

② PC 机 1 台；

③ 开发软件 IAR Embedded Workbench5.20v 集成开发平台 1 套；

④ LM LINK JTAG 调试器 1 套，EasyARM615 开发套件 1 套。

【外扩器件】

课题所需外扩元器件请查寻图 K17-6。

【工程任务】

① 从 MAX1415 中读出压力值并通过 UART 串行模块发向 PC。

② 从 MAX1415 中读出压力值使用 JCM12864M 液晶显示屏显示。

【所需外围器件资料】

K17.1 MAX1415 数据变送器概述

MAX1415 是一块低功耗、2 通道、串行输出模数转换器，内部使用一个具有数字滤波器的 Σ-Δ 调制器，分辨率达 16 位，无失码现象。MAX1415 芯片是 MX7705/AD7705 芯片的升级产品，其引脚完全兼容。MAX1415 具有内部振荡器（1 MHz 或 2.457 6 MHz）、片上输入缓冲器以及可编程增益放大器（PGA）。这些器件带有 SPI/QSPI/MICROWIRE 兼容的串行接口。

MAX1415 需要 2.7～3.6 V 供电。3 V 供电时，电源电流为 400 μA（最大值）；关断模式下电源电流可降至 2 μA（典型值）。当使用 3 V 电源工作时，功率损耗低于 1.44 mW，使得 MAX1415 非常适合电池供电产品。

自校准和系统校准功能允许 MAX1415 修正增益和失调误差。出色的直流性能（±0.001 5% FSR INL）和低噪声（无缓冲模式下为 700 nV）特性，使 MAX1415 用于测量动态范围较宽的低频信号时较为理想。这些器件可接受全差分双极性/单极性输入，内部输入缓冲器允许接收高阻抗源提供的信号。片内数字滤波器具有可编程的截止频率和输出数据速率，能够处理 Σ-Δ 调制器的输出。所选的数字滤波器的第一陷波频率具有 150 dB 的 50 Hz 或 60 Hz 共模噪声抑制，以及 98 dB 的 50 Hz 或 60 Hz 标准模式噪声抑制。PGA 和数字滤波允许直接采集信号，无需或只需少数的信号调节电路。

K17.2 引脚排列与功能

引脚排列如图 K17－1 所示，其引脚功能如表 K17－1 所列。

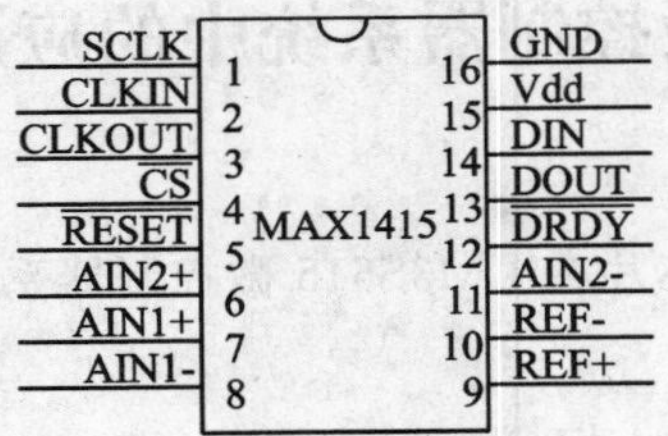

图 K17－1 MAX1415 引脚排列

表 K17－1 MAX1415 引脚功能说明

引脚号	名 称	功能说明
1	SCLK	串行时钟施密特逻辑输入。将一个外部的串行时钟加于这一输入端口，以访问 MAX1415 的串行数据。该串行时钟可以是连续的脉冲串传送所有数据。反之，它也可以是非连续时钟，将信息以小量型数据发送给 MAX1415
2	MCLKIN	时钟输入。在 CLKIN 和 CLKOUT 之间连接一个晶振，或用一个外部的 CMOS 时钟源来驱动 CLKIN 引脚。如果用内部的时钟，请将 CLKIN 与 GND(地)连在一起
3	MCLKOUT	当主时钟为晶体/谐振器被接在 MCLKIN 和 MCLKOUT 之间，如果在 MCLKIN 引脚处接一个外部时钟，MCLKOUT 将提供一个反相时钟信号。这个时钟可以用来为外部电路提供时钟源，且可以驱动一个 CMOS 负载。如果用户不需要，MCLKOUT 可通过时钟寄存器中的 CLKDIS 位关掉。这样，器件不会在 MCLKOUT 引脚上驱动电容负载而消耗不必要的功率。CLKDIS＝0 时，允许 MCLKOUT 引脚工作；CLKDIS＝1 时，禁止 MCLKOUT 引脚工作
4	$\overline{CS}$	片选(低电平有效的逻辑输入)。选择 MAX1415。将该引脚接为低电平，MAX1415 能以三线接口模式运行(以 SCLK、DIN 和 DOUT 与器件接口)，在串行总线上带有多个器件的系统中，可由$\overline{CS}$对这些器件作出选择，或在与 MAX1415 通信时，$\overline{CS}$可用作帧同步信号
5	$\overline{RESET}$	复位输入(低电平有效的输入)。将器件的控制逻辑、接口逻辑、校准系数、数字滤波器和模拟调制器复位至上电状态
6	AIN2＋	通道 2。模拟量输入正极
7	AIN1＋	通道 1。模拟量输入正极
8	AIN1－	通道 1。模拟量输入负极
9	REF＋	基准电压输入正端
10	REF－	基准电压输入负端
11	AIN2－	通道 2。模拟量输入负极

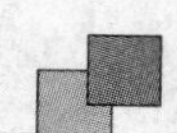

续表 K17－1

引脚号	名　称	功能说明
12	$\overline{\text{DRDY}}$	主动低电平可以读出数据的信号，$\overline{\text{DRDY}}$为低电平（拉低）时，一个新的有效数据转化产生在寄存器之内。当一个读操作的一个全输出处理完，$\overline{\text{DRDY}}$返回到高电平
13	DOUT	串行数据输出。DOUT 从这个寄存器输出串行数据。DOUT 是在 SCLK 线的下降沿改变数据，在 SCLK 线的上升沿输出有效数据。当$\overline{\text{CS}}$线是高电平时，DOUT 线成高阻状态
14	DIN	串行数据输入。当$\overline{\text{CS}}$为低电平时，SCLK 线的上升沿在 DIN 线上输入的数据为有效数据。即上升沿锁存数据
15	Vdd	电源输入正极。MAX1415 是用 2.7～3.6 V 供电
16	GND	地线

K17.3　MAX1415 内部寄存器

1. 通信寄存器

表 K17－2 列出的是 MAX1415 通信寄存器各位分工。

表 K17－2　MAX1415 通信寄存器各位分配

功　能	状态/数据	寄存器选择			写/读	掉电模式	通道选择	
位　序	B7	B6	B5	B4	B3	B2	B1	B0
名　称	0/DRDY	RS2	RS1	RS0	W/R	PD	CH1	CH0
默认值	0	0	0	0	0	0	0	0

注：0/DRDY 是通信开始/数据读位。

2. 寄存器选择

MAX1415 内部工作寄存器功能选择如表 K17－3 所列。

表 K17－3　MAX1415 内部工作寄存器选择

RS2	RS1	RS0	寄存器	上电复位状态默认值	长度(位)
0	0	0	通信寄存器	00H	8
0	0	1	设置寄存器	01H	8
0	1	0	时钟寄存器	85H	8
0	1	1	数据寄存器	N/A	16
1	0	0	测试寄存器	N/A	8
1	0	1	无操作	—	—
1	1	0	偏移寄存器	1FH　40H　00H	24
1	1	1	增益寄存器	57H　61H　ABH	24

3. 通道选择

MAX1415 模拟信号输入脚通道选择如表 K17－4 所列。

表 K17－4　MAX1415 模拟信号输入脚选择

CH1	CH0	AIN＋	AIN－	校准寄存器对	CH1	CH0	AIN＋	AIN－	校准寄存器对
0	0	AIN1＋	AIN1－	0	1	0	AIN1－	AIN1－	0
0	1	AIN2＋	AIN2－	1	1	1	AIN1－	AIN2－	2

4. 设置寄存器

MAX1415 寄存器设置如表 K17－5 所列。

表 K17－5　MAX1415 设置寄存器各位分配

功　能	模式控制		PGA 增益控制			单/双	缓　存	同　步
位　序	B7	B6	B5	B4	B3	B2	B1	B0
名　称	MD1	MD0	G2	G1	G0	B/U	BUF	FSYNC
默认值	0	0	0	0	0	0	0	1

功能说明如下：

➢ B/U　单极性/双极性选择。B/U＝0 表示选择双极性操作，B/U＝1 表示选择单极性工作。

➢ BUF　缓冲器控制。BUF＝0 表示片内缓冲器短路（不能使用片内缓存），缓冲器短路后电源电流降低。此位处于高电平（BUF＝1）时（可以使用片内缓存），缓冲器与模拟输入串联，输入端允许处理高阻抗源。

➢ FSYNC　滤波器同步。该位处于高电平（FSYNC＝1）时，数字滤波器的节点、滤波器控制逻辑和校准控制逻辑处于复位状态下，同时，模拟调制器也被控制在复位状态下。当处于低电平（FSYNC＝0）时，调制器和滤波器开始处理数据，并在 3×（1/输出更新速率）时间内（也就是滤波器的稳定时间）产生一个有效字。FSYNC 影响数字接口，也不使 $\overline{\text{DRDY}}$ 输出复位（如果它是低电平）。

MAX1415 PGA 的增益选择如表 K17－6 所列。

表 K17－6　MAX1415 PGA 增益选择表

G2	G1	G0	PGA 增益值	G2	G1	G0	PGA 增益值
0	0	0	1	1	0	0	16
0	0	1	2	1	0	1	32
0	1	0	4	1	1	0	64
0	1	1	8	1	1	1	128

5. 时钟寄存器

MAX1415 时钟寄存器各位分配如表 K17－7 所列。

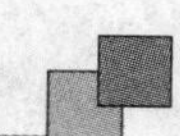

表 K17 - 7　MAX1415 时钟寄存器各位分配

功　能	保　留		内部时钟允许	时钟禁止	时钟分频	晶振选择	过滤器选择	
位　序	B7	B6	B5	B4	B3	B2	B1	B0
名　称	MXID	ZERO	INTCLK	CLKDIS	CLKDIV	CLK	FS1	FS0
默认值	1	0	0	0	0	1	0	1

功能说明如下：

➢ MXID　标示位。这是一个只读位，写值到这个位被忽略。

➢ ZERO　零位。这是一个只读位，写值到这个位被忽略。

➢ INTCLK　内部时钟位。设置 INTCLK＝1，启用内部时钟；设置 INTCLK＝0，禁用内部时钟。

➢ CLKDIS　时钟禁止位。设置 CLKDIS＝1，在 CLKOUT 上禁止内部或外部时钟应用。当用一个晶振连接到 CLKIN 和 CLKOUT 引脚之间，这个时钟是停止和不可替代转换的。在时钟禁止时，CLKOUT 保持低电平，系统处于掉电。设置 CLKDIS＝0，允许其他器件使用 CLKOUT 引脚输出的时钟信号。CLKOUT 能驱动 CMOS 负载。

➢ CLKDIV　时钟驱动控制位。MAX1415 有一个内部时钟驱动。CLKDIV＝1，输入时钟进行 2 分频；CLKDIV＝0，MAX1415 运用内部或外部时钟频率，CLK-DIV 没有用内部源完成。

➢ CLK　时钟频率选择位。当使用内部时钟时（INTCLK＝1），设 CLK＝1，使用 2.457 6 MHz 晶振频率；设 CLK＝0，使用 1 MHz 晶振频率。当使用一个外部时钟时，设置 CLK＝1 给 f_{CLKIN}＝2.457 6 MHz（f_{CLKIN}为外部晶振值）必须设置 CLKDIV＝0，或 f_{CLKIN}＝4.915 2 MHz 必须写 CLKDIV＝1；设置 CLK＝0 时，要求外部晶振频率使用 1 MHz，但必须给 CLKDIV 位写一个 0，如果给 CLK-DIV 位写入 1，那必须要用 2MHz 作外部晶振。

➢ FS1、FS0　滤波器选择位。它与 CLK 一起决定器件的输出更新率。表 K17 - 8 列出的是更新频率值。

表 K17 - 8　更新频率值

晶振/MHz	CLK	FS1	FS0	更新速率	过滤－3 dB 截止频率
1	0	0	0	20	5.24
1	0	0	1	25	6.55
1	0	1	0	100	26.2
1	0	1	1	200	52.4
2.457 6	1	0	0	50	13.1
2.457 6	1	0	1	60	15.7

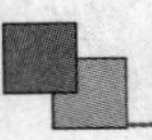

续表 K17－8

晶振/MHz	CLK	FS1	FS0	更新速率	过滤－3 dB 截止频率
2.457 6	1	1	0	250	65.5
2.457 6	1	1	1	500	131

K17.4　MAX1415 与单片机的接口电路读/写时序

MAX1415 使用的是 5 线串行与单片机进行接口，其引脚有 $\overline{CS}$、SCLK、DOUT、DIN、DRDY。MAX1415 也可以使用三线，当用三线（DOUT、DIN、SCLK）时，$\overline{CS}$始终为低电平，单片机通过使用一个引脚来判断 DRDY 的状态，根据 DRDY 的状态，来控制 MAX1415，并读取转换的数据。单片机对 MAX1415 芯片的读写时序如图 K17－2、图 K17－3 所示。

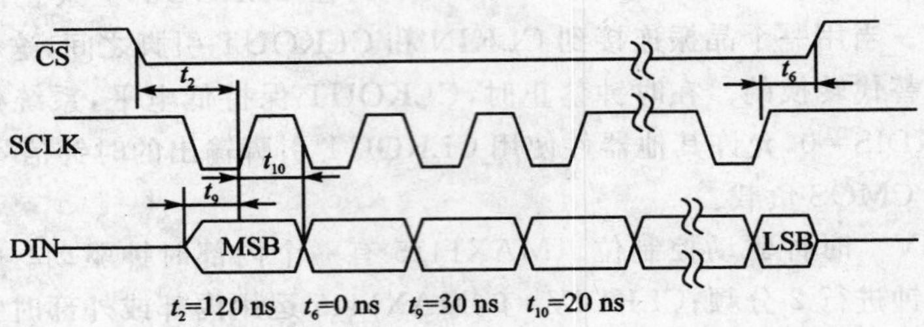

图 K17－2　MAX1415 写时序图

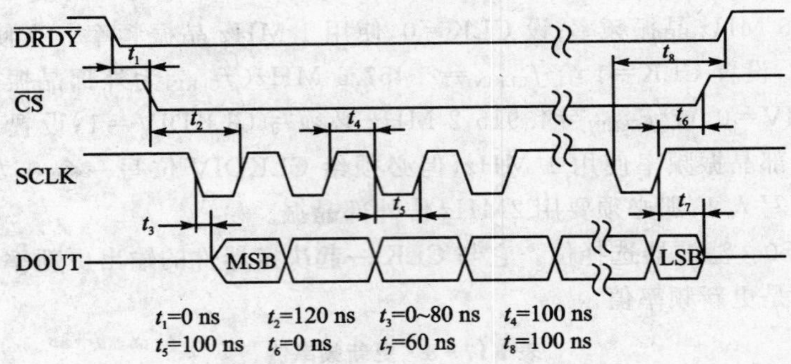

图 K17－3　MAX1415 读时序图

K17.5　典型应用电路

MAX1415 典型应用电路图如图 K17－4 所示。

K17.6　硬件电路连接与编程注意事项

硬件电路连接与编程注意事项如下：

① $\overline{RESET}$最好接在高电位上。

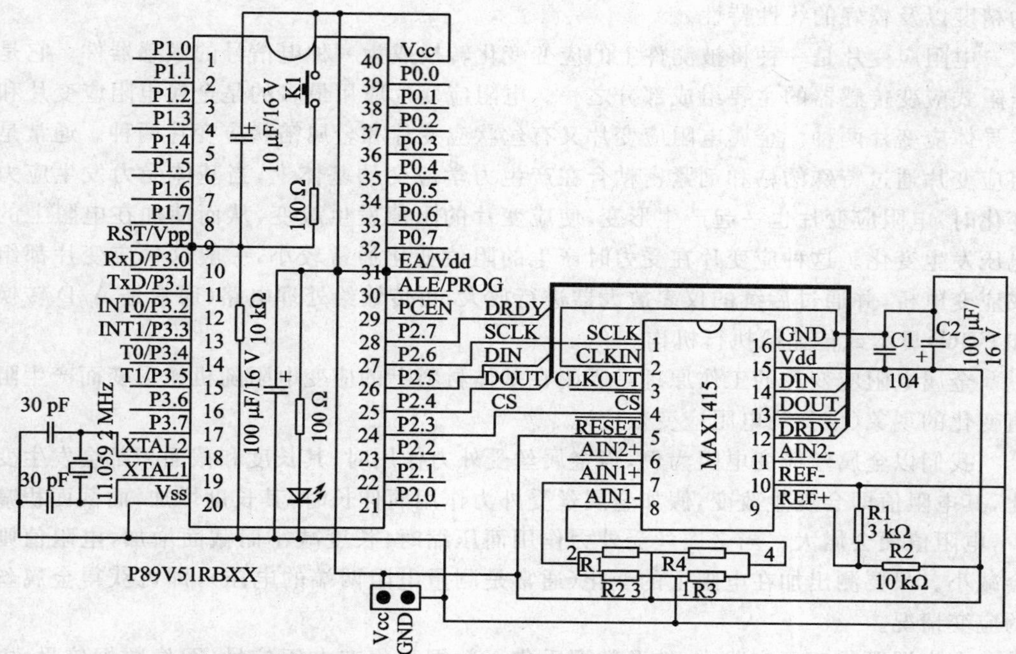

压力传感器连线说明：3为红线,1为黑线,2为绿线,4为白线。

图 K17－4　MAX1415 典型应用电路

② $\overline{\text{DRDY}}$引脚按读时序的要求，直接接到 GPIO 端口引脚上，以利于控制。

③ 编程时首先要对 MAX1415 进行初始化。即先向通信寄存器写入命令，确定下一个操作寄存器后，便向寄存器写入数据。第一步首先向时钟寄存器写入设置数据，启动内部时钟和设置内部时钟频率。第二步设置 SETUP 设置寄存器，确定增益值、极性值、缓存区及滤波器同步，并设 FSYNC＝0 启用数据处理。FSYNC 位非常重要，如果设为 1 则串口就没有数据输出。切记切记！

详细资料见“随书光盘\器件资料库\ZK17_……”。

K17.7　称重压力传感器

1. 概　述

压力传感器是工业实践中最为常用的一种传感器，其广泛应用于各种工业自控环境，涉及水利水电、铁路交通、智能建筑、生产自控、航空航天、军工、石化、油井、电力、船舶、机床、管道等众多行业。常用的有：应变片压力传感器、陶瓷压力传感器、扩散硅压力传感器及压电压力传感器。本课题工程中应用的是应变片压力传感器。

2. 应变片压力传感器的原理

力学传感器的种类繁多，如电阻应变片压力传感器、半导体应变片压力传感器、压阻式压力传感器、电感式压力传感器、电容式压力传感器、谐振式压力传感器及电容式加速度传感器等。但应用最为广泛的是压阻式压力传感器，它具有极低的价格和较高

的精度以及较好的线性特性。

电阻应变片是一种将被测件上的应变变化转换成为一种电信号的敏感器件。它是压阻式应变传感器的主要组成部分之一。电阻应变片应用最多的是金属电阻应变片和半导体应变片两种。金属电阻应变片又有丝状应变片和金属箔状应变片两种。通常是将应变片通过特殊的粘和剂紧密粘合在产生力学应变的基体上，当基体受力发生应力变化时，电阻应变片也一起产生形变，使应变片的阻值发生改变，从而使加在电阻上的电压发生变化。这种应变片在受力时产生的阻值变化通常较小，一般这种应变片都组成应变电桥，并通过后续的仪表放大器进行放大，再传输给处理电路(通常是 A/D 转换和 CPU)显示或传输给执行机构。

金属电阻应变片的工作原理是吸附在基体材料上的应变电阻随机械形变而产生阻值变化的现象(俗称为电阻应变效应)。

我们以金属丝应变电阻为例，当金属丝受外力作用时，其长度和截面积都会发生变化，其电阻值即会发生改变，假如金属丝受外力作用而伸长时，其长度增加，而截面积减少，电阻值便会增大。当金属丝受外力作用而压缩时，长度减小而截面增加，电阻值则会减小。只要测出加在电阻上的变化(通常是测量电阻两端的电压)，即可获得金属丝的应变情况。

在本课题的工程实践中，涉及数据采集。数据采集有电压信号、图像数据信号、电流信号等。本课题用到的压力传感器就是用电流传送信号的，再用 MAX1415 来放大压力传感器发出的信号，并将其变为需要的数值。

3. 压力传感器的型态及参数说明

本课题使用的压力传感器实物图如图 K17－5 所示。

图 K17－5 悬臂式压力传感器

悬臂式压力传感器参数说明如表 K17－9 所列。

受力方向以实物标识的箭头方向为准。

【扩展模块制作】

1. 扩展模块电路图

MAX1415 模块电路图如图 K17－6 所示。

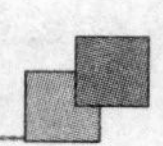

表 K17 - 9 悬臂式压力传感器参数说明

参数	说明	参数	说明
额定载荷	8 kg	允许使用范围	−20～55 ℃
灵敏度	1±15%(MV/v)	安全过载范围	120% FS
非线性	0.05% FS	极限过载范围	150% FS
滞后	0.05% FS	接线方法	电源接线为"红＋黑－"，信号输出接线为"绿＋白－"
激励电压	5～10 V DC		
温度补偿范围	−10～40 ℃	材质	铝合金

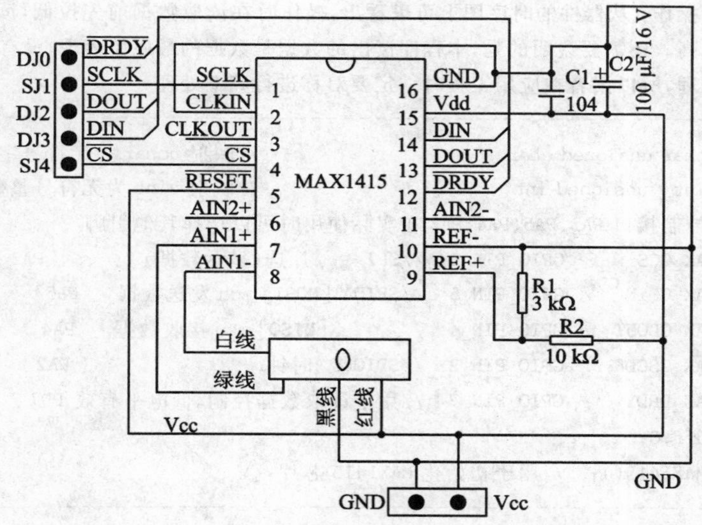

图 K17 - 6 MAX1415 模块电路图

扩展模块 JCM12864M 显示模块电路图如图 K15 - 14 所示。

2. 扩展模块间的连线

扩展模块图 K17 - 6 与 EasyARM101 开发板连线：DJ0(DRDY)连接到 PD7 引脚，SJ1(SCLK)连接到 PA2，DJ2(DOUT)连接到 PA4，DJ3(DIN)连接到 PA5，SJ4(CS)连接到 PA3。

扩展的显示模块 JCM12864M 与 EasyARM101 开发板连线，RS(CS)连接到 PE0，R/W(SID)连接到 PE1，E(CLK)连接到 PE2。显示模块电路图参照图 K15 - 14 使用。

3. 模块制作

扩展模块制作成实验板时按图 K17 - 6 进行。制作时请留出接线柱，连线请用杜邦线。

【程序设计】

1. 扩展器件驱动程序的编写

(1) 创建 Lm3s_max1415.h 文件

```
//***********************************************************************
//程序文件名：Lm3s_max1415.h
//程序功能：实现 MCU 通过 SPI 总线对 MAX1415 实施读/写操作
//说明：一点心得。对于 MAX1415 来说，数据线的接法非常重要。MAX1415 引脚上的 DIN 引脚
//      是数据输入，对于控制器来说实际就是输出数据，也就是向 MAX1415 发送数据，MAX1415
//      引脚上的 DOUT 引脚是数据输出，对于控制器来说实际上是数据输入，也就是从
//      MAX1415 器件读出数据。以上不能搞错，否则无法读到器件数据。对于 DRDY 引脚
//      的操作，从器件的时序图上可以看出，操作时在读取数据前先拉低，读完数据后再
//      拉高。还需要说明的是，本程序读出的数据是数据的最原始表现，没有进行加工与
//      处理，所以读者在应用工程时一定要对称进行归 0 处理
//-----------------------------------------------------------------------
#define uchar unsigned char                         //映射 uchar 为无符号字符
#define uint  unsigned int                          //映射 uint 为无符号整数
//MAX1415 控制接口 PA3、PA5、PA4、PA2 在实际使用时可以选择其他引脚
#define MAX_GCS      GPIO_PIN_3  //SPI     片选(显示数据)        PA3
#define MAX_GDIN     GPIO_PIN_5  //SPIDAT[MOSI] mcu 发送数据    PA5
#define MAX_GDOUT    GPIO_PIN_4  //        [MISO] mcu 接收数据  PA4
#define MAX_GSCLK    GPIO_PIN_2  //SPICLK  时钟                 PA2
#define MAX_DRDY     GPIO_PIN_7  //用于读取数据控制，低电平有效 PD7
uchar uchBuff,C;
void INIT_MAX1415();  //用于初始化 MAX1415 芯片
//-----------------------------------------------------------------------
 ⋮//文件内容见参考程序
//-----------------------------------------------------------------------
```

主要外用函数原型：

- void GPioA_Initi_Max1415(void)函数用于初始化 MAX1415 器件使用的引脚和初始化 MAX1415 器件本身。
- void INIT_MAX1415()函数用于初始化 MAX1415 器件。
- void DISP_READ_MAX1415(uchar * lpchDATD, int nlAdjust)函数用于从 MAX1415 中读取转换后的压力值。

(2) JCM12864M 显示模块

本模块的驱动程序 lm3s_jcm12864m.h 已经在《ARM Cortex - M3 内核微控器快速入门与应用》一书的课题 9 中给出了，此处不多述。

主要外用函数原型：

- void JCM12864M_INITI()函数用于初始化 JCM12864M 显示器。
- void SEND_NB_DATA_12864M(uchar chSADD, uchar * lpSData, uint nCo-

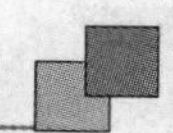

nut)函数用于向 JCM12864M 显示模块发送显示字符。

2. 应用范例程序的编写

任务①　从 MAX1415 中读出压力值并通过 UART 串行模块发向 PC。

主程序代码编写如下：

```
//*******************************************************************
//文件名：Max1415_Main.c
//功能：用于读/写 MAX1415
//-------------------------------------------------------------------
 ⋮
void  GPio_Initi(void);
void  IndicatorLight_PC4(void);                       //芯片运行指示灯
void  IndicatorLight_PC5(void);                       //芯片运行指示灯
void  Delay(int nDelaytime);                          //用于延时
void  jtagWait();                                     //防止 JTAG 失效
#define PC4_LED  GPIO_PIN_4
#define PC5_LED  GPIO_PIN_5
#include "Lm3sxxxUart0SR.h"
#include "Lm3s_max1415.h"
unsigned char chDateTime[8];
unsigned char chDispDT[10];                           //用于显示
//-------------------------------------------------------------------
//主函数
//-------------------------------------------------------------------
void main(void)
{
   //防止 JTAG 失效
   Delay(10);
   jtagWait();
   Delay(10);
   //设定系统晶振为时钟源
   SysCtlClockSet( SYSCTL_SYSDIV_1 | SYSCTL_USE_OSC |
                   SYSCTL_OSC_MAIN | SYSCTL_XTAL_6MHZ );
   GPio_Initi();                                      //初始化 GPIO
   LM3Sxxx_UART0_Initi(9600);                         //初始化串口
   GPioA_Initi_Max1415();                             //初始化引脚和 MAX1415
   UART0Send("ADC",3);                                //向串口发送引导数据
   while(1)
   {  //读取 A/D 转换数据
      //有 6 个显示码,第二参数为 0,指读出的压力值为原值
      Disp_READ_MAX1415(chDispDT,0);
      UART0Send(chDispDT,6);                   //将读到的数据发送到 PC
      UART0Send("  ",2);                       //发送两个空格符用于隔开接收到的数据
```

```
        IndicatorLight_PC4();                       //程序运行指示灯
        Delay(20);
    }
}
//---------------------------------------------------------------------
⋮//省略部分见程序实例
//*********************************************************************
```

完整的工程程序见随书“网上资料\参考程序\课题 17_MAX1415\max1415_1*.*”。

任务②　从 MAX1415 中读出压力值使用 JCM12864M 液晶显示屏显示。

主程序代码编写如下：

```
//*********************************************************************
//文件名：Max1415_Main.c
//功能：用于读/写 MAX1415,并用 JCM12864M 显示
//---------------------------------------------------------------------
⋮
void  GPio_Initi(void);
void  IndicatorLight_PC4(void);                     //芯片运行指示灯
void  IndicatorLight_PC5(void);                     //芯片运行指示灯
void  Delay(int nDelaytime);                        //用于延时
void  jtagWait();                                   //防止 JTAG 失效
#define PC4_LED  GPIO_PIN_4
#define PC5_LED  GPIO_PIN_5
#include "lm3s_jcm12864m.h"
#include "Lm3s_max1415.h"
unsigned char chDateTime[8];
unsigned char chDispDT[10];                         //用于显示
//---------------------------------------------------------------------
//主函数
//---------------------------------------------------------------------
void main(void)
{     //防止 JTAG 失效
      Delay(10);
      jtagWait();
      Delay(10);
      //设定系统晶振为时钟源
      SysCtlClockSet( SYSCTL_SYSDIV_1 | SYSCTL_USE_OSC |
                      SYSCTL_OSC_MAIN | SYSCTL_XTAL_6MHZ );
      GPio_Initi();                                 //初始化 GPIO
      JCM12864M_INITI();                            //初始化 JCM12864M 显示器
      SEND_NB_DATA_12864M(0x82,"现在压力值",10);
```

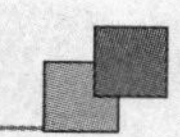

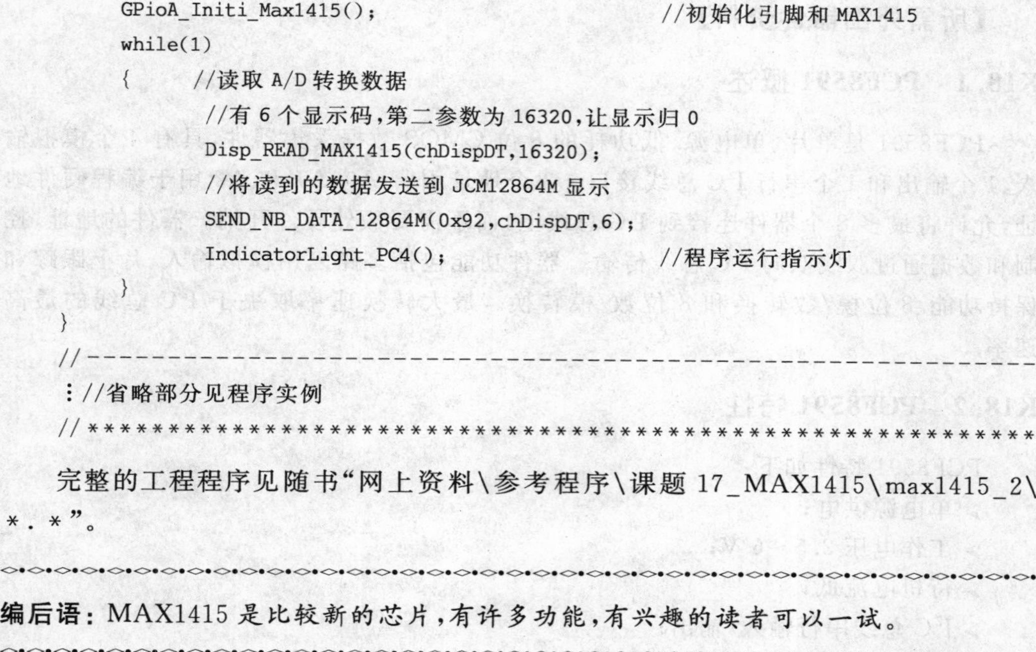

```
    GPioA_Initi_Max1415();                              //初始化引脚和 MAX1415
    while(1)
    {     //读取 A/D 转换数据
          //有 6 个显示码,第二参数为 16320,让显示归 0
          Disp_READ_MAX1415(chDispDT,16320);
          //将读到的数据发送到 JCM12864M 显示
          SEND_NB_DATA_12864M(0x92,chDispDT,6);
          IndicatorLight_PC4();                         //程序运行指示灯
    }
}
//--------------------------------------------------------------------------------
:  //省略部分见程序实例
//********************************************************************************
```

完整的工程程序见随书“网上资料\参考程序\课题 17_MAX1415\max1415_2*.*”。

编后语：MAX1415 是比较新的芯片，有许多功能，有兴趣的读者可以一试。

课题 18 A/D 和 D/A 转换芯片 PCF8591 在 LM3S101 微控制器系统中的应用

【实验目的】

了解和掌握 PCF8591 A/D 和 D/A 转换芯片在 LM3S101 微控制器系统中的应用原理与方法。

【实验设备】

①所用工具：30 W 烙铁 1 把，数字万用表 1 个；

② PC 机 1 台；

③ 开发软件 IAR Embedded Workbench5.20v 集成开发平台 1 套；

④ LM LINK JTAG 调试器 1 套，EasyARM101 开发套件 1 套。

【外扩器件】

课题所需外扩元器件请查寻图 K18-6。

【工程任务】

① 从 PCF8591 中读出 4 通道的 A/D 转换值并通过 UART 串行模块发向 PC 机。

② 从 PCF8591 中读出 4 通道的 A/D 转换值使用 JCM12864M 液晶显示屏显示。

③ 向 PCF8591 写入 D/A 转换值并使用指示灯显示 D/A 转换状态，同时使用 JCM12864M 液晶显示器显示转换的电压值。

【所需外围器件资料】

K18.1 PCF8591 概述

PCF8591 是单片、单电源、低功耗的 8 位 CMOS 数据采集器件，具有 4 个模拟输入、1 个输出和 1 个串行 I^2C 总线接口。3 个地址引脚 A0、A1 和 A2 用于编程硬件地址，允许将最多 8 个器件连接到 I^2C 总线上，而不需要额外硬件开销。器件的地址、控制和数据通过双线双向 I^2C 总线传输。器件功能包括多路复用模拟输入、片上跟踪和保持功能、8 位模/数转换和 8 位数/模转换。最大转换速率取决于 I^2C 总线的最高速率。

K18.2 PCF8591 特性

PCF8591 特性如下：

- 单电源供电；
- 工作电压 2.5～6 V；
- 待机电流低；
- I^2C 总线串行输入/输出；
- 通过 3 个硬件地址引脚编址；
- 采样速率取决于 I^2C 总线速度；
- 4 个模拟输入可编程为单端或差分输入；
- 自动增量通道选择；
- 模拟电压范围：Vss～Vdd；
- 片上跟踪与保持电路；
- 8 位逐次逼近式 A/D 转换；
- 带一个模拟输出的乘法 DAC。

K18.3 PCF8591 的应用

PCF8591 应用于以下情形：

- 闭环控制系统；
- 远程数据采集的低功耗转换器；
- 电池供电设备；
- 汽车、音响和 TV 应用方面的模拟数据采集。

K18.4 PCF8591 引脚排列与功能描述

PCF8591 引脚排列如图 K18－1 所示，其引脚功能描述如表 K18－1 所列。

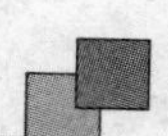

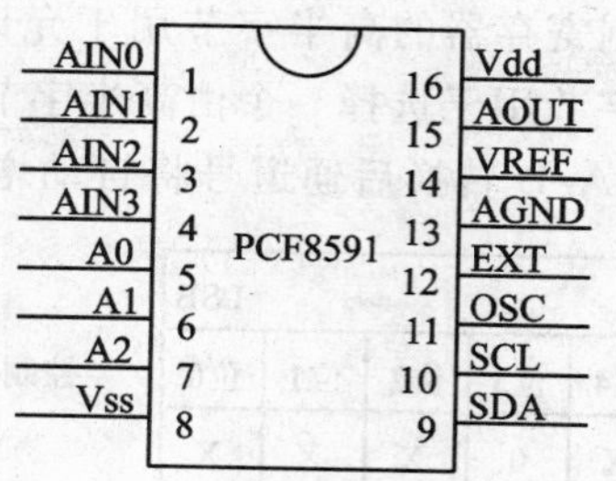

图 K18－1　PCF8591 引脚排列图

表 K18－1　PCF8591 引脚功能描述

引脚号	符　号	功能说明	引脚号	符　号	功能说明
1	AIN0	模拟信号输入端（内部通道 00）	8	Vss	电源地端
			9	SDA	I^2C 数据线
2	AIN1	模拟信号输入端（内部通道 01）	10	SCL	I^2C 时钟脉冲线
3	AIN2	模拟信号输入端（内部通道 10）	11	OSC	外部时钟输入端，内部时钟输出端。不用时将其悬空
4	AIN3	模拟信号输入端（内部通道 11）	12	EXT	内部、外部时钟选择线，使用内部时钟时接地
			13	AGND	模拟信号地
5	A0	引脚地址端 0	14	VREF	基准电源端
6	A1	引脚地址端 1	15	AOUT	D/A 转换输出端
7	A2	引脚地址端 2	16	Vdd	电源正端

K18.5　功能描述

1. 芯片地址

I^2C 总线系统中的每一片 PCF8591 通过发送有效地址到该器件来激活。该地址包括固定部分和可编程序部分（必须根据地址引脚 A0、A1、A2 来设置）。在 I^2C 总线协议中地址必须是起始条件后作为第一个字节发送。地址字节的最后一位是用于设置以后数据传输方向的读/写位。具体分配如图 K18－2 所示。

高(MSB)							低(LSB)
位 7	位 6	位 5	位 4	位 3	位 2	位 1	位 0
1	0	0	1	A2	A1	A0	R/W
固定部分				可编程部分			

图 K18－2　PCF8591 芯片地址位分配

2. 控制字

发送到 PCF8591 的第二个字节将被存储在控制寄存器（详细配置见图 K18－3 所

示)，用于控制器件功能。控制寄存器的高半字节用于允许模拟输出，或将模拟输入编程为单端或差分输入。低半字节用于选择一个由高半字节定义的模拟输入通道。如果自动增量标志置1，那么每次A/D转换后通道号将自动增加。如果自动增量模式是使

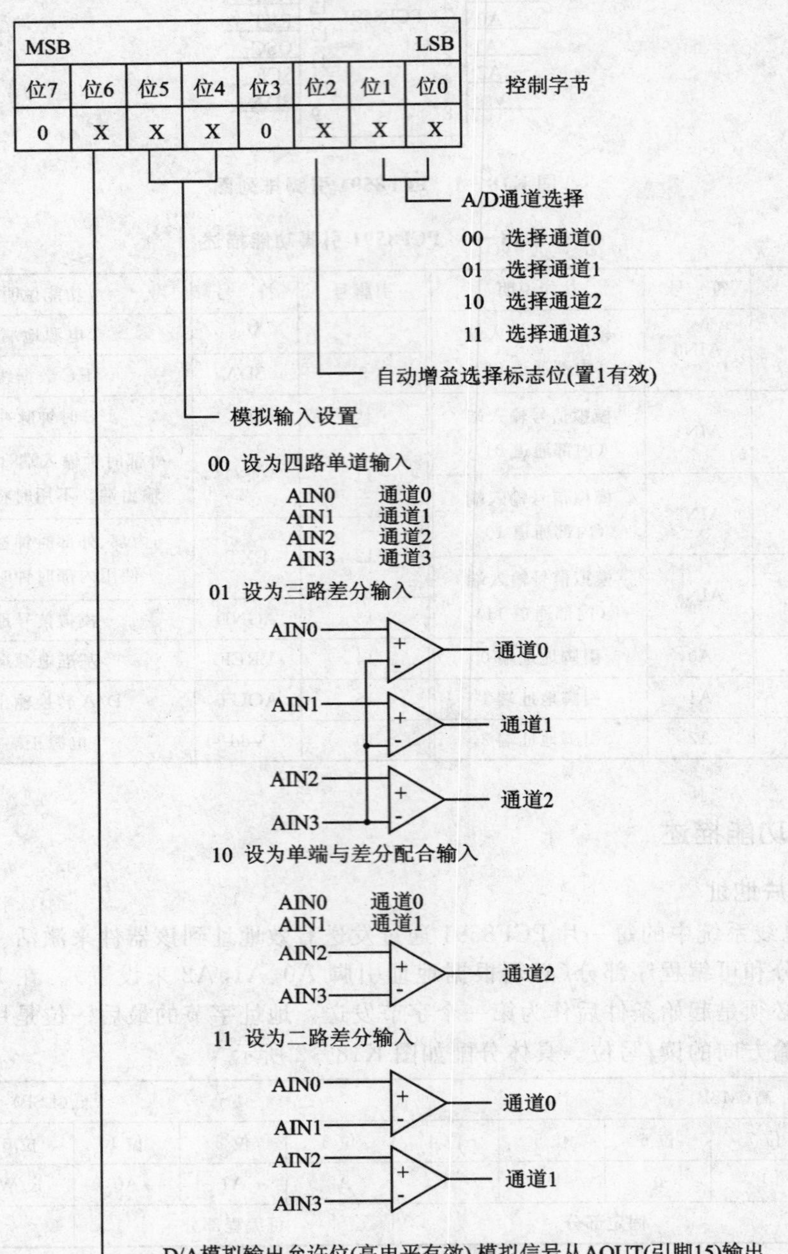

图 K18－3　控制字节的各位功能

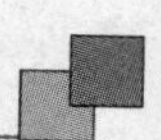

用内部振荡器，那么控制字中模拟输出允许标志可以在其他时候复位以减少静态功耗。选择一个不存在的输入通道将导致分配最高可用的通道号。所以，如果自动增量被置1，下一个被选择的通道将总是通道 0。两个半字的最高有效位（即位 7 和位 3）是留给未来的功能使用的，必须设置为逻辑 0。控制寄存器的所有位在上电复位后被初始化为逻辑 0。D/A 转换器和振荡器在节能时被禁止。模拟输出被切换到高阻态。

注意：当系统为 A/D 转换时，模拟输出允许位为 0。模拟量输入选择位取值由输入方式决定。

K18.6　D/A 转换

发送给 PCF8591 的第三个字节被存储到 DAC 数据寄存器，并使用片上 D/A 转换器转换成对应的模拟电压。这个 D/A 转换器由连接至外部参考电压的具有 256 个接头的电阻分压电路和选择开关组成。接头译码器切换一个接头到 DAC 输出线。

模拟输出电压由自动清零单位增益放大器缓冲。这个缓冲放大器可通过设置控制寄存器的模拟输出允许标志来开启或关闭。在激活状态，输出电压将保持到新的数据字节被发送。片上 D/A 转换器也可用于逐次逼近 A/D 转换。为释放用于 A/D 转换周期的 DAC，单位增益放大器还配备了一个跟踪和保持电路。在执行 A/D 转换时该电路保持输出电压。

提供给模拟输出 AOUT 的输出电压由图 K18－4 中的公式给出。

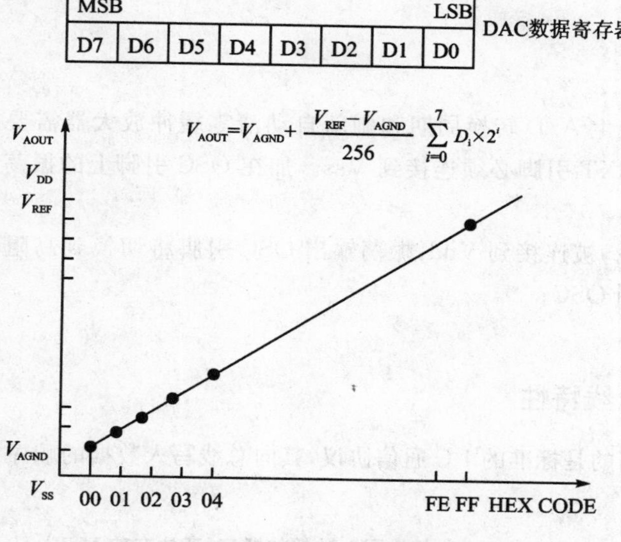

图 K18－4　DAC 和 DC 数据转换特性

K18.7　A/D 转换

A/D 转换器采用逐次逼近转换技术。在 A/D 转换周期将临时使用片上 D/A 转换器和高增益比较器。一个 A/D 转换周期总是开始于发送一个有效读模式地址给

PCF8591之后。A/D转换周期在应答时钟脉冲的后沿被触发，并在传输前一次转换结果时执行(注：对本句话的理解是，A/D转换周期必须是在发送了读命令之后，本次读到的数据是前一次命令的转换结果，也就是在实际操作时必须在短时间内发送二次读命令，后一命令读到的数据才是本次读数据的结果)。

一旦一个转换周期被触发，所选通道的输入电压采样将保存到芯片并被转换为对应的8位二进制码。取自差分输入的采样将被转换为8位二进制补码。转换结果被保存在ADC数据寄存器等待传输。如果自动增量标志置1，将选择下一个通道。在读周期传输的第一个字节包含前一个读周期的转换结果代码。已上电复位之后读取的第一个字节是0x80。

最高A/D转换速率取决于实际的I^2C总线速度。

K18.8 参考电压

对D/A和A/D转换，稳定的参考电压和电源电压必须提供给电阻分压电路(引脚VREF和AGND)。AGND引脚必须连接到系统模拟地，并应该有一参考Vss的直流偏置。

低频可应用于VREF和AGND引脚。这允许D/A转换器作为一象限乘法器使用。A/D转换器也可以用作一个或两个象限模拟除法。模拟输入电压除以参考电压。其结果被转换为二进制码。在这种应用中，用户必须保持正在转换周期内的参考电压稳定。

K18.9 振荡器

片上振荡器产生A/D转换周期和刷新自动清零缓冲放大器需要的时钟信号。使用这个振荡器时EXT引脚必须连接到Vss。加在OSC引脚上的振荡频率可用作片内振荡。

如果EXT引脚被连接到Vdd，振荡输出OSC引脚将切换到高阻态以允许用户连接外部时钟信号到OSC。

K18.10 I^2C总线特性

PCF8591使用的是标准的I^2C通信协议，其向总线写入数据的顺序格式如表K18-2所列。

表K18-2 向总线写入数据的顺序(高位在前MSB)

第一字节	第二字节	第三字节
写入器件地址(90H)	写入控制字节	要写入的数据

其从总线内读出数据的顺序格式如表K18-3所列。

表 K18－3　从总线读出数据的顺序(高位在前 MSB)

第一字节	第二字节	第三字节	第四字节
写入器件地址(90H 写)	写入控制字节	写入器件地址(91H 读)	读出一字节数据

注：在使用器件内部时钟时，请将外部输入时钟脚 OSC(引脚 11)悬空。

K18.11　PCF8591 典型应用电路

典型应用电路如图 K18－5 所示。

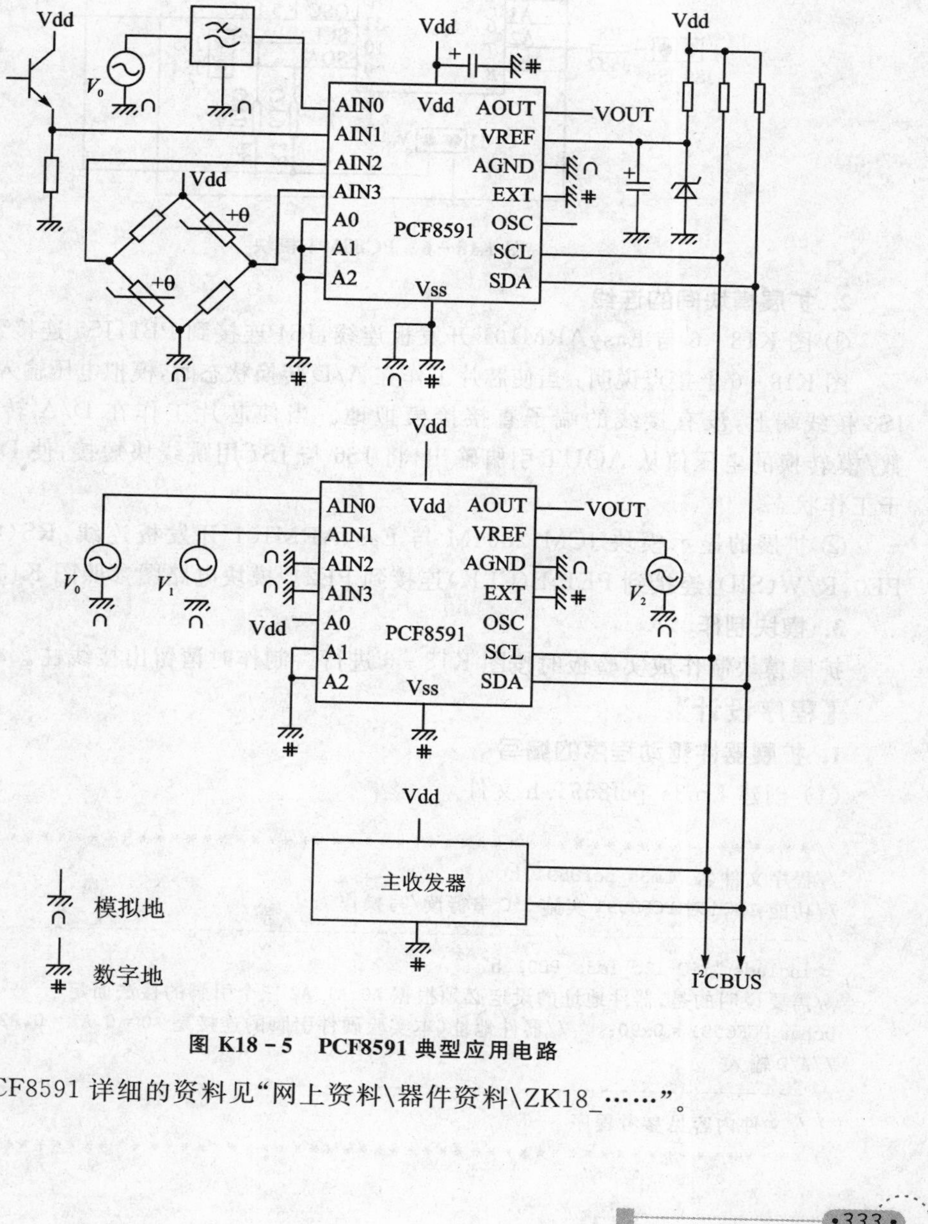

图 K18－5　PCF8591 典型应用电路

有关 PCF8591 详细的资料见“网上资料\器件资料\ZK18_……”。

【扩展模块制作】

1. 扩展模块电路图

扩展模块电路图如图 K18－6 所示。

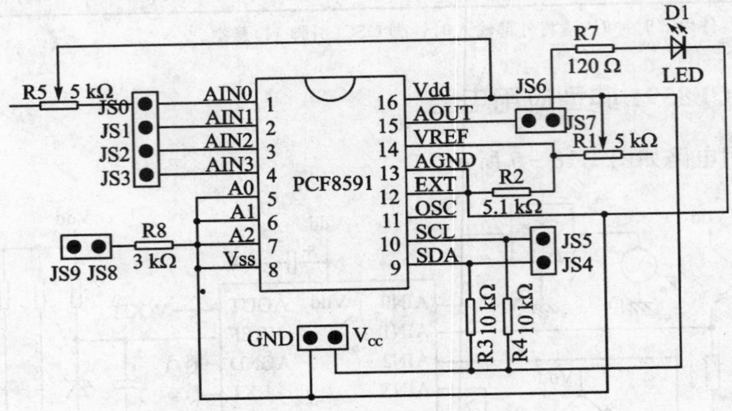

图 K18－6　PCF8591 模块

2. 扩展模块间的连线

① 图 K18－6 与 EasyARM101 开发板连线：JS4 连接到 PB1，JS5 连接到 PB0。

图 K18－6 上接点说明：当使芯片工作在 A/D 转换状态时，模拟电压输入接到 JS0～JS3 接线端上，没有接线的端子直接接模拟地。当使芯片工作在 D/A 转换状态时，数/模转换的电压值从 AOUT 引脚输出，将 JS6 与 JS7 用跳线块短接，使 D1 指示灯处于工作状态。

② 扩展的显示模块 JCM12864M 与 EasyARM101 开发板连线：RS(CS)连接到 PE0，R/W(SID)连接到 PE1，E(CLK)连接到 PE2。模块电路图参照图 K15－14 使用。

3. 模块制作

扩展模块制作成实验板时按图 K18－6 进行。制作时请留出接线柱。

【程序设计】

1. 扩展器件驱动程序的编写

(1) 创建 Lm3s_pcf8591.h 文件

```
//*************************************************************
//程序文件名：Lm3s_pcf8591.h
//功能：MCU 对 PCF8591 实施 I²C 串行读/写操作
//-------------------------------------------------------------
#include "iiC_i2c_lm3s_PB01.h"
//需要说明的是，器件地址的设定必须根据 A0、A1、A2 三个引脚的接法而定
uchar PCF8591 = 0x90;     //器件地址(本实验硬件引脚的连接是 A0 = 0,A1 = 0,A2 = 0)
//A/D 输入
//-------------------------------------------------------------
⋮//文件内容见参考程序
//*************************************************************
```

主要外用函数原型：

- void Initi_pcf8591()用于初始化 I^2C 引脚。
- void Read_pcf8591(uchar chAdd,uchar ＊lpDat)用于读取 A/D 转换的值。
- void Write_pcf8591(uchar chpDat)用于向 PCF8591 发送数字进行 D/A 转换。

(2) JCM12864M 显示模块

本模块的驱动程序 lm3s_jcm12864m.h 已经在《ARM Cortex－M3 内核微控器快速入门与应用》一书的课题 9 中给出了，此处不再多述。

主要外用函数原型：

- void JCM12864M_INITI()函数用于/初始化 JCM12864M 显示器。
- void SEND_NB_DATA_12864M(uchar chSADD，uchar ＊lpSData，uint nConut)函数用于向 JCM12864M 显示模块发送显示字符。

2. 应用范例程序的编写

任务①　从 PCF8591 中读出 4 通道的 A/D 转换值并通过 UART 串行模块发向 PC。

代码编写如下：

```
//**********************************************************************
//文件名：Pcf8591_Main.c
//功能：用于读取 PCF8591 A/D 转换的值，并使用 JCM12864M 显示
//说明：其他不使用的通道请直接接模拟地
//-----------------------------------------------------------------------
:
void  GPio_Initi(void);
void  IndicatorLight_PC4(void);                    //芯片运行指示灯
void  IndicatorLight_PC5(void);                    //芯片运行指示灯
void  Delay(int nDelaytime);                       //用于延时
void  jtagWait();                                  //防止 JTAG 失效
#define PC4_LED  GPIO_PIN_4
#define PC5_LED  GPIO_PIN_5
#include "Lm3sxxxUart0SR.h"
#include "Lm3S_pcf8591.h"
unsigned char chDateTime[8];
unsigned char chDispDT[10];                        //用于显示
//-----------------------------------------------------------------------
//主函数
//-----------------------------------------------------------------------
void main(void)
{ //防止 JTAG 失效
    Delay(10);
    jtagWait();
    Delay(10);
    //设定系统晶振为时钟源
    SysCtlClockSet( SYSCTL_SYSDIV_1 | SYSCTL_USE_OSC |
                    SYSCTL_OSC_MAIN | SYSCTL_XTAL_6MHZ );
```

```
    GPio_Initi();                        //初始化 GPIO
    LM3Sxxx_UART0_Initi(9600);           //初始化串口
    Initi_pcf8591();                     //初始化 I²C引脚
    UART0Send("ADC",3);                  //向串口发送引导数据
     while(1)
     {
       //读取 A/D 转换数据
       //读取本次转换数据的最好方法是先发送一次读命令进行 A/D 数据转换后发送一次
       //读命令
       Read_pcf8591(0x00,chDispDT);      //发送 A/D 数据转换命令并读取上一次数据转
                                         //换的结果
       Read_pcf8591(0x00,chDispDT);      //读取通道 00 本次转换的数据(共 6 字节)
       UART0Send("00TD=",5);
       UART0Send(chDispDT,6);            //将读到的数据发送到 PC
       UART0Send("  ",2);                //发送 2 个空格符用于隔开接收到的数据
       Delay(20);
       Read_pcf8591(0x01,chDispDT);      //发送 A/D 数据转换命令并读取上一次数据转
                                         //换的结果
       Read_pcf8591(0x01,chDispDT);      //读取通道 01 本次转换的数据(共 6 字节)
       UART0Send("01TD=",5);
       UART0Send(chDispDT,6);            //将读到的数据发送到 PC
       UART0Send("  ",2);                //发送 2 个空格符用于隔开接收到的数据
       Delay(20);
       Read_pcf8591(0x02,chDispDT);      //发送 A/D 数据转换命令并读取上一次数据转
                                         //换的结果
       Read_pcf8591(0x02,chDispDT);      //读取通道 10 本次转换的数据(共 6 字节)
       UART0Send("10TD=",5);
       UART0Send(chDispDT,6);            //将读到的数据发送到 PC
        UART0Send("  ",2);               //发送 2 个空格符用于隔开接收到的数据
        Delay(20);
        Read_pcf8591(0x03,chDispDT);     //发送 A/D 数据转换命令并读取上一次数据转
                                         //换的结果
        Read_pcf8591(0x03,chDispDT);     //读取通道 11 本次转换的数据(共 6 字节)
        UART0Send("11TD=",5);
        UART0Send(chDispDT,6);           //将读到的数据发送到 PC
        UART0Send("  ",2);               //发送两个空格符用于隔开接收到的数据
        IndicatorLight_PC4();            //程序运行指示灯
        Delay(20);
     }
}
//-------------------------------------------------------------------
：//省略部分见程序实例
//*******************************************************************
```

完整的工程程序见随书“网上资料\参考程序\课题 18 _PCF8591\PCF8591_1*.*”。

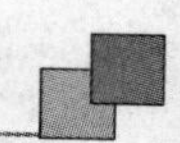

任务②　从 PCF8591 中读出 4 通道的 A/D 转换值使用 JCM12864M 液晶显示屏显示。

代码编写如下：

```
//********************************************************************
//文件名：Pcf8591_Main.c
//功能：用于读/写 Pcf8591(使用 JCM12864M 模块显示读出的 A/D 转换数据)
//说明：其他不使用的通道请直接接模拟地
//A/D 转换
//--------------------------------------------------------------------
 :
void  GPio_Initi(void);
void  IndicatorLight_PC4(void);                              //芯片运行指示灯
void  IndicatorLight_PC5(void);                              //芯片运行指示灯
void  Delay(int nDelaytime);                                 //用于延时
void  jtagWait();                                            //防止 JTAG 失效
#define PC4_LED  GPIO_PIN_4
#define PC5_LED  GPIO_PIN_5
#include "lm3s_jcm12864m.h"
#include "Lm3S_pcf8591.h"
unsigned char chDateTime[8];
unsigned char chDispDT[10];                                  //用于显示
//--------------------------------------------------------------------
//主函数
//--------------------------------------------------------------------
void main(void)
{   //防止 JTAG 失效
    Delay(10);
    jtagWait();
    Delay(10);
    //设定系统晶振为时钟源
    SysCtlClockSet( SYSCTL_SYSDIV_1 | SYSCTL_USE_OSC |
                    SYSCTL_OSC_MAIN |SYSCTL_XTAL_6MHZ );
    GPio_Initi();                                            //初始化 GPIO
    JCM12864M_INITI();                                       //初始化 LCM12864M 显示器
    Initi_pcf8591();                                         //初始化 I2C 引脚
    SEND_NB_DATA_12864M(0x80,"00 通道：",7);
    SEND_NB_DATA_12864M(0x90,"01 通道：",7);
    SEND_NB_DATA_12864M(0x88,"10 通道：",7);
    SEND_NB_DATA_12864M(0x98,"11 通道：",7);
    while(1)
    {  //读取 AD 转换数据
       Read_pcf8591(0x00,chDispDT);  //读取通道 00 本次转换的数据(共 6 字节)
       SEND_NB_DATA_12864M(0x84,chDispDT,6);  //将读取的 A/D 转换值发送到 JCM12864M
                                              //进行显示
       Delay(20);
       Read_pcf8591(0x01,chDispDT);  //读取通道 01 本次转换的数据(共 6 字节)
       SEND_NB_DATA_12864M(0x94,chDispDT,6);  //将读取的 A/D 转换值发送到 JCM12864M
```

```
                                              //进行显示
        Delay(20);
        Read_pcf8591(0x02,chDispDT);          //读取通道 10 本次转换的数据(共 6
                                              //字节)
        SEND_NB_DATA_12864M(0x8C,chDispDT,6); //将读取的 A/D 转换值发送到 JCM12864M
                                              //进行显示
        Delay(20);
        Read_pcf8591(0x03,chDispDT);          //读取通道 11 本次转换的数据(共 6
                                              //字节)
        SEND_NB_DATA_12864M(0x9C,chDispDT,6); //将读取的 A/D 转换值发送到 JCM12864M
                                              //进行显示
         IndicatorLight_PC4();                //程序运行指示灯
         Delay(20);
    }
}
//---------------------------------------------------------------------------
：//省略部分见程序实例
//---------------------------------------------------------------------------
```

完整的工程程序见随书"网上资料\参考程序\课题 18 _PCF8591\PCF8591_3_To_LCD\ *.*"。

任务③　向 PCF8591 写入 D/A 转换值并使用指示灯显示 D/A 转换状态，同时使用 JCM12864M 液晶显示器显示转换的电压值。

代码编写如下：

```
//*************************************************************************
//文件名：Pcf8591_Main.c
//功能：用于读/写 PCF8591(使用 JCM12864M 模块显示读出的 D/A 转换数据)
//说明：其他不使用的通道请直接接模拟地
//D/A 转换
//-------------------------------------------------------------------------
：
void  GPio_Initi(void);
void  IndicatorLight_PC4(void);                      //芯片运行指示灯
void  IndicatorLight_PC5(void);                      //芯片运行指示灯
void  Delay(int nDelaytime);                         //用于延时
void  jtagWait();                                    //防止 JTAG 失效
#define PC4_LED   GPIO_PIN_4
#define PC5_LED   GPIO_PIN_5
#include "lm3s_jcm12864m.h"
#include "Lm3S_pcf8591.h"
unsigned char chDateTime[8];
unsigned char chDispDT[10];                          //用于显示
//-------------------------------------------------------------------------
//主函数
//-------------------------------------------------------------------------
void main(void)
{  uchar chDyout = 0x00;
```

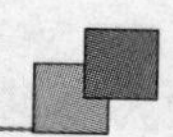

```
    uint  bBool = 0;
    //防止 JTAG 失效
    Delay(10);
    jtagWait();
    Delay(10);
    // 设定系统晶振为时钟源
    SysCtlClockSet( SYSCTL_SYSDIV_1 | SYSCTL_USE_OSC |
                    SYSCTL_OSC_MAIN | SYSCTL_XTAL_6MHZ );
    GPio_Initi();                                    //初始化 GPIO
    JCM12864M_INITI();                               //初始化 LCM12864M 显示器
    Initi_pcf8591();                                 //初始化 I2C 引脚
    SEND_NB_DATA_12864M(0x82,"电压值是",8);
    while(1)
    { //读取 D/A 转换数据
      Write_pcf8591(chDyout);                        //进行 D/A 转换并输出电压值
      Send_pcf8591_12864m(chDyout,chDispDT);         //将发往 PCF8591 芯片的 D/A 值转换
                                                     //为显示码
      SEND_NB_DATA_12864M(0x8A,chDispDT,6);          //显示输出的 D/A 转换值
      //下面的处理是使输出的 D/A 转换电压值逐渐上升,到顶后又逐渐下降
      //PCF8591 芯片的 D/A 转换数字范围是 0x00～0xFF,所以操作时可以从 0x00 加到 0xFF,
      //而后又从 0x00 开始加上去,这样指示灯在显示时是逐渐点亮,而后达到最亮,再又
      //从熄灭的状态开始。
      //下面的处理是逐渐点亮指示灯,而后亮到顶时又逐渐熄灭
      //直到完全熄灭,再后又从熄灭中逐渐点亮指示灯
      if(bBool == 0)
          chDyout ++;                                //转换值上升
        else chDyout --;                             //转换值下降

      if(chDyout>0xFE)bBool = 1;                     //控制数/模转换值处于上升状态
          else if(chDyout<0x01)bBool = 0;            //控制数/模转换值处于下降状态
          else ;
      IndicatorLight_PC4();                          //程序运行指示灯
      Delay(30);
    }
  }
  //------------------------------------------------------------------------------
  ⋮//省略部分见程序实例
  //**************************************************************************
```

完整的工程程序见随书“网上资料\参考程序\课题 18 _PCF8591\PCF8591_4 _DA \ *.*”。

编后语：PCF8591 是一块四路 A/D、一路 D/A 的转换芯片。分辨率只有 8 位，在要求不太苛刻的环境中使用非常理想，数据处理也很方便。

存储类芯片

课题 19　CAT93C46 存储器(Microwire 总线系列)在 LM3S615 微控制器系统中的应用

【实验目的】

了解和掌握 CAT93C46 芯片在 LM3S615 微控制器系统中的应用原理与方法。

【实验设备】

① 所用工具：30 W 烙铁 1 把，数字万用表 1 个；

② PC 机 1 台；

③ 开发软件 IAR Embedded Workbench5.20v 集成开发平台 1 套；

④ LM LINK JTAG 调试器 1 套，EasyARM615 开发套件 1 套。

【外扩器件】

课题所需外扩元器件请查寻图 K19 - 5。

【工程任务】

① 通过 PC 机向 UART 串行模块发送命令使下位机向 CAT93C46 芯片写入/读出 8 位数据。

② 使用 PC 机 UART 串行助手显示从 CAT93C46 芯片中读出的 16 位数据。

【所需外围器件资料】

K19.1　概　述

CAT93C46 是 1 Kbit 的串行 E^2PROM 存储器器件(其系列芯片有 CAT93C56/57/66/86，分别为 2 Kbit/2 Kbit/4 Kbit/16 Kbit)，它可配置为 16 位(ORG 引脚接 Vcc)或者 8 位(ORG 引脚接 GND)的寄存器。每个寄存器都可通过 DI(或 DO 引脚)串行写入(或读出)。

CAT93C46 采用 Catalyst 公司先进的 CMOS E^2PROM 浮动闸(floating gate)技术制造而成。器件可经受 1 000 000 次的编程/擦除操作，片内数据保存寿命高达 100 年。

CAT93C46 串行使用的是 Microwire 总线结构。

K19.2　CAT93C46 特性

- 高速操作。93C56/57/66 为 1 MHz，93C46/86 为 3 MHz。
- 低功耗 CMOS 工艺。
- 工作电压范围：1.8～6.0 V。
- 存储器可选择“×8 位”或者“×16 位”结构。

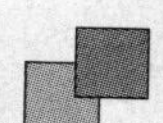

➢ 写入时自动清除存储器内容。
➢ 硬件和软件写保护。
➢ 上电误写保护。
➢ 1 000 000 个编程/擦除周期。
➢ 100 年数据保存寿命。
➢ 商业级、工业级和汽车级温度范围。
➢ 连续读操作(除 CAT93C46 以外)。
➢ 编程使能(PE)引脚(CAT93C86)。
➢ 可采用新的无铅封装。

K19.3　引脚配置

CAT93C46 引脚功能分配如图 K19－1 所示,引脚功能描述如表 K19－1 所列。

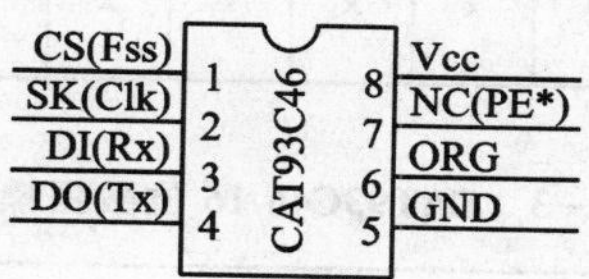

图 K19－1　CAT93C46 引脚功能分配图

表 K19－1　CAT93C46 引脚功能描述

引脚名称	功　能	引脚名称	功　能
CS	芯片选择	Vcc	＋1.8～6.0V 电源电压
SK	时钟输入	NC(PE＊)	不连接(编程使能)
DI	串行数据输入	ORG	存储器结构
DO	串行数据输出	GND	地

注：当 ORG 引脚连接到 Vcc 时,选择“×16”的结构。当 ORG 引脚连接到地时,选择“×8”的结构。如果 ORG 引脚悬空,内部的上拉电阻将选择“×16”的存储器结构。

K19.4　操作指令

对 CAT93C46 进行操作的指令一共 7 条,如表 K19－2、表 K19－3 所列。

表 K19－2　CAT93C46 8 位数据操作指令

指令名称	指令 开始位	指令 操作码	地址编码							数　据	注　释
读(READ)	1	10	A6	A5	A4	A3	A2	A1	A0		读出 8 位地址数据
写允许(EWEN)	1	00	1	1	x	x	x	x	x		所有写入操作前都必须写允许

续表 K19 - 2

指令名称	指令 开始位	指令 操作码	地址编码							数据	注释
写(WRITE)	1	01	A6	A5	A4	A3	A2	A1	A0	D7～D0	把 D7～D0 的内容写到 A6～A0 的地址中
写全部(WRAL)	1	00	0	1	x	x	x	x	x	D7～D0	把所有的字都写为 D7～D0
写禁止(EWDS)	1	00	0	0	x	x	x	x	x		禁上所有写入操作
擦除(ERASE)	1	11	A6	A5	A4	A3	A2	A1	A0		擦除 A6～A0 指向地址的内容
擦全部(ERAL)	1	00	1	0	x	x	x	x	x		擦除 ROM 里的所有内容

表 K19 - 3　CAT93C46 16 位数据操作指令

指令名称	指令 开始位	指令 操作码	地址编码						数据	注释
读(READ)	1	10	A5	A4	A3	A2	A1	A0		读出 16 位地址数据
写允许(EWEN)	1	00	1	1	x	x	x	x		所有写入操作前都必须写允许
写(WRITE)	1	01	A5	A4	A3	A2	A1	A0	D15～D0	把 D15～D0 的内容写到 A5～A0 的地址中
写全部(WRAL)	1	00	0	1	x	x	x	x	D15～D0	把所有的字都写为 D15～D0
写禁止(EWDS)	1	00	0	0	x	x	x	x		禁止所有写入操作
擦除(ERASE)	1	11	A5	A4	A3	A2	A1	A0		擦除 A5～A0 指向地址的内容
擦全部(ERAL)	1	00	1	0	x	x	x	x		擦除 ROM 里的所有内容

注：指令是由起始位和操作码组成，如读指令码是 3 位[110]，写指令码是 3 位[101]。

K19.5　器件操作

1. 概　述

CAT93C46 是一个 1 024 位的非易失性存储器，可与工业标准的微处理器一同使

用。CAT93C46 可以选择 16 位结构或者是 8 位结构。当选择为 16 位结构时，CAT93C46 有 7 条 9 位的指令，这些指令用来控制对器件进行读/写和擦除操作。当选择 8 位结构时，CAT93C46 有 7 条 10 位的指令，通过这些指令来控制对器件进行读/写和擦除操作。CAT93C46 的所有操作都在单电源上进行，执行写操作时需要的高电压由芯片产生。

指令、地址和写入的数据在时钟信号（SK）的上升沿时由 DI 引脚输入。DO 引脚通常都是高阻态，读取器件的数据或在写操作后查询器件的“准备/繁忙”工作状态的情况除外。

写操作开始后，可通过选择器件（CS 高）和查询 DO 引脚来确定“准备/繁忙”状态；DO 为低电平时表示写操作还没有完成，而 DO 为高电平时则表示器件可以执行下一条指令。如果需要的话，可在芯片选择过程中通过向 DI 引脚移入一个虚“1”使 DO 引脚重新回到高阻态。DO 引脚将在时钟（SK）的下降沿进入高阻态。建议在 DI 和 DO 引脚连接在一起来形成一个共用的 DI/O 引脚，在应用中使 DO 引脚进入高阻态。

2. 读操作

在接收到一个读命令和地址（在时钟作用下从 DI 引脚输入）时，CAT93C46 的 DO 引脚将退出高阻态，且在发送完一个初始的虚 0 位后，DO 引脚将开始移出寻址的数据（高位在前）。输出数据位在时钟信号（SK）的上升沿触发，经过一定的延迟后才能稳定（t_{PD0} 或 t_{PD1}）。在第一个数据字移位输出后且保持 CS 有效和时钟信号 SK 连续触发时，CAT93C46 将自动加 1 到下一地址，并且在连续读模式下移出下一个数据字。只要 CS 持续有效且 SK 连续触发，器件使地址不断地增加直至到达器件的末地址，然后再返回到地址 0。在连续读模式下，只有第一个数据字在虚拟 0 位的前面。所有后续的数据字将没有虚拟 0 位。

同步数据传输时序如图 K19－2 所示。CAT93C46 读指令时序图如图 K19－3(a) 所示。两图中的电气特性符说明请查阅“网上资料\器件资料\ZK19_1 CAT93C46_56_57_66_86_cn.pdf”中的 A. C. 特性（93C46/86）表。

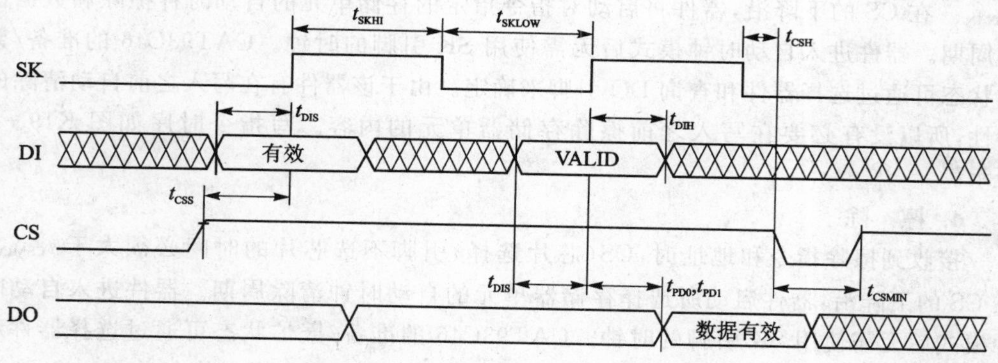

图 K19－2　数据传输同步时序

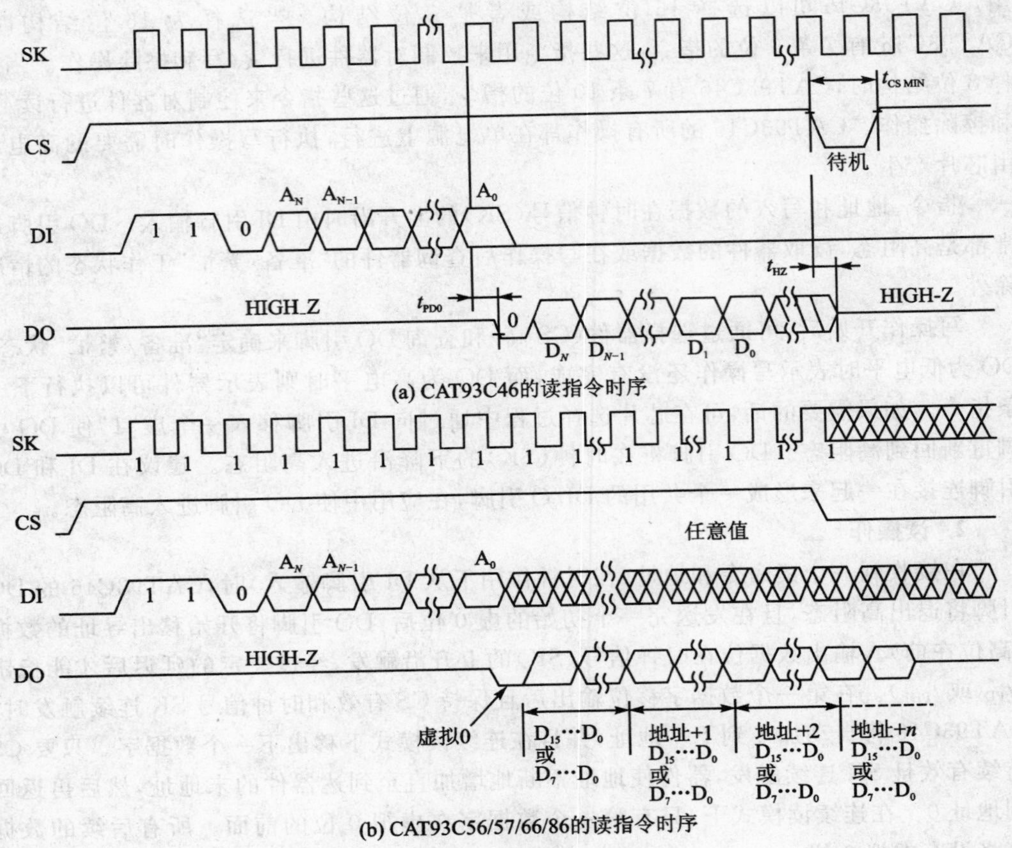

(a) CAT93C46的读指令时序

(b) CAT93C56/57/66/86的读指令时序

图 K19-3 读指令时序

3. 写操作指令

在接收到写指令、地址和数据后，CS(芯片选择)引脚不选芯片的时间要必须大于 t_{CSMIN}。在 CS 的下降沿，器件将启动对指令指定的存储单元的自动时钟擦除和数据保存周期。器件进入自动时钟模式后无需使用 SK 引脚的时钟。CAT93C46 的准备/繁忙状态可通过选择器件和查询 DO 引脚来确定。由于该器件有在写入之前自动清除的特性，所以没有必要在写入之前擦除存储器单元的内容。写指令时序如图 K19-4 所示。

4. 擦　除

接收到擦除指令和地址时，CS(芯片选择)引脚不选芯片的时间必须大于 t_{CSMIN}。在 CS 的下降沿，器件启动所选择存储器单元的自动时钟清除周期。器件进入自动时钟模式后无需使用 SK 引脚的时钟。CAT93C46 的准备/繁忙状态可通过选择器件和查询 DO 引脚来确定。一旦清除，已清除单元的内容返回到逻辑 1 状态。

5. 擦除/写使能和禁止

CAT93C46 在写禁止状态下上电。上电或写禁止指令 EWDS 后的所有写操作都

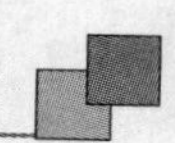

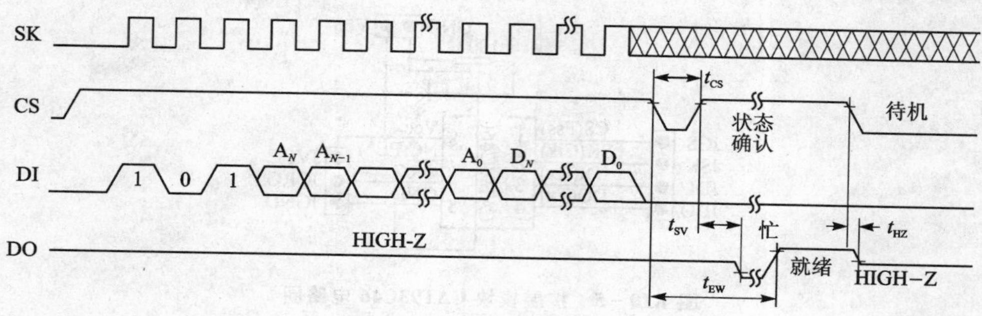

图 K19-4 CAT93C46 写指令时序

必须在写使能指令 EWEN 之后才能启动。一旦写指令被使能,它将保持使能直到器件的电源被移走或 EWDS 指令被发送。EWDS 指令可用来禁止所有对 CAT93C46 的写入和擦除操作,并且将防止意外地对器件进行写入或擦除。无论写使能还是写禁止的状态,数据都可以照常从器件中读取。

6. 全擦除

在接收到 ERAL 指令时,CS(芯片选择)引脚不选芯片的时间必须大于 t_{CSMIN}。在 CS 的下降沿,器件将启动所有存储器单元的自动时钟清除周期。器件进入自动时钟模式后无需使用 SK 引脚的时钟。

CAT93C46 的准备/繁忙状态可通过选择器件和查询 DO 引脚来确定。一旦清除,所有存储器位的内容返回到逻辑 1 状态。

7. 全 写

接收到 WRAL 指令和数据时,CS(芯片选择)引脚不选芯片的时间必须大于 t_{CSMIN}。在 CS 的下降沿,器件将启动自动时钟把数据内容写满器件的所有存储器。器件进入自动时钟模式后无需使用 SK 引脚的时钟。CAT93C46 的准备/繁忙状态可通过选择器件和查询 DO 引脚来确定。没有必要在 WRAL 命令执行之前将所有存储器内容清除。

最后一个数据位采样后,必须在时钟(SK)的下一个上升沿之前拉低片选信号(CS)来启动自定时的高电压周期。这一点是很重要的,因为如果 CS 在该指定的框架窗口之前或之后拉低,寻址单元将不会被编程或擦除。

更详细的资料请查阅"网上资料\器件资料\ ZK19_*.*"。

【扩展模块制作】

1. 扩展模块电路图

扩展模块电路图如图 K19-5 所示。

2. 扩展模块间的连线

图 K19-5 与 EasyARM615 开发板连线:JCS 连接到 PA3,JSK 连接到 PA2,JDI 连接到 PA5,JD0 连接到 PA4。当使器件工作在 16 位结构时将 JORG 用跳线块连接到 JVCC,当使器件工作在 8 位结构时将 JORG 用跳线块连接到 JGND。

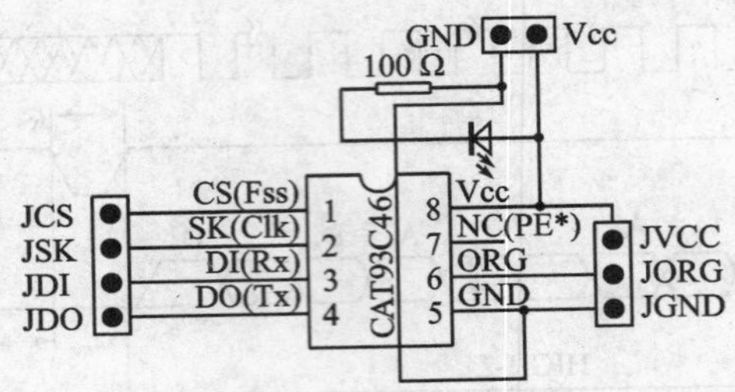

图 K19 - 5　扩展模块 CAT93C46 电路图

3. 模块制作

扩展模块制作成实验板时按图 K19 - 5 进行。制作时请留出接线柱。

【程序设计】

1. 扩展器件驱动程序的编写

(1) 创建 lm3s_Cat93c46_8bit.h 文件(硬件为 8 位结构)

程序代码如下：

```
//********************************************************************
// 文件名：lm3s_Cat93c46_8bit.h
// 功能：CAT93C46 芯片驱动程序
// 注意：这里使用的 CAT93C46 为 8 位结构的 E²PROM
//       使用时请将 CAT93C46 芯片的 ORG 引脚接低电平(GND)
//--------------------------------------------------------------------
#define  CS_93C46   GPIO_PIN_3                    //(PA3)Fss
#define  SK_93C46   GPIO_PIN_2                    //(PA2)CLK
#define  DI_93C46   GPIO_PIN_5                    //(PA5)TX
#define  DO_93C46   GPIO_PIN_4                    //(PA4)RX
//--------------------------------------------------------------------
：//文件内容见参考程序
//--------------------------------------------------------------------
```

主要外用函数原型：

- void GPioA_Initi_cat93c46()用于初始化 CAT93C46 使用的 LM3S615 引脚。
- void WRITE_NB_cat93C46(unsigned char address, unsigned char * chpdat, unsigned int nCount)用于向 CAT93C46 芯片写入多字节数据。
- void READ_NB_cat93C46(unsigned char address, unsigned char * chpdat, unsigned int nCount)用于从 CAT93C46 中读取多字节数据。

(2) 创建 lm3s_Cat93c46_16bit.h 文件(硬件为 16 位结构)

程序代码如下：

```
//********************************************************************
//文件名：lm3s_Cat93c46_16bit.h
//功能：CAT93C46 芯片驱动程序
//注意：这里使用的 CAT93C46 为 16 位结构的 E²PROM,使用时请将 CAT93C46 芯片的 ORG 引脚接
//       高电平(Vcc)
```

```
//------------------------------------------------------------------------
#define  CS_93C46  GPIO_PIN_3                   //(PA3)Fss
#define  SK_93C46  GPIO_PIN_2                   //(PA2)CLK
#define  DI_93C46  GPIO_PIN_5                   //(PA5)TX
#define  DO_93C46  GPIO_PIN_4                   //(PA4)RX
//------------------------------------------------------------------------
⋮//文件内容见参考程序
//**********************************************************************
```

主要外用函数原型：

➢ void GPioA_Initi_cat93c46(void)用于初始化 CAT93C46 使用的 LM3S615 引脚。

➢ unsigned int READ_93C46(unsigned char address1)用于从 CAT93C46 中读出 16 位数据。

➢ unsigned char WRITE_93C46(unsigned char address2,unsigned int op_data)用于向 CAT93C46 写入 16 位数据。

2. 应用范例程序的编写

任务①　通过 PC 向 UART 串行模块发送命令，使下位机对 CAT93C46 芯片写/读 8 位数据。

程序代码如下：

```
//**********************************************************************
//文件名：CAT93C46_Main.c
//功能：用于读/写 CAT93C46 存储器(8 位结构)
//说明：本程序使用串行命令对器件读/写数据
//------------------------------------------------------------------------
⋮
void  GPio_Initi(void);
void  IndicatorLight_PC4(void);                 //芯片运行指示灯
void  IndicatorLight_PC5(void);                 //芯片运行指示灯
void  Delay(int nDelaytime);                    //用于延时
void  jtagWait();                               //防止 JTAG 失效
#define PC4_LED  GPIO_PIN_4
#define PC5_LED  GPIO_PIN_5
#include "Lm3sxxxUart0SR.h"
#include "lm3s_Cat93c46_8bit.h"
//------------------------------------------------------------------------
//主函数
//------------------------------------------------------------------------
void main(void)
{   unsigned char chDyout[20] = "WWW0123456789DEF";
    unsigned char chDyout2[20],chCH;
    //防止 JTAG 失效
    Delay(10);
    jtagWait();
    Delay(10);
```

```
    //设定系统晶振为时钟源
    SysCtlClockSet( SYSCTL_SYSDIV_1 | SYSCTL_USE_OSC |
                    SYSCTL_OSC_MAIN | SYSCTL_XTAL_6MHZ );
    GPio_Initi();                                   //初始化 GPIO
    LM3Sxxx_UART0_Initi(9600);                      //初始化串行接口
    GPioA_Initi_cat93c46();                         //初始化 CAT93C46 使用的引脚
    while(1)
    { //读/写命令请从 PC 的串行助手中输入
      chCH = UART0Rcv();
      if(chCH == 0xAA)                              //接收到的命令如果是 AA 就向器件写数据
      { uchRcvd0 = 0x00;
      WRITE_NB_cat93C46(0x00,chDyout,16);           //向器件写入多字节数据
      UART0Send(" = ",1);
       }
      else if(chCH == 0xBB)                         //接收到的命令如果是 BB 就从器件读数据
      { uchRcvd0 = 0x00;
        READ_NB_cat93C46(0x00,chDyout2,16);         //读出多字节数据
        UART0Send(chDyout2,16);
      } else ;
      IndicatorLight_PC4();                         //程序运行指示灯
      Delay(30);
    }
}
//------------------------------------------------------------------
⋮//省略部分见程序实例
//------------------------------------------------------------------
```

完整的工程程序见随书"网上资料\参考程序\课题 19_CAT93C46\Lm3s_cat93c46_8bit*.*"。

任务② 使用 PC 机 UART 串行助手显示从 CAT93C46 芯片中读出的 16 位数据。

```
//**************************************************************
//文件名：CAT93C46_Main.c
//功能：用于读/写 CAT93C46 存储器(16 位结构)
//--------------------------------------------------------------
⋮
void  GPio_Initi(void);
void  IndicatorLight_PC4(void);                 //芯片运行指示灯
void  IndicatorLight_PC5(void);                 //芯片运行指示灯
void  Delay(int nDelaytime);                    //用于延时
void  jtagWait();                               //防止 JTAG 失效
#define PC4_LED  GPIO_PIN_4
#define PC5_LED  GPIO_PIN_5
#include "Lm3sxxxUart0SR.h"
#include "lm3s_Cat93c46_16bit.h"
//--------------------------------------------------------------
//主函数
```

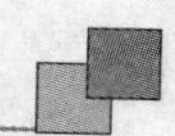

```
//---------------------------------------------------------------------
void main(void)
{
    unsigned char chDyout[10];
    unsigned int  nData = 0;
    //防止 JTAG 失效
    Delay(10);
    jtagWait();
    Delay(10);
    //设定系统晶振为时钟源
    SysCtlClockSet( SYSCTL_SYSDIV_1 | SYSCTL_USE_OSC |
                    SYSCTL_OSC_MAIN | SYSCTL_XTAL_6MHZ );
    GPio_Initi();                                   //初始化 GPIO
    LM3Sxxx_UART0_Initi(9600);                      //初始化串行口
    GPioA_Initi_cat93c46();                         //初始化 CAT93C46 使用的引脚
    UART0Send("ADC",3);                             //向串口发送引导数据
    WRITE_93C46(0x02,0x4567);
    Delay(10);
    nData = READ_93C46(0x02);
    chDyout[1] = nData;                             //低 8 位
    nData = nData>>8;
    chDyout[0] = nData;                             //高 8 位
    UART0Send(chDyout,2);
    while(1)
    {
      IndicatorLight_PC4();                         //程序运行指示灯
      Delay(30);
    }
}
//---------------------------------------------------------------------
⋮//省略部分见程序实例
//**********************************************************************
```

完整的工程程序见随书“网上资料\参考程序\课题 19_CAT93C46\Lm3s_cat93c46_16bit*.*”。

编后语： CAT93C46 存储器是一款 Microwire 总线结构芯片，从 CAT93C46 芯片的时序图中不难看出，它与以往学过的芯片有很大的不同。编程时还得借助别人写过的驱动程序才能明白其中的技巧。还有，命令和地址的发送也与其他的格式不同，Microwire 总线结构要求操作时先发完 3 位命令后接下来发送 6 位或 7 位地址，而不是 8 位地址发送。

课题20　无线通信NewMsg－RF905收发一体模块在LM3S615微控制器系统中的应用

【实验目的】

了解和掌握无线通信NewMsg－RF905收发一体模块在LM3S615微控制器系统中的应用原理与方法。

【实验设备】

① 所用工具：30 W烙铁1把，数字万用表1个；

② PC机1台；

③ 开发软件IAR Embedded Workbench5.20v集成开发平台1套；

④ LM LINK JTAG调试器1套，EasyARM615开发套件1套。

【外扩器件】

课题所需外扩元器件见图K20－1。

【工程任务】

实现nRF905无线收发一体模块双机点对点互发互收数据，并将收到的数据发向PC机用于观察。

【所需外围器件资料】

K20.1　NewMsg－RF905模块介绍

NewMsg－RF905模块是杭州威步科技有限公司将nRF905芯片进行工业贴片后形成的可直接使用的收发一体化模块。没有进行工业贴片的nRF905芯片是一块32引脚封装(32LQFN)，尺寸为5mm×5mm的体积非常小的贴片式芯片。这种贴片式芯片使用普通的万能板和人工焊接是无法完成焊接任务的。正因为这样，杭州威步科技有限公司加工的这类芯片，无疑给我们的学习带来了方便。NewMsg－RF905无线一体模块实物如图K20－1所示。

K20.2　NewMsg－RF905模块引脚排列

NewMsg－RF905模块的引脚排列如图K20－2所示(有字的一面)。

K20.3　nRF905概述

nRF905是挪威Nordic VLSI公司推出的单片收/发一体的射频收发器，工作电压在1.9～3.6 V，QFN封装、32引脚、尺寸为5mm×5mm，工作频率为433/868/915 MHz，3个

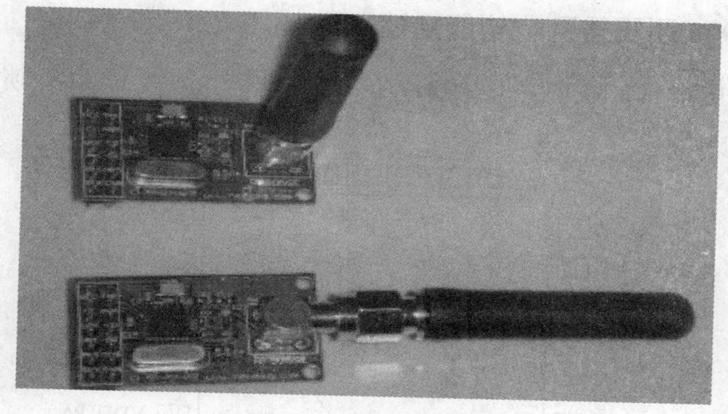

(a) NewMsg-RF905SE

(b) NewMsg-RF905SB

图 K20 - 1　NewMsg - RF905 模块实物图

信号	引脚	引脚	信号
Vcc	1	2	TX_EN
TRX_CE	3	4	PWR_UP
uCLK	5	6	CD
AM	7	8	DR
MISO	9	10	MOSI
SCK	11	12	CSN
GND	13	14	GND

NewMsg - RF905

图 K20 - 2　NewMsg - RF905 模块引脚排列

ISM(工业、科学和医学)频道,频道之间的转换时间小于 650μs。nRF905 由频率合成器、接收解调器、功率放大器、晶体振荡器和调制器组成,不需外加声表滤波器，ShockBurstTM 工作模式,自动字头处理和 CRC 循环冗余码校验,使用 SPI 接口与微控制器通信,配置非常方便。此外,其功耗非常低,如以 -10 dBm 的输出功率发射数据时电流只需 11 mA,当工作在接收模式时电流只需要 12.5 mA,内建空闲模式与关机模式,易于实现节电。nRF905 适用于无线数据通信、无线报警及安全系统、无线开锁、无线监测、家庭自动化和玩具等诸多的领域。

K20.4 nRF905 引脚排列与功能描述

nRF905 引脚排列如图 K20－3 所示，其引脚功能描述如表 K20－1 所列。

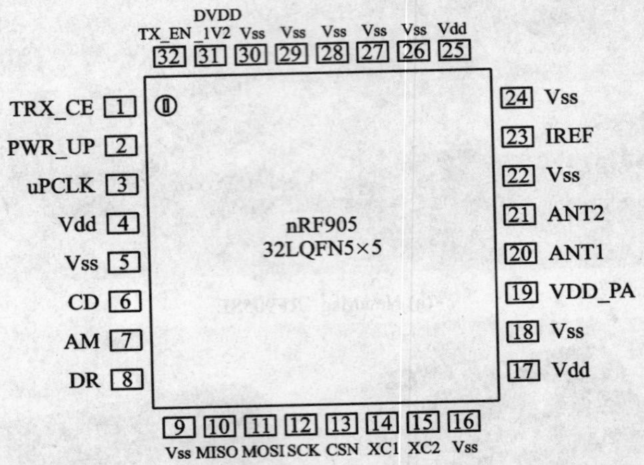

图 K20－3 nRF905 引脚排列图

表 K20－1 引脚功能描述

引脚号	名 称	引脚功能	描 述
1	TRX_CE	数字输入	使 nRF905 工作于接收或发送状态
2	PWR_UP	数字输入	工作状态选择
3	uPCLK	时钟输出	输出时钟
4	Vdd	电源	电源正端
5	Vss	电源	电源地
6	CD	数字输出	载波检测
7	AM	数字输出	地址匹配
8	DR	数字输出	数据准备好
9	Vss	电源	电源地
10	MISO	SPI 输出	SPI 输出
11	MOSI	SPI 输出	SPI 输出
12	SCK	SPI 输出	SPI 输出
13	CSN	SPI 片选	SPI 片选，低电平有效
14	XC1	模拟输入	晶振输入引脚 1
15	XC2	模拟输出	晶振输出引脚 2
16	Vss	电源	电源地
17	Vdd	电源	电源正端

续表 K20 - 1

引脚号	名　称	引脚功能	描　述
18	Vss	电源	电源地
19	VDD_PA	输出电源	给功率放大器提供 1.8 V 的电压
20	ANT1	射频	天线接口 1
21	ANT2	射频	天线接口 2
22	Vss	电源	电源地
23	IREF	模拟输入	参考输入
24	Vss	电源	电源地
25	Vdd	电源	电源正端
26	Vss	电源	电源地
27	Vss	电源	电源地
28	Vss	电源	电源地
29	Vss	电源	电源地
30	Vss	电源	电源地
31	DVDD_1V2	电源	以 dc 耦合的低电压电源正极输出
32	TX_EN	数字输入	为 1，发送模式；为 0，接收模式

K20.5　nRF905 工作模式

nRF905 有两种工作模式和两种节能模式。工作模式分别是 ShockBurstTM 接收模式和 ShockBurstTM 发送模式；节能模式分别是关机模式和空闲模式。nRF905 的工作模式由 TRX_CE、TX_EN 和 PWR_UP 三个引脚决定，具体操作如表 K20 - 2 所列。

表 K20 - 2　nRF905 工作模式设定

PWR_UP	TRX_CE	TX_EN	工作模式	PWR_UP	TRX_CE	TX_EN	工作模式
0	×	×	关机模式	1	1	0	射频接收模式
1	0	×	空闲模式	1	1	1	射频发送模式

注：×为 1 和 0 的任意值。

1. ShockBurstTM 模式

与射频数据包有关的高速信号处理都在 nRF905 片内进行，数据速率由微控制器配置的 SPI 接口决定，数据在微控制器中低速处理，但在 nRF905 中高速发送，因此中间有很长时间的空闲，这有利于节能。由于 nRF905 工作于 ShockBurstTM 模式，因此使用低速的微控制器也能得到很高的射频数据发射速率。在 ShockBurstTM 接收模式下，当一个包含正确地址和数据的数据包被接收到后，地址匹配(AM)和数据准备好(DR)两引脚通知微控制器。在 ShockBurstTM 发送模式下，nRF905 自动产生字头和

CRC 校验码，当发送过程完成后，数据准备好引脚通知微处理器数据发射完毕。由以上分析可知，nRF905 的 ShockBurstTM 收发模式有利于节约存储器和微控制器资源，同时也减小了编写程序的时间。下面是 nRF905 详细的发送与接收流程分析。

2. 发送流程

典型的 nRF905 发送流程分以下几步：

① 当微控制器有数据要发送时，通过 SPI 接口，按时序把接收机的地址和要发送的数据传送给 nRF905，SPI 接口的速率在通信协议和器件配置时确定。

② 微控制器置高 PWR_UP、TRX_CE 和 TX_EN，激发 nRF905 的 ShockBurstTM 发送模式。

③ nRF905 的 ShockBurstTM 发送（过程）：

➢ 射频寄存器自动开启；

➢ 数据打包（加字头和 CRC 校验码）；

➢ 发送数据包；

➢ 当数据发送完成，数据准备好引脚置高。

④ AUTO_RETRAN 置高，nRF905 不断重发，直到 TRX_CE 置低。

⑤ 当 TRX_CE 置低，nRF905 发送过程完成，自动进入空闲模式。ShockBurstTM 工作模式保证，一旦发送数据的过程开始，无论 TRX_EN 和 TX_EN 引脚是高或低，发送过程都会被处理完。只有在前一个数据包被发送完毕，nRF905 才能接受下一个发送数据包。

3. 接收流程

① 当 PWR_UP、TRX_CE 为高、TX_EN 为低时，nRF905 进入 ShockBurstTM 接收模式。

② 650μs 后，nRF905 不断监测，等待接收数据。

③ 当 nRF905 检测到同一频段的载波时，载波检测引脚 CD 置高。

④ 当接收到一个相匹配的地址，地址匹配引脚 AM 置高。

⑤ 当一个正确的数据包接收完毕，nRF905 自动移去字头、地址和 CRC 校验位，然后把数据准备好引脚 DR 置高。

⑥ 微控制器把 TRX_CE 置低，nRF905 进入空闲模式。

⑦ 微控制器通过 SPI 接口，以一定的速率把数据移到微控制器内。

⑧ 当所有的数据接收完毕，nRF905 把数据准备好引脚 DR 和地址匹配引脚 AM 拉低。

⑨ nRF905 此时可以进入 ShockBurstTM 接收模式、ShockBurstTM 发送模式或关机模式。

当正在接收一个数据包时，TRX_CE 或 TX_EN 引脚的状态发生改变，nRF905 立即把其工作模式改变，数据包则丢失。当微处理器接到地址匹配引脚的信号之后，则知道 nRF905 正在接收数据包，可以决定是让 nRF905 继续接收该数据包还是进入另一个工作模式。

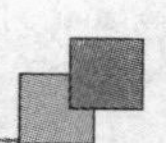

4. 节能模式

nRF905 的节能模式包括关机模式和节能模式。在关机模式下，nRF905 的工作电流最小，一般为 2.5 μA。进入关机模式后，nRF905 保持配置字中的内容，但不会接收或发送任何数据。空闲模式有利于减小工作电流，从空闲模式到发送模式或接收模式需要的启动时间比较短。在空闲模式下，nRF905 内部的部分晶体振荡器处于工作状态。nRF905 在空闲模式下的工作电流跟外部晶体振荡器的频率有关。

5. 器件配置

所有配置字都是通过 SPI 接口传送给 nRF905。SPI 接口的工作方式可通过 SPI 指令进行设置。当 nRF905 处于空闲模式或关机模式时，SPI 接口可以保持在工作状态。

(1) SPI 接口配置

SPI 接口由状态寄存器（Status Register）、射频配置寄存器（RF Configuration Register）、发送地址寄存器（TX Address）、发送数据寄存器（TX Payload）和接收数据寄存器（RX Payload）5 个寄存器组成。状态寄存器包含数据准备好引脚（DR）状态信息和地址匹配引脚（AM）状态信息；射频配置寄存器包含收发器配置信息，如频率和输出功能等；发送地址寄存器包含接收机的地址和数据的字节数；发送数据寄存器包含待发送的数据包的信息，如字节数等；接收数据寄存器包含要接收的数据的字节数等信息。

① 状态寄存器

状态寄存器各位配置如表 K20－3 所列。

表 K20－3　状态寄存器各位配置

B7	B6	B5	B4	B3	B2	B1	B0	初始值
AM	—	DR	—	—	—	—	—	11100111

② 射频配置寄存器

射频配置寄存器一共 10 个寄存器，共 72 位，各位分配状态如表 K20－4 所列，操作命令是：写 W_CONFIG(WC)＝ 0000AAAA，读 R_CONFIG(RC)＝ 0000AAAA（此处 A 表示二进制未知数，AAAA 为 00H～09H 地址）。

表 K20－4 射频配置寄存器(RF Configuration)各位分配

地　址	B7	B6	B5	B4	B3	B2	B1	B0	初始值
00H	CN7	CN6	CN5	CN4	CN3	CN2	CN1	CN0	01101100
01H	—	—	AR	RRP	PP1	PP0	HP	CN8	00000000
02H	—	TA2	TA1	TA0	—	RA2	RA1	RA0	01000100
03H	—	—	RP5	RP4	RP3	RP2	RP1	RP0	00100000
04H	—	—	TP5	TP4	TP3	TP2	TP1	TP0	00100000

续表 K20－4

地　址	B7	B6	B5	B4	B3	B2	B1	B0	初始值
05H	RX7	RX6	RX5	RX4	RX3	RX2	RX1	RX0	11100111
06H	RX15	RX14	RX13	RX12	RX11	RX10	RX9	RX8	11100111
07H	RX23	RX22	RX21	RX20	RX19	RX18	RX17	RX16	11100111
08H	RX31	RX30	RX29	RX28	RX27	RX26	RX25	RX24	11100111
09H	CRC_M	CRC	XOF2	XOF1	XOF0	UCE	UCF1	UCF0	11100111

注：PA_PWR＝PP[1：0]，HFREQ_PLL＝HP，CH_NO＝CN[8：0]，RX_RED_PWR＝RRP(详细解释见表 K20－8)，AUTO_RETRAN＝AR，TX_AFW＝TA[2：0]，RX_AFW＝RA[2：0]，RX_PW＝RP[5：0]，TX_PW＝TP[5：0]，RX[31：0]为本机地址(即接收数据用地址，默认值为 E7E7E7E7)。CRC_M 为 CRC 模式设置位，CRC 为校验允许位，XOF[2：0]，UP_CLK_EN＝UCE，UP_CLK_FREQ＝UCF[1：0]，射频配置见表 K20－8。

③ 发送地址寄存器

发送地址寄存器共 4 个寄存器，各位分配状态如表 K20－5 所列，操作命令是：写 W_TX_ADDRESS(WTA)＝ 00100010[22H]，读 R_TX_ADDRESS(RTA)＝00100011[23H]。

表 K20－5　发送地址寄存器各位配置

地　址	B7	B6	B5	B4	B3	B2	B1	B0	初始值
00H	TX7	TX6	TX5	TX4	TX3	TX2	TX1	TX0	11100111
01H	TX15	TX14	TX13	TX12	TX11	TX10	TX9	TX8	11100111
02H	TX23	TX22	TX21	TX20	TX19	TX18	TX17	TX16	11100111
03H	TX31	TX30	TX29	TX28	TX27	TX26	TX25	TX24	11100111

注：TX Address＝TX[31：0]。

④ 发送数据寄存器

发送数据寄存器共 32 个寄存器，各位分配状态如表 K20－6 所列，操作命令是：写 W_TX_PAYLOAD(WTP)＝00100000[20H]，读 R_TX_PAYLOAD(RTP)＝00100001[21H]。

表 K20－6　发送数据寄存器各位配置

地　址	B7	B6	B5	B4	B3	B2	B1	B0
00H	TXD7	TXD6	TXD5	TXD4	TXD3	TXD2	TXD1	TXD0
01H	TXD15	TXD14	TXD13	TXD12	TXD11	TXD10	TXD9	TXD8
02H	TXD23	TXD22	TXD21	TXD20	TXD19	TXD18	TXD17	TXD16
⋮	⋮	⋮	⋮	⋮	⋮	⋮	⋮	⋮
31H	TXD255	TXD254	TXD253	TXD252	TXD251	TXD250	TXD249	TXD248

注：TX Payload＝TXD[255：000]。

⑤ 接收数据寄存器

接收数据寄存器共 32 个寄存器，各位分配状态如表 K20 - 7 所列，操作命令是：读 R_RX_PAYLOAD(RRP)＝00100100[24H]。

表 K20 - 7　接收数据寄存器各位配置

地　址	B7	B6	B5	B4	B3	B2	B1	B0
00H	RXD7	RXD6	RXD5	RXD4	RXD3	RXD2	RXD1	RXD0
01H	RXD15	RXD14	RXD13	RXD12	RXD11	RXD10	RXD9	RXD8
02H	RXD23	RXD22	RXD21	RXD20	RXD19	RXD18	RXD17	RXD16
⋮	⋮	⋮	⋮	⋮	⋮	⋮	⋮	⋮
31H	RXD255	RXD254	RXD253	RXD252	RXD251	RXD250	RXD249	RXD248

注：RX Payload＝RXD[255：000]。

(2) 射频配置

射频配置寄存器和内容如表 K20 - 8 所列，各位分布见表 K20 - 4。

表 K20 - 8　射频配置寄存器

名　称	位宽/bit	功能描述
CH_NO[CN8～CN0]	9	频率设置：和 HFREQ_PLL 一起进行频率设置(默认值为 001101100，即 108D)，f_{RF}＝(422.4＋CH_NOd/10)×(1＋HFREQ_PLLd) MHz
HFREQ_PLL[HP]	1	使 PLL 工作于 433 或 868/915 MHz(默认为 0)。该位为 0 工作于 433 MHz；为 1 工作于 868/915 MHz 频段
PA_PWR[PP1～PP0]	2	输出功率。默认为 0，00 为－10 dBm，01 为－2 dBm，10 为＋6 dBm，11 为＋10 dBm
RX_RED_PWR[RRP]	1	接收方式节能端。该位为高时，接收工作电流为 1.6 mA，但同时灵敏度也降低
AUTO_RETRAN[AR]	1	自动重发位，只有当 TRX_CE 和 TX_EN 为高时才有效
RX_AFW[RA2～RA0]	3	接收地址宽度(默认为 100)，001 为 1 字节 RX 地址；100 为 4 字节 RX 地址
TX_AFW[TA2～TA0]	3	发送地址宽度(默认为 100)，001 为 1 字节 TX 地址；100 为 4 字节 TX 地址
RX_PW[RP5～RP0]	6	接收数据宽度(默认为 100000)。 000001 为 1 字节接收数据宽度； 000010 为 2 字节接收数据宽度； 000011 为 3 字节接收数据宽度； ⋮ 100000 为 32 字节接收数据宽度

续表 K20-8

名　称	位宽/bit	功能描述
TX_PW[TP5～TP0]	6	发送数据宽度(默认为 100000)。 000001 为 1 字节发送数据宽度; 000010 为 2 字节发送数据宽度; 000011 为 3 字节发送数据宽度; ⋮ 100000 为 32 字节发送数据宽度
RX_ADDRESS[RX31～RX0]	32	接收地址标识(默认值为 E7E7E7E7)。使用字节依赖于 RX_AFW
UP_CLK_FREQ[UCF1～UCF0]	2	输出时钟频率(默认值为 11)。00 为 4 MHz;01 为 2 MHz;10 为 1 MHz;11 为 500 kHz
UP_CLK_EN[UCE]	1	输出时钟使能位。高电平有效
XOF[XOF2～XOF0]	3	晶振频率端。必须与外部晶振频率相对应(默认值为 100),000 为 4 MHz;001 为 8 MHz;010 为 12 MHz;011 为 16 MHz;100 为 20 MHz
CRC_EN[CRC]	1	CRC 校验使能端。高为使能,默认值为高
CRC_MODE[CRC_M]	1	CRC 方式选择端[模式]。高为 16 位 CRC 校验位,低为 8 位 CRC 校验位,默认值为高

射频寄存器的各位的长度是固定的。然而,在 ShockBurstTM 收发过程中,TX_PAYLOAD、RX_PAYLOAD、TX_ADDRESS 和 RX_ADDRESS 四个寄存器使用字节数由配置字决定。nRF905 进入关机模式或空闲模式时,寄存器中的内容保持不变。

K20.6　SPI 指令设置

用于 SPI 接口的有用命令如表 K20-9 所列。当 CSN 线拉低时,SPI 接口开始等待一条指令。任何一条新指令均由 CSN 线的由高到低的转换开始。

表 K20-9　SPI 串行接口指令表

指令名称	指令格式	功能与操作
W_CONFIG(WC)	0000AAAA	写配置寄存器。AAAA 指出写操作的开始字节,字节数量取决于 AAAA 指出的开始地址
R_CONFIG(RC)	0001AAAA	读配置寄存器。AAAA 指出写操作的开始字节,字节数量取决于 AAAA 指出的开始地址
W_TX_PAYLOAD(WTP)	00100000	写 TX 有效数据(1～32 字节)。写操作全部从字节 0 开始

续表 K20 - 9

指令名称	指令格式	功能与操作
R_TX_PAYLOAD(RTP)	00100001	读 TX 有效数据(1～32 字节)。读操作全部从字节 0 开始
W_TX_ADDRESS(WTA)	00100010	写 TX 地址 (1～4 字节)。写操作全部从字节 0 开始
R_TX_ADDRESS(RTA)	00100011	读 TX 地址(1～4 字节)。读操作全部从字节 0 开始
R_RX_PAYLOAD(RRP)	00100100	读 RX 有效数据(1～32 字节)。读操作全部从字节 0 开始
CHANNEL_CONFIG(CC)	1000pphc cccccccc	快速设置配置寄存器中 CH_NO、HFREQ_PLL 和 PA_PWR 的专用命令。CH_NO＝ccccccccc，HFREQ_PLL＝h，PA_PWR＝pp

注：指令格式为二进制位格式。

K20.7　nRF905 频率分配

nRF905 频率段 433/868/915 MHz 分别为 422.4～473.5 MHz/844.8～900.0 MHz/902.0～947.0 MHz 三段细分见表 K20 - 10 和 K20 - 11 所列。

表 K20 - 10　433 MHz 频率段

CN8	CN7	CN6	CN5	CN4	CN3	CN2	CN1	CN0	十六进制码	频率段/MHz
0	0	0	0	0	0	0	0	0	000H	422.4
0	0	0	0	0	0	0	0	1	001H	422.5
0	0	0	0	1	1	0	1	0	01AH	425.0
0	0	0	1	1	0	0	1	1	033H	427.5
0	0	1	0	0	1	1	0	0	04CH	430.0
0	0	1	1	0	1	0	1	0	06AH	433.0
0	0	1	1	0	1	0	1	1	06BH	433.1
0	0	1	1	0	1	1	0	0	06CH	433.2
0	0	1	1	1	1	0	1	1	07BH	434.7
1	1	1	1	1	1	1	1	1	1FFH	473.5

注：工作频率 422.4 MHz 是 433 MHz 频段最低频率；工作频率 433.0 MHz 是 433 MHz 频段基准频率；工作频率 473.5 MHz 是 433 MHz 频段最高频率。

表 K20 - 11　868/915 MHz 频率段

CN8	CN7	CN6	CN5	CN4	CN3	CN2	CN1	CN0	十六进制码	频率段/MHz
0	0	0	0	0	0	0	0	0	000H	844.8
0	0	1	0	1	0	1	1	0	056H	862.0
0	0	1	1	1	0	1	0	0	074H	868.0
0	0	1	1	1	0	1	0	1	075H	868.2
0	0	1	1	1	0	1	1	0	076H	868.4

续表 K20－11

CN8	CN7	CN6	CN5	CN4	CN3	CN2	CN1	CN0	十六进制码	频率段/MHz
0	0	1	1	1	1	1	0	1	07DH	869.8
0	1	1	1	1	1	1	1	1	0FFH	895.8
1	0	0	0	0	0	0	0	0	100H	896.0
1	0	0	0	1	0	1	0	0	114H	900.0
1	0	0	0	1	1	1	1	1	11FH	902.2
1	0	0	1	0	0	0	0	0	120H	902.4
1	0	1	0	1	1	1	1	1	15FH	915.0
1	1	0	0	1	1	1	1	1	19FH	927.8
1	1	1	1	1	1	1	1	1	1FFH	947.0

注：工作频率 844.8 MHz 是 868 MHz 频段最低频率；工作频率 868.0 MHz 是 868 MHz 频段基准频率；工作频率 915.0 MHz 是 915 MHz 频段基准频率；工作频率 947.0 MHz 是 915 MHz 频段最高频率。

K20.8 nRF905 的 SPI 读/写时序

nRF905 的 SPI 读时序如图 K20－4 所示。

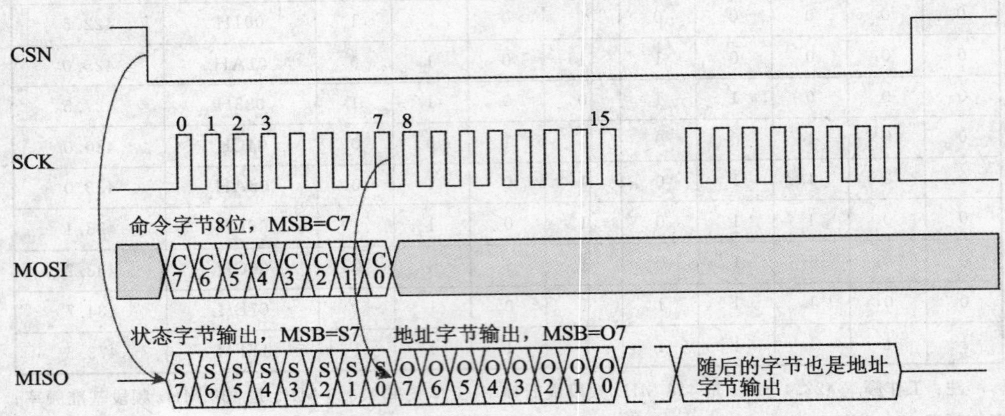

图 K20－4 nRF905 的 SPI 读时序

nRF905 的 SPI 写时序如图 K20－5 所示。

K20.9 nRF905 编程流程

① 芯片初始化，通过单片机对芯片内部寄存器进行设置。主要设定工作频率、发射功率、本机地址等参数；

② 进入正常工作状态，根据需要进行收发转换控制，发送数据或状态的转换。

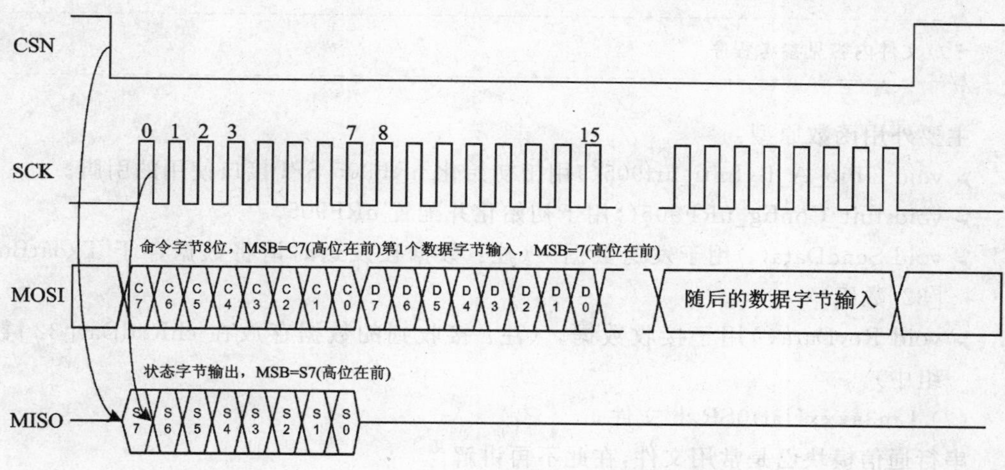

图 K20-5 nRF905 的 SPI 写时序图

K20.10 NewMsg-RF905 模块使用说明

① Vcc 引脚接电压范围为 3～3.6 V 之间，不能在这个区间之外，超过 3.6 V 将会烧毁模块。推荐电压 3.3 V 左右。

② 除电源 Vcc 和接地端，其余引脚都可以直接和普通的 5 V 单片机 I/O 口直接相连，无需电平转换。当然对于 3 V 左右的单片机来说更加适合。

更详细的资料请查阅"网上资料\器件资料\ZK20_*.*"。

【扩展模块制作】

1. 扩展模块电路

扩展模块电路参见图 K20-2 所示。

2. 扩展模块间的连线

图 K20-2 与 EasyARM615 开发板连线：TX_EN 连接到 PB6，TRX_CE 连接到 PB4，PWR_UP 连接到 PB3，AM 连接到 PB2，DR 连接到 PB1，CD 连接到 PB0，MOSI 连接到 PA5，MISO 连接到 PA4，SCK 连接到 PA2，CSN 连接到 PA3。

注意：电源引脚一定要接到 3.3V 电源上，否则后果不堪设想。

3. 模块制作

本课题不用制作模块。

【程序设计】

1. 扩展器件驱动程序的编写

(1) 创建 lm3s_nrf905_rcv_send.h 文件

```
//*****************************************************************
//文件名：lm3s_nrf905_rcv_send.h
//文件功能：实现 nRF905 无线通信
//说明：设为主机
```

```
//--------------------------------------------------------------------
://文件内容见参考程序
//--------------------------------------------------------------------
```

主要外用函数原型：

- void GPio_A_B_Initi_nrf905()用于初始化 nRF905 SPI 接口使用的引脚。
- void Init_Config_nRF905()用于初始化并配置 nRF905。
- void SendData( )用于发送数据。（注：数据在发送时请将数据存于 TxdatBuf[32]数组）
- void RcvData()用于接收数据。（注：接收到的数据存放在 chRxdDat[32]数组中）

(2) Lm3sxxxUart0SR.h 文件

串行通信模块已是常用文件，在此不再讲解。

2. 应用范例程序的编写

任务： 实现 nRF905 无线收发一体模块双机点对点互发互收数据，并将收到的数据发向 PC 用于观察。

主机从机代码编写如下（主机与从机的代码相同）：

```
//*********************************************************************
//文件名：nrf905_Main.c
//功能：用于接收 nRF905 发来的数据
//--------------------------------------------------------------------
:
void  GPio_Initi(void);
void  IndicatorLight_PB5(void);                    //芯片运行指示灯
void  Delay(int nDelaytime);                       //用于延时
void  jtagWait();                                  //防止 JTAG 失效
//#define PB4_LED   GPIO_PIN_4
#define PB5_LED   GPIO_PIN_5
#include "lm3s_nrf905_rcv_send.h"
#include "Lm3sxxxUart0SR.h"
//--------------------------------------------------------------------
//主函数
//--------------------------------------------------------------------
void main(void)
{
    //防止 JTAG 失效
    DelayM(10);
    jtagWait();
    DelayM(10);
    //设定系统晶振为时钟源
    SysCtlClockSet( SYSCTL_SYSDIV_1 | SYSCTL_USE_OSC | SYSCTL_OSC_MAIN | SYSCTL_XTAL_6MHZ );
    GPio_Initi();                         //初始化 GPIO
    GPio_A_B_Initi_nrf905();              //初始化 nRF905 SPI 接口使用的引脚
    Init_Config_nRF905();                 //初始化并配置 nRF905
```

```
    LM3Sxxx_UART0_Initi(9600);
    while(1)
    {
        //接收对方发来的数据
        RcvData();                    //接收数据
        DelayM(10);
        if(bRcvCtrl)
        {
            UART0Send(chRxdDat,32);   //串行发送数据
        }
        IndicatorLight_PB5();         //程序运行指示灯
        DelayM(40);                   //延时
        //向对方发送数据
        SendData();                   //发送数据
    }
}
//--------------------------------------------------------------------------
:  //省略部分见程序实例
//************************************************************************
```

完整的工程程序见随书“网上资料\参考程序\课题 20_nrf905\ nrf905se_rcv(互发[从机])615 和 nrf905se_send(互发[主机])615\ *. *”。

编后语：本例必须使用 2 块 LM3S615 才能进行点对点无线通信。

课题 21　单相电力线载波通信 BWP10A 模块在 LM3S615 微控制器系统中的应用

【实验目的】

了解和掌握 BWP10A 模块在 LM3S615 微控制器系统中的应用原理与方法。

【实验设备】

① 所用工具：30 W 烙铁 1 把，数字万用表 1 个；

② PC 机 1 台；

③ 开发软件 IAR Embedded Workbench5.20v 集成开发平台 1 套；

④ LM LINK JTAG 调试器 1 套，EasyARM615 开发套件 1 套。

【外扩器件】

课题所需外扩元器件请查寻图 K21 - 11。

【工程任务】

实现单相电力线载波通信芯片 BWP10A 模块点对点通信(本课题实例为向从机读出时间数据)。

【所需外围器件资料】

K21.1 概　述

BWP10A 电力载波模块采用＋12 V 供电，载波比特率 100～600 bit/s 可调，采用 TTL 电平串行接口，可以直接与单片机的 RxD、TxD 连接，方便用户进行二次开发，串口比特率可由用户设定，共有四种比特率可设置：1 200 bit/s、2 400 bit/s、4 800 bit/s、9 600 bit/s。

BWP10A 电力载波模块提供半双工通信功能，可以在 220/110 V，50/60 Hz 电力线上实现局域通信。该模块可以自由配置电力线上数据通信模式，目前共有两种通信模式可供用户选择：固定字节长度传输及固定帧长度传输。该模块为用户提供了透明的数据传输通道，数据传输与用户协议无关，模块采用扩频编码方式，抗干扰能力强，传输距离远，数据传输可靠。通信过程中，由用户通信协议验证数据传输的可靠性。在同一台变压器下，多个 BWP10A 模块可以连接在同一条电力线上，在主从通信模式下，模块分别单独工作，不会相互影响。

1. 主要性能特点

- 工作电源：＋12 V DC。
- 接口类型：TTL 电平串行接口（UART），半双工。
- 线上载波比特率：100 bit/s、200 bit/s、300 bit/s、400 bit/s、500 bit/s、600 bit/s，用户任选。
- 串行接口比特率：1 200 bit/s、2 400 bit/s、4 800 bit/s、9 600 bit/s，用户任选。
- 工作环境：220 V AC/110 V AC，50/60 Hz，300 V DC 以下直流线路，无电导体。
- 通信距离：大于 500 m（轻负载条件或者直流线路情况下，通信距离大于 1 000 m）。
- 数据传输类型：固定字节长度传输（1～32 字节）、固定帧长度传输（32～256 字节）。
- 电力线载波频率：115 kHz。
- 调制解调方式：DSSS（直序扩频）。
- 工作温度：－20～＋70 ℃。

解惑：半双工与全双工不同之处就是在于全双工可以在发送数据的同时接收数据，而半双工不能。半双工在发送数据时只能做一件事，那就是发送数据的时候不能接收数据，接收数据的时候不能发送数据。切记!!

2. 主要应用

BWP10A 主要应用于集中抄表系统、安防监控系统、路灯监控系统、工业现场数据传输、断缆监控系统、智能家电控制、停车场管理系统、远程灯光控制、空调控制、低速率通信网、消防及保安系统、舞台灯光音响控制等。

K21.2　功能描述

BWP10A 是在原 BWP10 的基础上进行改进设计而来，吸收了用户在实际应用中提出的诸多建议，并进行了多项功能完善。该模块在设计中，加入了诸多新的特点，比如载波比特率可配置、串口比特率可配置、数据传输类型可配置等，更多地考虑到用户在实际使用中的需求，使模块的易用性得到进一步提升。

1. 载波数据比特率配置

BWP10A 电力载波模块的载波数据速率是可配置的，目前模块支持 100 bit/s、200 bit/s、300 bit/s、400 bit/s、500 bit/s、600 bit/s 共 6 种比特率，在实际应用中，用户可根据实际需要及线路负载情况，灵活地配置线上载波比特率。在应用中，线上比特率越低，则通信越可靠，抗干扰能力越强，通信距离也越远；如果用户线路状况比较好，比如电力线负载比较小、干扰比较轻，或者是直流线路等，就可以选择比较高的比特率进行通信；当线路负载比较重、干扰比较强、或者想进行更远距离通信时，可以选择较低比特率进行通信。比如在楼宇灯光控制或者断缆监控应用中，用户更需要通信可靠及通信距离更远，对通信速率的要求比较低，在这种情况下，就可以选择较低比特率进行通信；在数据采集场合，或者在通信距离比较近的情况下，就可以选择较高的通信速率。

2. 串行接口比特率配置

BWP10A 的串口通信比特率可配置为 1 200 bit/s、2 400 bit/s、4 800 bit/s、9 600 bit/s，共 4 种比特率，并由用户自由配置。配置的方法是通过随书器件设置软件“电力线通信模块编程器 V1.0”进行。有了串口比特率可配置功能后，读者就可以灵活地根据自身系统的特点进行配置串行接口通信速率。

串口比特率的高低与载波数据速率无关，在载波速率一定的情况下，用户可以选择不同串口速率与载波模块进行通信，比如当载波模块的载波数据速率为 300 bit/s 时，用户串口速率可以在四种比特率中任选一种，比如串口速率可以选择 1 200 bit/s 或者更高。

3. 数据传输类型配置

BWP10A 数据传输类型有两种，一种是固定字节长度传输（定长传输），一种是固定帧长度传输（定帧传输），这两种传输方式各有优点，用户可根据实际需要灵活选用。

(1) 固定字节长度传输（定长传输）

接收模块每次收到数据帧头后，只接收预设长度的用户数据，由于不存在帧尾丢失导致模块一直处于接收状态，所以载波传输时间可以精确计算，提高了载波传输效率。比如用户将模块设置为 6 字节固定长度传输类型，那么在每次接收时，该模块只接收 6 字节，然后等待发送方进行下一轮传输。对于固定字节长度传输的编程体验是：前两个字节固定为机编号，这样便于多机通信组网。其通信的数据串格式为：机编号＋定长的用户数据。用户数据长度根据工程的实际情况而定。

(2) 固定帧长度传输（定帧传输）

接收模块每次可以接收小于或者等于预设帧长度的数据，但如果在数据接收时，数据帧尾丢失，那么接收模块必须收满预设最大帧长度为止。比如某模块预设为 32 字节固定帧长度传输类型，数据传输长度可以在 1～32 字节之间变化，但如果数据在传输过程中受到干扰，导致数据帧尾丢失，那么接收模块将无法判断用户数据何时结束而一直处于接收状态，并一直到收满 32 字节为止。图 K21－1 为数据帧的格式。

图 K21－1　载波数据帧传输的一般格式

(3) 定帧与定长传输数据的详细说明

由于电力载波是采用公共信道进行数据通信，电力线上各种谐波比较强，干扰比较大，通信过程极易受到各种干扰，虽然 BWP10A 载波模块采用直序扩频方式进行数据编码，以提高数据传输可靠性，但仍然难以避免受到各种干扰源的干扰。在数据传输过程中，数据帧头、用户数据、数据帧尾等都有可能受到干扰，数据帧尾被干扰而丢失，接收模块将无法判断用户数据何时结束，从而导致接收模块一直处于接收状态，直到收满设定的最大帧长度为止。为提高芯片的通信稳定性，生产公司在芯片的内部预设了 32、64、96、128、160、192、224、256 共 8 种帧长度供用户选择，用户可根据系统的应用，选择不同的帧长度。在实际应用中，用户要根据系统每次传输数据的最大长度来确定传输的数据串长度。图 K21－2 展示了定帧数据串的格式。

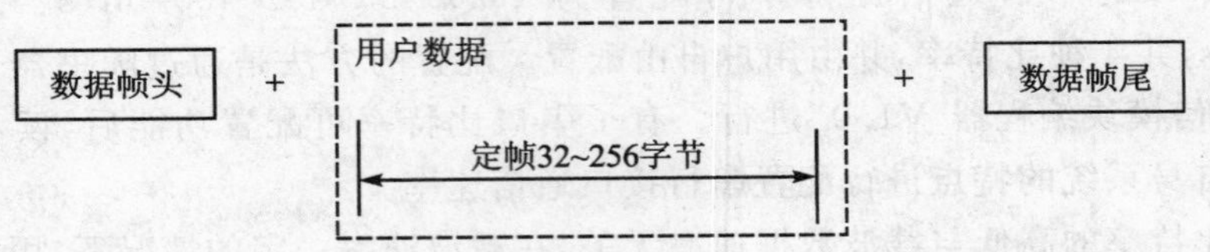

图 K21－2　定帧数据串的格式

用户还可以通过“定长方式”传输数据，当用户的数据长度比较短，每次传输的字节数比较固定时，就可以使用这种方式。比如一次只需要传输几个字节或者十几个字节，在这种情况下，即使采用定帧 32 字节的传输方式，一旦传输出错，接收模块仍然需要收满 32 字节，比较浪费时间，这样就可以采用定长(定字节长度)传输方式。比如系统一次传输的字节最多不超过 8 字节(一般是 6～8 字节)，在这种情况下，可以将传输类型定义为 8 字节“定长传输”，这样即使传输出错，模块最多只接收 8 字节，系统对数据进行验证后，如果数据正确则执行，数据错误则丢弃或者通知对方重发，极大减少了系统资源的浪费，提高了系统执行效率。图 K21－3 展示了定长数据串的格式。

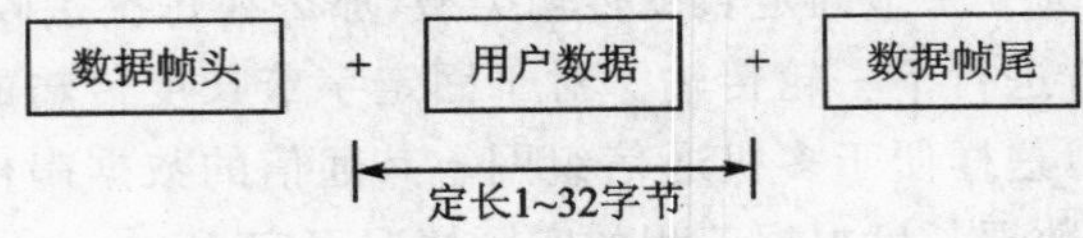

图 K21－3　定长数据传输示意图

采用“定长”及“定帧”传输的主要目的是为了提高载波传输效率，降低系统额外开销，从而提高载波应用系统的实时性，由于定长传输无须发送帧尾，用户在单位时间内发送的数据可以更多，相当于加快了用户数据发送速率。在实际应用中，采用“定长”传输可以有效地提高系统的执行效率，所以推荐用户在可能的情况下，尽可能采用“定长”方式传输数据。

4. 单＋12 V 供电

BWP10A 采用单＋12 V 供电，静态情况下，工作电流为 40 mA，在载波发送情况下，模块工作电流根据电力线负载不同而有所区别，正常为 300～500 mA，负载越重，发送时载波模块工作电流越大。采用单＋12 V 供电有诸多优点，首先，在需要后备电源的场合，比如断缆监控等场合，采用单电源工作可以方便选择后备电源，第二，在实际应用中，单电源比正负电源更容易获得，成本也更低。

K21.3 BWP10A 模块的引脚定义

BWP10A 载波模块共有 2 类接口、1 组信号指示灯。2 类接口包括电力载波接口、信号及电源接口，1 组指示灯为接收指示（RxD）、发送指示（TxD）、电源指示（PWR）。模块接口及指示灯如图 K21－4 所示。

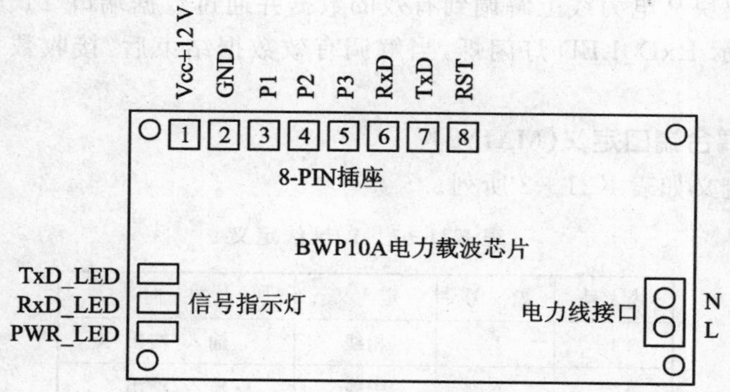

图 K21－4 BWP10A 模块引脚排列图

1. 8 针数据接口功能定义

BWP10A 模块的数据接口采用单排 8 针接口，分别对应电源接口、通信接口和信号接口，具体定义如表 K21－1 所列。

表 K21－1 BWP10A 模块引脚功能描述

引脚号	符 号	功 能	方 向
1	Vcc＋12	＋12 V	输入
2	GND	电源地	输入
3	P1	备用 I/O 接口（用户不可用）	输入
4	P2	备用 I/O 接口（用户不可用）	输入

续表 K21－1

引脚号	符 号	功 能	方 向
5	P3	备用 I/O 接口(用户不可用)	输出
6	RxD	RxD,串口 TTL 电平数据输入	输入
7	TxD	TxD,串口 TTL 电平数据输出	输出
8	RST	复位输入,低电平有效(用户不可用)	输出

2. 模块指示灯定义

BWP10A 模块中采用 3 只黄色发光二极管指示模块工作状态,3 只发光二极分别对应发送状态、接收状态及电源工作状态。具体分配为：TxD_LED 为数据发送指示灯,RxD_LED 为数据接收指示灯,PWR_LED 为电源指示灯。

初始上电后,BWP10A 进行程序初始化,PWR_LED、RxD_LED、TxD_LED 三个指示灯全亮,3 秒钟后,RxD_LED、TxD_LED 指示灯熄灭,电源指示灯 PWR_LED 则处于常亮状态,此时模块进入正常工作状态。

BWP10A 模块从数据端口 R1 上接收到用户设备的数据后,向电力线发送调制数据时,发送数据指示 TxD_LED 闪烁,发送数据结束后该 TxD_LED 指示灯熄灭。

BWP10A 模块从电力线上解调到有效的数据并通过数据端口 T1 发送到用户设备时,接收数据指示 RxD_LED 灯闪烁,当解调有效数据结束后,接收数据指示灯 RxD_LED 熄灭。

3. 电力线耦合端口定义(MAINS)

L/N 具体定义如表 K21－2 所列。

表 K21－2 L/N 线定义

线 号	符 号	定 义	方 向
1	L	相线	输入/输出
2	N	中线	输入/输出

实际应用中,用户可以不区分火线与零线,任意接入都可以,不影响正常通信。

K21.4 应用指南

1. 载波模块与用户系统连接示意

BWP10A 电力载波模块使用 TTL 电平串口与用户系统进行连接,并使用交叉连接方式进行连接,通信采用收、发、地三线制方式。当用户系统为 TTL 电平串口时,可以直接与模块进行交叉连接通信,无须 RS－232 电平转换,所以用户可以直接使用单片机的串行接口(UART)与载波模块进行连接通信,连线如图 K21－5 所示。当用户系统为标准 RS－232 接口时,需要增加串口电平转换芯片进行电平转换,比如 MAX232 等芯片进行串口电平转换。连线如图 K21－6 所示。

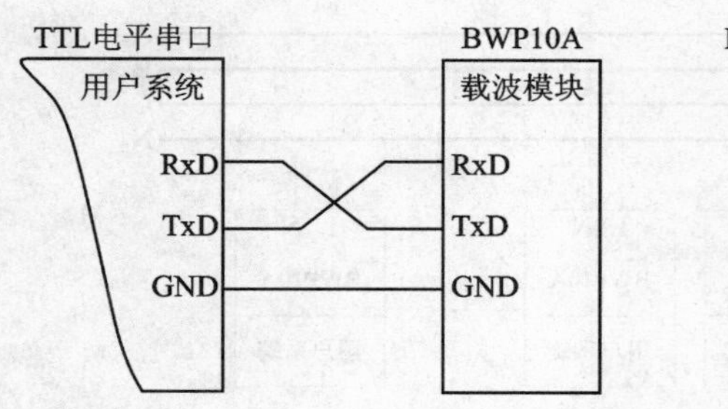

图 K21－5　TTL 电平串口连接示意图

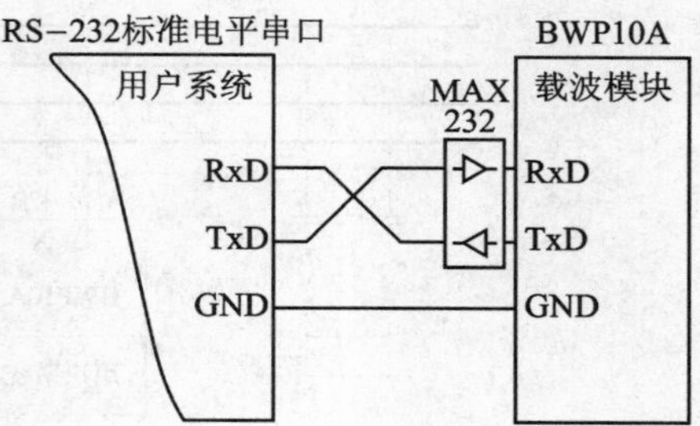

图 K21－6　RS－232 串口连接示意图

2. 电力载波通信连接示意

如图 K21－7～K21－9 所示，BWP10A 与主控设备通过电力线相互通信，由于 BWP10A 为透明传输电力载波模块，所以它将串口收到时的数据实时向电力线转发，同时将电力线上收到的数据实时通过串口发送给用户系统。模块为单工通信，串口比特率及载波比特率都可调。

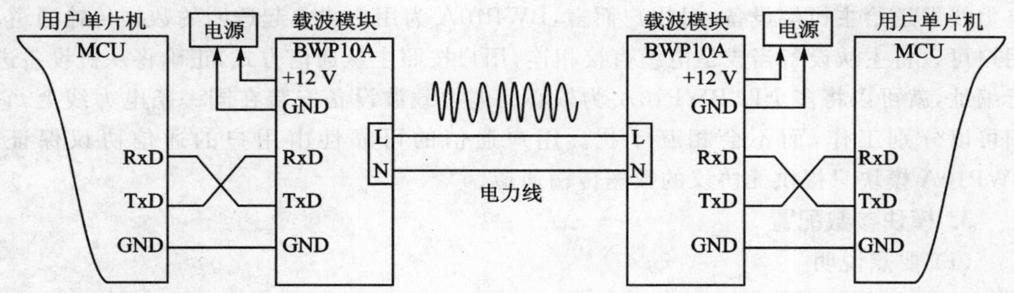

图 K21－7　载波模块通信连接示意图

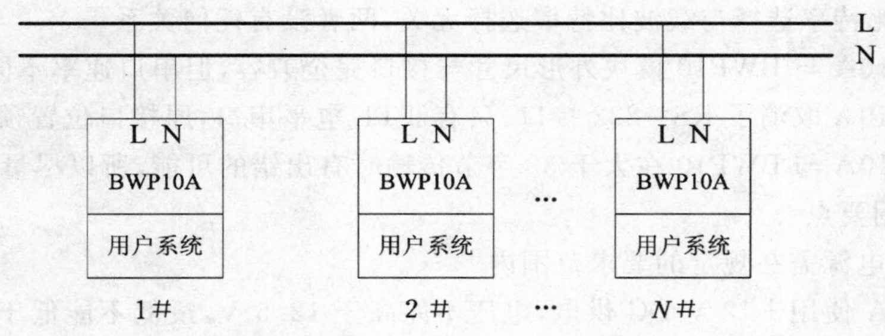

图 K21－8　电力载波单相连接示意图

下面假设模块的串口比特率设置为 1 200 bit/s、载波比特率设置为 300 bit/s，传输类型为定帧 32 字节传输，那么传输过程如下：

第一步：主机设置串口比特率为 1 200 bit/s，并通过串口将要发送的数据发送给 BWP10A，BWP10A 收到数据后，将数据原封不动地以 300 bit/s 的速率调制到载波信号上，然后再把载波信号耦合到电力线上进行传输。

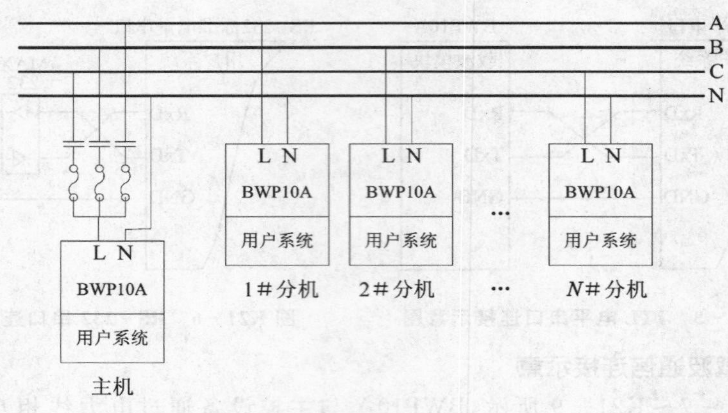

图 K21－9　电力载波三相连接示意图

第二步：从机的 BWP10A 载波模块将电力上的载波信号解调成用户数据，然后通过 TTL 电平串口发送给从机设备。相反，从机设备也可以通过 BWP10A 将数据通过电力线发送给主机端设备，对用户而言，BWP10A 为用户建立起透明的数据传输通道，用户可以将主从设备当成是电缆直接相连，用户按照主从通信方式，正确将从机设备进行编址，就可以将多个以 BWP10A 为核心的电力载波设备安装在同一条电力线上，它们可以分别工作，而不会相互干扰。用户通信的可靠性由用户的通信协议保证，BWP10A 模块只提供无协议的数据传输通道。

3. 模块参数配置

（1）要点说明

➢ 载波模块出厂默认配置：串口 1 200 bit/s、载波比特率 300 bit/s、定帧 32 字节。

➢ 载波比特率越低，传输越可靠，传输距离越远。

➢ 串口比特率选择与载波比特率选择无关，两者没有任何关系。

➢ BWP10A 与 BWP10 模块外形尺寸与接口完全兼容，但串口速率不同。

➢ BWP10A 取消了 RS－232 接口，只有 TTL 电平串口，原接口位置预留备用。

➢ BWP10A 与 BWP10 在大于 32 字节传输时有出错的可能，所以尽量不要混用。

（2）应用要点

① 工作电源需在规定的要求范围内

BWP10A 使用＋12 V DC 供电，电压不能高于 12.5 V，最低不能低于 11 V，用户必须保证模块的供电电源在规定的范围内。

② 正确进行通信端口的连接

BWP10A 模块提供 TTL 电平的通信口，串口比特率共有四种进行选择（1 200 bit/s、2 400 bit/s、4 800 bit/s、9 600 bit/s），用户在正常使用前必须正确地配置好模块的参数，如果串口比特率不一致，那么模块将无法正常通信。

③ 载波比特率必须保持一致

由于 BWP10A 电力载波模块的载波比特率可以设置，所以用户在实际使用前必须根据自身系统所处实际应用环境选择好线上通信比特率，不同比特率的模块无法相互通信。按照正常情况，载波比特率越低，数据传输越可靠、传输距离也越远。请注意：载波比特率与载波频率是两个不同的概念，载波比特率是指数据传输的速率，载波频率是指 FSK 调制时所用的调制频率。BWP10A 模块载波比特率共有 6 种供用户选择，用户可以从 100～600 bit/s 自由选择进行通信，BWP10A 的载波频率为 115 kHz，这个频率不可以更改。

④ 载波模块的传输类型必须一致

在应用中，如果 BWP10A 的载波比特率保持一致，就可以相互通信，即使串口比特率不一致也可以，但有另外一种情况必须除外，就是传输类型，目前 BWP10A 载波模块共有两种传输类型，一种是定长传输，另一种是定帧传输，关于这两种传输类型的定义，请参看相关章节。如果定长类型的模块与定帧类型的模块相互混用，那么将导致定帧模块每次都会接收到最大帧长度的字节数，因为定长模块在发送时，不发送帧尾，定帧类型的模块由于收不到帧尾，所以无法判断用户数据何时结束，将一直处于接收状态，直到收满最大帧长度为止。如果定帧类型的模块向定长类型的模块发送数据，那么定长模块只接收预设的字节数后便停止接收，如果发送的字节数小于预设的字节长度，那么模块将接收线上噪音数据，直到收满预设长度为止。所以在实际应用中，用户可以灵活把握模块的传输类型，在正常情况下，一个传输网中，最好将所有的模块的传输类型保持一致。

⑤ 如果通信距离达不到要求，应使用软中继功能

用户在使用时，实际的通信距离达不到要求，那么可以采用两种方式，一种是缩短两个模块的安装距离，另一个就是采用软中继功能，以此增加通信距离。

⑥ 保证相互通信的模块处于电力线的同一相线中

在首次使用时，需要确认相互通信的模块处于电力线的同一相线中，由于 BWP10A 模块不能跨相传输数据，所以如果相互通信的模块不处于同一相中，那么有可能导致通信失败，如果用户无法确认相互通信的模块是否处于同一相中，那么可以在主控模块处增加一个三相耦合器，就可以确保主控模块与三相下的任意一个模块进行通信。

(3) 模块参数配置软件

模块参数配置软件界面如图 K21 - 10 所示。

软件操作步骤如下：

① 选择串口(将比特率设为 9 600)，然后点击“打开串口”按钮，如果串口没有被占用，这时会出现提示串口已打开提示窗。

② 如果不知道模块当前的串口比特率设置，可以点击“自动搜索”按钮，软件开始从 1 200 bit/s、2 400 bit/s、4 800 bit/s、9 600 bit/s 依次进行搜索，如果搜索成功，那么串口比特率栏会显示当前模块通信比特率，并在“当前配置”框中显示模块的当前参数配置，包括串口比特率、载波比特率、传输类型等，如果搜索不成功，会在监视窗口提示不成功信息。

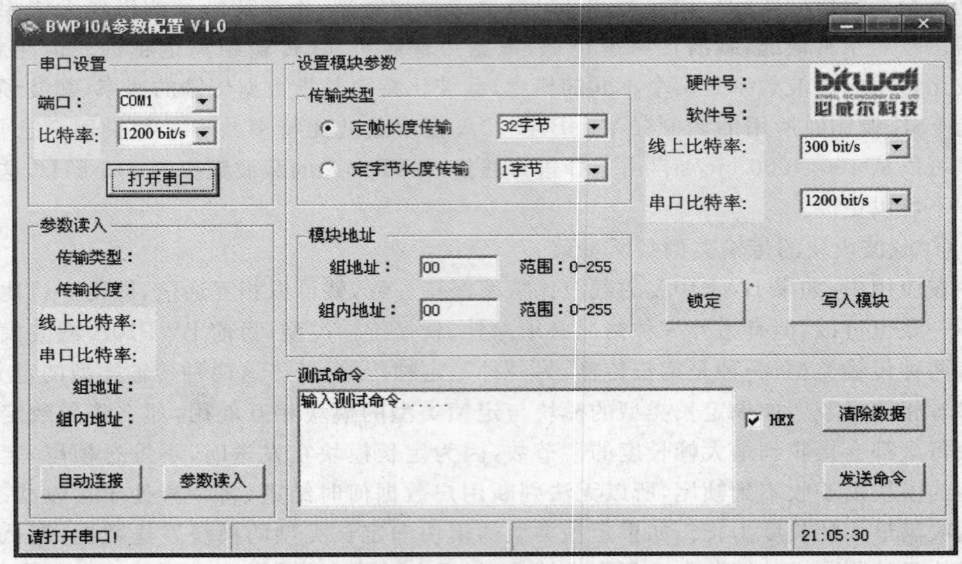

图 K21－10　BWP10A 配置软件界面

③ 如果知道当前模块的串口比特率，就可以直接选择串口比特率，然后点击“读取参数”按钮，就可以读取当前模块的参数配置，信息提示与“自动搜索”结果相同。

④ 读取了模块的当前配置后，如果希望在当前的基础上进行修改，可以点击“参数导入”按钮（这是老版软件，新版软件没有此按钮），这时当前模块的配置信息就会转入“参数设置”框中的对应参数区，这样就可以在原参数基础上进行修改了。

⑤ 如果已知当前模块串口速率，那么也可以直接选择好串口并设置串口速率后，直接在“参数设置”框中选择参数，然后点击“写器件”将参数通过当前串口下载至模块中。

⑥ 选择好参数后，点击“锁定”按钮，“参数设置”框中所有的参数都不可改变，直至点击“解锁”为止，这样就可以防止在批量烧录时误改参数的可能。

⑦ 可以点击“文件导入”将当前配置保存起来，点击“打开设置”调用已保存的配置信息。

重要提示：在对 BWP10A 载波模块进行初始参数设定时一定要将 12 V 电源的地线与 TTL 电源的地线连接起来，也就是要与串行通信电压转换模块的地线接到一起，否则在进行与 PC 计算机串行通信时会出现无法进行连接的事件，也就不能保证与上位机进行通信。所以，在操作时一定要进行共地处理。同时在进行串行数据收/发时也要将 12 V 地、5 V 地或 3.3 V 地用导线连接起来。切记!!

【扩展模块制作】

1. 扩展模块电路图

扩展模块点对点电路与连线如图 K21－11 所示。

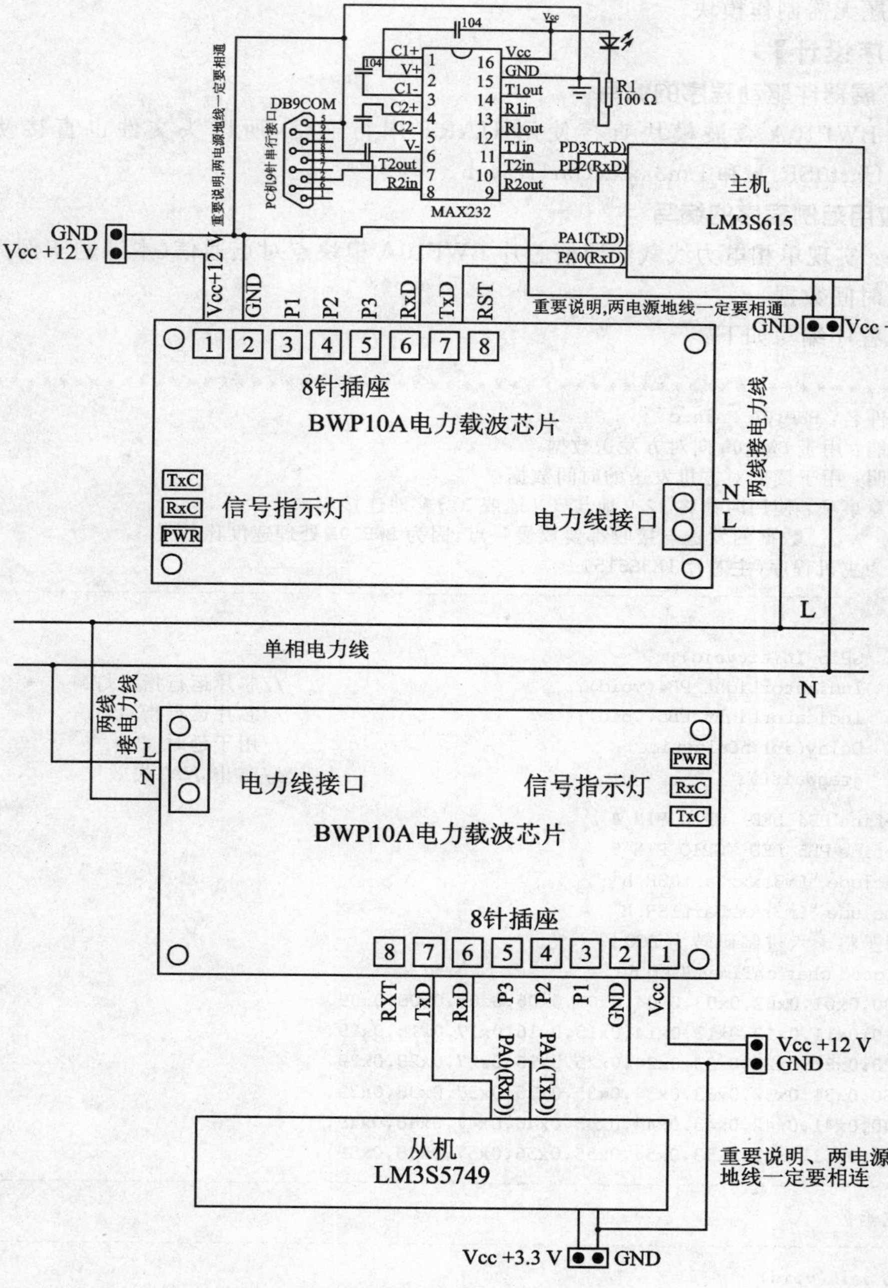

图 K21－11　扩展模块点对点电路与连线

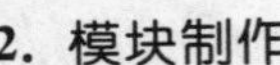

2. 模块制作

本课题无需制作模块。

【程序设计】

1. 扩展器件驱动程序的编写

因为 BWP10A 载波模块直接使用 UART 串行通信，所以头文件也直接使用 Lm3sxxxUart0SR.h 和 Lm3sxxxUart1SR.h。

2. 应用范例程序的编写

任务：实现单相电力线载波通信芯片 BWP10A 模块点对点通信(本课题实例为向从机读出时间数据)。

主机程序编写如下：

```
//*****************************************************************
//文件名：BWP10A_Main.c
//功能：用于 BWP10A 向对方发送数据
//说明：用于读取对方机发送的时间数据
//注意事项：使用时请将 12 V 地与 5 V 地或 3.3 V 地连接起来，
//          数据的发送与接收都要放慢一点，因为 BWP10A 处理速度比较慢
//此为主机程序(主芯片 LM3S615)
//-----------------------------------------------------------------
 ⋮
void  GPio_Initi(void);
void  IndicatorLight_PB4(void);                    //芯片运行指示灯
void  IndicatorLight_PB5(void);                    //芯片运行指示灯
void  Delay(int nDelaytime);                       //用于延时
void  jtagWait();                                  //防止 JTAG 失效
#define PB4_LED  GPIO_PIN_4
#define PB5_LED  GPIO_PIN_5
#include "Lm3sxxxUart0SR.h"
#include "Lm3sxxxUart1SR.h"
//用于将十六进制码转为 BCD 码
unsigned char chTimeASCII[60] =
{0x00,0x01,0x02,0x03,0x04,0x05,0x06,0x07,0x08,0x09,
 0x10,0x11,0x12,0x13,0x14,0x15,0x16,0x17,0x18,0x19,
 0x20,0x21,0x22,0x23,0x24,0x25,0x26,0x27,0x28,0x29,
 0x30,0x31,0x32,0x33,0x34,0x35,0x36,0x37,0x38,0x39,
 0x40,0x41,0x42,0x43,0x44,0x45,0x46,0x47,0x48,0x49,
 0x50,0x51,0x52,0x53,0x54,0x55,0x56,0x57,0x58,0x59};
//-----------------------------------------------------------------
//主函数
//-----------------------------------------------------------------
void main(void)
{
    unsigned char chCommand = 0x00;
    unsigned char chTime[8];          //[0]地址(机编号)[1]时钟高 8 位[2]时钟低 8 位
                                      //[3]分钟高 8 位[4]分钟低 8 位[5]秒钟高 8 位
                                      //[6]秒钟低 8 位[7]结束字
```

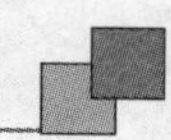

```
    unsigned int chI = 0, nI = 0;
    //本机地址设为 0xBB
    chTime[0] = 0xBB;
    chTime[7] = 0xCF;                          //串发送结束符
    //防止 JTAG 失效
    DelayM(10);
    jtagWait();
    DelayM(10);
    //设定系统晶振为时钟源
    SysCtlClockSet( SYSCTL_SYSDIV_1 | SYSCTL_USE_OSC | SYSCTL_OSC_MAIN |SYSCTL_XTAL_6MHZ );
    GPio_Initi();                              //初始化 GPIO
    //初始化 UART 串行通信 0 用于向下位机读出数据
    LM3Sxxx_UART0_Initi(1200);
    //启用 UART 串行通信 1 用于向 PC 机发送读到的时钟数据
    LM3Sxxx_UART1_Initi(9600);
    while(1)
    {
        DelayM(10);
        UART0Send("r",1);                      //发送读取时间命令
        DelayM(10);
        do{
        //等待对方回话
        if(nbRcvFlags0)
        { nbRcvFlags0 = 0;                     //清除接收数据标志
        //读取收到的数据
         chCommand = nlRcvData0;
         //判断字符串的头和尾字节
         if(chCommand == 0xAA || chCommand == 0xCF)
            chTime[nI]= chCommand;
            else chTime[nI]= chTimeASCII[chCommand];  //转换为 BCD 码
            nI++;
          }
      if(nI>7){nI = 0;break;}                  //读到 8 个字节则退出,并清 0 计数器。此处
                                               //要切记! 可读到第 1 次 8 字节,后续的 8 字节不
                                               //能读到的问题,就是因为 nI 计数器没有清 0,
                                               //造成了接收到的后续字节存储于数组之外
         }while(1);
       DelayM(10);
       if(chTime[7] == 0xCF)
        UART0Send("o",1);                      //发回 8 字节数据读取完毕信号
       if(nI == 0)
        UART1Send(chTime,8);                   //向 PC 发送读到的时钟数据

        IndicatorLight_PB5();                  //程序运行指示灯
        DelayM(10);                            //延时
    }
}
//----------------------------------------------------------------
```

```
⋮//省略部分见程序实例
//***********************************************************
```

从机程序编写如下：

```
//***********************************************************
//文件名：BWP10A_Main.c
//功能：用于 BWP10A 向对方发送数据
//说明：用于产生时间给对方机读取
//注意事项：使用时请将 12 V 地与 5 V 地或 3.3 V 地连接起来，
//          数据的发送与接收都要放慢一点，因为 BWP10A 处理速度比较慢
//此为从机程序，程序运行于 LM3S5749 芯片之上
//-----------------------------------------------------------
⋮
void  GPio_Initi(void);
void  GPio_Initi_PB(void);
void  IndicatorLight_PB4(void);                    //芯片运行指示灯
void  IndicatorLight_PF5(void);                    //芯片运行指示灯
void  IndicatorLight_PB5(void);                    //芯片运行指示灯
void  Delay(int nDelaytime);                       //用于延时
void  jtagWait();                                  //防止 JTAG 失效
#define PB4_LED  GPIO_PIN_4
#define PF5_LED  GPIO_PIN_5
#define PB5_LED  GPIO_PIN_5
#include "Lm3sxxxUart0SR.h"
#include "Time_time2.h"
unsigned int nSec = 0,nMin = 0,nHour = 0;          //秒,分,时
//-----------------------------------------------------------
//函数名称：Time0Execute()
//函数功能：用于产生时间(定时器 0 的中断执行函数)
//说明：    请在使用时加入执行代码即可
//-----------------------------------------------------------
void  Time0Execute()
{
   IndicatorLight_PB4();//运行指示灯 1 s 亮一次,1 s 熄一次
   nSec++;                                         //秒加 1
   if(nSec>59)
   {nSec = 0;
    nMin++;                                        //分钟加 1
    if(nMin>59)
    {nMin = 0;
     nHour++;                                      //时加 1
     if(nHour>23)
     {nHour = 0;}
    }
   }
}
//-----------------------------------------------------------
//主函数
```

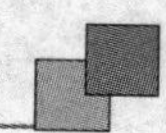

```
//--------------------------------------------------------------------
void main(void)
{
    unsigned char chCommand = 0x00,chHigh,chLow,chI = 0;
    unsigned char chTime[8];          //[0]地址(机编号);[1]时钟高 8 位;[2]时钟低 8 位;
                                      //[3]分钟高 8 位;[4]分钟低 8 位;[5]秒钟高 8 位;
                                      //[6]秒钟低 8 位;[7]结束字
    //本机地址设为 0xAA
    chTime[0] = 0xAA;
    chTime[7] = 0xCF;                 //串发送结束符
    //防止 JTAG 失效
    DelayM(10);
    jtagWait();
    DelayM(10);
    nSec = 0;
    nMin = 0;
    nHour = 0;
    //设定系统晶振为时钟源(LM3S5749 使用 8 MHz 晶振)
    SysCtlClockSet( SYSCTL_SYSDIV_1 | SYSCTL_USE_OSC | SYSCTL_OSC_MAIN |SYSCTL_XTAL_
                    8MHZ );
    GPio_Initi();                     //初始化 GPIO
    GPio_Initi_PB();
    LM3Sxxx_UART0_Initi(1200);        //初始化 UART 串行 0,波特率为 1 200 baud
    SetTime0timeMS(1000);             //设定为 1 000 ms 工作一次
    while(1)
    {
        chCommand = UART0Rcv();       //接收对方发来的串行字节
        DelayM(2);
        if(chCommand == 'r')
        {   //收到对方发来的读取数据命令
            //用运行指示灯快速闪烁表示
            for(chI = 0;chI<10;chI ++ )
            {IndicatorLight_PF5();
            DelayM(3);}
            //将产生的时钟装入串行数据发送数组
            //时钟
            chLow   = nHour ;
            chHigh  = nHour >> 8;
            chTime[1] = chHigh;
            chTime[2] = chLow;
            //分钟
            chLow   = nMin ;
            chHigh  = nMin >> 8;
            chTime[3] = chHigh;
            chTime[4] = chLow;
            //秒钟
            chLow   = nSec ;
            chHigh  = nSec >> 8;
            chTime[5] = chHigh;
```

```
          chTime[6] = chLow;
          //向对方机发送时间数据
            for(chI = 0;chI<8;chI ++ )
            {//发送时间
              UART0Send(&chTime[chI],1);
              DelayM(50);   //延时发送,因 BWP10A 载波处理速度比较慢
             }
          }
           else if(chCommand == 'o')
           { //接到主机发来"ok"信号,用运行指示灯快速闪烁表示对方收到数据
             for(chI = 0;chI<10;chI ++ )
             {IndicatorLight_PB5();
              DelayM(3);}
           }else ;
        IndicatorLight_PF5();   //程序运行指示灯
        IndicatorLight_PB5();   //程序运行指示灯
        DelayM(20);             //延时
     }
}
//-----------------------------------------------------------------
:  //省略部分见程序实例
//*****************************************************************
```

完整的工程程序见随书"网上资料\参考程序\课题 21_BWP10A\ LM3S615_BWP10A(主机 2)和 LM3S5749_BWP10A(从机)\ *. *"。

作业:

利用 BWP10A 模块实现多机通信。

编后语: 在连接模块时一定要将模块之间使用的不同电源进行共地处理。

其他类芯片

课题 22 可编程数字电位器 CAT5113 在 LM3S615 微控制器系统中的应用

【实验目的】

了解和掌握可编程数字电位器 CAT5113 在 LM3S615 微控制器系统中的应用原理与方法。

【实验设备】

① 所用工具：30 W 烙铁 1 把，数字万用表 1 个；

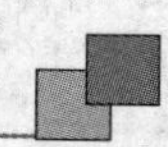

② PC 机 1 台；

③ 开发软件 IAR Embedded Workbench5.20v 集成开发平台 1 套；

④ LM LINK JTAG 调试器 1 套，EasyARM615 开发套件 1 套。

【外扩器件】

课题所需外扩元器件请查寻图 K22-4。

【工程任务】

① 用万用表读出 CAT5113 通过按键调节的电阻电压变化值。

② 用 LED 亮熄表示 CAT5113 通过按键调节的电阻电压变化值。

【所需外围器件资料】

K22.1 CAT5113 数字电位器概述

CAT5113 是一个简单的可编程数字电位器(DPP™)，在电子系统中，它可以完全取代机械电位器和微调电阻(trim pot)。CAT5113 可理想地用于大批量生产的产品的自动校准，也很适用于需要在很难接入或定位的危险或远程环境中对设备进行周期性调节的应用中。

CAT5113 包含一个连接到 R_H 和 R_L 两端的 100 抽头串联电阻阵列。由三个输入引脚对一个递增/递减计数器和译码器进行控制来决定哪一个抽头与滑动片 R_W 相连。滑动片的设置保存在非易失性存储器中，不会在器件掉电时丢失，可在器件上电后自动恢复。可通过调整滑片点来测试新的系统值(但不会影响已保存的设置)。CAT5113 用三个输入控制引脚($\overline{CS}$、U/$\overline{D}$和$\overline{INC}$)来控制滑片点。$\overline{INC}$输入用来使滑片朝着由 U/$\overline{D}$输入的逻辑状态决定的方向移动，$\overline{CS}$输入用来选择器件和在掉电前保存滑片点的位置。

数字可编程电位器可用作一个三端电阻分压器或一个两端可变电阻。DPP 的可变性和可编程使它可以应用到包括控制、参数调节和信号处理在内的广泛领域中。

K22.2 CAT5113 数字电位器特点

CAT5113 数字电位器特点如下：

- 100 抽头线性电位器。
- 非易失性 E^2PROM 保存滑动片。
- 10 nA 的极低备用电流。
- 单电源电压：2.5～6.0 V。
- 递增/递减串行接口。
- 电阻值：1 kΩ、10 kΩ、50 kΩ 和 100 kΩ。
- 有 PDIP、SOIC、TSSOP 和 MSOP 封装。

K22.3 CAT5113 数字电位器应用

CAT5113 数字电位器有以下应用：

- ➢ 产品自动校准。
- ➢ 远程控制调节。
- ➢ 偏移、增益和零点控制。
- ➢ 防窜改校准。
- ➢ 对比度、亮度和音量控制。
- ➢ 电机控制和反馈系统。
- ➢ 可编程模拟功能。

K22.4　CAT5113数字电位器引脚分布与功能描述

CAT5113引脚分布如图K22－1所示，各引脚功能如表K22－1所列。

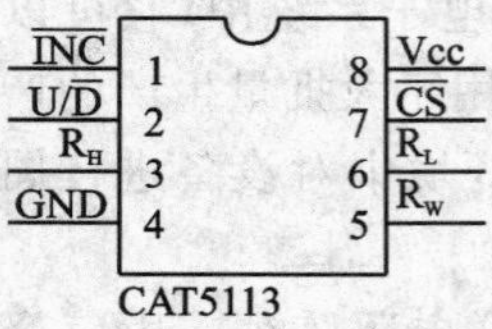

引脚	编号	编号	引脚
$\overline{\text{INC}}$	1	8	Vcc
U/$\overline{\text{D}}$	2	7	$\overline{\text{CS}}$
R_H	3	6	R_L
GND	4	5	R_W

CAT5113

图K22－1　CAT5113引脚分布

表K22－1　CAT5113引脚功能描述

引脚名称	功　能	引脚名称	功　能
$\overline{\text{INC}}$	增量控制	R_W	滑动片端
U/$\overline{\text{D}}$	递增/递减控制	R_L	电位器低端
R_H	电位器高端	$\overline{\text{CS}}$	片选
GND	地	V_{CC}	电源

K22.5　CAT5113数字电位器各引脚功能详细解释

$\overline{\text{INC}}$：增量控制输入端。$\overline{\text{INC}}$输入端根据U/$\overline{\text{D}}$的输入状态使滑动片向上或向下移动。

U/$\overline{\text{D}}$：递增/递减控制。U/$\overline{\text{D}}$输入端控制滑动片的移动方向。当它为高且$\overline{\text{CS}}$为低(U/$\overline{\text{D}}$=1，$\overline{\text{CS}}$=0)时，$\overline{\text{INC}}$引脚上电平的负跳变将使滑动片向R_H端移动一个增量。当它为低且$\overline{\text{CS}}$为低时，$\overline{\text{INC}}$引脚上电平的负跳变将使滑动片向R_L端移动一个增量。

R_H：电位器的高端。R_H为电位器的高端，但并不要求它的电位高于R_L端。R_H上的电压不能高于电源电压Vcc，也不能低于GND。

R_W：滑动片电位器端。R_W是电位器的滑动片端。它在电阻阵列上的位置由$\overline{\text{INC}}$、U/$\overline{\text{D}}$和$\overline{\text{CS}}$输入端进行控制。R_W上的电压不能高于电源电压Vcc，也不能低于GND。

R_L：电位器的低端。R_L为电位器的低端，但并不要求它的电位低于R_H端。R_L上的电压不能高于电源电压Vcc，也不能低于GND。R_L和R_H端在电气上是可以互换的。

$\overline{\text{CS}}$：片选。$\overline{\text{CS}}$片选输入用来激活CAT5113的控制输入端。它为低时有效。当它为高时，$\overline{\text{INC}}$和U/$\overline{\text{D}}$的输入不会影响或改变滑动片的位置。

K22.6　CAT5113数字电位器操作方法

CAT5113的操作类似于一个数字控制的电位器，它的R_H和R_L端等效于高端和

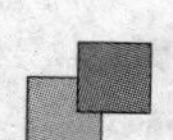

低端，R_W 等效于机械电位器的滑动片。包括电阻端点 R_H 和 R_L 在内，电位器含有100个可用的抽头。在 R_H 和 R_L 端之间串联了99个电阻单元。滑动片端 R_W 和100个抽头中的一个相连，由三个输入端 $\overline{INC}$、U/$\overline{D}$ 和 $\overline{CS}$ 来控制。这些输入端控制着一个7位的递增/递减计数器，它的输出被译码后用来选择 R_W 的位置。通过 $\overline{INC}$ 和 $\overline{CS}$ 输入端可将选择的滑动片位置存放到非易失性存储器中。

当 $\overline{CS}$ 端置为低时，CAT5113就被选中，开始响应U/$\overline{D}$ 和 $\overline{INC}$ 的输入。$\overline{INC}$ 上电平的负跳变会使滑动片上移或者下移（取决于U/$\overline{D}$ 输入和7位计数器的状态）。当滑动片位于任何一个固定端时，它的操作就和机械电位器一样，移动时不会超过末端位置。当 $\overline{CS}$ 变为高而 $\overline{INC}$ 输入也保持高电平时，计数器的值就保存到非易失性存储器中。当CAT5113断电后，最后存储的滑动片计数器位置仍然保存在非易失性存储器中。当电源恢复后，存储器中的值重新调入计数器。

当 $\overline{INC}$ 设为低时，CAT5113可能不被选中，掉电后不会将当前的滑动片位置保存到非易失性存储器中。这就允许系统总是通过上电来使滑动片位置设置成在非易失性存储器中预置的值。

K22.7　CAT5113 数字电位器操作模式

CAT5113数字电位器操作模式如表K22-2所列。

CAT5113数字电位器等效电路如图K22-2所示。

表 K22-2　CAT5113 数字电位器操作模式

$\overline{INC}$	$\overline{CS}$	U/$\overline{D}$	操　作
高到低	低	高	滑动片向 R_H 移动
高到低	低	低	滑动片向 R_L 移动
高	低到高	X	保存滑动片位置
低	低到高	X	不保存，巡回到待用状态
X	高	X	待用状态

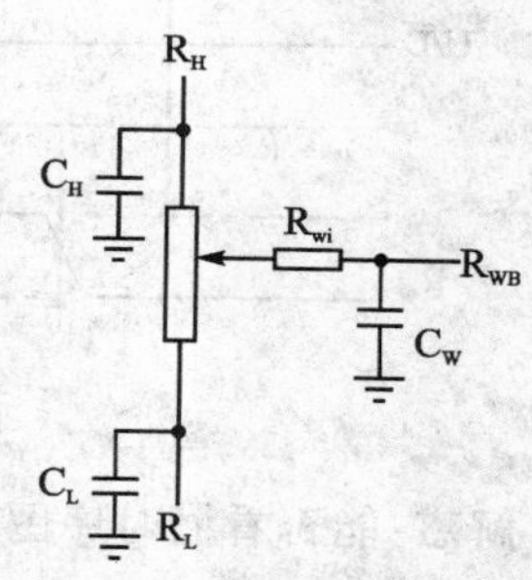

图 K22-2　CAT5113 数字电位器等效电路

K22.8　CAT5113 数字电位器控制时序图与电气特性

图K22-3是CAT5113输入控制时序图。其各线间的控制时间关系见表K22-3所列。

表 K22-3　CAT5113 电气特性

符　号	参　数	最小值	典型值	最大值	单　位
t_{CI}	$\overline{CS}$ 到 $\overline{INC}$ 建立时间	100	—	—	ns
t_{DI}	U/$\overline{D}$ 到 $\overline{INC}$ 建立时间	50	—	—	ns
t_{ID}	U/$\overline{D}$ 到 $\overline{INC}$ 保持时间	100	—	—	ns

续表 K22－3

符　号	参　数	最小值	典型值	最大值	单　位
t_{IL}	$\overline{\text{INC}}$为低电平的时间	250	—	—	ns
t_{IH}	$\overline{\text{INC}}$为高电平的时间	250	—	—	ns
t_{IC}	$\overline{\text{INC}}$无效到$\overline{\text{CS}}$无效	1	—	—	μs
t_{CPH}	$\overline{\text{CS}}$取消选定的时间(无存储)	100	—	—	ns
t_{CPH}	$\overline{\text{CS}}$取消选定的时间(存储)	10	—	—	ms
t_{IW}	$\overline{\text{INC}}$有效到V_{OUT}输出改变时间	—	1	5	μs
t_{CYC}	$\overline{\text{INC}}$周期	1	—	—	μs
t_R、t_F	$\overline{\text{INC}}$输入上升和下降时间	—	—	500	μs
t_{PU}	上电到滑动片稳定时间	—	—	1	ms
t_{WR}	存储周期	—	5	10	ms

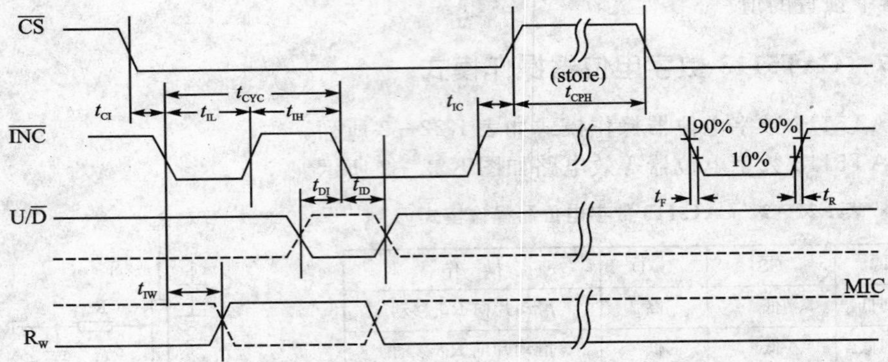

图 K22－3　CAT5113 输入控制时序图

解惑:能否看懂时序图是高手与低手之间的差距所在。当一块新的芯片出厂,第一手资料就是器件的数据手册,而且可能还是英文的。你就是这块芯片的第一个使用者,怎么办?其实办法是有的,就是仔细阅读器件资料并看懂时序图。产品芯片的很多通信信号,厂家都使用时序图标示出来,通过时序即能解决与芯片进行通信的事项。这就是今天的你,你已经可以看懂时序图了,已经可以用时序图来进行编程了,高手就此诞生了。有的花了很多时间去调试,结果事倍功半,最后静下心来认真看一看时序,发现问题原来就在这,看懂时序图,是何其重要,切记,切记!!

如图 K22－3 所示,$\overline{\text{CS}}$到$\overline{\text{INC}}$线,先是$\overline{\text{CS}}$拉低,后是$\overline{\text{INC}}$拉低,其时间间隔是 t_{CI},查表 K22－3 而得 $t_{CI}=100$ μs,继续看$\overline{\text{INC}}$拉低时间 $t_{IL}=250$ μs。而 R_w 线新的电阻值的形成时间是 $t_{IW}=5$ μs(最大值),$\overline{\text{INC}}$线的拉低时间不能少于这个时间。而 $t_{IC}=1$ μs 是$\overline{\text{INC}}$线拉高后$\overline{\text{CS}}$线拉高的间隔时间,也就是说$\overline{\text{INC}}$线拉高后 1 μs 的时间就要拉高$\overline{\text{CS}}$线。而 U/$\overline{\text{D}}$线只决定滑动 R_w 的方向。其他时间暂与我们要做的事没多大关联,暂不

考虑。

让 R_w 向 R_H 方向滑动的程序设计思路如下：

① CS=1,INC=1,U/$\overline{D}$=1,此为初始化。

② 延时 500 μs 后,CS=0,拉低。

③ 延时 100 μs 后,INC=0,拉低。

④ 延时 250 μs 后,INC=1,拉高。

⑤ 延时 1 μs 后,CS=1,拉高。

通过上面的变化,R_w 就产生了一个向 R_H 方向的移动。如果要向 R_L 方向移动,只要U/$\overline{D}$=0 即可。

K22.9 CAT5113 数字电位器最大绝对额定值

电源电压：Vcc 对地－0.5 V～＋7 V。

输入信号：$\overline{CS}$对地－0.5 V～Vcc＋0.5 V;$\overline{INC}$对地－0.5 V～Vcc＋0.5 V;U/$\overline{D}$对地－0.5 V～Vcc＋0.5 V;H 对地－0.5 V～Vcc＋0.5 V;L 对地－0.5 V～Vcc＋0.5 V;W 对地－0.5 V～Vcc＋0.5 V。

工作环境温度：商用(C 或无后缀)0～＋70 ℃;工业用(I 为后缀)－40～＋85 ℃;结温＋150 ℃;存储温度－65～＋150 ℃;焊接温度(最大 10 s)＋300 ℃。

超过最大绝对额定值可能会造成器件的永久性破坏。最大绝对额定值是指其他参数在规定的工作条件下时该参数可使用的极限值,并不包含这些条件下的功能操作。长时间工作在最大绝对额定条件下,会降低器件的性能和可靠性。

有关 CAT5113 数字电位器的详细资料,请查阅"网上资料\器件资料\ZK22_1*.*"。

【扩展模块制作】

1. 扩展模块电路图

扩展的 CAT5113 模块电路如图 K22-4 所示。

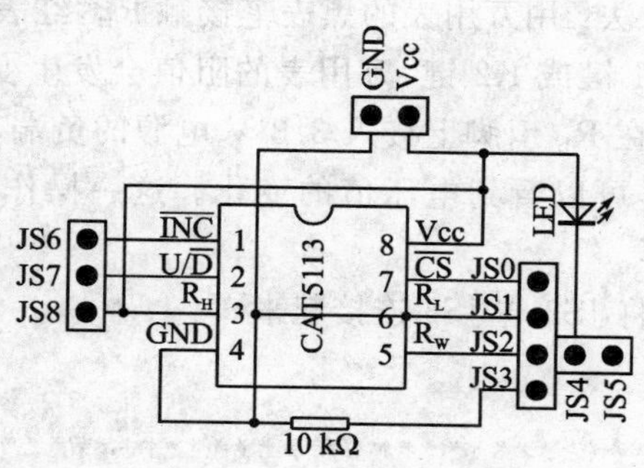

图 K22-4 扩展的 CAT5113 模块

2. 扩展模块间的连线

图 K22-4 与 EasyARM101 开发板连线：JS0 连接到 PB2,JS7 连接到 PB1,JS6 连

接到 PB0。

图 K22－4 内部接线方法是：JS8 接工作电源的正极，JS1 接工作电源的负极。

操作任务①时，用跳线块将 JS2 与 JS3 连接起来。

操作任务②时，用跳线块将 JS2 与 JS4 连接起来。

3. 模块制作

扩展模块制作成实验板时按图 K22－4 进行，制作时请留出接线柱。

【程序设计】

1. 扩展器件驱动程序的编写

创建 Lm3sxxx_cat5113.h 文件的代码编写如下：

```
//*************************************************************************
//程序文件名：Lm3sxxx_cat5113.h
//程序功能：对 CAT5113 数字电位器实施上下滑动操作
//-------------------------------------------------------------------------
#define uchar unsigned char                                //映射 uchar 为无符号字符
#define uint  unsigned int                                 //映射 uint 为无符号整数
#define CS5113      GPIO_PIN_2                             //PB2 为片选
#define UD5113      GPIO_PIN_1                             //PB1 为滑动片 Rw 的方向控制
#define IN5113      GPIO_PIN_0                             //PB0 为滑动控制
//-------------------------------------------------------------------------
⋮//文件内容见参考程序
//*************************************************************************
```

主要外用函数原型：

- void GPioB_Initi_cat5113(void)用于初始化芯片控制引脚。
- void RW_RH()用于使滑动片 R_w 向 R_H 方向滑动。
- void RW_RL()用于使滑动片 R_w 向 R_L 方向滑动。

2. 应用范例程序的编写

任务①　用万用表读出 CAT5113 通过按键调节的电阻电压变化值。

程序运行后的操作方法：用万用表的黑表笔接触 R_H，红表笔接触 R_w，拨动万用表到电阻 20 kΩ 档，按动 K1 键或 K2 键，万用表的阻值会发生变化。这时在 R_H 引脚上接入 3.3 V 电源的正端，在 R_L 引脚上接入 3.3 V 电源的负端，再将万用表拨到直流电压档 20 处，按动键盘同样可以看到电压值的变化。这一操作必须将程序烧入单片机之后。

操作时，请用跳线块将 JS2 与 JS3 连接起来。

执行程序编写如下：

```
//*************************************************************************
//文件名：Cat5113_Main.c
//功能：用于驱动 CAT5113 芯片
//-------------------------------------------------------------------------
⋮
void  GPio_Initi(void);
```

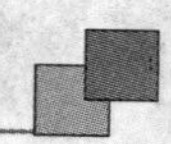

```
void  GPio_KEY_Initi(void);
void  IndicatorLight_PB4(void);                          //芯片运行指示灯
void  IndicatorLight_PB5(void);                          //芯片运行指示灯
void  IndicatorLight_PB6(void);                          //芯片运行指示灯
void  Delay(int nDelaytime);                             //用于延时
void  jtagWait();                                        //防止 JTAG 失效
#define PB4_LED   GPIO_PIN_4
#define PB5_LED   GPIO_PIN_5
#define PB6_LED   GPIO_PIN_6
//KEY(按键)
#define PA2_KEY1   GPIO_PIN_2                            //PA2
#define PA3_KEY2   GPIO_PIN_3                            //PA3
void Key1_RH();
void Key2_RL();
//------------------------------------------------------------------
//主函数
//------------------------------------------------------------------
void main(void)
{   //防止 JTAG 失效
     DelayM(10);
     jtagWait();
     DelayM(10);
     //设定系统晶振为时钟源
     SysCtlClockSet( SYSCTL_SYSDIV_1 | SYSCTL_USE_OSC | SYSCTL_OSC_MAIN | SYSCTL_XTAL_6MHZ );
     GPio_Initi();                                      //初始化 GPIO
     GPio_KEY_Initi();                                  //初始化器件引脚
     //初始化 CAT5113(必须要初始化工作引脚器件才能进入工作)
     GPioB_Initi_cat5113();
     while(1)
     {  //如果 KEY1 键按下
        if(GPIOPinRead( GPIO_PORTA_BASE,PA2_KEY1) ==  0x00)
            Key2_RL();
        if(GPIOPinRead( GPIO_PORTA_BASE,PA3_KEY2) ==  0x00)
            Key1_RH();
        IndicatorLight_PB5();                           //程序运行指示灯
        DelayM(30);                                     //延时
     }
}
//------------------------------------------------------------------
// 函数名称:GPio_KEY_Initi
// 函数功能:启动外设 GPIO PA 口为输入状态
//------------------------------------------------------------------
void GPio_KEY_Initi(void)
{
   //使能 GPIO PA 口外设,用于 LED 灯和 KEY 按键
   SysCtlPeripheralEnable( SYSCTL_PERIPH_GPIOA );
   //设定 PA0~PA3 为输入,用于按键输入
   GPIODirModeSet(GPIO_PORTA_BASE, PA2_KEY1|PA3_KEY2,GPIO_DIR_MODE_IN);
}
```

```
//----------------------------------------------------------------
//函数名称：GPio_KEY_Initi
//函数功能：按键 1 向 RH 方向移动(电阻增大)
//----------------------------------------------------------------
void Key1_RH()
{
    RW_RH();
    IndicatorLight_PB4();                                   //程序运行指示灯
}
//----------------------------------------------------------------
//函数名称：GPio_KEY_Initi
//函数功能：按键 2 向 RL 方向移动(电阻减小)
//----------------------------------------------------------------
void Key2_RL()
{
    RW_RL();
    IndicatorLight_PB6();                                   //程序运行指示灯
}
//----------------------------------------------------------------
  ⋮//省略部分见程序实例
//****************************************************************
```

完整的工程程序见随书“网上资料\参考程序\课题 22_CAT5113\LM3s101_Cat5113*.*”。

任务② 用 LED 亮熄表示 CAT5113 通过按键调节的电阻电压变化值。

程序运行后的操作方法：将程序烧入单片机后，按动 K1 或 K2 键不放松，你会发现指示灯会逐渐变亮或逐渐变暗。

操作时，请用跳线块将 JS2 与 JS4 连接起来。

范例程序编写如下：

```
//****************************************************************
//文件名：Cat5113_Main.c
//功能：用于驱动 CAT5113 芯片
//----------------------------------------------------------------
 ⋮
void  GPio_Initi(void);
void  GPio_KEY_Initi(void);
void  IndicatorLight_PB4(void);                             //芯片运行指示灯
void  IndicatorLight_PB5(void);                             //芯片运行指示灯
void  IndicatorLight_PB6(void);                             //芯片运行指示灯
void  Delay(int nDelaytime);                                //用于延时
void  jtagWait();                                           //防止 JTAG 失效
#define PB4_LED   GPIO_PIN_4
#define PB5_LED   GPIO_PIN_5
#define PB6_LED   GPIO_PIN_6
//KEY(按键)
#define PA2_KEY1   GPIO_PIN_2                               //PA2
```

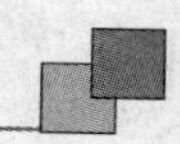

```
#define PA3_KEY2   GPIO_PIN_3                         //PA3
void Key1_RH();
void Key2_RL();
//-----------------------------------------------------------------------
//函数名称：Time0Execute()
//函数功能：用户用定时器 0 的中断执行函数
//说明：此函数为用户用定时器 0 的中断执行函数，使用时请将此函数复制到工程主文件中，
//      并在函数体中加入用户执行代码用于读取实时时钟
//-----------------------------------------------------------------------
void  Time10Execute()
{
  //如果 KEY1 键按下
  if(GPIOPinRead( GPIO_PORTA_BASE,PA2_KEY1) == 0x00)Key2_RL();
  if(GPIOPinRead( GPIO_PORTA_BASE,PA3_KEY2) == 0x00)Key1_RH();
}
//-----------------------------------------------------------------------
//主函数
//-----------------------------------------------------------------------
void main(void)
{
   //防止 JTAG 失效
   DelayM(10);
   jtagWait();
   DelayM(10);
   //设定系统晶振为时钟源
   SysCtlClockSet( SYSCTL_SYSDIV_1 | SYSCTL_USE_OSC | SYSCTL_OSC_MAIN | SYSCTL_XTAL_6MHZ );
   GPio_Initi();                      //初始化 GPIO
   GPio_KEY_Initi();
   //初始化 CAT5113(必须要初始化工作引脚器件才能进入工作)
   GPioB_Initi_cat5113();
   Timer0_TimeA_Initi();              //初始化定时器 0 用于读取按键值和温度值
   while(1)
   {
      IndicatorLight_PB5();          //程序运行指示灯
      DelayM(30);                    //延时
   }
}
//-----------------------------------------------------------------------
//函数名称:GPio_KEY_Initi
//函数功能:启动外设 GPIO PA 口为输入状态
//-----------------------------------------------------------------------
void GPio_KEY_Initi(void)
{ //使能 GPIO PA 口外设
   SysCtlPeripheralEnable( SYSCTL_PERIPH_GPIOA );
   //设定 PA0～PA3 为输入,用于按键输入
   GPIODirModeSet(GPIO_PORTA_BASE, PA2_KEY1|PA3_KEY2,GPIO_DIR_MODE_IN);
}
//-----------------------------------------------------------------------
//函数名称：GPio_KEY_Initi
```

```
//函数功能：按键 1 向 RH 方向移动(电阻增大)
//-------------------------------------------------------------------------
void Key1_RH()
{
    RW_RH();
    IndicatorLight_PB4();           //程序运行指示灯
}
//-------------------------------------------------------------------------
//函数名称：GPio_KEY_Initi
//函数功能：按键 2 向 RL 方向移动(电阻减小)
//-------------------------------------------------------------------------
void Key2_RL()
{
    RW_RL();
    IndicatorLight_PB6();           //程序运行指示灯
}
//-------------------------------------------------------------------------
  ：//省略部分见程序实例
//*************************************************************************
```

完整的工程程序见随书"网上资料\参考程序\课题 22_CAT5113\LM3s101_Cat5113 _time*.*"。

作业：

琢磨一下电视机的遥控声音控制过程。

编后语：世间本没有一帆风顺的事。当做成功了 CAT5113 数字电位器实验时，心中还是有一丝的高兴。开始我没有动用程序，以为就这样用手工可以做出来，结果是浪费了一天的时间。苦闷啊！思来想去，将 CAT5113 数据手册看了好几遍，都没有发现问题所在，又是打电话给老师，又是写信，以为没辙了。细心看了一下时序图，无意中发现有一个器件电气特性表，细端详，表中正有 t_{CI}、t_{DI}、t_{ID} 的字样，再看一下时序图，图上正有这些标号。我以前看的时候，以为没时间参数，所以没有在意，和平时一样走马观花，不以为然。再看电气特性表时，发现表的右侧还有最小时间，这样，这个时序图就可以解出来了。当初没有太大的把握，还是沿着时序图编一段程序，只图一试。将程序写入单片机，架上万用表夹住 R_H 与 R_w 两引脚，按下按键，发现数据在变化，多按几下，数据越走越高。终于动起来了，好一会儿高兴，真是苦难中见甘甜！功夫不负苦心人，凡事都要认真去思考，认真去做，才有可能成功，以后在做新芯片开发时，一定要认真地读懂时序图，认真地研究时序图，这才是高手所为。

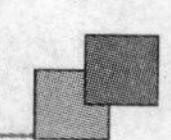

课题 23 低盲区超声波测距模块在 LM3S101 微控制器系统中的应用

【实验目的】

了解和掌握低盲区超声波测距模块 URM37 在 LM3S101 微控制器系统中的应用原理与方法。

【实验设备】

① 所用工具：30 W 烙铁 1 把，数字万用表 1 个；

② PC 机 1 台；

③ 开发软件 IAR Embedded Workbench5.20v 集成开发平台 1 套；

④ LM LINK JTAG 调试器 1 套，EasyARM101 开发套件 1 套。

【外扩器件】

课题所需外扩元器件请查寻图 K23－3。

【工程任务】

用低盲区超声波测距模块实现测距实验，并利用液晶显示屏显示单片机读取的测试结果，并利用作者编的 PC 程序 Cseria_Comm.exe 显示读取的测试结果。

【所需外围器件资料】

K23.1 概 述

低盲区超声波测距模块 URM37 是一种为 ROBOT 设计的模块，可以应用于汽车倒车报警、门铃、各类安全线提示、玩具小车躲避障碍物等。

模块主要的性能如下：

- 使用电压＋5 V，工作电流小于 20 mA，测量距离最大 500 cm，最小 4 cm，分辨率为 1 cm；
- 通信方式使用 RS－232 串行或 TTL 电平完成数据传输；
- 所测距离还可以通过脉宽输出方式将数据输出；
- 可以在模块的内部 E^2PROM 内预先设定一个比较值，当测量的距离小于该值时，就从 COMP/TRIG(6 引脚)引脚输出低电平用于外部设备；
- 本模块提供了一个舵机控制功能，可以和一个舵机组组成一个 270°测量组件用于机器人扫描 0°～270°范围障碍物；
- 内部带温度补偿电路用于提高距离测量精度；
- 内部带有 253 字节 E^2PROM，用于存放掉电不能丢失的临时参数；
- 内部还带有一个温度测量部件，可以通过串行口读出分辨率为 0.1 ℃的环境温度值。

K23.2 引脚排列与功能描述

URM37 V3.2 正面引脚排列如图 K23－1 所示，其引脚功能描述如表 K23－1 所列。

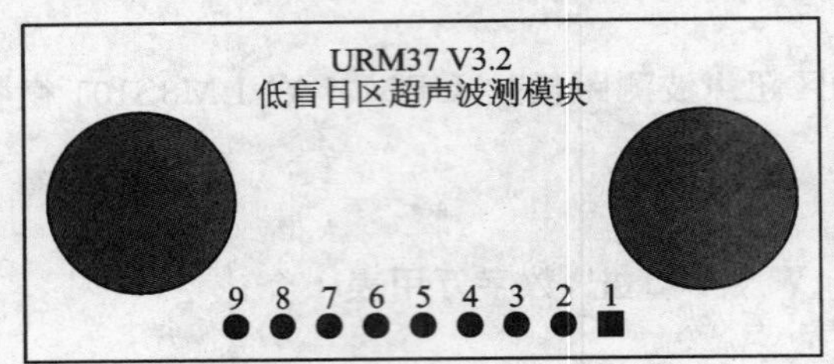

图 K23－1 URM37 V3.2 正面引脚图

表 K23－1 URM37 V3.2 引脚功能描述

引脚号	符 号	功能描述
1	Vcc	＋5 V 电源输入
2	GND	电源地
3	nRST	模块复位，低电平有效
4	PWM	测量到的距离数据以 PWM 脉宽方式输出 0～25 000 μs，每 50 μs 代表 1 cm
5	MOTO	舵机控制信号输出
6	COMP/TRIG	COMP：比较模式开关量输出，测量距离小于设置比较距离时输出低电平； TRIG：PWM 模式触发脉冲输入
7	PWR_ON	模块使能，高电平有效，可多个模块并联使用
8	RxD	异步串行通信接收脚，RS－232 电平或者 TTL 电平
9	TxD	异步串行通信发送脚，RS－232 电平或者 TTL 电平

K23.3 模块功能描述

模块惟一的一个通信接口就是 UART 串行通信，采用两种电平形式，即 RS－232 电平方式和 TTL 电平方式。RS－232 电平方式用于直接与 PC 机连接，TTL 电平方式用于直接与单片机连接。模块上使用了两个跳线块方便用户选择。

1. 模式 1(串口被动模式)

串口被动模式也就是模块处于等待命令状态模式，在这种模式下，通过向串口发送测量距离命令，模块就启动一次距离测量动作，并将测得的距离数据通过串口发回。命令中所带的舵机旋转度参数用于从模块的 MOTO 引脚输出脉冲信号驱动舵机旋转到指定的角度位置。

2. 模式 2(自动测量模式)

当模块设为自动测量模式时，模块将每隔 25 ms 测量一次，并将测得的数据与用户

设好的不能小于的距离比较值进行比较，当所测距离小于或等于比较值时，就从模块的 COMP/TRIG 引脚输出低电平（这个电平足以控制一个开关使小车刹车，不至于小车碰击障碍物而损坏）。另外每启动一次距离测量，就从模块的 PWM 引脚输出所测得的距离值，方法是从 PWM 引脚输出脉冲的宽度，并以低电平表示，则每 50 μs 为 1 cm。这样就可以通过单片机一个引脚来读取这个数字。模块中比较值的好处是可以简单地把模块当作一个超声波开关使用。

3. 模式 3(PWM 被动控制模式)

在这种模式下，通过模块的 COMP/TRIG 引脚触发低电平信号来启动一次距离测量动作。这个低电平脉冲宽度同时能控制舵机的转动角度。舵机的旋转角度分为 46 个角度控制值，每一个控制值代表 5.87°，值的范围从 0～46，每 50 μs 脉冲宽度代表一个控制角度值。当触发脉冲发出后，就从模块的 MOTO 引脚输出控制脉冲控制舵机旋转。接下来模块的 PWM 引脚将测得的距离以脉冲宽度方式输出一个低电平，低电平的时间长度为所测得的距离，则每 50 μs 低电平为 1 cm 距离，单片机可以通过这个引脚读出测得的距离。当测量的距离无效时，引脚上将出现一个 50 000 μs 的低电平脉冲。

4. 模块内的 E^2PROM

URM37 模块带有一个 256 字节的 E^2PROM，用于存放一些系统需要保存比较长时间的数据。其中 256 字节分为两部分：0x00～0x02 为系统配置之用；0x03～0xFF 为用户使用区。可以发送命令来进行读/写，具体见表 K23 - 2 所列。

K23.4　串行读/写命令的格式

串行读/写命令的格式见表 K23 - 2 所列。

模块串行波特率为 9 600 baud，无奇偶校验，1 位停止位。控制命令使用 1 个四字节的数据串进行协议，其格式为：

命令＋数据 0＋数据 1＋校验和

校验和是命令和数据的加数和，即

校验和＝命令＋数据 0＋数据 1

加好以后高 8 位舍弃，留下低 8 位。

表 K23 - 2　串行读/写命令格式描述

命令格式	功　能	说　明
读温度值 0x11 ＋ NC ＋ NC ＋ 校验和	启动 16 位温度的读取命令	命令发出后，模块内启动温度测量，并将测得的温度按“0x11＋温度的高 8 位＋温度的低 8＋校验和”格式通过 TxD 线发回。命令中的 NC 为任意数据，温度的 8 位中的高 4 位为温度的正负标识符，全 1 为温度是 0 下值，全 0 为温度是 0 上值。读出的温度分辨率为 0.1 ℃，每个数字代表 0.1 ℃。当测量的温度无效时返回的数据全为 1，即 0xFFFF

续表 K23-2

命令格式	功 能	说 明
读出距离测量值 0x22＋度数＋NC＋校验和	启动 16 位距离测量读取命令	命令中的度数是用来控制舵机转动超声波测量模块到一定的角度后测量距离之用。舵机可以旋转 270°，模块将 270°划分为 46 个角度区，每角度区为 5.87°，共 46 个区，取值范围为 0～46。如果数字超过 46，电机将不转动。模块上电初始化时其舵机的旋转值为 135°，也就是中间的位置，指令为 0 时舵机逆时针转到 0°，当指令为 46 时舵机顺时针旋转 270°。距离测量完成时发回数据的格式为"0x22＋距离的高 8 位＋距离的低 8 位＋校验和"。测量距离无效时返回的距离为 0xFFFF
从 E^2PROM 读出数据 0x33＋地址＋NC＋校验和	启动内部 E^2PROM 读操作	命令发送后读取指定地址内的数据，数据返回的格式为"0x33＋地址＋数据＋校验和"
向 E^2PROM 写入数据 0x44＋地址＋写数据＋校验和	启动内部 E^2PROM 写	写数据范围为 0x00～0xFF 单元。其中地址 0x00～0x02 中的数据为模块使用的配置字，操作时需要谨慎！可以通过读取内部数据来判断数据是否写入。数据写入成功后返回"0x44＋地址＋写数据＋校验和"。 模块内的 0x00～0x02 地址内容分配是：0x00 为比较距离的高 8 位，0x01 为比较距离的低 8 位，0x02 为模式设置寄存器，向其写入 0xAA 为配置模块中的自动测量距离模式开启，向其写入 0xBB 为配置模块启用 PWM 被动控制模式

注：上面的操作必须在 PWR_ON 引脚接入高电平时才能生效。

K23.5 舵机旋转角度参考表

舵机旋转角度参考见表 K23-3。

表 K23-3 舵机旋转角度参考表

序号	值	度数	序号	值	度数	序号	值	度数	序号	值	度数
1	01	6	13	0D	76	25	19	147	37	25	217
2	02	12	14	0E	82	26	1A	153	38	26	223
3	03	18	15	0F	88	27	1B	159	39	27	229
4	04	24	16	10	94	28	1C	164	40	28	235
5	05	29	17	11	100	29	1D	170	41	29	241
6	06	35	18	12	106	30	1E	176	42	2A	247
7	07	41	19	13	112	31	1F	182	43	2B	252
8	08	47	20	14	117	32	20	188	44	2C	258
9	09	53	21	15	123	33	21	194	45	2D	264
10	0A	59	22	16	129	34	22	200	46	2E	270
11	0B	65	23	17	135	35	23	206			
12	0C	70	24	18	141	36	24	211			

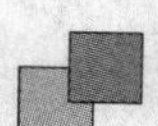

【扩展模块制作】

1. 扩展模块电路图

(1) URM37 模块与 PC 连线图如图 K23 - 2 所示。

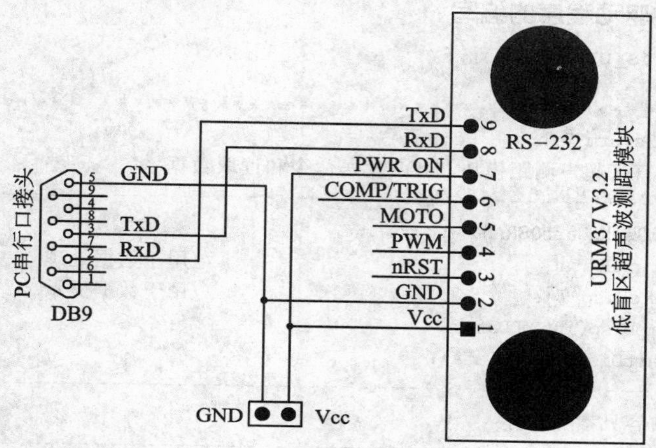

图 K23 - 2　URM37 模块与 PC 连线图

(2) URM37 模块与单片机连线图如图 K23 - 3 所示。

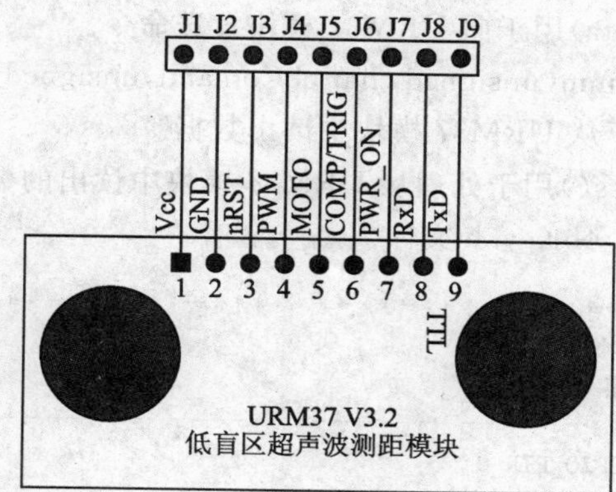

图 K23 - 3　URM37 模块与单片机连线图

(3) 扩展模块电路 JCM12864M

JCM12864M 模块请参考图 K12 - 21。

2. 扩展模块间的连线

① URM37 模块与 PC 连线见图 K23 - 2。

② 图 K23 - 3 与 EasyARM101 开发板的连线:J9 连接到 PA0,J8 连接到 PA1。

③ 扩展模块电路 JCM12864M 请参考图 K12 - 21 连线。

④ 按键引脚使用 P.B0(K1)、PB1(K2)、PB3(K3)、PB4(K4)。

连线后请注意:与 PC 进行通信时使用 5 V 电源,与 EasyARM101 开发平台通信时使用 3 V 电源。切记!!

3. 模块制作

扩展模块制作成实验板时按图 K23 - 2、图 K23 - 3 进行。

【程序设计】

1. 扩展器件驱动程序的编写

(1) 创建 lm3s_urm37. h 文件

```
//**************************************************************
//文件名：lm3s_urm37.h
//功能：向低盲区超声测距模块 URM37 发送命令和读取数据
//--------------------------------------------------------------
#include "Lm3sxxxUart0SR.h"
unsigned char chUData[4];                                //用于数据处理
unsigned char cDisp[7];                                  //用于数据显示
void Data_TempDisp(int nDData);
void Data_ApartDisp(int nDData);
//--------------------------------------------------------------
  ：//文件内容见参考程序
//--------------------------------------------------------------
```

主要外用函数原型：

- void Send_NB_Comm(unsigned char chCommand, unsigned char chAddr, unsigned char chData)用于向 URM37 模块发送命令。
- void Rcv_NB_Comm(unsigned char chComand, unsigned char chAddr, unsigned char chData)用于从 URM37 模块中读出数据。
- void Data_Process()用于处理从 URM37 模块中读出的数据。

(2) 创建 Lm3sxxx_4bKey. h 文件

```
//**************************************************************
//文件名：Lm3sxxx_4bKey.h
//功能：实现按键工作
//--------------------------------------------------------------
#define PB0_KEY1   GPIO_PIN_0
#define PB1_KEY2   GPIO_PIN_1
#define PB2_KEY3   GPIO_PIN_2
#define PB3_KEY4   GPIO_PIN_3
void LM4BKey1();
 ⋮
void LM4BKey4();
//--------------------------------------------------------------
//函数名称：GPio_Key_Initi
//函数功能：启动外设 GPIO PB 口为输入状态,用于按键
//--------------------------------------------------------------
void GPio_Key_Initi(void)
{
    //使能 GPIO PB 口外设,用于按键
    SysCtlPeripheralEnable( SYSCTL_PERIPH_GPIOB);
```

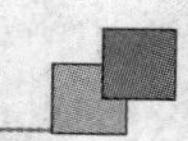

```
    //设定 PB0～PB3 为输入,用于按键输入
    GPIODirModeSet(GPIO_PORTB_BASE, 0x0F,GPIO_DIR_MODE_IN);  //PB 口的低 4 位用于键盘
                                                              //输入
}
//------------------------------------------------------------------------
//函数名称：LmRead4bKey
//函数功能：用于读取按键值
//------------------------------------------------------------------------
void LmRead4bKey()
{
    //如果 KEY1 键按下
    if(GPIOPinRead(GPIO_PORTB_BASE,PB0_KEY1) == 0x00)LM4BKey1();
    ⋮
    //如果 KEY4 键按下
    if(GPIOPinRead(GPIO_PORTB_BASE,PB3_KEY4) == 0x00)LM4BKey4();
}
//------------------------------------------------------------------------
//以下是按键执行代码
//------------------------------------------------------------------------
//按键 Key1
void LM4BKey1()
{ //请在下面加入代码
    Send_NB_Comm(0x11,0x10,0x10);
}
///-----------------------------------------------------------------------
//按键 Key2
void LM4BKey2()
{ //请在下面加入代码
    Send_NB_Comm(0x22,0x17,0x10);
}
//------------------------------------------------------------------------
//按键 Key3
void LM4BKey3()
{ //读出测距值
  Rcv_NB_Comm(0x22,0x17,0x10);
  Data_Process();
  SEND_NB_DATA_12864M(0x8D,cDisp,7);
}
//------------------------------------------------------------------------
//按键 Key4
void LM4BKey4()
{ //读出温度值
  Rcv_NB_Comm(0x11,0x10,0x10);
  Data_Process();
  SEND_NB_DATA_12864M(0x95,cDisp,7);
}
//------------------------------------------------------------------------
```

主要外用函数原型：

void GPio_Key_Initi(void)用于初始化连接到引脚上的按键。

2. 应用范例程序的编写

用低盲区超声波测距模块实现测距实验，通过液晶显示屏显示单片机读取的测试结果并利用作者编的 PC 程序 Cseria_Comm. exe 显示读取的测试结果。

(1) 与单片机通信程序

代码如下：

```
//***************************************************************
//文件名：urm37_Main.c
//功能：用于 URM37 芯片的数据
//说明：URM37 模块电源请直接使用 EasyARM101 开发平台 3.3 V 电源
//---------------------------------------------------------------
 ⋮
void  GPio_Initi(void);
void  IndicatorLight_PB4(void);                    //芯片运行指示灯
void  IndicatorLight_PB5(void);                    //芯片运行指示灯
void  Delay(int nDelaytime);                       //用于延时
void  jtagWait();                                  //防止 JTAG 失效
#define PB4_LED  GPIO_PIN_4
#define PB5_LED  GPIO_PIN_5
#include "lm3s_jcm12864m.h"
#include "lm3s_urm37.h"
#include "Lm3sxxx_4bKey.h"
//---------------------------------------------------------------
//主函数
//---------------------------------------------------------------
void main(void)
{   unsigned char chRcv = 0x00;
    //防止 JTAG 失效
    DelayM(10);
    jtagWait();
    DelayM(10);
    //设定系统晶振为时钟源
    SysCtlClockSet( SYSCTL_SYSDIV_1 | SYSCTL_USE_OSC |
                    SYSCTL_OSC_MAIN |SYSCTL_XTAL_6MHZ );
    GPio_Initi();                                  //初始化 GPIO
    GPio_Key_Initi();                              //初始化按键
    //初始化 UART0 串行通信用于向下位机读出数据
    LM3Sxxx_UART0_Initi(9600);
    JCM12864M_INITI();                             //初始化 JCM12864M
    GPio_Key_Initi();                              //初始化按键引脚
    SEND_NB_DATA_12864M(0x82,"博圆电子",8);
    SEND_NB_DATA_12864M(0x90,"现在温度：00.00",15);
    SEND_NB_DATA_12864M(0x88,"所测距离：0000cm",16);
    UART0Send("ABCD",4);
    while(1)
```

```
    {
        LmRead4bKey();                                  //扫描按键
    Aing:
        if(nbRcvFlags0)
        { nbRcvFlags0 = 0;
        IndicatorLight_PB4();                           //程序运行指示灯
        chUData[chRcv] = nlRcvData0;                    //读取收到的数据
        chRcv++;
        if(chRcv>0x03)
        {chRcv = 0x00;
         Data_Process();
         goto Bing;}
            goto Aing;
            }
      Bing:
          IndicatorLight_PB5();                         //程序运行指示灯
          DelayM(20);                                   //延时
      }
  }
  //------------------------------------------------------------------
    ⋮//省略部分见程序实例
  //------------------------------------------------------------------
```

完整的工程程序见随书“网上资料\参考程序\课题 23_URM37\Lm3sxx_Urm37_101*.*”。

(2) 与 PC 通信程序

PC 与 URM37 模块程序界面如图 K23 – 4 所示。

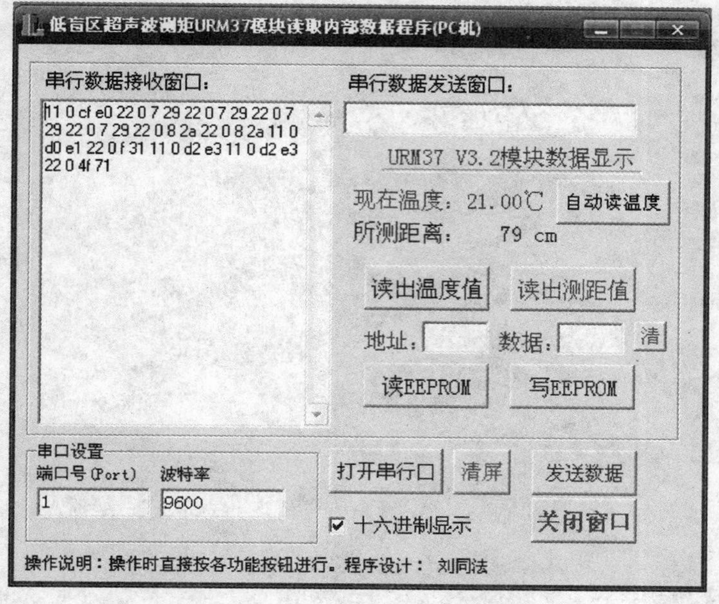

图 K23 – 4　PC 与 URM37 模块通信程序

操作时直接按界面上的按钮即可。

通信程序的主要程序代码见参考程序。

完整的工程程序见随书“网上资料\参考程序\课题 23_URM37\Cseria_Comm_PC_bcb60_2”。

编后语：超声波测距在倒车等很多领域都得到应用，关注相关应用有利于我们的设计开发。

第 4 章 工程实践

课题 24　RS－485 在工程中的应用实现

【实验目的】

了解和掌握 RS－485 在实际工程中的应用原理与方法。

【实验设备】

① 所用工具：30 W 烙铁 1 把，数字万用表 1 个；

② PC 机 1 台；

③ 开发软件 IAR Embedded Workbench5.20v 集成开发平台 1 套；

④ LM LINK JTAG 调试器 1 套，EasyARM615 开发套件 1 套，EasyARM101 开发套件 1 套。

【工程任务】

病房空调使用时间记录系统。

【工程任务的理解】

现在医院的病房空调是按病人的使用时间来收使用费的，在院方与患者之间存在使用记录问题。往往因病人用了空调而护士没有及时记录引起争议。是否可以通过现代科技将患者使用空调的时间记录下来？答案当然是可行的。只要通过互感器将空调开机的电流信号传送给单片机就可以解决这一问题。设计时使用单片机任意一只输入/输出引脚接收空调开机后感应的持续电压信号，使引脚上的电压拉低，程序进入开始计时状态，直到空调被停机，引脚上的信号终止为止，计时停止后将记录的时间存入存储器。这样就获得了空调开机的时间。接下来的问题是怎样将获得的时间数据传送到主机进行统计。用 RS－485 可以帮助解决这一问题。可以借用 LM3S615 芯片的两个 UART(RS－232)通信端口来进行信号中转，即使用一个端口接收下位机的信号，另一个端口直接与 PC 进行数据传送。硬件设计采用一主多从的组网形式进行。每一个从机通过独立编号来识别，主机通过发送从机编号引发从机向主机发送数据。

【工程设计构想】

1. 硬件设计方框图

从机硬件样式设计如图 K24－1 所示。主机硬件样式设计如图 K24－2 所示。

图 K24－1　用时间数据采集硬件制作从机样式图

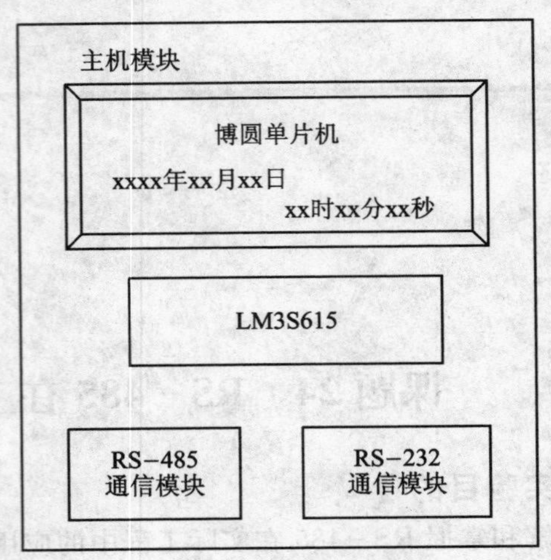

图 K24－2　用时间数据采集硬件制作主机样式图

2. 工程程序构思与协调控制任务分工

(1) 从机程序

启用定时器 0 产生时间,最小单位为秒。

启用定时器 1 扫描互感圈所用引脚,获取空调启动时的电流信号。

本定时器的工作过程是:获得互感圈发来的信号后,立即关闭本定时器,并同时启动定时器 0,开始空调用机计时;此时定时器 0 启动后的工作是,产生秒计时的同时将产生的时间发向 JCM12864 显示器显示,随后扫描互感圈所用的引脚是否信号中断,如果发现信号消失,立即停止计时(关闭定时器 0),保存获取的时间,并随后启动定时器 1 扫描互感圈所用的引脚,获取空调再一次启动的信号。

主程序区负责侦察上位机发来的命令,并向上位机发送时间数据,同时运行指示灯。

(2) 主机程序

主机主要任务是负责转发数据。设计这一硬件是因为 LM3S615 有两个 UART 接口,可以方便地进行上传下达。

只要接到 PC 读取某从机时间数据的指令,本机就可以发送命令到对应的从机上,并转发数据,同时将数据发向 PC。从机网上采用编号进行,每一病房编一个独一无二的号码(号码不能重用)。

(3) PC 程序

PC 的应用程序负责读取各从机保存的当天各病房空调用机时间,并按日期保存到数据库,以利于工作人员的统计和查阅。

【实验器件】

EasyARM101 开发平台 1 套,RS-485 串行通信模块 1 块,互感圈模块 1 个,三模块组成从机系统;EasyARM615 开发平台 1 套(本平台带有 RS-485 串行通信模块);RS-485 通信 PC 程序 1 个。

【所需外围器件 SP3485 资料】

1. 概　述

SP3485 是+3.3 V 低功耗半双工收发器,它完全满足 RS-485 和 RS-422 串行协议的要求。它与 Sipex 的 SP481、SP483 和 SP485 的引脚互相兼容,同时兼容工业标准规范。SP3485 还符合 RS-485 和 RS-422 串行协议的电气规范,数据传输速率可高达 10 Mbit/s(带负载)。

2. 特　性

SP3485 特性如下:

- 工作电压为+3.3 V;
- RS-485 和 RS-422 收发器;
- 发送器/接收器使能;
- 低功耗关断模式(SP3481);
- 可与+0.5 V 的逻辑电路共同工作;
- -7～+12 V 的共模输入电压范围;
- 允许在同一串行总线上连接 32 个收发器;
- 与工业标准 75176 引脚配置兼容;
- 驱动器输出短路保护。

3. 引脚排列与功能描述

SP3485 引脚排列如图 K24-3 所示,其引脚功能描述如表 K24-1 所列。

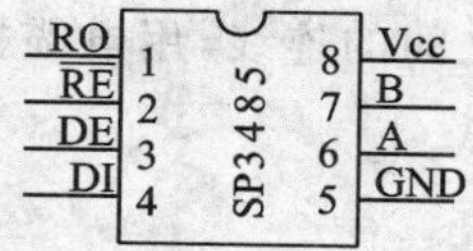

图 K24-3　SP3485 引脚排列

表 K24 - 1　SP3485 引脚功能描述

名　称	功　能	名　称	功　能
RO	接收器输出	B	反相发送器输出/接收器输入
$\overline{RE}$	接收器输出使能	A	同相发送器输出/接收器输入
DE	发送器输出使能	Vcc	供电电压
DI	发送器输入	GND	地

4. 驱动器

SP3485 的驱动器采用的是差分输出，满足 RS - 485 和 RS - 422 标准。空载时输出 0～+3.3 V。即使在差分输出连接了 54 Ω 负载的条件下，驱动器仍可保证输出电压大于 1.5 V。SP3485 有一根使能控制线(高电平有效)。DE 上的逻辑高电平将使能驱动器的差分输出。如果 DE 引脚为低电平，则驱动器输出呈现三态。

SP3485 收发器的数据传输速率可高达 10 Mbit/s。驱动器输出最大 250 mA，I_{SC} 电流的限制使 SP3485 可以承受－7.0～＋12.0 V 共模范围内的任何短路情况，保护 IC 不受到损坏。

5. 接收器

SP3485 接收器采用的是差分输入，输入灵敏度可低至±200 mV。接收器的输入电阻通常为 15 kΩ(最小为 12 kΩ)。－7～＋12 V 的宽共模方式范围允许系统之间存在大的零电位偏差。SP3485 的接收器有一个三态使能控制引脚。如果$\overline{RE}$为低，接收器使能，反之接收器禁止。

SP3485 接收器的数据传输速率可高达 10 Mbit/s。两者的接收器都有故障自动保护特性可以使得输出在输入悬空时为高电平状态。

有关 SP3485 详细的资料见“网上资料\器件资料\ZK24_＊.＊”。

【工程施工用图】

本课题工程施工用电路从机图如图 K24 - 4 所示，主机图如图 K24 - 5 所示。

【制作工程用电路板】

主机与从机的制作请按图 K24 - 5 和图 K24 - 4 电路进行。从机模块根据需要制作 N 块，主机有一块即可。模块之间的连线，用电缆按 A 对 A、B 对 B、GND 对 GND 进行对接。

【工程程序应用实例】

1. 从机应用程序

主程序代码如下：

```
//************************************************************************
//文件名：RS485_Main.c
//功能：用于 SP3485 芯片的数据收/发
//说明：以下为从机程序
```

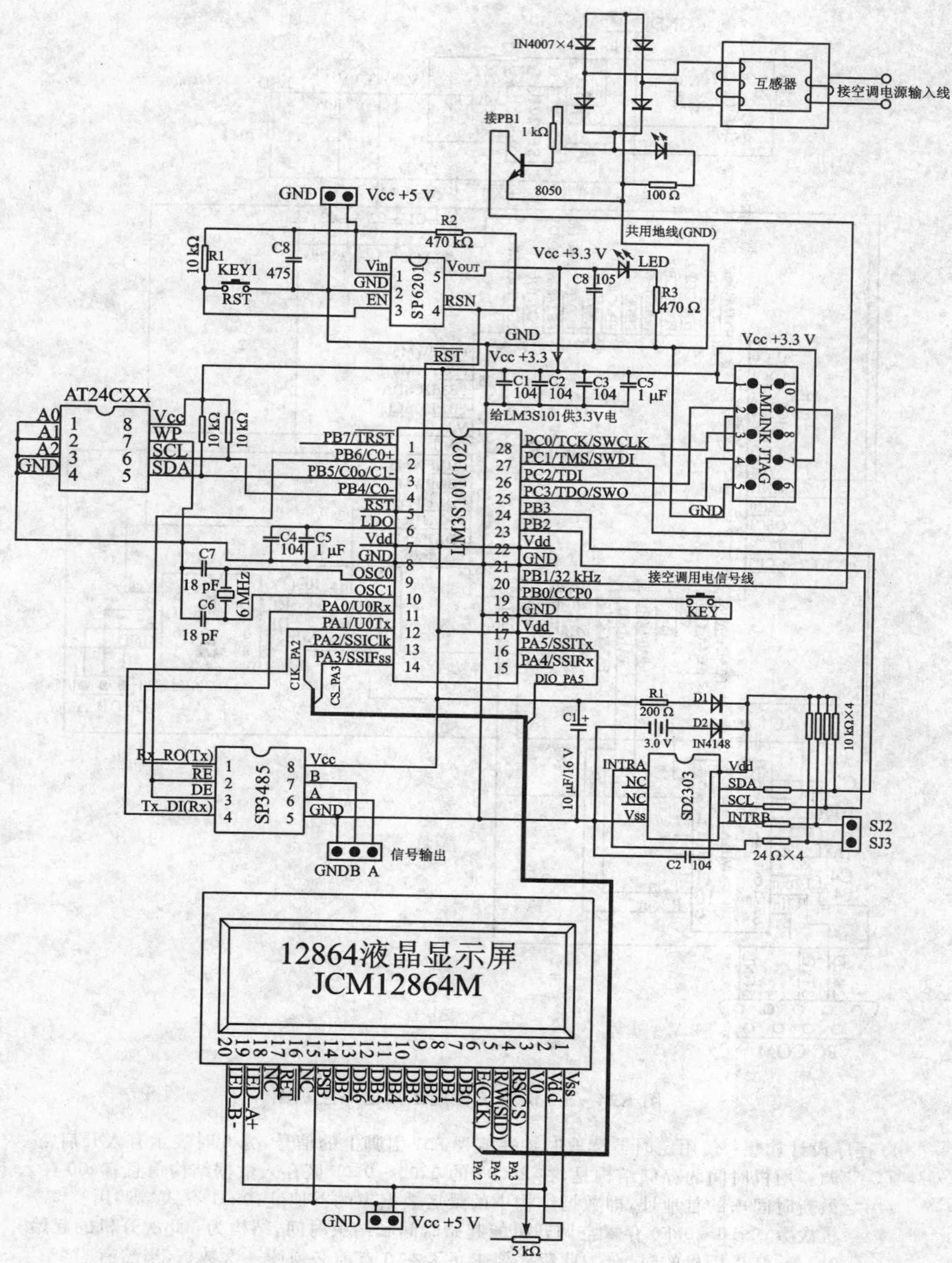

图 K24－4　课题工程施工用电路从机图

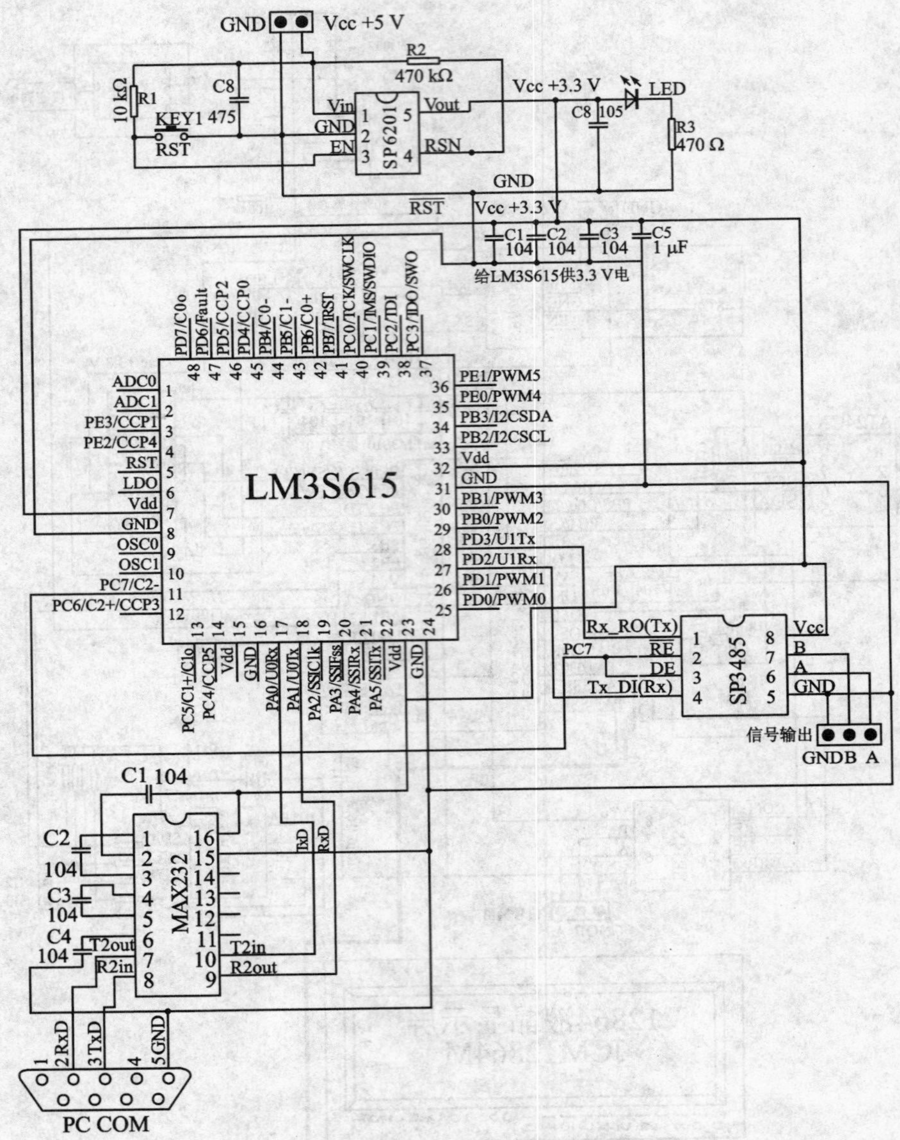

图 K24－5　课题工程施工用电路主机图

```
//程序设计构想：使用定时器读取时钟并监视 PB1 引脚上的信号，为 0 时表示有人开启空
//    调。用机时间的存储结构是，在 24C08 的 0x00～0x0F 区存入数据结构信息；0x00 存入
//    最新时间串的首地址，即数据结构中的最后数据串的首地址；0x01 存入空调用
//    机次数；0x10～0xF0 存入空调开机的起始时间和结束时间，结构为：此次开机的起始
//    时、分，结束用机的时、分。此程序要求每天在 0 点前必须读一次数据(当然有一个
//    数据会出现问题，就是 0 时还在用空调，这时数据已经被擦除，所以在做实际
//    工程时一定要考虑这个问题)
//---------------------------------------------------------------
```

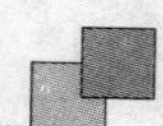

```
:
void  GPio_Initi(void);
void  IndicatorLight_PB4(void);                    //芯片运行指示灯
void  IndicatorLight_PB5(void);                    //芯片运行指示灯
void  Delay(int nDelaytime);                       //用于延时
void  jtagWait();                                  //防止 JTAG 失效

#define PB4_LED   GPIO_PIN_4
#define PB5_LED   GPIO_PIN_5
#define PB1_XH   GPIO_PIN_1                        //PB1 空调用电信号输入
#include "RS232_485.h"
#include "lm3s_jcm12864m.h"
#include "Time_time_time1.h"
#include "sd2303_time.h"
#include "iiC_i2c_lm3s_PB45.h"

unsigned char chPB1;
unsigned char chAdd_Count[3];                      //[0]数据串和首地址;[1]用机次数
unsigned char chStartTime[5];                      //[0]起始时;[1]起始分;[2]结束时;[3]结
                                                   //束分
unsigned char chTime0SO = 0x01,chTime1SO = 0x00;//用于定时器 0 和定时器 1 自锁
unsigned char chNumber  =  0x01;                   //此为机编号,每机一个
//定义时间变量
unsigned int nSec = 0;                             //秒钟
unsigned int nMin = 0;                             //分钟
unsigned int nHour = 0;                            //小时
unsigned int unTime[4];
unsigned char uchMould0[8];

void DispTimeTreat(unsigned int unTime[4],unsigned char uchMould[8]); //用于转换为
                                                                      //显示码
void ChuShihuaTime();                              //初始化计时时间变量
void Read_Send_TimeData();                         //读出并发送存在存储器中的时间数据
void Delete_TimeData();                            //用于删除 AT24C02 存储器数据
//--------------------------------------------------------------------------
//功能:用于记录空调用机时间
//说明:定时器 0 的中断执行函数,请在使用时加入执行代码即可
//--------------------------------------------------------------------------
void  Time10Execute()
{
  //请在下面加入代码
  if(chTime0SO == 0x00)
  {
      //读信号引脚是否为 1
      chPB1 = GPIOPinRead(GPIO_PORTB_BASE, PB1_XH);
      if(chPB1! = 0x00)
      {//如果为 1 就锁定时器 0 并保存计时
      chTime0SO  =  0x01;                          //锁定
      //如果有人关闭空调就将结束时间存入 chStartTime 数组中
```

```
    chStartTime[2] = chDateTime[2];          //时钟
    chStartTime[3] = chDateTime[1];          //分钟
    //保存数据和用时时间
    WRITE_NB_DAT_I2C45(AT24C02,0x00,chAdd_Count,2);
    WRITE_NB_DAT_I2C45(AT24C02,chAdd_Count[0],chStartTime,4);
    //开启定时器 1 工作
    chTime1SO = 0x01;
    }
  nSec ++;                                   //秒钟
  if(nSec > 59)
  {nSec = 0;
   nMin ++;                                  //分钟
   if(nMin > 59)
   {nMin = 0;
    nHour ++;                                //时钟
    if(nHour > 23)
    nHour = 0;
    }
  }
  unTime[0] = nSec;
  unTime[1] = nMin;
  unTime[2] = nHour;
  DispTimeTreat(unTime,uchMould0);
  SEND_NB_DATA_12864M(0x9A,uchMould0,8); //显示计时时间
 }
}
//----------------------------------------------------------------
//功能：用于查询空调的起始时间和读出实时时钟产生的时钟数据
//说明：定时器 1 的中断执行函数,请在使用时加入执行代码即可
//----------------------------------------------------------------
void  Time11Execute()
{
  //请在下面加入代码
   unsigned char chPB1 = 0x00;
   GetSD2303_DATE_TIME();                                     //从 SD2303 读出时间
   IndicatorLight_PB5();                                      //定时器 1 运行指示灯
   if(chTime1SO == 0x00)
   {  //读信号脚是否为 0
      chPB1 = GPIOPinRead(GPIO_PORTB_BASE, PB1_XH);
      if(chPB1 == 0x00)
      {//如果有人用空调就将开始时间存入 chStartTime 数组中
        chStartTime[0] = chDateTime[2];                       //时钟
        chStartTime[1] = chDateTime[1];                       //分钟
        //读出上次最后一次存入数据串的首地址,读出空调开机次数
        READ_NB_DAT_I2C45(AT24C02,0x00,chAdd_Count,2);
        if(chAdd_Count[0] == 0xFF) chAdd_Count[0] = 0x10;
         else chAdd_Count[0] += 0x10;                         //地址向前加 1
        if(chAdd_Count[1] == 0xFF) chAdd_Count[1] = 0x01;
         else chAdd_Count[1] = chAdd_Count[1] + 1;            //加 1 次
```

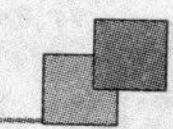

```
        //开启定时器 0 计时和锁定时器 1 的扫描
         chTime0SO = 0x00;
         chTime1SO = 0x01;                          //锁定
        }
      ChuShihuaTime();                              //初始化计时时间变量
   }
}
//-----------------------------------------------------------------------
//主函数
//上位机传来的数据格式:
//机编号  读/写命令  秒  分  时  星期  日  月  年
//      (0xDD 为结束字)
//本机向上位机传送的数据格式:
//机编号  总串数(即用机的次数)  每次用机的起始
//        时间(时  分)(0xDD 为结束字)
//-----------------------------------------------------------------------
void main(void)
{   unsigned char chRcv2 = 0x00;
    unsigned int i = 0;
    //防止 JTAG 失效
    DelayM(10);
    jtagWait();
    DelayM(10);
    //用于定时器 0 和定时器 1 自锁
    chTime0SO = 0x01;
    chTime1SO = 0x00;
    //设定系统晶振为时钟源
    SysCtlClockSet( SYSCTL_SYSDIV_1 | SYSCTL_USE_OSC | SYSCTL_OSC_MAIN |
                    SYSCTL_XTAL_6MHZ );
    ChuShihuaTime();                                //初始化计时时间变量
    GPio_Initi();                                   //初始化 GPIO
    Timer0_TimeA_Initi();                           //初始化定时器 0
    Timer1_TimeA_Initi();                           //初始化定时器 1
    GPio_PB_Initi();                                //初始化 SD2303 使用的 I²C 引脚
    JCM12864M_INITI();                              //初始化 JCM12864M
    GPio_PB45_Initi();                              //初始化 24C02 使用的 GPIO 引脚
    LM3Sxxx_UART0_rs485_Initi(9600);
    CLS_12864M();                                   //清屏
    SEND_NB_DATA_12864M(0x82,"博圆技术",8);
    while(1)
    {
        //接收上位机发来的数据
        chRcv2 = UART0Rcv_rs485();
        if(chRcv2 != 0xEE)
        { //判断是否是本机信息
         if(chRcv2 == chNumber)                     //本机编号为 0x01
         {//如果读到是本机编号,则判断是读命令还是写命令
          chRcv2 = UART0Rcv_rs485();
```

```
        if(chRcv2 != 0xEE)
        { //判断为写入命令,则向时钟 SD2303 写入初始数据,本机设
          //计时没有设计调时按键,直接从 PC 发来实时时钟
          if(chRcv2 == 'w')
          {
              do{
                  chRcv2 = UART0Rcv_rs485();
                  if(chRcv2 != 0xEE)
                  { if(chRcv2 == 0xDD)
                    {SetSD2303_DATE_TIME();   //将收到的时间和日期写
                                              //入 SD2303

                    i = 0;
                    break;                    //结束本次任务
                    }
                  chDateTime[i] = chRcv2;
                  i++;
                  }
              }while(1);
          }
        else if(chRcv2 == 'r')
        {//读出存好的空调用时时间并发送
        Read_Send_TimeData();
        }else ;
        }
      }
    }
  IndicatorLight_PB4();                        //程序运行指示灯
  DelayM(10);                                  //延时
  }
}
//------------------------------------------------------------------
//函数名称:ChuShihuaTime()
//函数功能:初始化计时时间变量
//------------------------------------------------------------------
void ChuShihuaTime()
{
    //初始化计时变量
    nSec = 0;
    nMin = 0;
    nHour = 0;
    unTime[0] = nSec;
    unTime[1] = nMin;
    unTime[2] = nHour;
    DispTimeTreat(unTime,uchMould0);
    SEND_NB_DATA_12864M(0x9A,uchMould0,8);     //显示计时时间
}
//------------------------------------------------------------------
//函数名称:DispTimeTreat()
//函数功能:用于将整数转换为字模
```

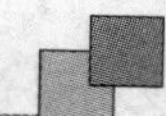

```
//入口参数：unTime 用于传送[2]时、[1]分、[0]秒或年、月、日
//出口参数：uchMould 返回获取的字模共 8 个
//-----------------------------------------------------------------------
void DispTimeTreat(unsigned int unTime[4],unsigned char uchMould[8])
{
    unsigned int nTimeB[8],i = 0;
    //秒
    nTimeB[0]  =  unTime[0] % 10;                    //取个位
    nTimeB[1]  =  unTime[0]/10;                      //取十位
    nTimeB[2]  =  0x3A;                              //:
    //分
    nTimeB[3]  =  unTime[1] % 10;                    //取个位
    nTimeB[4]  =  unTime[1]/10;                      //取十位
    nTimeB[5]  =  0x3A;                              //:
    //时
    nTimeB[6]  =  unTime[2] % 10;                    //取个位
    nTimeB[7]  =  unTime[2]/10;                      //取十位
    nTimeB[0]  += 0x30;                              //变为 ASCII 码
    nTimeB[1]  += 0x30;
    nTimeB[3]  += 0x30;
    nTimeB[4]  += 0x30;
    nTimeB[6]  += 0x30;
    nTimeB[7]  += 0x30;
    for(i = 0;i<8;i++)
     uchMould[i]  =  nTimeB[i];
}
//-----------------------------------------------------------------------
//函数名称：Read_Send_TimeData()
//函数功能：读出并发送存储在存储器中的时间数据
//        本机向上位机传送的数据格式:机编号  总串数(即用机的次数)  每次用机的起
//        始和结束时间(时  分)(0xDD 为结束字)
//-----------------------------------------------------------------------
void Read_Send_TimeData()
{
  unsigned char uchTimeR[4],chI = 0x00,ucCount;  //用于读出数据
  READ_NB_DAT_I2C45(AT24C02,0x00,uchTimeR,4);
  if(uchTimeR[0]  ==  0xFF)
  {
    uchTimeR[0]  =  0xDD;                        //没有数据直接结束
    UART0Send_rs485(uchTimeR,1);
  }
  else
  { uchTimeR[0]  =  chNumber;                    //机编号
    ucCount  =  uchTimeR[1];                     //总串数
    uchTimeR[2]  =  0xBB;                        //标识后面有数据串
    uchTimeR[3]  =  0xBB;
    UART0Send_rs485(uchTimeR,2);
    DelayM(2);
```

```
    //读出空调用时时间
    for(chI = 0; chI<ucCount; chI ++)
    { READ_NB_DAT_I2C45(AT24C02,0x10 + (0x10 * chI),uchTimeR,4);
      UART0Send_rs485(uchTimeR,4);
      DelayM(2);
    }
    //发送结束符
    uchTimeR[0] = 0xDD;                         //结束
    uchTimeR[1] = 0xDD;                         //结束
    uchTimeR[2] = 0xFF;                         //结束
    uchTimeR[3] = 0xFF;
    UART0Send_rs485(uchTimeR,1);
    Delete_TimeData();                          //删除 AT24C02 存储器数据
  }
 }
//------------------------------------------------------------------------
//函数名称: Delete_TimeData()
//函数功能: 用于删除 AT24C02 存储器数据
//------------------------------------------------------------------------
void Delete_TimeData()
{
  unsigned char uchTimeR[4],chI = 0x00,ucCount;  //用于读出数据
  READ_NB_DAT_I2C45(AT24C02,0x00,uchTimeR,4);
  if(uchTimeR[0] == 0xFF)
  {
    ;                                            //没有数据可删除
  }
  else
  { ucCount = uchTimeR[1];                       //总串数
    uchTimeR[0] = 0xFF;
    uchTimeR[1] = 0xFF;
    uchTimeR[2] = 0xFF;
    uchTimeR[3] = 0xFF;
    //删除空调用时时间数据
    for(chI = 0; chI<ucCount; chI ++)
    {
      READ_NB_DAT_I2C45(AT24C02,0x00 + (0x10 * chI),uchTimeR,4);
    }
  }
}
//------------------------------------------------------------------------
  ⋮//省略部分见程序实例
//*************************************************************************
```

完整的程序见"网上资料\参考程序\课题 24_RS485\RS485_工程应用_从机(101)*.*"。

2. 主机应用程序

主程序代码展示如下:

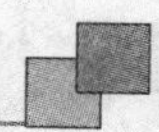

```
//*************************************************************************
//文件名：RS485_Main.c
//功能：用于 SP3485 芯片的数据收发
//说明：以下为主机程序,用于上传、下达数据
//-------------------------------------------------------------------------
 ⋮
void  GPio_Initi(void);
void  IndicatorLight_PB4(void);                  //芯片运行指示灯
void  IndicatorLight_PB5(void);                  //芯片运行指示灯
void  Delay(int nDelaytime);                     //用于延时
void  jtagWait();                                //防止 JTAG 失效

#define PB4_LED   GPIO_PIN_4
#define PB5_LED   GPIO_PIN_5
#include "Lm3sxxxUart0SR.h"
#include "RS232_485.h"

//-------------------------------------------------------------------------
//主函数
//PC 发来的数据结构：第 1 字节为读/写命令,第 2 字节为机编号,第 3 字节为读/写命令,
//                  以后字节为数据,末字节为 0xDD(结束符)
//-------------------------------------------------------------------------
void main(void)
{
   unsigned char chRcv = 0x00,chRcv2 = 0x00;
   //防止 JTAG 失效
   DelayM(10);
   jtagWait();
   DelayM(10);

   //设定系统晶振为时钟源
   SysCtlClockSet( SYSCTL_SYSDIV_1 | SYSCTL_USE_OSC |
                   SYSCTL_OSC_MAIN | SYSCTL_XTAL_6MHZ );
   GPio_Initi();                                 //初始化 GPIO
   LM3Sxxx_UART0_Initi(9600);                    //初始化 UART 串行通信 0
   UART0Send("ABCD",4);                          //向 PC 发送初始信息
   LM3Sxxx_UART1_rs485_Initi(9600);

   while(1)
   { chRcv = UART0Rcv();                         //接收 PC 发来的数据
     if(chRcv != 0xEE)
     {
     if(chRcv == 'w')
     {
       do //接收上位机下达的命令和数据
       { chRcv = UART0Rcv();                     //接收 PC 发来的数据
         if(chRcv != 0xEE)
         { UART1Send_rs485(&chRcv,1);            //将数据通过 RS-485 发向下位机
           if(chRcv == 0xDD)break;
```

```
            }
        }while(1);
      }
    else if(chRcv == 'r')
              { do //接收上位机下达的命令和数据
                { //数据串格式：机编号  读/写命令   结束符 0xDD
                  chRcv = UART0Rcv();                    //接收 PC 发来的数据
                  if(chRcv != 0xEE)
                  { UART1Send_rs485(&chRcv,1);           //将数据通过 RS-485 发向下位机
                   if(chRcv == 0xDD)break;
                  }
                }while(1);
               //等待下位机传回数据
               do {
                    chRcv2 = UART1Rcv_rs485();
                    if(chRcv2 != 0xEE)
                    {//将下位机传回的数据转发给上位 PC 机
                      UART0Send(&chRcv2, 1);
                      if(chRcv2 == 0xDD)break;
                    }
                  }while(1);
                }else ;
              }

            IndicatorLight_PB4();                        //程序运行指示灯
            DelayM(20);                                  //延时
        }
    }
//-----------------------------------------------------------------------
    ://省略部分见程序实例
//-----------------------------------------------------------------------
//*********************************************************************
```

完整的程序见"网上资料\参考程序\课题 24_RS485\ RS485_工程应用_主机(615)*.*"。

3. PC 空调用时管理程序

(1) 主要程序代码(Unit1.cpp)

完整的程序见"网上资料\参考程序\课题 24_RS485\ C485_Comm_PC_bcb60*.*"。

(2) 程序界面

PC 主程序界面如图 K24－6 所示。

编后语： 这是一个实用工程，本课题只提供了一个构思，若要投入使用请多加测试和补充。

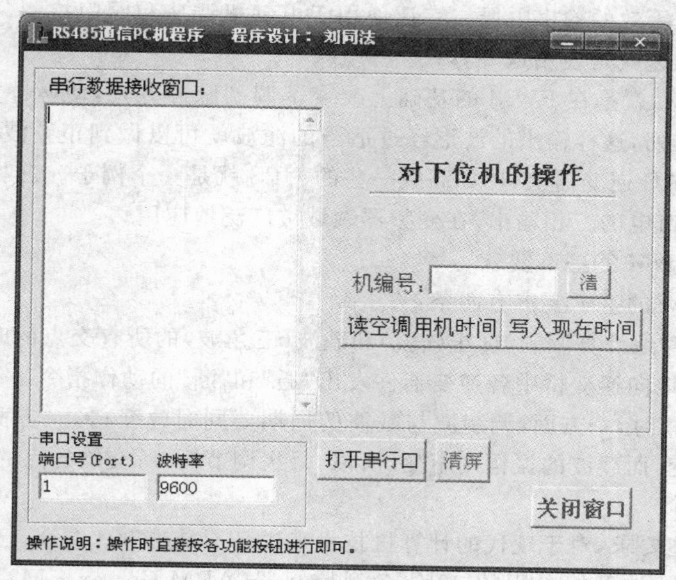

图 K24－6　PC 主程序界面

课题 25　SPWM 变频电源的应用实现

【实验目的】

了解和掌握 SPWM 变频电源的应用原理与实现方法。

【实验设备】

① 所用工具：30 W 烙铁 1 把，数字万用表 1 个；

② PC 机 1 台；

③ 开发软件 IAR Embedded Workbench5. 20v 集成开发平台 1 套；

④ LM LINK JTAG 调试器 1 套，EasyARM615 开发套件 1 套，EasyARM101 开发套件 1 套。

【工程任务】

通过 LM3S615 自带的 PWM 脉宽调制实现 SPWM 脉宽调制技术。

【工程任务的认识与理解】

1. SPWM 原理

SPWM 实现的理论是，在进行脉宽调制时使脉冲系列的占空比按正弦规律来运行。当正弦值为最大值时，脉冲的宽度也达到最大，而此时脉冲间的间隔则为最小，反过来，当正弦值较小时，脉冲的宽度也较小，而此时脉冲间的间隔则变大，这样的电压脉冲系列可以使负载电流中的高次谐波成分大为减小，这就是正弦波脉宽调制。

PWM 的全称是 Pulse Width Modulation(脉冲宽度调制)，它是通过改变输出方波的占空比来改变等效的输出电压。广泛地用于电动机调速和阀门控制，比如我们现在的电动车电机调速就是使用这种方式。

所谓 SPWM，就是在 PWM 的基础上改变了调制脉冲方式，使脉冲宽度时间占空比按正弦规律排列，这样输出的波形经过适当的滤波就可以做到正弦波输出。它广泛地应用于 DC－AC 逆变器上，比如高级一些的 UPS 就是一个例子。三相 SPWM 是使用 SPWM 模拟市电的三相输出，在变频器领域被广泛地应用。

2. 实施 SPWM 的基本要求

实施 SPWM 的基本要求有两条：

① 必须实时地计算调制波（正弦波）和载波（三角波）的所有交点的时间坐标，根据计算结果，有序地向逆变桥中各逆变器件发出“通”和“断”的动作指令。

② 调节频率时，一方面，调制波与载波的周期要同时改变；另一方面，调制波的振幅要随频率而变，而载波的振幅则不变，所以，每次调节后，所交绘的点的时间坐标都必须重新计算。

要满足上述要求，对于现代的计算机技术来说已不是难事。迄今，已有能够产生满足要求的 SPWM 波形的专用的 32 位微型控制器，ARM Cortex－M3 内核微控制器 LM3S615 芯片就带有这一功能。

脉宽调制技术是通过一定的规律控制开关元件的通断，来获得一组等幅而不等宽的矩形脉冲波形，用以近似代替正弦电压波形。脉宽调制技术在逆变器中的应用对现代电力电子技术，现代调速系统的发展起到极大的促进作用。

近几年来，由于场控自关断器件的不断涌现，相应的高频 SPWM 技术在电机调速中得到了广泛应用。

【工程设计构想】

1. 硬件设计方框图

SPWM 调制样式设计如图 K25－1 所示。

2. 软件设计思路

工程程序构思与协调控制任务分工如图 K25－2 所示。

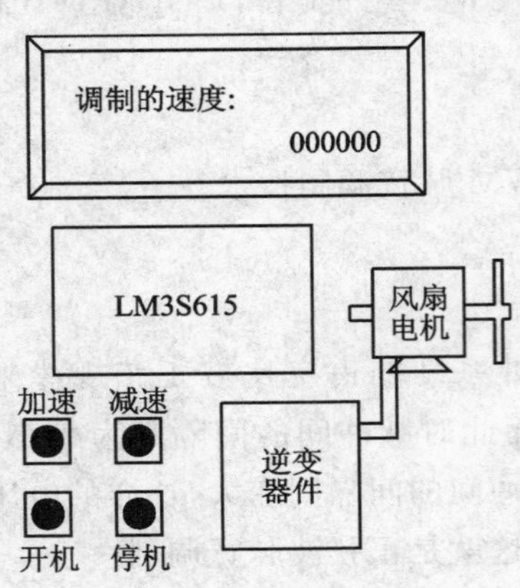

图 K25－1 SPWM 调制样式图

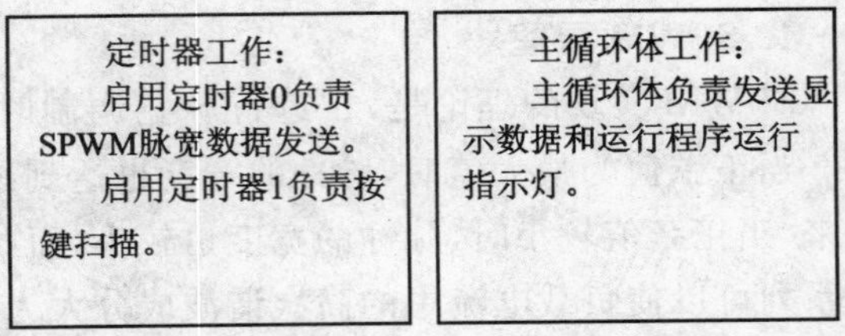

定时器工作： 启用定时器0负责SPWM脉宽数据发送。 启用定时器1负责按键扫描。	主循环体工作： 主循环体负责发送显示数据和运行程序运行指示灯。

图 K25－2 软件设计思路图

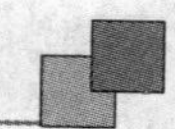

【实验器件】

EasyARM615 开发平台 1 块，逆变系统 1 块（主要元件：NCP5106 2 块，IRF840 4 个，IN4007 2 个，10 μF/25 V 电容 2 个，30 Ω 电阻 4 个）。

【所需外围器件资料】

K25.1　逆变原理概述

在 DC－AC 逆变电路中，变换电路可以选择多种拓扑结构，设计中可以采用单相全桥逆变电路，系统框图如图 K25－3(a)所示。

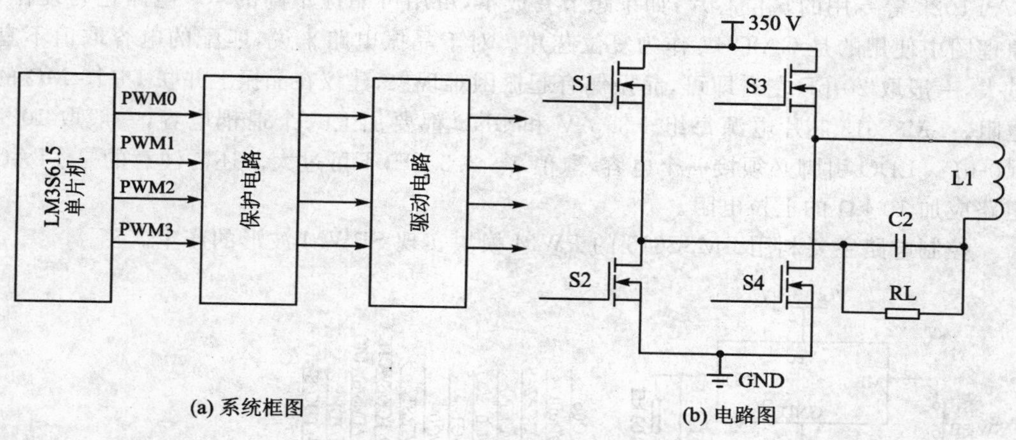

图 K25－3　变换电路设计构思图

图 K25－3(a)中 LM3S615 单片机用来产生正弦 SPWM 信号。SPWM 信号经过保护和驱动电路后，加到逆变桥的控制端，PWM0 和 PWM3 控制 S2 和 S3 的导通，PWM1 和 PWM2 控制 S1 和 S4 的导通。PWM0、PWM3 和 PWM1、PWM2 信号为互补信号，也就是当 PWM0 和 PWM3 为高电平时，PWM1 和 PWM2 为低电平，控制波形如图 K25－4 所示，其中正半轴为 PWM0 和 PWM3 的波形图，负半轴为 PWM1 和 PWM2 波形图。此 SPWM 波形经过全桥逆变和滤波后最终加在负载上的电压为 220 V，频率为 50 Hz 的正弦波形。

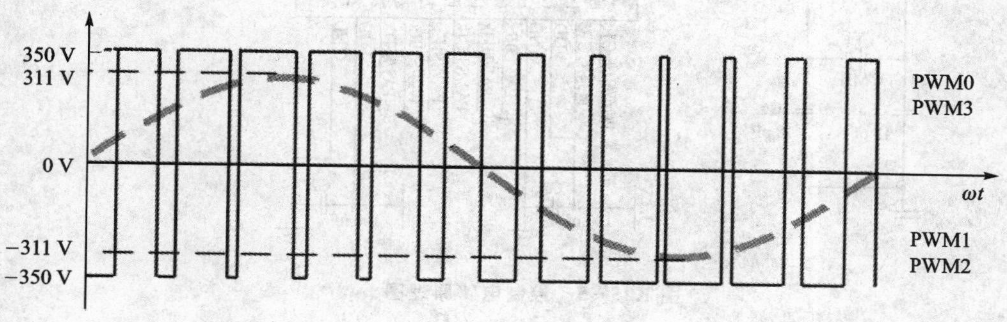

图 K25－4　SPWM 波形图

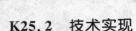

K25.2 技术实现

硬件整个逆变器的结构主要包括控制电路、保护电路、驱动和逆变电路、滤波电路。

1. 控制电路

控制系统采用著名的半导体公司德州仪器（TI）生产的低功耗 32 位单片机 LM3S615 进行设计。单片机的最小系统主要包含单片机编程电路、时钟电路、复位电路和控制器，具体的原理图如图 K25－5 所示。复位电路的稳定性和可靠性对微控制器的正常工作有很大的影响。如果想使复位稳定可靠，可以采用 CAT811、S708、CAT1025 等专用的复位芯片，如果想节省成本，可用可靠性不高的 RC 电路进行复位，原理图中使用的是 CAT811 作为复位芯片。对于晶振电路来说，匹配的电容取值不宜过大，一般取 20 pF 左右即可，晶振偶有起振困难现象，建议在晶振上并联 1～10 MΩ 的电阻。LM3S615 芯片电源每组＋3.3 V 和 GND 都要加上一个退耦电容，一般取 10～100 nF。LDO 引脚必须接一个电容，取值 1～3.3 μF，不可过大。还需注意的是 JTAG 电路应加 10 kΩ 的上拉电阻。

控制电路主要利用 LM3S615 的 PWM 模块实现 SPWM 波形的产生。

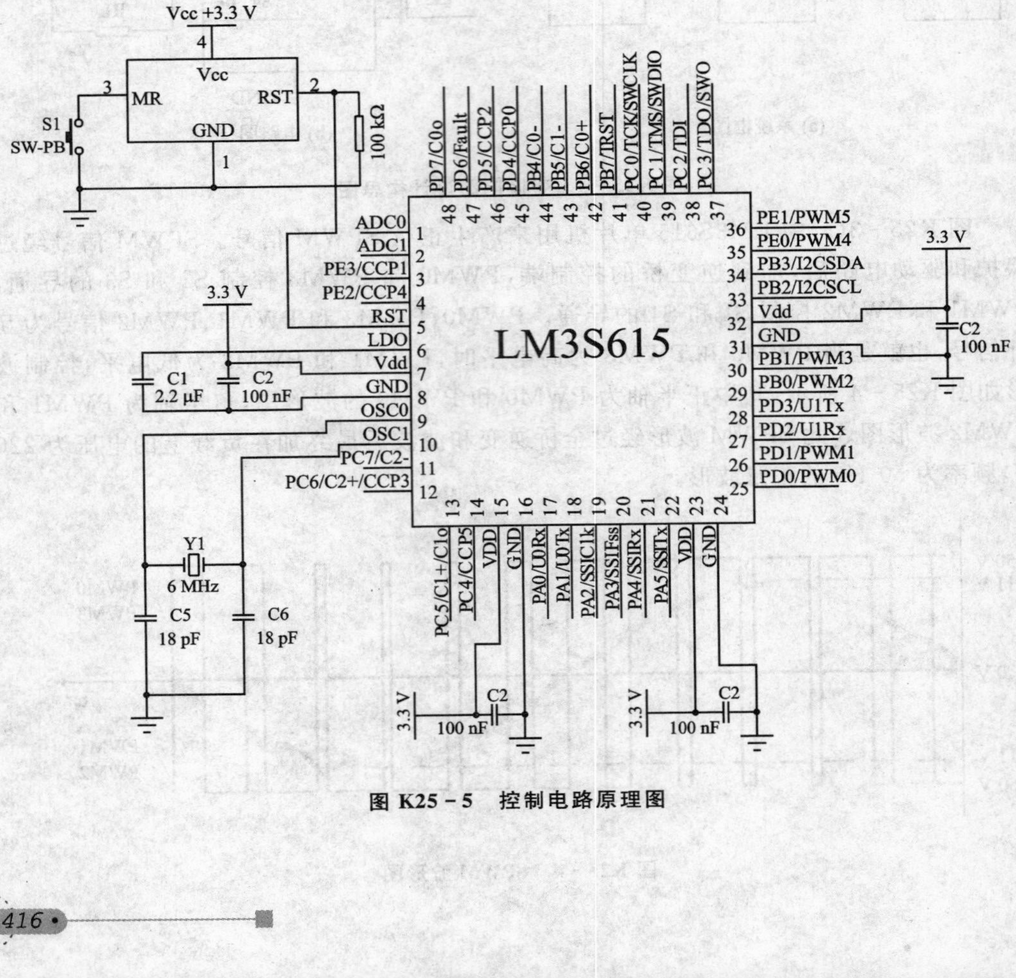

图 K25－5　控制电路原理图

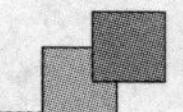

2. 硬件防短路电路

硬件防短路就是防止全桥逆变电路同一相的高电平侧 MOSFET 和低电平侧 MOSFET 同时导通，把电源直接短路损坏电源或 MOSFET。电路如图 K25-6 所示。

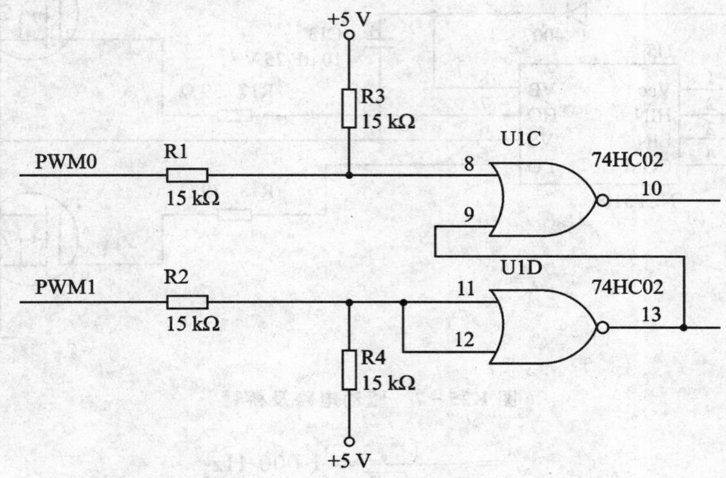

图 K25-6 硬件防短路电路

电路由两个或非门组成，当两个有效 PWM 从单片机直接输入到如图 K25-6 中的 8 引脚和 11 引脚时，此时 10 引脚只会输出低电平，而只有 13 引脚才输出高电平，不管怎样只有一个 MOSFET 导通。

3. 逆变桥及驱动电路

直接用 5 V 的电平是不可以让 MOSFET 导通的，低电平侧的 MOSFET 的门极虽然只需要 3 V 电压就可以使其导通，但高电平侧的 MOSFET 由于它导通时总是在低电平侧截止的时候，所以需要更高的电压才能导通高电平侧的 MOSFET 管。如图 K25-7 所示，NCP5106 是一款专门用来驱动这类电路的驱动芯片，在其 2 引脚和 3 引脚输入交替的方波，可以在 5 引脚输出跟随 3 引脚变化的方波，在 5 引脚输出高电平期间低电平侧 MOSFET 导通时经过 D10 可以把 C13 充电到约 14 V 左右（取决于充电时间），在下一次 2 引脚输入高电平时可以在 7 引脚输出一个短时间的高电压使高电平侧的 MOSFET 导通。可见 D10 和 C13 可以把电压泵升，使 7 引脚可以输出一个更高的电压，才能开通高电平侧的 MOSFET，前提是低电平侧的 MOSFET 先导通，先给 C13 预充电。如果单一地给 2 引脚高电平或方波脉冲是不可以使高电平侧的 MOSFET 导通的。电路中只给出了一组半桥电路，用两组半桥电路即可组成一组全桥电路。

4. 滤波电路

为了将 SPWM 波的谐波分量滤除，在逆变器的输出端加入 LC 滤波器，从而得到正弦交流信号。滤波器的截止频率一般都是开关频率的 1/10～1/2，设定 SPWM 波的频率为 20 kHz，则 f 定为 1 kHz，在确定电容 $C=1\ \mu\text{F}$（电容选择聚丙电容）后，通过下式，得出 $L=25\ \text{mH}$。

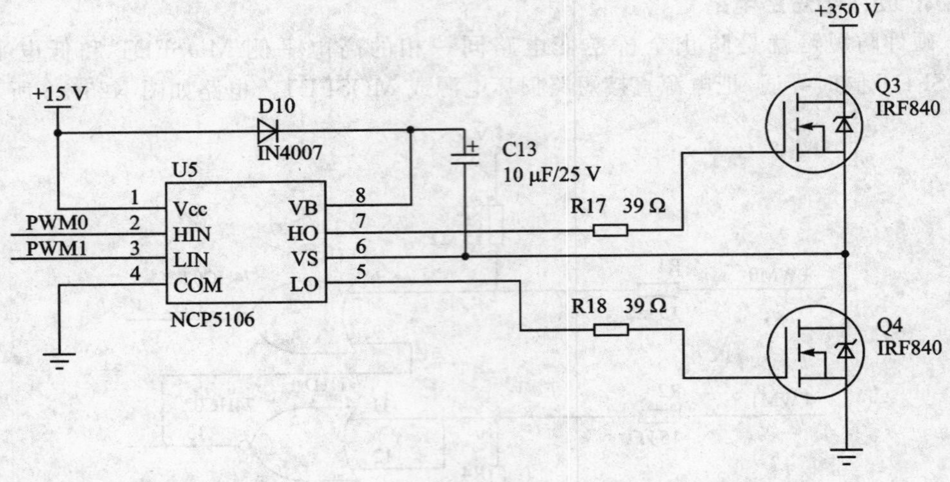

图 K25－7 驱动电路及桥臂

$$f = \frac{1}{2\pi\sqrt{LC}} = 1\ 000\ \text{Hz}$$

滤波电感 L 选用内径 20 mm，外径 40 mm 的环形铁粉体磁芯，绕线采用直径1 mm 的漆包线，匝数 100 匝。绕好后测定电感量。

K25.3 软件实现

1. SPWM 波的产生

在软件中实现 SPWM 的方法如流程图 K25－8 所示。

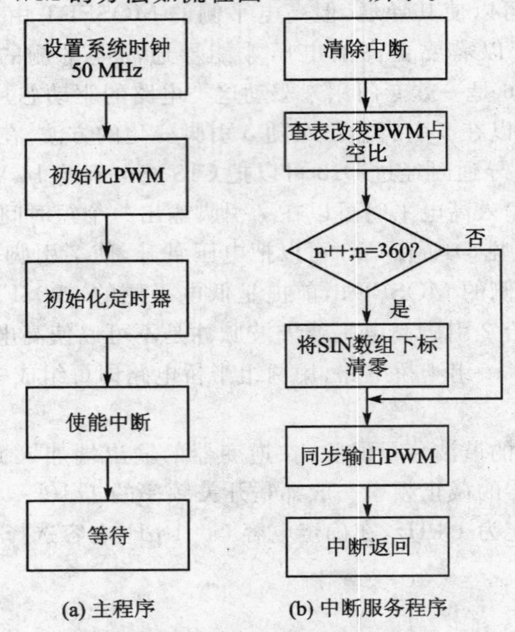

图 K25－8 流程图

2. SPWM 波的频率计算

假设要求逆变器逆变后输出的正弦波的频率是 $f_o = 50$ Hz，系统的时钟 $f_s = 50$ MHz，正弦波每个周期取 360 个点，则 SPWM 波的频率如下：

$$f_p = \frac{f_s}{360 \times f_o} = \frac{50 \times 10^6}{360 \times 50} \text{ Hz} \approx 2\ 778 \text{ Hz}$$

计算出 PWM 的频率后就可以初始化 PWM 模块。

3. 脉冲宽度值计算方法

当 PWM 周期设定后，就可以根据 Sin 函数算出脉冲宽度值。一般可以通过 MATLAB 和 Excel 进行计算，采用 Excel 比较方便，只要在公式栏里输入“fx＝1350 * SIN((An * PI())/180)＋1400”，其中的 An 为 1～360 步进为 1 的整数，所得到的结果组成数组后抄入程序中。

【工程施工用图】

本课题工程需要工程电路图如图 K25－9 所示。

【制作工程用电路板】

硬件电路请按图 K25－9 制作，连线按图进行。

【工程程序应用实例】

任务： 通过 LM3S615 自带的脉宽调制 PWM 实现 SPWM 脉宽调制技术。

程序代码编写如下：

```
//*****************************************************************
//文件名：SPwm_Main.c
//功能：Stellaris 系列单片机脉宽调制器的应用操作
//引脚说明：设置 PD0、PD1 为 PWM0、PWM1，设置 PB0、PB1 为 PWM2、PWM3
//-----------------------------------------------------------------
⋮
void  GPio_Initi(void);
void  IndicatorLight(void);                          //芯片运行指示灯
void  Delay(int nDelaytime);                         //用于延时
void  jtagWait();                                    //防止 JTAG 失效
#define PC4_LED   GPIO_PIN_4
#define PC6_LED   GPIO_PIN_6
void   PWM_Init(void) ;
void   PWM_Init(void) ;
void   TIMER_Init(void) ;
void   Timer0A_ISR (void);
void   Set_TIMER0_Time_Add(void) ;                   //加 1
void   Set_TIMER0_Time_BUS(void) ;                   //减 1
void   SetPwm_Vf_Add();                              //加速
void   SetPwm_Vf_Sub();                              //减速
int n = 0;
long nlVf = 3000,nlVf2 = 2700;                       //定时值
//KEY(按键)
#define PA2_KEY1   GPIO_PIN_2
#define PA3_KEY2   GPIO_PIN_3
```

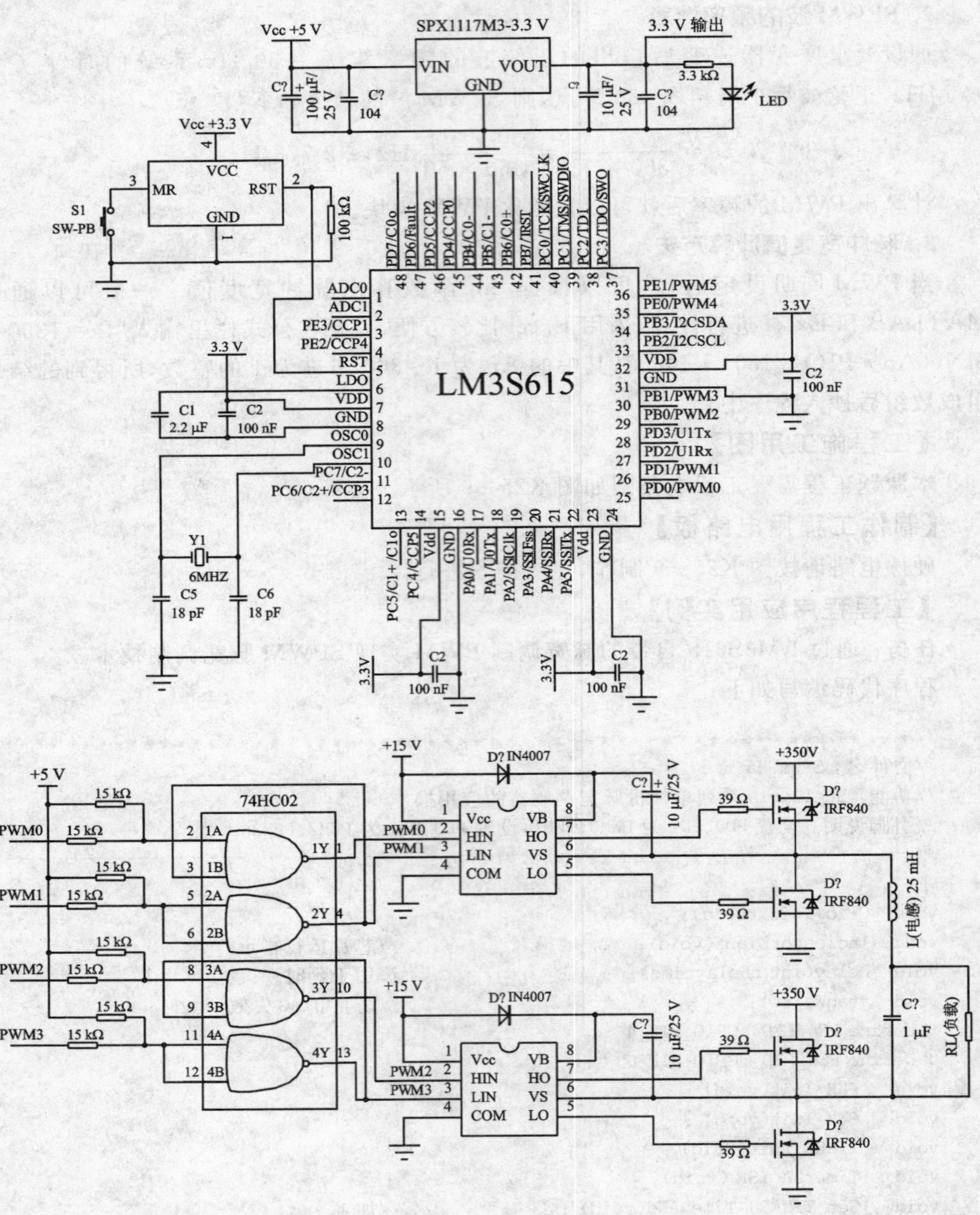

图 K25-9　工程施工电路图

```
#define PA4_KEY3   GPIO_PIN_4
#define PA5_KEY4   GPIO_PIN_5
#define PD4_KEY3   GPIO_PIN_4
#define PD5_KEY4   GPIO_PIN_5
//-----------------------------------------------------------------
//用 Sin 函数计算脉冲宽度值
```

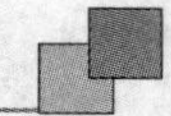

```
//当 PWM 周期设定后,脉冲宽度的值就可以根据 sin 函数进行取表,一般可以通过
//MATLAB 和 Excel 进行计算,采用 Excel 比较方便,只要在公式栏里输入
//"fx = 1350 * SIN((An * PI())/180) + 1400",An 为 1~360 步进为 1 的整数,所得到的结
//果存入数组中
//--------------------------------------------------------------------------
const unsigned long ulTab[360] =                    //一个周期的 sin 函数表
{ 1400, 1424, 1447, 1471, 1494, 1518, 1541, 1565, 1588, 1611, 1634, 1658, 1681,
 1704, 1727,
 1749, 1772, 1795, 1817, 1840, 1862, 1884, 1906, 1927, 1949, 1971, 1992, 2013,
 2034, 2054,
 2075, 2095, 2115, 2135, 2155, 2174, 2194, 2212, 2231, 2250, 2268, 2286, 2303,
 2321, 2338,
 2355, 2371, 2387, 2403, 2419, 2434, 2449, 2464, 2478, 2492, 2506, 2519, 2532,
 2545, 2557,
 2569, 2581, 2592, 2603, 2613, 2624, 2633, 2643, 2652, 2660, 2669, 2676, 2684,
 2691, 2698,
 2704, 2710, 2715, 2720, 2725, 2729, 2733, 2737, 2740, 2743, 2745, 2747, 2748,
 2749, 2750,
 2750, 2750, 2749, 2748, 2747, 2745, 2743, 2740, 2737, 2733, 2729, 2725, 2720,
 2715, 2710,
 2704, 2698, 2691, 2684, 2676, 2669, 2660, 2652, 2643, 2633, 2624, 2613, 2603,
 2592, 2581,
 2569, 2557, 2545, 2532, 2519, 2506, 2492, 2478, 2464, 2449, 2434, 2419, 2403,
 2387, 2371,
 2355, 2338, 2321, 2303, 2286, 2268, 2250, 2231, 2212, 2194, 2174, 2155, 2135,
 2115, 2095,
 2075, 2054, 2034, 2013, 1992, 1971, 1949, 1927, 1906, 1884, 1862, 1840, 1817,
 1795, 1772,
 1749, 1727, 1704, 1681, 1658, 1634, 1611, 1588, 1565, 1541, 1518, 1494, 1471,
 1447, 1424,
 1400, 1376, 1353, 1329, 1306, 1282, 1259, 1235, 1212, 1189, 1166, 1142, 1119,
 1096, 1073,
 1051, 1028, 1005, 983, 960, 938, 916, 894, 873, 851, 829, 808, 787, 766, 746, 725, 705,
 685, 665, 645, 626, 606, 588, 569, 550, 532, 514, 497, 479, 462, 445, 429, 413,397,381,
 366,351, 336, 322, 308, 294, 281, 268, 255, 243, 231, 219, 208, 197, 187, 176, 167, 157,
 148, 140, 131, 124, 116, 109, 102, 96, 90, 85, 80, 75, 71, 67, 63, 60, 57, 55, 53,
 52, 51,
 50, 50, 50, 51, 52, 53, 55, 57, 60, 63, 67, 71, 75, 80, 85, 90, 96, 102, 109, 116, 124,
 131, 140,
 148, 157, 167, 176, 187, 197, 208, 219, 231, 243, 255, 268, 281, 294, 308, 322,
 336, 351,
 366, 381, 397, 413, 429, 445, 462, 479, 497, 514, 532, 550, 569, 588, 606, 626,
 645, 665,
 685, 705, 725, 746, 766, 787, 808, 829, 851, 873, 894, 916, 938, 960, 983, 1005,
 1028, 1051,
 1073, 1096, 1119, 1142, 1166, 1189, 1212, 1235, 1259, 1282, 1306, 1329, 1353, 1376
};
//--------------------------------------------------------------------------
//主函数区
//--------------------------------------------------------------------------
```

```
int  main (void)
{
   //防止 JTAG 失效
   Delay(10);
   jtagWait();
   Delay(10);
   SysCtlClockSet(SYSCTL_SYSDIV_4  |                //PLL 4 分频,系统时钟 50 MHz
                  SYSCTL_USE_PLL   |                //使用 PLL
                  SYSCTL_OSC_MAIN  |
                  SYSCTL_XTAL_6MHZ);                //配置 6 MHz 外部晶振作为主时钟
   n = 0;
   nlVf = 2400;
   nlVf2 = 2800;
   PWM_Init( );                                     //初始化 PWM
   TIMER_Init( );                                   //初始化 TIMER
   IntEnable(INT_TIMER0A);                          //使能定时器 0
   IntMasterEnable( );                              //使能总中断
   GPio_Initi();                                    //初始化 GPIO
   while(1)
   {
       if(GPIOPinRead( GPIO_PORTA_BASE,PA2_KEY1) == 0x00)
          Set_TIMER0_Time_Add();
      //如果 KEY2 键按下
       if(GPIOPinRead( GPIO_PORTA_BASE,PA3_KEY2) == 0x00)
          Set_TIMER0_Time_BUS() ;
       if(GPIOPinRead( GPIO_PORTD_BASE,PD4_KEY3) == 0x00)
          SetPwm_Vf_Add();
      //如果 KEY4 键按下
       if(GPIOPinRead( GPIO_PORTD_BASE,PD5_KEY4) == 0x00)
          SetPwm_Vf_Sub() ;

     IndicatorLight();                              //芯片运行指示灯
     Delay(40);
   }
}
//------------------------------------------------------------------------
//函数名称: Timer0A_ISR ()
//函数功能: 定时器 0 中断服务子程序,用于改变 PWM 占空比(由于程序 SIN 函数每个周
//          期取 360 个点,所以当取完 360 点后,就要重新开始取数,每次改变占空
//          比后都必须同步输出)
//------------------------------------------------------------------------
void Timer0A_ISR (void)
{ /*   清除定时器 0 中断      */
   TimerIntClear(TIMER0_BASE, TIMER_TIMA_TIMEOUT);
  /*   设置 PWM0 输出的周期     */
   PWMPulseWidthSet(PWM_BASE, PWM_OUT_0, ulTab[n]);
  /*   设置 PWM1 输出的周期      */
   PWMPulseWidthSet(PWM_BASE, PWM_OUT_1, ulTab[n]);
  /*   设置 PWM2 输出的周期    */
   PWMPulseWidthSet(PWM_BASE, PWM_OUT_2, ulTab[n]);
```

```
/*   设置 PWM3 输出的周期   */
   PWMPulseWidthSet(PWM_BASE, PWM_OUT_3, ulTab[n]);
   n++;
   if ( n == 360 )
   {
       n = 0;    /*   重复 SPWM 输出    */
   }
   PWMSyncUpdate(PWM_BASE, PWM_GEN_0_BIT | PWM_GEN_1_BIT |
                 PWM_GEN_2_BIT | PWM_GEN_3_BIT);
   /*   同步时间更新    */
   PWMSyncTimeBase(PWM_BASE, PWM_GEN_0_BIT | PWM_GEN_1_BIT |
                   PWM_GEN_2_BIT | PWM_GEN_3_BIT);

   TimerEnable(TIMER0_BASE, TIMER_A);              /*   使能定时器 0    */
}
//--------------------------------------------------------------------
//函数名称：PWM_Init(void)
//函数功能：设定 PWM 使用的引脚
//说明：设置 PD0、PD1 为 PWM0、PWM1，设置 PB0、PB1 为 PWM2、PWM3
//--------------------------------------------------------------------
void   PWM_Init(void)
{
   SysCtlPWMClockSet(SYSCTL_PWMDIV_1);                /* PWM 时钟配置：不分频 */
   SysCtlPeripheralEnable(SYSCTL_PERIPH_PWM);        /* 使能 PWM 外设 */
   SysCtlPeripheralEnable(SYSCTL_PERIPH_GPIOD);      /* 使能 PD 口外设 */
   SysCtlPeripheralEnable(SYSCTL_PERIPH_GPIOB);      /* 使能 PB 口外设 */
   //设置 PD0、PD1 为 PWM0、PWM1
   GPIOPinTypePWM(GPIO_PORTD_BASE, GPIO_PIN_0 | GPIO_PIN_1);
   //设置 PB0、PB1 为 PWM2、PWM3
   GPIOPinTypePWM(GPIO_PORTB_BASE, GPIO_PIN_0 | GPIO_PIN_1);
   PWMGenConfigure(PWM_BASE, PWM_GEN_0,      /*   设置 PWM  发生器 0 为上下计数方式 */
                   PWM_GEN_MODE_UP_DOWN |   //上下计数方式
                   PWM_GEN_MODE_SYNC     |  //两路 PWM 同步
                   PWM_GEN_MODE_DBG_STOP);
   PWMGenConfigure(PWM_BASE, PWM_GEN_1,      /*   设置 PWM 发生器 1 为上下计数方式 */
                   PWM_GEN_MODE_UP_DOWN |    //上下计数方式
                   PWM_GEN_MODE_SYNC      |  //两路 PWM 同步
                   PWM_GEN_MODE_DBG_STOP);
   PWMGenPeriodSet(PWM_BASE, PWM_GEN_0, 2800); /* 设置 PWM 发生器 1 的频率 17 857 Hz */
   PWMGenPeriodSet(PWM_BASE, PWM_GEN_1, 2800); /* 设置 PWM 发生器 2 的频率 17 857 Hz */
   PWMPulseWidthSet(PWM_BASE, PWM_OUT_0, 2700);//设置 PWM0 脉冲宽度
   PWMPulseWidthSet(PWM_BASE, PWM_OUT_1, 2700);//设置 PWM1 脉冲宽度
   PWMPulseWidthSet(PWM_BASE, PWM_OUT_2, 2700);//设置 PWM2 脉冲宽度
   PWMPulseWidthSet(PWM_BASE, PWM_OUT_3, 2700);//设置 PWM3 脉冲宽度
   PWMOutputInvert(PWM_BASE, PWM_OUT_0_BIT |
                   PWM_OUT_3_BIT, true);       //PWM0 和 PWM3 反相输出
   PWMOutputState(PWM_BASE, PWM_OUT_1_BIT | PWM_OUT_2_BIT, true);
   PWMOutputState(PWM_BASE, PWM_OUT_0_BIT | PWM_OUT_3_BIT, true);
   PWMGenEnable(PWM_BASE, PWM_GEN_0);      /*   使能 PWM 发生器 0     */
```

```
    PWMGenEnable(PWM_BASE, PWM_GEN_1);        /*    使能 PWM 发生器 1    */
    PWMSyncUpdate(PWM_BASE, PWM_GEN_0_BIT | PWM_GEN_1_BIT |
                  PWM_GEN_2_BIT | PWM_GEN_3_BIT);
                                             /*    同步时间更新       */
    PWMSyncTimeBase(PWM_BASE, PWM_GEN_0_BIT | PWM_GEN_1_BIT |
                    PWM_GEN_2_BIT | PWM_GEN_3_BIT);
    SysCtlDelay(10000000);
}
//------------------------------------------------------------------------
//函数名称：TIMER_Init(void)
//函数功能：初始化定时器
//说明：设定时器 0 采用 32 位周期触发模式，定时器溢出中断，并使中断时间与
//      PWM 周期时间一致
//------------------------------------------------------------------------
void TIMER_Init(void)
{
    SysCtlPeripheralEnable(SYSCTL_PERIPH_TIMER0);   /*    使能定时器 0 外设    */
    TimerConfigure(TIMER0_BASE, TIMER_CFG_32_BIT_PER);/*设置定时器 0 为周期触发模式 */
    TimerLoadSet(TIMER0_BASE, TIMER_A, 2400);       /*    设置定时器装载值    */
    TimerIntRegister(TIMER0_BASE, TIMER_A,Timer0A_ISR);
    TimerIntEnable(TIMER0_BASE, TIMER_TIMA_TIMEOUT); //设置定时器为溢出中断
    TimerEnable(TIMER0_BASE, TIMER_A);               /*    使能定时器 0     */
}
//------------------------------------------------------------------------
//函数名称：SetPwm_Vf_Add()
//函数功能：用于频率变换(此为加速)
//------------------------------------------------------------------------
void SetPwm_Vf_Add()
{
    IntDisable(INT_TIMER0A);
    TimerDisable(TIMER0_BASE, TIMER_A);        /*    禁止定时器 0       */
    Delay(40);
    PWMGenDisable(PWM_BASE, PWM_GEN_0);        /*    使能 PWM 发生器 0    */
    PWMGenDisable(PWM_BASE, PWM_GEN_1);        /*    使能 PWM 发生器 1    */
    nlVf2 = nlVf2 + 10;
    PWMGenPeriodSet(PWM_BASE, PWM_GEN_0, nlVf2);/*  设置 PWM 发生器 1 的频率 17 857 Hz */
    PWMGenPeriodSet(PWM_BASE, PWM_GEN_1, nlVf2);/*  设置 PWM 发生器 2 的频率 17 857 Hz */
    PWMGenEnable(PWM_BASE, PWM_GEN_0);         /*    使能 PWM 发生器 0    */
    PWMGenEnable(PWM_BASE, PWM_GEN_1);         /*    使能 PWM 发生器 1    */
    Delay(40);
    TimerEnable(TIMER0_BASE, TIMER_A);         /*   使能定时器 0    */
    IntEnable(INT_TIMER0A);
    PWMSyncUpdate(PWM_BASE, PWM_GEN_0_BIT | PWM_GEN_1_BIT |
                  PWM_GEN_2_BIT | PWM_GEN_3_BIT);
                                               /*  同步时间更新     */
    PWMSyncTimeBase(PWM_BASE, PWM_GEN_0_BIT | PWM_GEN_1_BIT |
                    PWM_GEN_2_BIT | PWM_GEN_3_BIT);
    if(nlVf2>=5000)nlVf2 = 5000;
}
//------------------------------------------------------------------------
```

```
//函数名称：SetPwm_Vf_Sub()
//函数功能：用于频率变换(此为减速)
//-----------------------------------------------------------------------
void SetPwm_Vf_Sub()
{
    IntDisable(INT_TIMER0A);
    TimerDisable(TIMER0_BASE, TIMER_A);          /*  禁止定时器 0          */
    Delay(40);

    PWMGenDisable(PWM_BASE, PWM_GEN_0);          /*  使能 PWM 发生器 0      */
    PWMGenDisable(PWM_BASE, PWM_GEN_1);          /*  使能 PWM 发生器 1      */
    nlVf2 = nlVf2 - 10;
    PWMGenPeriodSet(PWM_BASE, PWM_GEN_0, nlVf2);/*  设置 PWM 发生器 1 的频率 17 857 Hz */
    PWMGenPeriodSet(PWM_BASE, PWM_GEN_1, nlVf2);/*  设置 PWM 发生器 2 的频率 17 857 Hz */
    PWMGenEnable(PWM_BASE, PWM_GEN_0);           /*  使能 PWM 发生器 0      */
    PWMGenEnable(PWM_BASE, PWM_GEN_1);           /*  使能 PWM 发生器 1      */
    TimerEnable(TIMER0_BASE, TIMER_A);           /*  使能定时器 0          */
    IntEnable(INT_TIMER0A);
    PWMSyncUpdate(PWM_BASE, PWM_GEN_0_BIT | PWM_GEN_1_BIT |
                  PWM_GEN_2_BIT | PWM_GEN_3_BIT);
                                                 /*  同步时间更新          */
    PWMSyncTimeBase(PWM_BASE, PWM_GEN_0_BIT | PWM_GEN_1_BIT |
                    PWM_GEN_2_BIT | PWM_GEN_3_BIT);
    Delay(40);
    if(nlVf2<= 600)nlVf2 = 600;
}
//-----------------------------------------------------------------------
//函数名称：Set_TIMER0_Time_Add(void)
//函数功能：设定定时器 0 为加数
//-----------------------------------------------------------------------
void Set_TIMER0_Time_Add(void)
{
    IntDisable(INT_TIMER0A);
    TimerDisable(TIMER0_BASE, TIMER_A);          /*  禁止定时器 0          */
    Delay(40);
    nlVf  = nlVf + 10;

    TimerLoadSet(TIMER0_BASE, TIMER_A, nlVf);    /*  设置定时器装载值       */
    Delay(40);
    TimerEnable(TIMER0_BASE, TIMER_A);           /*  使能定时器 0          */
    IntEnable(INT_TIMER0A);
    if(nlVf>= 5000)nlVf = 5000;
}
//-----------------------------------------------------------------------
//函数名称：Set_TIMER0_Time_Add(void)
//函数功能：设定定时器 0 为减数
//-----------------------------------------------------------------------
void Set_TIMER0_Time_BUS(void)
{
    IntDisable(INT_TIMER0A);
```

```
    TimerDisable(TIMER0_BASE, TIMER_A);         /*  禁止定时器 0        */
    Delay(40);
    nlVf = nlVf - 10;
    TimerLoadSet(TIMER0_BASE, TIMER_A, nlVf);   /*  设置定时器装载值     */
    Delay(40);
    TimerEnable(TIMER0_BASE, TIMER_A);          /*  使能定时器 0        */
    IntEnable(INT_TIMER0A);
    if(nlVf<=600)nlVf=600;
}
//-------------------------------------------------------------------------
// 函数名称：GPio_Initi
// 函数功能：启动外设 GPIO 输入/输出
// 输入参数：无
// 输出参数：无
//-------------------------------------------------------------------------
void GPio_Initi(void)
{
    //使能 GPIO 外设
    SysCtlPeripheralEnable( SYSCTL_PERIPH_GPIOC|SYSCTL_PERIPH_GPIOA|
                            SYSCTL_PERIPH_GPIOD);
    //设定 PC4、PC6 为输出,用作指示灯点亮
    GPIODirModeSet(GPIO_PORTC_BASE, PC4_LED |
                   PC6_LED,GPIO_DIR_MODE_OUT);
    //初始化 PC4 为低电平点亮指示灯
    GPIOPinWrite( GPIO_PORTC_BASE, PC4_LED, 0 );
     //设定 PA2～PA5 为输入用于按键输入
     GPIODirModeSet(GPIO_PORTA_BASE, PA2_KEY1|
                    PA3_KEY2|PA4_KEY3|PA5_KEY4,GPIO_DIR_MODE_IN);
     //设定 PD4～PD5 为输入用于按键输入
     GPIODirModeSet(GPIO_PORTD_BASE, PD4_KEY3|PD5_KEY4,GPIO_DIR_MODE_IN);
}
//-------------------------------------------------------------------------
   ⋮//省略部分见程序实例
//-------------------------------------------------------------------------
//*************************************************************************
```

完整的程序见“网上资料\参考程序\课题 25_SPWM\ Spwm_2[用]\ *. *”。

编后语： SPWM 调制的变频技术在市面上近些年来已得到了飞速的发展，特别是在家用电器上，如变频空调、变频洗衣机等。掌握这样的技术是每一个电气工程设计人员所需要的。

附录

网上资料内容说明

本书中提到的网上资料下载地址为 http://www.buaapress.com.cn 的"下载中心"。网上资料散包密码为 Ltf_Lm3sxxx。参考程序使用的编译器为 IAR Embedded Workbench 5.2 版,可以到 IAR 公司网站下载,其下载地址为 www.iar.com/ewarm。

1. 参考程序

- 参考程序
  - 课题1_GPIO
  - 课题2_定时器
  - 课题3_UART
  - 课题4 SSI
  - 课题5_I2C
  - 课题6_模拟比较器
  - 课题7_ PWM
  - 课题8_ADC
  - 课题9 _74HC595
  - 课题10_CAT9554A
  - 课题11_SD2303
  - 课题12_SD2204
  - 课题13_DS1302
  - 课题14_DS18b20
  - 课题15_LM75A
  - 课题16_ISD1700
  - 课题17_MAX1415
  - 课题18 _PCF8591
  - 课题19_CAT93C46
  - 课题20_nrf905
  - 课题21_BWP10A
  - 课题22_CAT5113
  - 课题23_URM37
  - 课题24_RS485
  - 课题25_SPWM
  - 模板程序

2．器件资料

LM3S615_ds_cn.pdf
LM3S615_ds_en.pdf
SP3485_www.ic37.com.pdf
ZK11_1 SD2303A高精度实时时钟.pdf
ZK12_1 SD2204FLPdatasheet.pdf
ZK13_1 ds1302_cn.pdf
ZK14_1 DS18B20_cn.pdf
ZK15_1 LM75A_2_cn.pdf
ZK15_2 LM75A_应用_温度传感器.pdf
ZK17_1 MAX1415-MAX1416.pdf
ZK17_2 MAX1415_1416A_D转换器的原理及其...
ZK18_1 PCF8591[英文].pdf
ZK18_2 PCF8591[应用].doc
ZK18_3 具有I2C总线接口的AD芯片PCF8591及...
ZK18_4 PCF8591中文数据手册_百度文库.mht
ZK19_1 CAT93C46_56_57_66_86_cn.pdf
ZK19_2 93c46.pdf
ZK19_3 CAT93C46_56_57_66_86yingrong.pdf
ZK20_1 nRF905[中文].pdf
ZK20_2 nRF905[英文].pdf
ZK20_3 NewMsg-RF905.pdf
ZK22_1 CAT5113_cn.pdf
ZK24_1 sp3481_85_en.pdf
ZK24_2 SP3485.pdf
ZK25_1 lm3sapp_spwm_contravarlant_power...

参考文献

[1] 刘同法,陈忠平,彭继卫,等. 单片机外围接口电路与工程实践[M]. 北京航空航天大学出版社,2008.

[2] 刘同法,肖志刚,彭继卫. ARM Cortex-M3 内核微控制器快速入门与应用[M]. 北京航空航天大学出版社,2009.

[3] 刘同法,肖志刚,彭继卫. C51 单片机 C 程序模板与应用工程实践[M]. 北京航空航天大学出版社,2010.

[4] 周立功,等. EasyARM615 开发套件用户指南(内部资料). 广州致远电子有限公司,2009.

北京航空航天大学出版社

● 博客藏经阁丛书

● 嵌入式系统译丛

嵌入式软件概论
沈建华 译 42.00元 2007.10

嵌入式Internet TCP/IP基础、实现及应用（含光盘）
潘琢金 译 75.00元 2008.10

嵌入式实时系统的DSP软件开发技术
郑红 译 69.00元 2011.01

ARM Cortex-M3权威指南
宋岩 译 49.00元 2009.04

链接器和加载器
李勇 译 32.00元 2009.09

● 全国大学生电子设计竞赛"十二五"规划教材

以上图书可在各地书店选购，或直接向北航出版社书店邮购（另加3元挂号费）
地　址：北京市海淀区学院路37号北航出版社书店5分箱邮购部收（邮编：100191）
邮购电话：010-82316936　邮购Email：bhcbssd@126.com
投稿电话：010-82317035　传真：010-82317022　投稿Email：emsbook@gmail.com

数字系统设计经典教材系列

Verilog HDL入门（第3版）
夏宇闻译 39.00元 2008.10

SystemC入门（第2版）
（含光盘）
夏宇闻译 36.00元 2008.10

Verilog嵌入式数字系统设计教程
夏宇闻等译 59.00元 2009.07

VHDL嵌入式数字系统设计教程
夏宇闻等译 59.00元 2011.01

Verilog数字系统设计教程
夏宇闻 40.00元 2008.06

无线单片机技术丛书

短距离无线通信详解——基于单片机控制
喻金钱 32.00元 2009.04

nRF无线SOC单片机原理及高级应用
谭晖 55.00元 2009.10

超低功耗单片无线系统应用入门
黄智伟 39.00元 2011.06

物联网M2M开发技术——基于无线CPU Q26xx
洪 利 39.00元 2011.06

nRF24AP2单片ANT超低功耗无线网络原理及高级应用
谭晖 36.00元 2011.08

CC430系列16位超低功耗无线单片机原理
利尔达 58.00元 2011.07

其他图书推荐

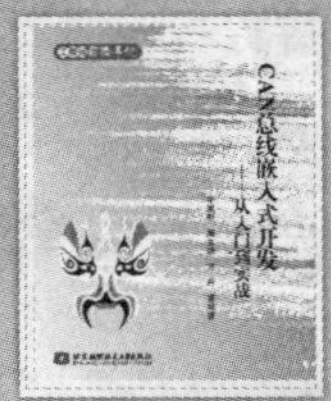

CAN总线嵌入式开发
牛跃听 49.00元 2012.01

开关电源理论及设计
周洁敏 55.00元 2012.03

EAGLE电路原理图与PCB设计方法及应用
库少平 39.00元 2012.01

数字跟踪技术（含光盘）
张义和 39.00元 2012.01

MTK应用开发从入门到精通
李现路 49.00元 2012.02

以上图书可在各地书店选购，或直接向北航出版社书店邮购（另加3元挂号费）
地　址：北京市海淀区学院路37号北航出版社书店5分箱邮购部收（邮编：100191）
邮购电话：010-82316936　邮购Email：bhcbssd@126.com
投稿电话：010-82317035　传真：010-82317022　投稿Email：emsbook@gmail.com